全国高等职业院校食品类专业第二轮规划教材
（供食品检验检测技术、食品质量与安全、食品营养与健康、
食品智能加工技术、食品贮运与营销等专业用）

基础化学

第2版

主　编　王广珠　刘志红
副主编　王　丽　王　静　崔霖芸
编　者　（以姓氏笔画为序）
王　丽（重庆医药高等专科学校）
王　静（山东药品食品职业学院）
王广珠（山东药品食品职业学院）
冯晴霞（吉林省经济管理干部学院）
吕　佳（长春医学高等专科学校）
刘志红（长春医学高等专科学校）
刘晓金（山东医学高等专科学校）
孙晓晶（山东医学高等专科学校）
杨彩英（山东药品食品职业学院）
陈　晨（辽宁医药职业学院）
徐陞梅（福建生物工程职业技术学院）
崔珊珊（长春职业技术学院）
崔霖芸（遵义医药高等专科学校）

中国健康传媒集团
中国医药科技出版社

内 容 提 要

本教材为“全国高等职业院校食品类专业第二轮规划教材”之一，系根据本套教材的编写指导思想和原则要求，结合专业培养目标和本课程的教学目标、内容与任务要求编写而成。本教材坚持落实立德树人根本任务，具有专业针对性强、紧密结合新时代行业要求和社会用人需求等特点。本教材内容主要包括物质结构、分散系、化学反应速率和化学平衡、酸碱反应和酸碱平衡、氧化还原反应和电极电势、配位化合物、沉淀溶解平衡、有机化合物概述、链烃、环烃、卤代烃等内容；十四个实验及相关附录。本教材为书网融合教材即纸质教材有机融合电子教材、教学配套资源（PPT、微课、视频、图片等）、题库系统、数字化教学服务（在线教学、在线作业、在线考试）。

本教材主要供高职高专食品检验检测技术、食品质量与安全、食品营养与健康、食品智能加工技术、食品贮运与营销专业的教学用书，也可供相关专业的师生、食品行业人员和食品知识爱好者阅读和参考。

图书在版编目（CIP）数据

基础化学/王广珠，刘志红主编．—2 版．—北京：中国医药科技出版社，2024. 4
全国高等职业院校食品类专业第二轮规划教材
ISBN 978 - 7 - 5214 - 4533 - 6

Ⅰ. ①基…　Ⅱ. ①王…　②刘…　Ⅲ. ①化学 - 高等职业教育 - 教材　Ⅳ. ①O6

中国国家版本馆 CIP 数据核字（2024）第 062793 号

美术编辑　陈君杞
版式设计　友全图文

出版　**中国健康传媒集团**｜中国医药科技出版社
地址　北京市海淀区文慧园北路甲 22 号
邮编　100082
电话　发行：010 - 62227427　邮购：010 - 62236938
网址　www. cmstp. com
规格　889mm × 1194mm $^1/_{16}$
印张　20 $^3/_4$
字数　593 千字
初版　2019 年 1 月第 1 版
版次　2024 年 4 月第 2 版
印次　2024 年 4 月第 1 次印刷
印刷　天津市银博印刷集团有限公司
经销　全国各地新华书店
书号　ISBN 978 - 7 - 5214 - 4533 - 6
定价　65. 00 元

出版说明

为了贯彻党的二十大精神，落实《国家职业教育改革实施方案》《关于推动现代职业教育高质量发展的意见》等文件精神，对标国家健康战略、服务健康产业转型升级，服务职业教育教学改革，对接职业岗位需求，强化职业能力培养，中国健康传媒集团中国医药科技出版社在教育部、国家药品监督管理局的领导下，通过走访主要院校，对2019年出版的“全国高职高专院校食品类专业‘十三五’规划教材”进行广泛征求意见，有针对性地制定了第二轮规划教材的修订出版方案，并组织相关院校和企业专家修订编写“全国高等职业院校食品类专业第二轮规划教材”。本轮教材吸取了行业发展最新成果，体现了食品类专业的新进展、新方法、新标准，旨在赋予教材以下特点。

1.强化课程思政，体现立德树人

坚决把立德树人贯穿、落实到教材建设全过程的各方面、各环节。教材编写将价值塑造、知识传授和能力培养三者融为一体。深度挖掘提炼专业知识体系中所蕴含的思想价值和精神内涵，科学合理拓展课程的广度、深度和温度，多角度增加课程的知识性、人文性，提升引领性、时代性和开放性。深化职业理想和职业道德教育，教育引导学生深刻理解并自觉实践行业的职业精神和职业规范，增强职业责任感。深挖食品类专业中的思政元素，引导学生树立坚持食品安全信仰与准则，严格执行食品卫生与安全规范，始终坚守食品安全防线的职业操守。

2.体现职教精神，突出必需够用

教材编写坚持“以就业为导向、以全面素质为基础、以能力为本位”的现代职业教育教学改革方向，根据《高等职业学校专业教学标准》《职业教育专业目录(2021)》要求，进一步优化精简内容，落实必需够用原则，以培养满足岗位需求、教学需求和社会需求的高素质技能型人才，体现高职教育特点。同时做到有序衔接中职、高职、高职本科，对接产业体系，服务产业基础高级化、产业链现代化。

3.坚持工学结合，注重德技并修

教材融入行业人员参与编写，强化以岗位需求为导向的理实教学，注重理论知识与岗位需求 相结合，对接职业标准和岗位要求。在不影响教材主体内容的基础上保留第一版教材中的“学习目标”“知识链接”“练习题”模块，去掉“知识拓展”模块。进一步优化各模块内容，培养学生理论联系实践的综合分析能力；增强教材的可读性和实用性，培养学生学习的自觉性和主动性。在教材正文适当位置插入“情境导入”，起到边读边想、边读边悟、边读边练的作用，做到理论与相关岗位相结合，强化培养学生创新思维能力和操作能力。

4.建设立体教材，丰富教学资源

提倡校企“双元”合作开发教材，引入岗位微课或视频，实现岗位情景再现，激发学生学习兴趣。依托“医药大学堂”在线学习平台搭建与教材配套的数字化资源(数字教材、教学课件、图片、视频、动画及练习题等),丰富多样化、立体化教学资源，并提升教学手段，促进师生互动，满足教学管理需要，为提高教育教学水平和质量提供支撑。

本套教材的修订出版得到了全国知名专家的精心指导和各有关院校领导与编者的大力支持，在此一并表示衷心感谢。希望广大师生在教学中积极使用本套教材并提出宝贵意见，以便修订完善，共同打造精品教材。

数字化教材编委会

主　编　王广珠　刘志红

副主编　王　丽　王　静　崔霖芸

编　者　（以姓氏笔画为序）

王　丽（重庆医药高等专科学校）

王　静（山东药品食品职业学院）

王广珠（山东药品食品职业学院）

冯晴霞（吉林省经济管理干部学院）

吕　佳（长春医学高等专科学校）

刘志红（长春医学高等专科学校）

刘晓金（山东医学高等专科学校）

孙晓晶（山东医学高等专科学校）

杨彩英（山东药品食品职业学院）

陈　晨（辽宁医药职业学院）

徐陞梅（福建生物工程职业技术学院）

崔珊珊（长春职业技术学院）

崔霖芸（遵义医药高等专科学校）

前言

化学作为食品类、保健品类等专业必修的专业基础课程，为学生的后续相关课程的学习及未来从事的工作打下必要的专业基础。

为了促进教育与职业、专业与产业、课程与岗位的有效对接，根据近几年的教学改革经验，我们对全书进行了梳理，按照“强基础、重实用”的编写思路，打造了第2版数字化的立体教材。在遵循化学学科系统性和规律性的前提下，兼顾高等职业教育的特点和生源的实际情况，突出教材的科学性、职业性和趣味性。在保留第1版教材主体内容和基本框架的基础上，进行了如下修改和补充。

1. 为了全面落实立德树人根本任务，每章的学习目标在保留“知识目标”和“能力目标”的基础上，增加了“素质目标”，让学生在学习专业知识的同时，深入理解学习化学知识的重要意义，不断提升职业的责任感和使命感。

2. 为了进一步提高学生的学习兴趣，强化对重点、难点的消化和理解，将每章开头的引子改为“情境导入”，并在正文中增设了“练一练”栏目，在章末的目标检测中增加了选择题和判断题。

3. 为了深化产教融合、工学结合，更新了部分实训项目，并将新版的《安全生产法》内容融入教材，强化安全第一的意识。

4. 为方便师生开展泛在式教学，修订并补充了与纸质教材配套的数字化资源，每章配有课件、知识点、习题、微课和动画。

本教材共十九章、十四个实验，参加教材编写的有：王广珠（绪论、第八章、第十六章、第十八章、实验六和实验十四），刘志红（第一章），刘晓金（第二章、实验一和实验四），王丽（第三章和实验八），崔珊珊（第四章和第七章），孙晓晶（第五章、实验五和实验七），陈晨（第六章、实验二和实验三），徐陞梅（第九章），冯晴霞（第十章），杨彩英（第十一章和第十九章），王静（第十二章、第十四章、第十五章和实验十三），吕佳（第十三章、实验九、实验十和实验十二），崔霖芸（第十七章和实验十一）。

在修订过程中得到了许多院校领导、教师的关心和支持，对此我们深表谢意！限于编者的能力和水平，书中不妥之处恳请广大读者批评指正，以便日臻完善。

编　者

2023 年 12 月

目录

绪　论

化学是在分子和原子水平上研究物质的组成、结构、性质及其变化规律的科学，是一门与人们生活密切相关的学科，千百年来，化学为人类创造了不计其数的物质财富，化学在人类进化史和经济社会发展中起着极其重要的作用。

一、基础化学研究的对象和任务

人类很早已开始从事与化学相关的生产实践，如烧制陶器、金属冶炼以及火药的应用等。经过现代化学工作者不懈的探索和努力，时至今日化学已经成为一门系统的科学，并形成无机化学、有机化学、分析化学和物理化学等分支学科。同时化学已经渗透到生物学、医药学、材料学、环境科学、食品科学等众多领域之中，形成了许多应用化学新分支和交叉边缘学科，如生物化学、药物化学、天然药物化学、环境化学、食品化学、放射化学等；化学已成为一门“中心学科”。

无机化学是化学科学中发展最早的一个分支学科，它的研究对象是元素和非碳氢结构的化合物，无机化学的主要任务是研究无机物质的组成、结构、性质及其变化规律。其研究范围较为广泛，它所涉及的一些理论和普遍规律是其他化学分支学科研究的基础。

有机化学是化学学科中的一个重要分支，它研究的对象是碳氢化合物及其衍生物，有机化学的主要任务是研究有机化合物的结构、命名、性质、鉴别、合成等。其研究范围更广泛，21 世纪三大合成都是有机化学合成。

基础化学是无机化学和有机化学的有机融合，基础化学在现代生活中，特别是在人类的生产活动中，起着重要的作用，几乎所有的生产都与基础化学有密切联系。例如，运用对物质结构和性质的知识，科学地选择使用原材料，以生产功能不同的新材料；运用化学变化的规律，可以研制开发各种新产品、新食品、新药物等。又如当前人类关心的能源和资源的开发、粮食的增产、环境的保护、海洋的综合利用，酸雨、臭氧空洞和光气烟雾等问题的解决都离不开化学知识。现代化的生产和科学技术的发展往往需要综合运用多种学科的知识，例如，研制生产药物和疫苗以防治人类疾病，还有卫生监督、环境监控以及各种污水的净化处理，都离不开化学的基本原理、基本知识和基本技术。

二、基础化学与食品类专业的关系

食物是人类赖以生存的物质基础，古代的食物以自然界的动植物为主。随着人类的进步、科学技术的不断发展，导致了人类食物结构的变化。虽然人类利用食物的历史很早，但是将食品作为一门学科进行研究，是从 19 世纪才开始的。而“食品化学”就是从化学的角度出发，将食品所涉及的化学知识系统化形成的一门新兴的学科分支，是研究食品的化学组成及其理化性质的科学。其内容包括食品的营养成分，有害成分，食品的色、香、味，食品的酶化学，食品中成分的理化性质及它们在生产、加工、贮藏、鉴定和利用过程中的变化机制及研究方法。食品中的三大主要营养素是糖、脂肪和蛋白质。糖在人体内被氧化后，产生足够的热量，供人们进行各种活动的需要，脂肪供给人体热量以维持体温，蛋白质是人类细胞原生质的组成部分，能够促进人体组织的生长和修补。除此之外，食品还含有多种维生素、纤维素、矿物质和微量元素、使人体营养均衡，免疫力提高，抵御各种传染病。为了增强食品的营养成分，改善食品的品质，延长食品的保存期，人们往往要通过化学的手段，达到既定的目的。比如，在我们的生活中，制作糕点、馒头等面团一般都要添加酵母或发酵粉进行发酵，使制成的糕点、面包疏松可口。这就是食品在制作过程中发生了化学反应。酵母中的酶促进面粉中原含有的微量蔗糖以及新产生的麦芽糖发生水解；发酵粉受热时就产生二氧化碳气体，使面制品形成疏松、多孔的海绵状。可以说没有化学就没有现代食品的色香味俱全。

三、基础化学课程的学习方法

基础化学是食品营养与检测、食品质量与安全等专业开设的一门重要专业基础课。基础化学的内容是融汇了高职高专食品专业所需的溶液相关知识和基本计算、化学平衡原理、物质结构基础知识、常用有机化合物的性质及应用等。在学习基础化学的过程中，应做到以下几点。

1. 以我为主，把握学习的主动性 在教师和学生的关系上，学生是学习的主体。学生要学会自己归纳重点、难点，培养自学能力，提高发现问题、分析问题和解决问题的能力。

2. 做好预习，认真听课 在每一章的教学之前，浏览整章的内容，以求对本章内容的重点和难点有一定的了解，做到从一开始就争取主动，安排好学习计划，提高学习效率。教师授课时，其内容都经过精心组织并着力突出重点，解决难点。有些讲授内容会采用比拟、分析推理和归纳等对理解很有帮助的方法。听课时，应注意紧跟教师的思路，勤于思考，产生共鸣，特别要注意弄清基本概念，弄懂基本原理。此外，还要注意教师提出问题、分析问题与解决问题的思路和方法，从中受到启发，适当做笔记，记下重点、难点内容，以备复习和深入思考。

3. 善于思考，强化记忆 基础化学课程的一个特点是理论性强，有的概念抽象、难以理解。因此要反复思考，才能加深理解。要善于运用归纳的方法，把同一原理、概念的方方面面列在一起，从各个侧面加深理解；也要善于运用对比的方法，弄懂形似概念的本质差别。基础化学学习仍然需要记忆，要在理解的基础上，熟悉一些基本概念、基本原理和重要公式，做到熟练掌握、灵活运用、融会贯通地将知识系统化。

4. 适时复习，多做练习 复习是掌握所学新知识的重要过程。理论性强是基础化学课程的特点之一，有些概念比较抽象，需要经过反复思考并应用一些原理来说明或解决一些问题后，才能逐渐加深对其基本理论或原理的理解和掌握。所以，理解例题及其解题过程中的分析方法和技巧，做一定量的练习题，有利于深入理解、熟悉掌握课程内容。

5. 树立信心，提高自学能力 未来社会是终身学习的社会，知识财富的创造速度非常快，就化学而言，人类每天发现或合成各种新的化合物平均约达7000种，面对如此巨大的变化发展，即使日攻夜读，也不可能读完并记住现有的知识。毫无疑问，将来从事工作所必需的很多知识，仅在学校学习期间获得是远远不够的。需要不断地学习、更新知识来适应社会的发展，增强自己的竞争力，即运用已有知识创造性地解决实际问题的能力和发现新知识的能力。因此锻炼、提高自学能力就显得非常重要。掌握知识是提高自学能力的基础，而提高自学能力又是掌握知识的重要条件，两者相互促进。为此提倡有目的地看一些杂志或参考书，有助于加深对所学知识的理解，拓宽自己的知识面，提高自己的学习兴趣。

6. 重视实验，提高职业技能 化学是一门实践科学，因此要充分认识到化学实践的重要性。不仅要重视理论的掌握，更要重视实践技能的训练，对于在训练中观察到的各种化学现象，还要进行归纳，对实验数据进行科学处理，对实验结果进行科学分析。把应试学习变为创新、探索性学习，通过实验培养实事求是、严谨治学的态度。总之，基础化学的学习，不仅要学习基本知识、原理和方法，更主要的是培养科学的思维方式，善于总结归纳，抓住关键，找联系，寻规律，做到多听、多记、多思、多看、多练，这样才能获得满意的学习效果。

（王广珠）

第一章

物质结构

学习目标

知识目标

1. **掌握** 电子层和电子亚层的符号；原子轨道和电子云的形状；核外电子的排布规律；元素周期表的构成；电负性的概念；离子键和共价键的形成及特点；σ 键和 π 键的概念及特点。

2. **熟悉** 电子构型和价电子构型的表示方法；周期与能级组的对应关系；价键理论和杂化轨道理论的基本要点；s-p 型杂化；氢键的形成及特点。

3. **了解** 能级组和能级交错现象的概念；共价键参数；分子的极性；偶极矩；范德华力。

能力目标

1. 能运用核外电子的排布规律确定 1～36 号元素的核外电子运动状态。

2. 具备应用价键理论和杂化轨道理论解释典型分子的形成、结构及性质的能力。

3. 会用氢键解释物质的特殊性。

素质目标

通过本章学习，帮助学生树立马克思主义的物质观，明辨微观物质与宏观世界的密切联系，提升对自然界和人类社会具有客观性的认知水平；同时明白为人处事要守本分、守规矩的道理，正确处理个人与集体的关系，提升团队意识和道德品质。

自然界中的大多数元素在人体中都存在，很多还具有重要的生理作用。氧、碳、氢、氮、钙、磷、钾、硫、钠、氯和镁，在人体中含量均大于体重的 0.01%，称为人体常量元素，每日膳食需要量超过 100mg。铁、碘、锌、硒、铜、钼、铬、钴是人体必需的 8 种微量元素，缺乏可能会生病，甚至死亡。

第一节　原子结构

PPT

人类对原子的认识经历了一个漫长的过程。1803 年，英国化学家道尔顿（J. Dalton，1766—1844）创立了原子论，认为原子是一个不可再分的实心球体，提出了第一个原子结构模型——实心球模型。1897 年，英国的物理学家汤姆逊（J. Thomson，1856—1940）发现了电子，否定了道尔顿的实心球模型，并于 1904 年提出了第二个原子结构模型——葡萄干蛋糕模型。1911 年，英国著名科学家卢瑟福（E. Rutherford，1871—1931）根据 α 粒子散射实验提出了原子有核结构模型。1913 年，丹麦物理学家玻尔（N. Bohr，1885—1962）发现电子跃迁时会吸收或释放能量，提出了核外电子分层排布的原子结构模型。1926 年奥地利物理学家薛定谔（E. Schrödinger，1887—1961）提出了薛定谔方程，为原子的电子云模型建立奠定基础。

情境导入 1-1

情境 1927年德国物理学家海森堡提出了不确定原理：电子等微观粒子的位置与动量不可能同时被确定，曾译为“测不准原理”。不确定原理是量子力学的基本原理，不仅应用于物理、化学方面，在信息技术领域也有重要应用。根据该原理建立的量子加密是“地表最强加密手段”。如今，量子科学在量子计算、量子通信、量子网络、量子仿真等领域不断实现新突破。

参考答案

问题 1. 除电子外，还有哪些粒子具有不确定性？

2. 什么是量子？量子具有什么特性？

一、核外电子的运动状态

电子等微观粒子的运动规律与宏观物体的不同，因其具有特殊性（波粒二象性和不确定性），不能用经典力学理论解释，要以量子力学理论为基础。

（一）电子的运动区域及自旋状态

电子在原子核外某一区域内高速运动，描述一个电子的运动状态就是确定该电子所属电子层、电子亚层、原子轨道和自旋方向。

1. 电子层 高速运动的电子具有一定的能量。实验证明，电子离核越近，能量越低；离核越远，能量越高。依据电子离核远近，将核外空间分为不同的电子层，目前发现有7个电子层，分别用K、L、M、N、O、P、Q表示。K层中的电子离核最近，能量最低。不同电子层的空间区域大小不同，容纳的电子数也不同。如K层空间区域最小，容纳的电子最少。

2. 电子亚层 在同一电子层中运动的电子，能量也可能有差别。因此，一个电子层被划分为若干亚层，目前发现有4个亚层，称为第一、第二、第三、第四电子亚层，分别用符号s、p、d、f表示。K层只有1个亚层，L层包含2个亚层，M层包含3个亚层，N层包含4个亚层；依次类推，O、P、Q层应该包括5、6、7个亚层，但实际上没有，各电子层包含的亚层符号和数量见表1-1。

表1-1 各电子层包含的电子亚层

电子层序数	电子层符号	电子亚层符号	电子亚层数量
1	K	1s	1
2	L	2s 2p	2
3	M	3s 3p 3d	3
4	N	4s 4p 4d 4f	4
5	O	5s 5p 5d 5f	4
6	P	6s 6p 6d	3
7	Q	7s 7p	2

同一原子中的不同电子亚层具有不同的能量，因此电子亚层又称为能级。同一电子层中不同亚层的能量依次增大，如 $E_{4s} < E_{4p} < E_{4d} < E_{4f}$；不同电子层中同种亚层的能量随电子层数的增大依次增大，如 $E_{1s} < E_{2s} < E_{3s} < E_{4s} < E_{5s} < E_{6s} < E_{7s}$。

3. 原子轨道 电子亚层还可以划分为更小的区域，也就是原子轨道。原子轨道不仅具有一定的形状，在空间还具有一定的伸展方向。各亚层包含的轨道数量和形状见表1-2。

表 1－2 各电子亚层包含的原子轨道数量和形状

电子亚层	原子轨道	
	数量	形状
s	1	球形
p	3	哑铃形
d	5	花瓣形
f	7	八瓣形

s 亚层只有 1 个轨道，称为 s 轨道，其角度分布图是以原子核为中心的球体；p 亚层包含 3 个原子轨道，即 p_x、p_y、p_z轨道，其角度分布图是以坐标轴为对称轴的哑铃形。s、p 轨道的角度分布图见图 1－1。

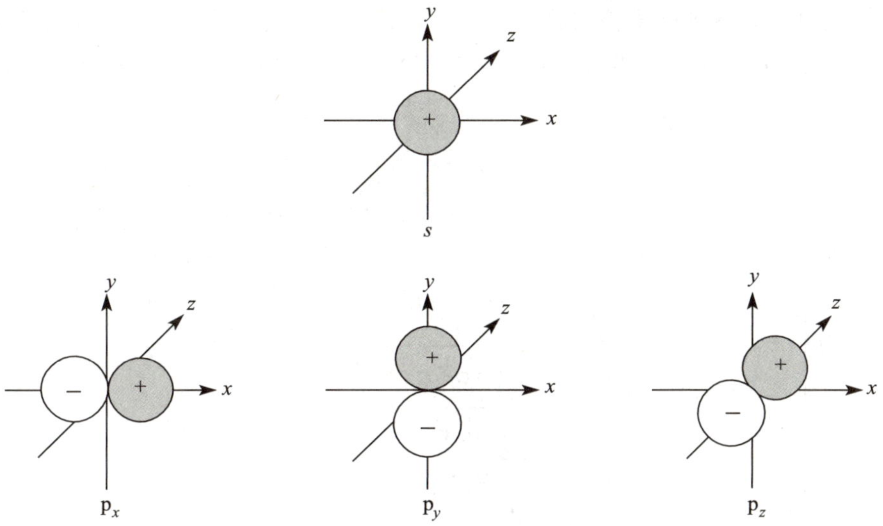

图 1－1 s、p 轨道角度分布图

原子轨道角度分布图中的“＋”和“－”代表波函数的波相。同一亚层中的不同轨道能量相同，称为简并轨道或等价轨道。p 亚层有 3 个简并轨道，d 亚层有 5 个简并轨道，f 亚层有 7 个简并轨道。

描述电子的运动状态常使用电子云这一概念。电子云是指电子在核外空间某处出现的概率密度。电子云的角度分布图与原子轨道的相似，s、p 电子云的角度分布图见图 1－2。

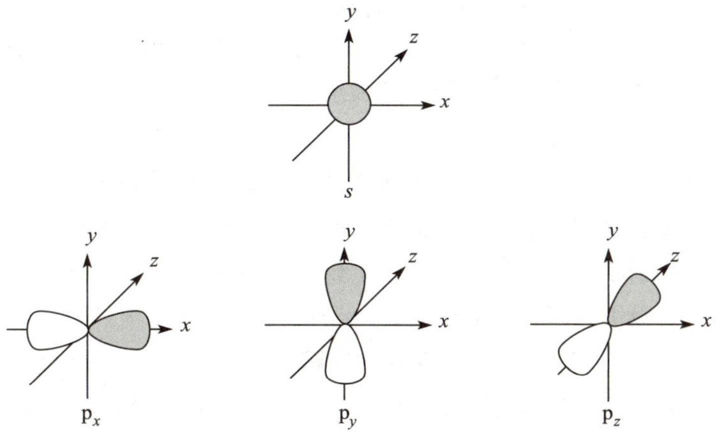

图 1－2 s、p 电子云角度分布图

比较原子轨道和电子云的角度分布图可以发现，二者有两点不同。一是电子云角度分布图略“瘦”；二是电子云角度分布图没有正、负相之分。

4. 电子的自旋 电子除绕核运动外，其自身还作自旋运动，有两种不同的自旋状态，即顺时针和逆时针，常用向上箭头↑和向下箭头↓表示。

练一练 1-1

说明下列各符号的意义，并比较其能量大小。

3s　　　　4p　　　　5d

参考答案

（二）多电子原子轨道的能级

多电子原子中的电子既受到原子核的吸引，又受到其他电子的排斥，各亚层能量顺序比较复杂，美国化学家鲍林（L. Pauling，1901—1994）根据光谱实验结果，绘制了多电子原子轨道的近似能级图，见图1-3。

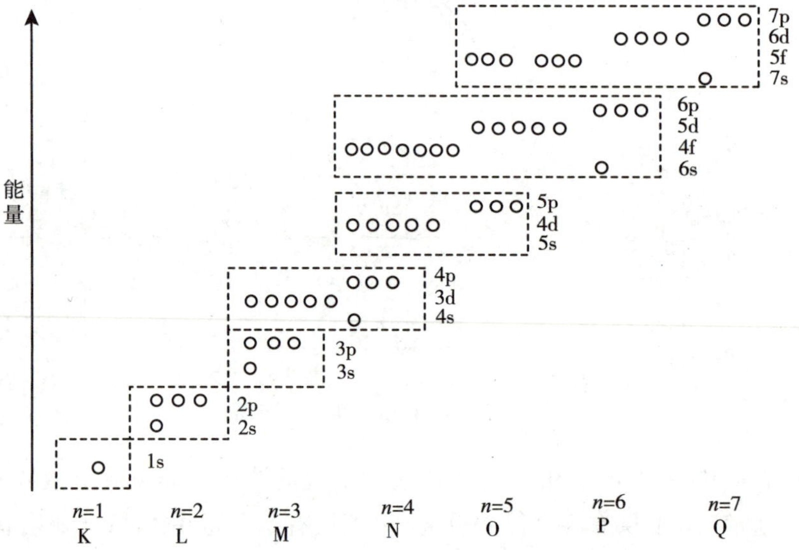

图1-3　多电子原子轨道的近似能级图

1. 能级组 在近似能级图中，将能量相近的能级划为一组，放在一个方框里，称为能级组。同一能级组内各能级之间的能量相差比较小，不同能级组之间的能量相差比较大。近似能级图中每一个小圆圈代表一个原子轨道，从第2能级组开始，每一能级组都是从s能级开始至p能级结束，各能级组序数等于其最高电子层数。

2. 能级交错现象 从第4能级组开始，出现内电子层能级的能量高于外电子层能级的情况，称为能级交错现象。例如，$E_{3d}>E_{4s}$、$E_{4f}>E_{6s}$。能级交错现象只发生在离核较远的电子层之间，可以用屏蔽效应和钻穿效应解释。在多电子原子中，每一个电子不仅受到带正电荷的原子核吸引，还受到其他电子的排斥作用。原子核对电子的吸引力因其他电子对该电子的排斥而被削弱的现象，称为屏蔽效应。s轨道的电子受到的屏蔽作用最小，而f轨道的电子受到的屏蔽作用最大。离核较远的电子有钻到离核较近的内层空间靠近原子核的倾向，这一现象称为钻穿效应。s亚层只有1个球形的s轨道，电子钻穿效应最强；f亚层的轨道形状最复杂、轨道数量最多，电子钻穿效应最弱。

二、核外电子的排布规律

基态原子中的电子在核外的运动一般遵循泡利不相容原理、能量最低原理、洪特规则及洪特规则的特例。

（一）泡利不相容原理

1925 年，奥地利物理学家泡利（W. Pauli，1900—1957）发现：在同一原子中不可能有运动状态完全相同的电子存在，这一原理称为泡利不相容原理，简称泡利原理。由泡利不相容原理可以推知：一个原子轨道只能容纳 2 个电子，且自旋方向相反；s、p、d、f 亚层最多容纳 2、6、10、14 个电子，K、L、M、N 层最多容纳 2、8、18、32 个电子，即第 n 电子层最多可以容纳 $2n^2$（$n \leqslant 4$）个电子。

（二）能量最低原理

体系的能量越低越稳定，这是自然界的普遍规律，基态原子中的电子也遵循这一规律。在不违背泡利不相容原理的前提下，基态原子中的电子总是尽可能地占据能量比较低的原子轨道，只有当能量低的轨道充满后，电子才进入能量高的轨道，此规律称为能量最低原理。电子填入轨道的顺序一般遵循多电子原子近似能级图的能量高低顺序。

核外电子的排布称为电子层结构，简称电子构型。可以用电子排布式和轨道表示式表示电子构型。1～5 号基态原子电子构型的电子排布式和轨道表示式如下：

原子	电子排布式	轨道表示式 1s	2s	2p		
H	$1s^1$	↑				
He	$1s^2$	↑↓				
Li	$1s^22s^1$	↑↓	↑			
Be	$1s^22s^2$	↑↓	↑↓			
B	$1s^22s^22p^1$	↑↓	↑↓	↑		

（三）洪特规则及洪特规则的特例

1925 年，德国物理学家洪特（F. Hund，1896—1997）发现，简并轨道上的电子总是尽可能分占不同的轨道，且自旋方向相同，这种排列使体系的能量最低、最稳定，这就是洪特规则。例如，基态碳原子和氮原子电子构型的电子排布式和轨道表示式如下：

原子	电子排布式	轨道表示式 1s	2s	2p		
C	$1s^22s^22p^2$	↑↓	↑↓	↑	↑	
N	$1s^22s^22p^3$	↑↓	↑↓	↑	↑	↑

简并轨道处于全充满、半充满或全空时，体系具有额外的稳定性，这个规律称为洪特规则的特例。简并轨道的全充满、半充满和全空的电子数目如下：

全充满：p^6、d^{10}、f^{14}

半充满：p^3、d^5、f^7

全　空：p^0、d^0、f^0

例如，基态铬原子的核外电子排布遵循洪特规则的特例。^{24}Cr 的电子排布式和轨道表示式如下：

$$1s^22s^22p^63s^23p^63d^54s^1$$

1s	2s	2p			3s	3p			3d					4s
↑↓	↑↓	↑↓	↑↓	↑↓	↑↓	↑↓	↑↓	↑↓	↑	↑	↑	↑	↑	↑

应该注意的是，大多数基态原子的电子层结构都符合核外电子排布规律，但也有例外的情况。用电子排布式表示核外电子比较多的电子构型时非常麻烦，因其内部的电子层结构与某一稀有气体的电子层结构相同，常在方括号内写上该稀有气体的元素符号表示，称为原子实。用原子实表示原子内层电子的电子排布简化式，称为原子实表示式。例如：

原子	电子排布式	原子实表示式
^{11}Na	$1s^22s^22p^63s^1$	[Ne] $3s^1$
^{27}Co	$1s^22s^22p^63s^23p^63d^74s^2$	[Ar] $3d^74s^2$

原子中参与成键的外围电子称为价电子。主族元素的价电子就是其最外层电子，副族元素的价电子既包括最外层电子，也包括次外层或第三外层的电子。为了简便地表示原子核外的电子层结构，可以省略原子实，用电子排布式或轨道表示式只表示出原子的价电子，称为价电子层结构，简称价电子构型。例如，硫的价电子构型电子排布式为 $3s^23p^4$。

知识链接

硒元素与人体健康

硒是一种维持人体正常功能的微量元素，具有抗氧化、增强人体免疫力、清除人体有害垃圾、促进人体健康、延缓衰老等功效。人体缺硒会导致多种疾病产生，心血管疾病、癌症、消化性溃疡、糖尿病、肝炎、近视等都与缺硒有关。在配方奶粉中添加亚硒酸钠可以补充微量元素硒。

三、元素周期表的构成

1869 年，俄国化学家门捷列夫（1834—1907）将当时已知的 63 种元素按相对原子质量大小排列成表，制作成了第一张元素周期表，并利用周期表成功地预见了当时尚未发现的一些元素。2015 年底，国际纯粹与应用化学联合会确认了人工合成的 113 号、115 号、117 号和 118 号等 4 个新元素。至此，元素周期表的 7 个周期全都填满。

（一）周期

元素周期表中的横行称为周期，共有 7 个横行，也就是 7 个周期。按照原子序数递增顺序，将电子层数相同的一系列元素排列在同一周期中。

1. 周期的类别 第 1 周期只包含 2 种元素，称为特短周期；第 2、3 周期各包含 8 种元素，称为短周期；第 4、5 周期各包含 18 种元素，称为长周期；第 6、7 周期各包含 32 种元素，称为特长周期。

2. 周期的特点 除第 1 周期外，其余周期都是从活泼的金属元素（碱金属）开始，逐渐过渡到活泼的非金属元素（卤素），最后以稀有气体元素结束。

3. 镧系元素和锕系元素 第 6 周期中 57 号元素镧至 71 号元素镥，这 15 种元素的电子层结构和性质非常相似，统称为镧系元素；第 7 周期中也有一组类似的锕系元素。为了使周期表的结构紧凑，将这 30 种元素按原子序数递增顺序分列 2 个横行，放在表的下方，实际上每一种元素在周期表中还是占一格。

4. 周期与能级组的关系 周期序数与能级组序数彼此对应，各周期中包含的元素种数与各能级组最多容纳的电子数相同，见表 1-3。

表 1-3 周期与能级组的对应关系

周期序数	周期中包含的元素种数	能级组序数	能级组包含的亚层	能级组最多容纳的电子数
1	2	1	1s	2
2	8	2	2s 2p	8
3	8	3	3s 3p	8
4	18	4	4s 3d 4p	18
5	18	5	5s 4d 5p	18
6	32	6	6s 4f 5d 6p	32
7	32	7	7s 5f 6d 7p	32

（二）族

元素周期表中的纵列称为族，共有 18 列，分为 16 个族，族序数用罗马数字表示，即 8 个主族（ⅠA～ⅧA）和 8 个副族（ⅠB～ⅧB）。其中ⅧA 族是稀有气体元素，又称为 0 族；ⅧB 族包括 3 个纵列，又称为Ⅷ族。

1. 主族 主族元素分列于元素周期表的两侧，其族序数等于原子的最外层电子数，即价电子数。

2. 副族 完全由长周期元素构成的族称为副族。副族元素也称为过渡元素，镧系元素和锕系元素又称为内过渡元素。ⅢB～ⅦB 族元素的价电子数等于其族序数，如 ^{25}Mn 的电子构型为 $1s^22s^22p^63s^23p^63d^54s^2$，价电子构型为 $3d^54s^2$，所以 Mn 属于ⅦB 族；而Ⅷ族和 IB、ⅡB 族元素的价电子数与其族序数不一致，如 ^{30}Zn 的电子构型为 $1s^22s^22p^63s^23p^63d^{10}4s^2$，价电子构型为 $3d^{10}4s^2$，价电子数为 12，而 Zn 属于ⅡB 族。

（三）区

根据各元素的电子层结构特点，把元素周期表划分为 5 个区，见图 1-4。

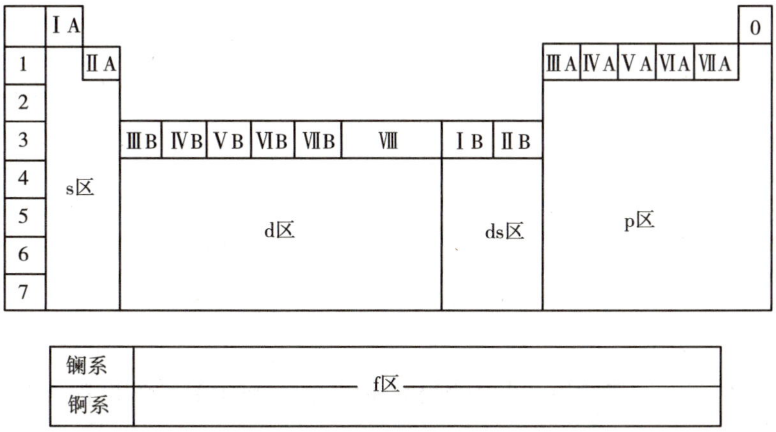

图 1-4 元素周期表的分区

1. s 区元素 最后 1 个电子填充在 s 轨道上的元素（不包括氦）称为 s 区元素，位于周期表的左侧，包括ⅠA 和ⅡA 族，价电子构型为 $ns^{1\sim2}$。该区元素容易失去最外层电子，形成 +1 或 +2 价离子；除氢元素外，都是活泼金属元素。

2. p 区元素 最后 1 个电子填充在 p 轨道上的元素，称为 p 区元素，位于周期表的右侧，包括ⅢA～ⅧA 族元素，价电子构型是 $ns^2np^{1\sim6}$。

3. d 区元素 最后 1 个电子填充在次外层 d 轨道上的元素称为 d 区元素，位于周期表的中部，价电

子构型为 $(n-1)d^{1\sim10}ns^{0\sim2}$，包括ⅢB～ⅧB族元素。d区元素均为金属元素，常有可变化合价。

4. ds区元素 最后1个电子填充在次外层d轨道上且全充满的元素称为ds区元素，在周期表中处于d区和p区之间，包括ⅠB和ⅡB族，价电子构型为 $(n-1)d^{10}ns^{1\sim2}$。

5. f区元素 最后1个电子填充在 $(n-2)f$ 轨道上（有些元素例外）的元素称为f区元素，包括镧系元素和锕系元素，价电子构型为 $(n-2)f^{0\sim14}(n-1)d^{0\sim2}ns^2$。

四、元素性质的周期性

随着原子序数的递增，原子最外层电子数从1个递增到8个（K层是2个），达到稳定结构，之后又会重复这种情况，即原子的电子层结构呈周期性变化。元素的基本性质与原子结构密切相关，也呈现明显的周期性变化。在此介绍元素电负性、电离能的周期性变化规律。

（一）电负性

电负性是指分子中原子吸引电子的能力。1932年，美国化学家鲍林（L. Pauling，1901—1994）首先提出了电负性的概念，并指定氟的电负性为4.0，依此计算出其他元素的电负性相对值。电负性越大，表明元素的非金属性越强；电负性越小，元素的金属性越强。一般来说，金属元素的电负性在2.0以下，非金属的电负性在2.0以上，但这不是一个严格的界限。ⅠA～ⅦA部分元素的电负性见表1-4。

表1-4 一些元素的电负性

ⅠA	ⅡA	ⅢA	ⅣA	ⅤA	ⅥA	ⅦA
H 2.1						
Li 1.0	Be 1.5	B 2.0	C 2.5	N 3.0	O 3.5	F 4.0
Na 0.9	Mg 1.2	Al 1.5	Si 1.8	P 2.1	S 2.5	Cl 3.0
K 0.8	Ca 1.0	Ga 1.6	Ge 1.8	As 2.0	Se 2.4	Br 2.8
Rb 0.8	Sr 1.0	In 1.7	Sn 1.8	Sb 1.9	Te 2.1	I 2.5
Cs 0.7	Ba 0.9	Tl 1.8	Pb 1.9	Bi 1.9	Po 2.0	At 2.2

由表1-4中的电负性值可知，同一周期中主族元素的电负性从左到右递增，同一主族元素的电负性从上到下递减。

（二）电离能

从处于基态的气态分子、原子或原子团上将1个电子移出所需要的能量称为第一电离能，用符号 I_1 表示，单位为kJ/mol，电离方程式为 $M(g) \longrightarrow M^+(g) + e^-$；正一价阳离子再失去一个电子成为正二价阳离子所消耗的能量，称为第二电离能，用符号 I_2 表示，电离方程式为 $M^+(g) \longrightarrow M^{2+}(g) + e^-$；依此类推，有第 n 电离能。如氧原子的各级电离能见表1-5。

表1-5 氧原子的电离能 kJ/mol

I_1	I_2	I_3	I_4	I_5	I_6	I_7	I_8
1313.9	3388.3	5300.5	7469.2	10989.5	13326.5	71330.0	84078.0

由表1-5中数据可知，同一原子的各级电离能依次增大，即 $I_1 < I_2 < I_3 \cdots < I_n$。电离能的大小反映

出原子失去电子的倾向，即金属性强弱。电离能越小，表明原子越容易失去电子，金属性越强。1～6周期主族元素的第一电离能见表1－6。

表1－6　1～6周期主族元素的第一电离能　　kJ/mol

ⅠA	ⅡA	ⅢA	ⅣA	ⅤA	ⅥA	ⅦA	0
H 1312.0							He 2372.3
Li 520.3	Be 899.5	B 800.6	C 1086.4	N 1402.3	O 1313.9	F 16811.0	Ne 2080.7
Na 495.8	Mg 737.7	Al 577.6	Si 786.5	P 1011.8	S 999.6	Cl 1251.1	Ar 1520.5
K 418.9	Ca 589.8	Ga 578.8	Ge 762.2	As 944.0	Se 940.9	Br 1139.9	Kr 1350.7
Rb 403.0	Sr 549.5	In 558.3	Sn 708.6	Sb 831.6	Te 869.3	I 1008.4	Xe 1170.4
Cs 375.7	Ba 502.9	Tl 589.3	Pb 715.5	Bi 703.39	Po 812.0	At 916.7	Rn 1037.0

由表1－6可知，元素的第一电离能随原子序数的递增具有周期性变化规律。同一周期中主族元素的第一电离能从左到右逐渐增大，其中具有全充满或半充满价电子层结构的原子（ⅡA、ⅤA族和0族元素）第一电离能偏大。同一主族元素的第一电离能从上到下递减。

元素周期律揭示了原子结构与元素性质的内在联系，元素性质的周期性变化是原子核外电子排布周期性变化的必然结果。元素性质的这种周期性变化，并不是简单地、机械地重复，而是在相似性上的发展变化。因此，根据元素在周期表中的位置，可以推断该元素具有的一般性质；根据某一元素的性质，可以大致推知同族中其他元素的性质。

第二节　分子结构

PPT

分子结构不同，物质性质不同；分子结构相似，则性质相似。分子结构是指构成分子的原子组成、原子间的连接顺序、连接方式、原子和原子团的空间排列、分子中电子的分布状态等。纯净物中，相邻原子或离子之间强烈的相互作用力，称为化学键，化学键分为离子键、共价键和金属键三种类型。在此只介绍离子键和共价键。

一、离子键

（一）离子键的形成

活泼金属元素的电负性较小，而活泼非金属元素的电负性较大，当它们相互接近时为形成稳定结构，金属原子失去电子成为正离子，非金属原子得到电子成为负离子，正、负离子相互吸引形成化学键。这种原子之间发生电子转移形成正离子、负离子，二者之间由于静电作用所形成的化学键称为离子键。例如，金属钠和氯气通过电子转移以离子键结合为氯化钠，其形成过程用电子排布式表示为：

$$Na \quad 2s^22p^63s^1 - e^- \longrightarrow 2s^22p^6 \quad Na^+$$

$$Cl \quad 3s^23p^5 + e^- \longrightarrow 3s^23p^6 \quad Cl^-$$

$$Na^+ + Cl^- \longrightarrow NaCl$$

Na的电负性为0.9，Cl的电负性为3.0，二者之间电负性差值为2.1，形成的是离子键。一般情况成键原子电负性差值大于1.7，便形成离子键。

（二）离子键的特点

离子键既没有方向性，又没有饱和性。离子的电荷分布呈球形对称状态，每个离子在任何方向上都能与带相反电荷的离子产生静电吸引，所以离子键没有方向性。每个离子都尽可能多地吸引带相反电荷的离子，不受离子本身所带电荷数量的限制，因此离子键也没有饱和性。

（三）离子晶体

由离子键结合而成的化合物称为离子化合物。离子化合物的熔点和沸点较高，常以晶体形式存在，所以又称为离子晶体。离子化合物一般具有以下通性。

（1）在常温下以固体存在。

（2）熔点和沸点较高。

（3）常温下蒸气压极低。

（4）晶体本身不导电，但在熔融状态或在水溶液中能导电。

（5）多数易溶于水，难溶于有机溶剂。

情境导入 1-2

情境 氯是人体必需的11种常量元素之一，具有调节细胞外液容量与渗透压，维持酸碱平衡，参与血液 CO_2 运输等功能，成人每天通过膳食摄入超过2000mg的氯。

问题 1. 氯是活泼的非金属元素，与活泼的金属元素以离子键结合，与非金属元素之间以何种化学键相结合？为什么？

2. 请写出氯化氢、四氯化碳的电子式。

参考答案

二、共价键 微课1 微课2

分子中原子之间通过共用电子对所形成的化学键，称为共价键。关于共价键的理论研究成果非常丰富，主要有现代价键理论和分子轨道理论，其中现代价键理论包括价键理论、杂化轨道理论及价层电子对互斥理论。在此仅介绍价键理论和杂化轨道理论。

（一）价键理论的基本要点

原子通过原子轨道重叠结合为分子，形成了一个电子云密度相对较大的区域，这是基于电子定域观点，也是价键理论的基础。

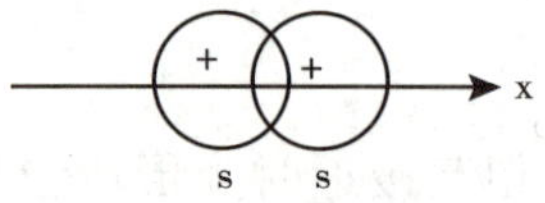

图1-5 s轨道重叠形成σ键

1. 形成共价键的条件 具有自旋方向相反的未成对电子的2个原子互相接近时，可以配对形成稳定的共价键，称为电子配对原理。例如，氢原子有1个未成对电子，2个氢原子可以配对形成共价键，就是1s原子轨道或电子云相互重叠。原子轨道波相相同的部分重叠才能形成稳定的共价键，2个氢原子的s轨道重叠情况见图1-5。

2. 共价键具有饱和性 一个原子形成共价键的数目受其未成对电子数目的限制，已成键的电子不能再与其他原子的电子配对成键，这就是共价键的饱和性。

例如，氧原子有2个未成对电子，可以与2个氢原子形成O—H键；氮原子有3个未成对电子，可以与3个氢原子形成N—H键。

3. 共价键具有方向性 成键时原子轨道重叠程度越大，形成的共价键越牢固，这一原理称为最大重叠原理。这一观点说明了共价键具有方向性。

除 s 轨道外，其他原子轨道都具有方向性。当 s 轨道沿着 p 轨道的对称轴方向靠近，重叠程度最大，可以形成稳定的共价键，见图 1－6（a）；而沿其他方向靠近时，没有重叠或重叠部分比较小，见图 1－6（b）和图 1－6（c）。

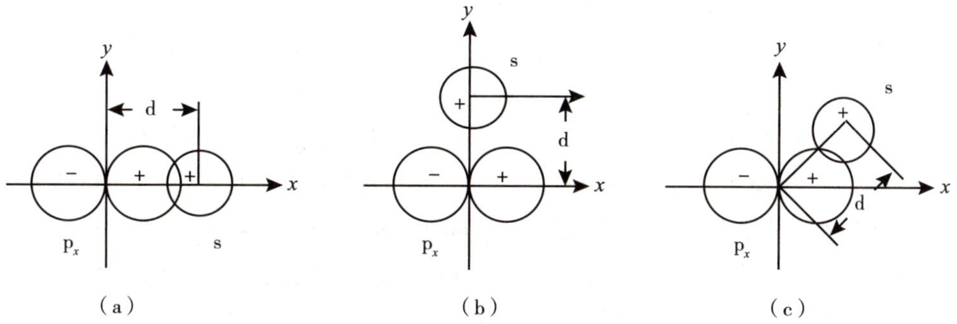

图 1－6　s 轨道与 p 轨道沿不同方向重叠

价键理论阐明了共价键的形成过程和本质，并成功地解释了共价键的饱和性和方向性，但只能说明 H_2、HCl 等一些简单分子的形成。

（二）共价键的类型

根据成键时原子轨道的重叠方式不同，可以将共价键分为 σ 键、π 键等类型。

1. σ 键　2 个原子的原子轨道沿着轨道对称轴方向以“头碰头”的方式重叠，形成的共价键称为 σ 键。p 轨道以“头碰头”方式重叠形成的 σ 键见图 1－7。

σ 键的特点是重叠程度大，重叠部分集中于 2 个原子核之间，关于键轴呈圆柱形对称分布，比较稳定；形成 σ 键的 2 个原子可以自由旋转，在 2 个原子间只能形成 1 个 σ 键。

2. π 键　原子在形成 σ 键时，如果在垂直 σ 键的方向上有相互平行的 p 轨道，p 轨道就会从侧面以“肩并肩”的方式重叠，形成的共价键称为 π 键。p_y 轨道以“肩并肩”方式重叠形成的 π 键见图 1－8。

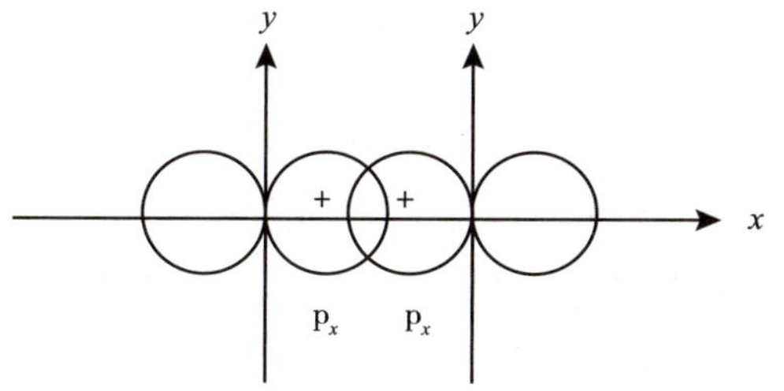

图 1－7　p 轨道“头碰头”重叠形成 σ 键

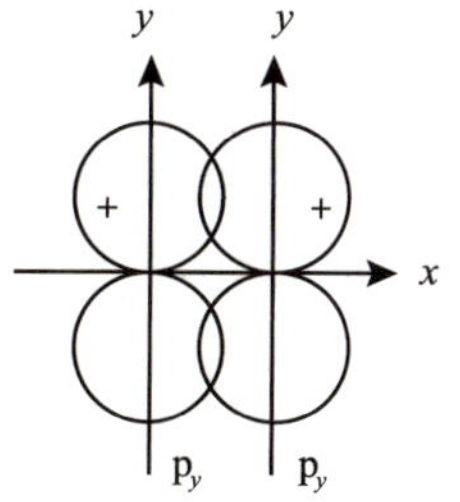

图 1－8　p 轨道“肩并肩”重叠形成 π 键

与 σ 键相比，π 键重叠程度小，π 键重叠部分分布在节面的两侧，离原子核比较远，电子的流动性大，不稳定；π 键不能单独存在，只能与 σ 键共存，2 个原子之间可以形成 1 个或 2 个 π 键，形成 π 键的 2 个原子不能自由旋转。

（三）共价键参数

键长、键能、键角及键的极性是表征共价键性质的物理量，称为键参数。

1. 键长　分子中两个成键原子核间的平均距离称为键长。例如，氢分子中两个氢原子的核间距为 74pm，即 H—H 的键长为 74pm。一般来说，键长越长，原子核间距离越大，键的强度越弱，稳定性越差。如 H—F、H—Cl、H—Br、H—I 的键长依次递增，分子的热稳定性也依次降低。键长与成键原子的半径及所形成的共用电子对数目等有关。

2. 键角 一个原子周围如果形成2个或2个以上的共价键，那么共价键之间有一定的夹角，这个夹角就是共价键的键角。键角是由共价键的方向性决定的，键角反映了分子的空间结构。例如，水是V型分子，水分子的键角为104.5°。

3. 键能 以能量表征化学键强弱的物理量称为键能，单位是kJ/mol。断开1mol H—H键需要吸收436kJ的能量，反之，形成1mol H—H键释放436kJ的能量，这就是H—H键的键能。一般来说，键能越大，表明键越牢固，由该键构成的分子也就越稳定。键能的大小与成键原子的核电荷数、电子层结构、原子半径、共用电子对数目等有关，化学反应的热效应也与键能的大小有关。

4. 键的极性 根据共用电子对是否偏移，将共价键分为极性键和非极性键。同种原子间形成的共价键，2个原子吸引电子的能力相同，共用电子对不偏向任何一方，这样的共价键正电荷重心与负电荷重心重合，称为非极性键。例如，2个氢原子形成的H—H键是非极性键。不同原子间形成的共价键，2个原子吸引电子的能力不同，共用电子对偏向电负性大的一方，这样的共价键正电荷重心与负电荷重心不重合，称为极性键。例如H—Cl键是极性键。成键的2个原子电负性差值越大，键的极性越大。

（四）杂化轨道理论的基本要点

很多分子的形成和结构，价键理论都无法解释。例如，价键理论不能说明1个碳原子可以与4个氢原子结合形成正四面体的甲烷分子及其键角109.5°，也不能解释水分子的键角是104.5°而非90°。在价键理论的基础上发展起来的杂化轨道理论可以给出合理的解释。

（1）原子形成分子时，能量相近的不同类型的原子轨道相混合，重新组合成一组新轨道的过程称为杂化，形成的新轨道称为杂化轨道。

（2）杂化后，原子轨道的伸展方向、形状和能量都发生了改变，但轨道的数目不变。

（3）杂化的原因是增强成键能力，符合最大重叠原理；杂化轨道对称分布，使电子相距最远，分子更稳定。

（4）轨道的杂化分为等性杂化和不等性杂化。

杂化轨道理论包含能量相近、能量均分、数量守恒、对称分布和最大重叠五项基本原则。

（五）s－p型杂化

能量相近的ns和np轨道可以进行杂化，形成sp^3、sp^2、sp型杂化，包括等性杂化和不等性杂化。

1. sp^3杂化 1个ns轨道和3个np轨道进行杂化，重新组合成4个新轨道的过程称为sp^3杂化。每个sp^3杂化轨道都包含1/4的s轨道成分和3/4的p轨道成分，4个sp^3杂化轨道对称分布为正四面体构型，轨道对称轴之间的夹角为109°28′，见图1－9。

例如，甲烷分子中的碳原子与氢原子成键时，基态碳原子中2s轨道的1个电子吸收能量，跃迁到2p轨道上，形成包含4个单电子的激发态；激发态碳原子的1个2s轨道与3个2p轨道重新组合，形成4个能量相等、形状相同的sp^3杂化轨道。碳原子sp^3杂化过程的轨道表示式如下：

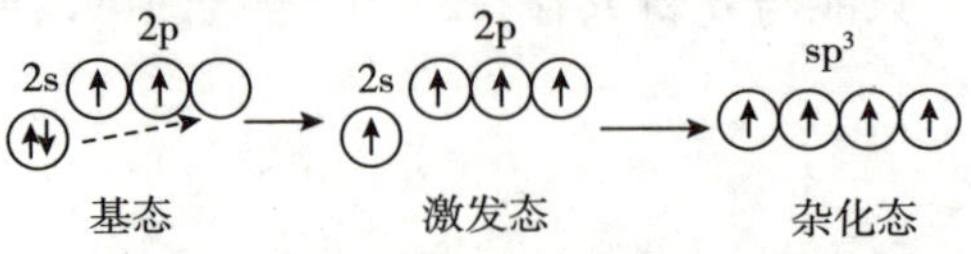

4个氢原子的1s轨道沿碳原子的sp^3杂化轨道对称轴的方向“头碰头”重叠，形成4个完全相同的C—H键；因此，甲烷分子呈正四面体形，键角恰好为是10°28′，见图1－10。

图 1－9　sp^3 杂化轨道

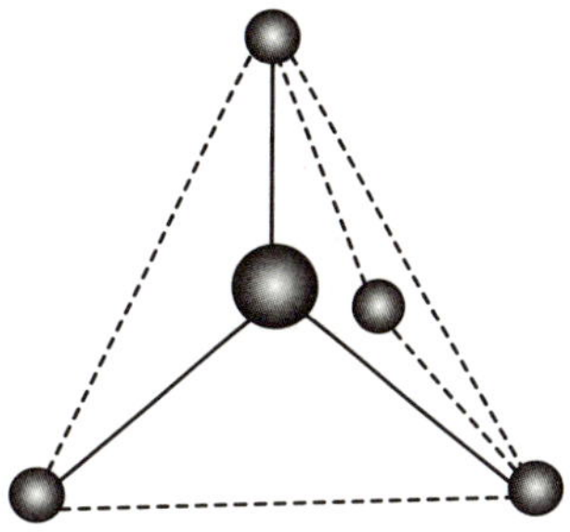

图 1－10　甲烷分子的空间结构

2. sp^2 杂化　1 个 ns 轨道和 2 个 np 轨道进行杂化，重新组合成 3 个新轨道的过程称为 sp^2 杂化。每个 sp^2 杂化轨道包含 1/3 的 s 轨道成分和 2/3 的 p 轨道成分，sp^2 杂化轨道对称轴之间的夹角为 120°，呈正三角形分布，未杂化的 p 轨道垂直于杂化轨道所在的平面，见图1－11。

例如，氯化硼（BCl_3）分子为正三角形结构，硼原子位于正三角形中心，3 个氯原子位于三角形顶点，3 个 B—Cl 键完全相同，键角为 120°。杂化轨道理论认为，硼原子采用 sp^2 杂化，基态硼原子中 2s 轨道的 1 个电子跃迁到 2p 轨道上，形成包含 3 个单电子的激发态；激发态硼原子的 1 个 2s 轨道与 2 个 2p 轨道发生 sp^2 杂化，形成 3 个能量等同的 sp^2 杂化轨道。硼原子 sp^2 杂化过程的轨道表示式如下：

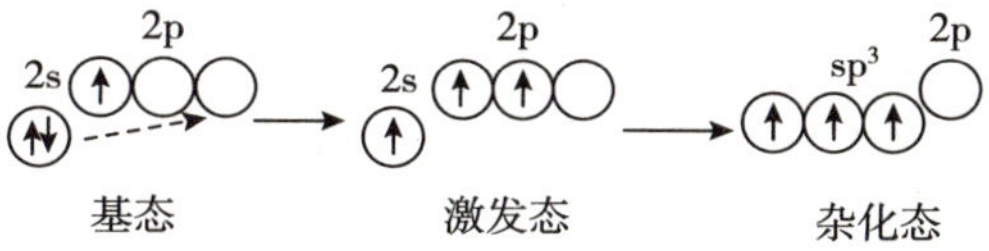

硼原子的 3 个 sp^2 杂化轨道分别与氯原子的 2p 轨道“头碰头”重叠，形成具有正三角形的氯化硼分子，见图 1－12。

图 1－11　sp^2 杂化轨道和未杂化的 p 轨道

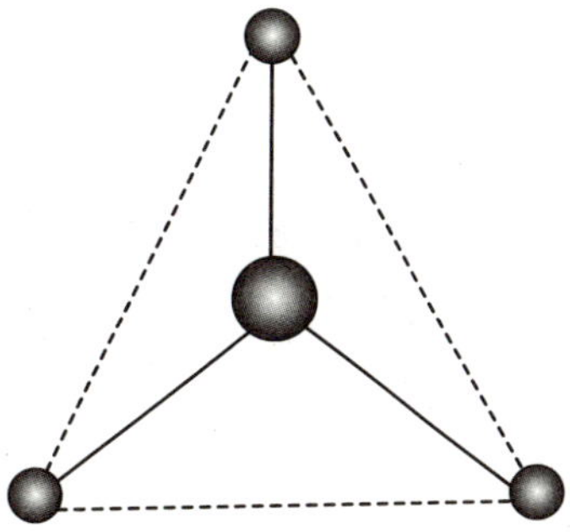

图 1－12　氯化硼分子的空间结构

3. sp 杂化　1 个 ns 轨道和 1 个 np 轨道进行杂化，重新组合成 2 个新轨道的过程称为 sp 杂化。每个 sp 杂化轨道包含 1/2 的 s 轨道成分和 1/2 的 p 的轨道成分，sp 杂化轨道对称轴之间的夹角为 180°，呈直线形；未杂化的 2 个 p 轨道分别垂直于杂化轨道，见图 1－13。

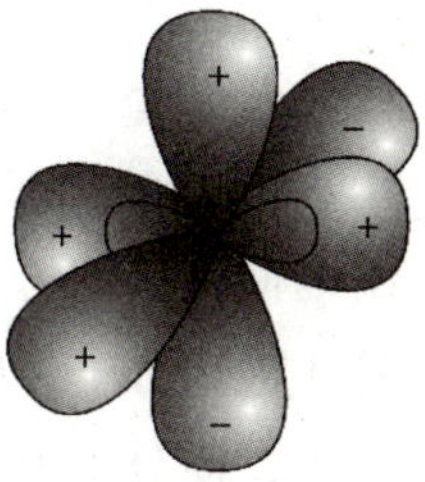

图 1－13　sp 杂化轨道和 2 个未杂化的 p 轨道

例如，氯化铍分子具有直线结构，2 个 Be—Cl 键完全相同，键角为 180°。$BeCl_2$ 中的铍原子是 sp 杂化，基态铍原子中 2s 轨道的 1 个电子跃迁到 2p 轨道上，形成激发态；激发态铍原子的一个 2s 轨道与一个 2p 轨道发生 sp 杂化，形成 2 个能量等同的 sp 杂化轨道。铍原子 sp 杂化过程的轨道表示式如下：

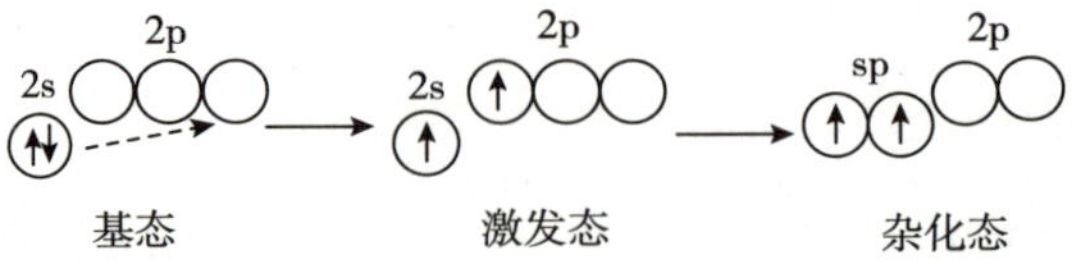

铍原子的 2 个 sp 杂化轨道分别与 2 个氯原子的 p 轨道重叠，形成具有直线结构的氯化铍分子。

4. sp^3 不等性杂化 有孤对电子参加的 sp^3 杂化，杂化轨道的形状和能量不完全相同，在空间呈四面体分布，称为 sp^3 不等性杂化。

例如，氨分子为三角锥体，键角为 107.3°。形成氨分子时，氮原子进行 sp^3 不等性杂化，4 个 sp^3 不等性杂化轨道中有 3 个杂化轨道能量略高，各有 1 个电子；另一个 sp^3 杂化轨道中有一对电子，能量比较低，占据的空间位置比较大，排挤有单电子的杂化轨道，使 3 个杂环轨道对称轴之间的夹角缩减为 107.3°，略小于 109.5°，见图 1－14。

杂化轨道理论认为，形成水分子时氧原子也进行 sp^3 不等性杂化，形成 4 个 sp^3 不等性杂化轨道。其中 2 个杂化轨道能量较低，被成对电子占据，另外 2 个杂化轨道能量略高，只有 1 个电子。有孤对电子的轨道在原子核周围所占的空间更大，排挤有单电子的 2 个 sp^3 杂化轨道，致使其对称轴夹角缩减为 104.5°。因此，形成的水分子具有 V 形结构，键角为 104.5°，见图 1－15。

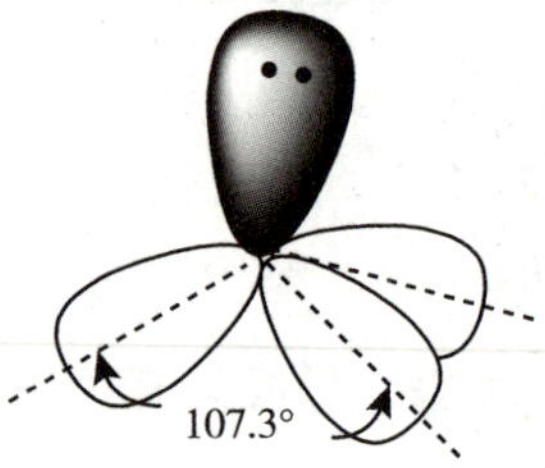

图 1－14 氮原子的 sp^3 不等性杂化轨道

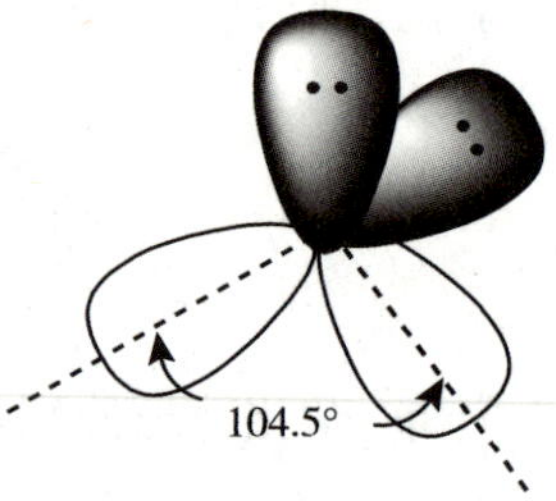

图 1－15 氧原子的 sp^3 不等性杂化轨道

练一练 1－2

杂化轨道理论认为，氨分子中的氮原子和水分子中的氧原子均采用 sp^3 不等性杂化，请画出氮原子和氧原子杂化过程的轨道表示式。

参考答案

三、极性分子和非极性分子

根据分子正、负电荷重心是否重合，把分子分为极性分子和非极性分子。非极性分子是指分子内正、负电荷重心重合的分子；极性分子是指分子内正、负电荷重心不重合的分子。

1. 双原子分子的极性 由非极性键形成的双原子分子，其共用电子对不偏向任何一个原子，整个分子中电荷分布均匀，正、负电荷重心重合，这样的分子是非极性分子。以非极性键相结合的双原子分子都是非极性分子，如 H_2、Cl_2、N_2 等。由极性键形成的双原子分子，共用电子对偏向吸引电子能力较强的原子，使分子中一端带部分负电荷，另一端带部分正电荷，整个分子中电荷分布不均匀，正、负电荷重心不重合，这样的分子是极性分子。以极性键相结合的双原子分子都是极性分子，如 HF、HCl 和 HBr。

2. 多原子分子的极性 由极性键形成的多原子分子，可能是极性分子，也可能是非极性分子，这取决于分子的空间结构。例如，二氧化碳是直线形分子，2 个碳氧键之间的键角为 180°；C＝O 键是极性键，共用电子对偏向氧原子，氧原子带部分负电荷，碳原子带部分正电荷；从 CO_2 分子整体来看，正电荷的重心在碳原子上，负电荷重心在2个氧原子连线的中点上，也是碳原子上，正、负电荷的重心重合；因而，二氧化碳分子是由极性键结合成的非极性分子。又如，水分子是V形，正、负电荷的重心不重合，则水分子是由极性键结合成的极性分子。

3. 偶极矩 是衡量分子极性大小的物理量，符号为 μ，单位为库伦·米（C·m）。偶极矩等于偶极长 l（正负电荷重心间的距离）和电量 q 的乘积。

$$\mu = l \cdot q \tag{1-1}$$

例如，H_2O 的偶极矩为 6.20×10^{-30} C·m，HCl 的偶极矩为 3.43×10^{-30} C·m。偶极矩是矢量，方向从正电荷重心指向负电荷重心。偶极矩越大，分子的极性越强；非极性分子的偶极矩为0。

PPT

第三节　分子间作用力和氢键

物质的化学性质主要取决于分子内原子间的化学键，而物理性质还会受到分子间作用力和氢键等的影响。

一、分子间作用力

分子之间存在着弱作用力，是影响物质的聚集状态（固态、液态、气态）、溶解性等的重要因素，这种分子间的作用力也称为范德华（Van der Waals）力，包括取向力、诱导力和色散力。

（一）取向力

极性分子本身具有偶极，称为固有偶极。当极性分子相互接近时，由于偶极的同极相斥、异极相吸，分子发生相对转动而定向排列，叫作“取向”。极性分子之间因固有偶极的取向而产生的相互作用力称为取向力，见图1-16。

取向力的本质是静电引力，分子极性越大，取向力就越大。另外，温度越高，取向力越小。

（二）诱导力

极性分子与非极性分子相互靠近时，极性分子的固有偶极所产生的电场使非极性分子电子云变形，偏向极性分子的正极，结果使非极性分子的电子云与原子核产生相对位移，正、负电荷重心不再重合而产生偶极，叫作诱导偶极。这种固有偶极与诱导偶极之间的相互作用力称为诱导力，见图1-17。极性分子之间除了产生取向力外，也产生诱导力。

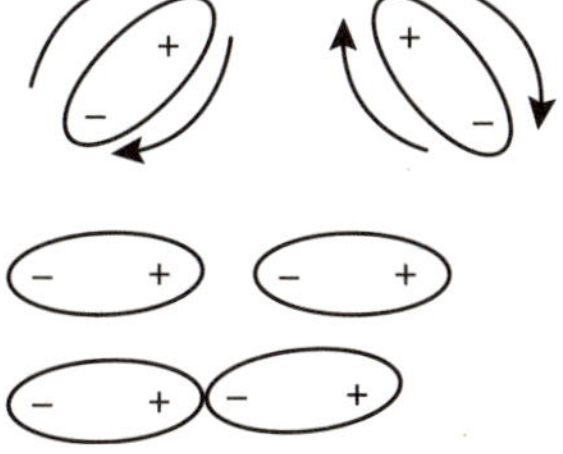

图1-16　极性分子之间的取向力

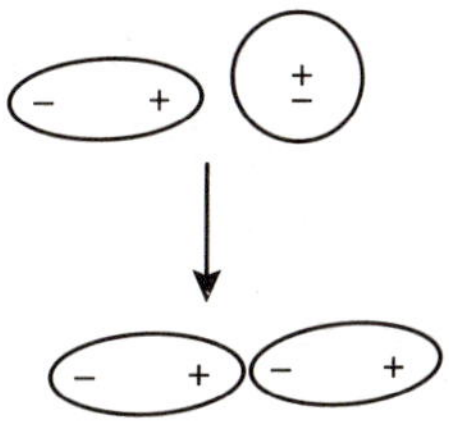

图1-17　极性分子与非极性分子的诱导力

（三）色散力

苯在室温下是液体，碘、萘是固体，N_2、O_2 和稀有气体在低温下都能凝结为液体，这些都说明非极性分子之间也存在着分子间的引力。当非极性分子相互接近时，由于分子中的电子不断运动，原子核

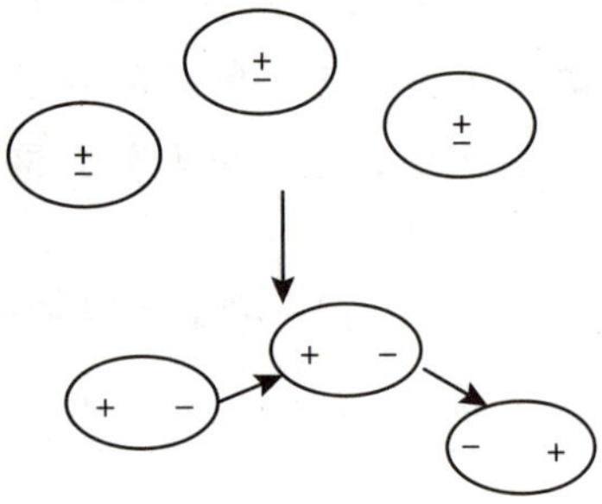

图 1－18 非极性分子之间的色散力

也不停振动，经常产生电子和原子核之间的瞬时相对位移，即正、负电荷重心发生了瞬时的不重合，从而产生瞬时偶极。而这种瞬时偶极又会诱导邻近分子产生瞬时偶极。虽然，瞬时偶极存在时间极短，但上述情况不断重复着，使得分子间始终存在着引力，这种力可从量子力学理论计算出来，因计算公式与光色散公式相似，而把这种力叫作色散力，见图 1－18。色散力的大小既取决于分子的大小，也取决于分子的形状。

分子间作用力是取向力、诱导力和色散力的总和。一般来说，极性分子与极性分子之间存在取向力、诱导力和色散力；极性分子与非极性分子之间存在诱导力和色散力，非极性分子与非极性分子之间只存在色散力。

情境导入 1－3

情境 结构和组成相似的物质，分子量越大，分子间作用力越大，熔沸点越高。可是，水的沸点（100℃）与硫化氢（－60.4℃）、硒化氢（－41.3℃）、碲化氢（－2.2℃）的相比较却反常得高；分子量相近的甲醇 CH_3OH(64.7℃)和乙烷 $CH_2=CH_2$(－88.6℃)的沸点相差悬殊；互为同分异构体的邻硝基苯酚（45℃）与对硝基苯酚（114℃）的沸点相差很大。这是因为，除范德华力外，氢键也会影响物质的物理性质。

参考答案

问题 1. 形成氢键需要具备什么条件？

2. 怎样表示氢键？

二、氢键

氢键是指已经以共价键结合的氢原子又与另一个原子形成的弱相互作用力，其强度介于化学键和范德华力之间。

（一）氢键的形成

与一个原子半径小、电负性大的 X 原子以共价键结合的氢原子，可以与另一个原子半径小、电负性大的 Y 原子形成一种弱作用力，称为氢键。可用 X—H…Y 表示，其中 X、Y 为电负性大而原子半径小的非金属原子，即 F、O 和 N；“—”代表共价键，“…”代表氢键。水分子是由极性键结合的极性分子，由于氧原子吸引电子的能力强，使氧氢键的共用电子对强烈地偏向于氧原子一方，氢原子几乎变成了一个裸露的带正电荷的原子核，这个氢原子就可以和另一个水分子中带部分负电荷的氧原子相吸引形成氢键，见图 1－19。

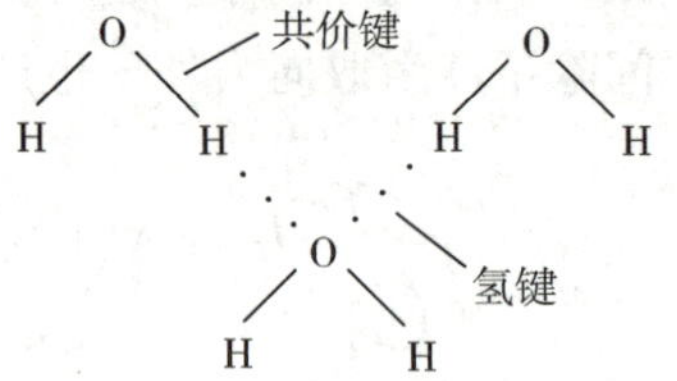

图 1－19 水分子间的氢键

（二）氢键的特点

氢键类似于共价键，也具有饱和性和方向性。

1. 饱和性 因氢原子特别小，而 X 原子和 Y 原子比较大，所以 X—H 中的氢原子只能吸引一个 Y 原子形成氢键。另外，由于负离子之间的相互排斥，其他电负性大的原子难于接近氢原子，这就是氢键的饱和性。

2. 方向性 X—H 与 Y 形成氢键时，尽可能沿 Y 中孤对电子的轨道伸展方向，即 X—H…Y 在同一条直线上。这样 H 和 Y 之间的吸引力较大，X 与 Y 之间的排斥力较小，形成的氢键相对稳定。氟化氢分子之间的氢键见图 1－20。

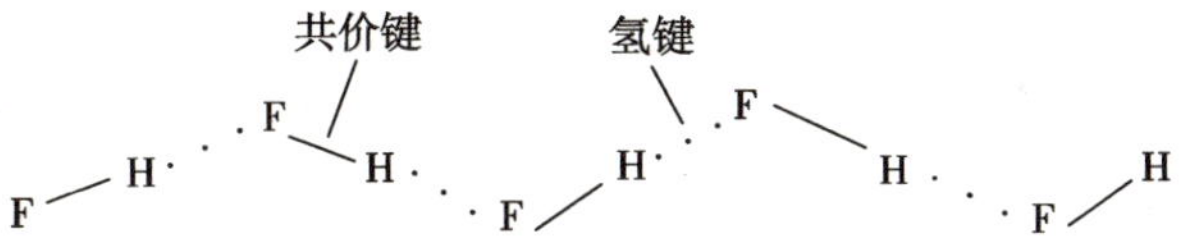

图 1－20 氟化氢分子之间的氢键

在形成分子内氢键时，氢键的方向性会受到几何形状的影响，如邻硝基苯酚借助分子内氢键形成六元环结构。

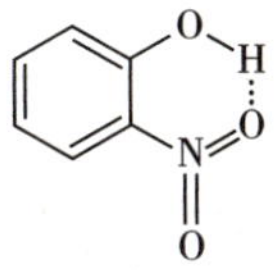

练一练 1－3

氨极易溶于水，主要原因是二者之间可以形成氢键。NH_3 与 H_2O 之间能形成几种氢键？

参考答案

（三）氢键的影响

氢键对物质的理化性质有一定影响。

1. 对熔、沸点的影响 分子间有氢键的物质熔化或气化时，除了要克服纯粹的分子间力外，还需要提供额外的能量来破坏分子间的氢键，所以这些物质的熔点、沸点比同系列氢化物的熔点、沸点高。例如，H_2O、HF、NH_3 的沸点反常高于同族元素的氢化物。但是分子内有氢键的物质熔沸点比较低，如邻硝基苯酚的熔点（45℃）比间硝基苯酚（97℃）和对硝基苯酚（115℃）的低很多。

2. 对溶解度的影响 溶质与溶剂之间的氢键使溶质分子与溶剂分子之间的结合力增强，导致溶质的溶解度较大。例如，NH_3 在水中的溶解度非常大。溶质分子内的氢键，使其在极性溶剂中的溶解度比较小，在非极性溶剂中的溶解度比较大。

练习题

答案解析

一、选择题

1. 目前发现，原子核外的电子层中最多包含（ ）个电子亚层。

A. 2　　B. 4　　C. 6　　D. 8

2. 表示第二电子亚层的符号是（ ）。

A. s　　B. p　　C. d　　D. f

3. p 轨道有（ ）种空间伸展方向。

A. 1　　B. 2　　C. 3　　D. 4

4. 同一电子亚层中的不同轨道能量相同，称为（ ）。

A. 电子层　　B. 简并轨道　　C. 原子轨道　　D. 电子云

5. 下列各亚层中，能量最高的是（ ）。

A. 4s B. 4p C. 4d D. 4f

6. 包含 5 个简并轨道的亚层是（ ）。

A. 1s B. 2p C. 3d D. 4f

7. 碱金属的价电子构型是（ ）。

A. ns^1 B. ns^2 C. $(n-1)d^{10}ns^1$ D. ns^2np^1

8. 可以重叠形成 π 键的原子轨道是（ ）。

A. s－s B. s－p C. s－sp^3 D. p－p

9. 原子轨道杂化后没有改变的是原子轨道的（ ）。

A. 数目 B. 形状 C. 能量 D. 对称轴夹角

10. 非极性分子间存在（ ）。

A. 取向力 B. 色散力 C. 诱导力 D. 氢键

二、判断题

（ ）1. 原子、电子等微观粒子具有波粒二象性。

（ ）2. 表示第二电子层的第二亚层中有 2 个电子的符号是 $2p^2$。

（ ）3. 基态钠原子的电子排布式为 $1s^22s^22p^7$。

（ ）4. 位于元素周期表第三周期第ⅠA 族的元素是氯。

（ ）5. 原子的电负性越大，其吸引成键电子的能力越弱。

（ ）6. 共价键的特点是既有饱和性，又有方向性。

（ ）7. 成键时原子轨道重叠程度越大，形成的共价键越牢固。

（ ）8. 原子轨道发生杂化的根本原因是增加配对的电子数。

（ ）9. sp^3杂化轨道的空间构型是正三角形。

（ ）10. 含有极性键的分子一定是极性分子。

三、简答题

1. 电子等微观粒子具有波粒二象性和不确定性等特殊性，基态原子的核外电子排布遵循哪些规律？

2. 何谓氢键？氢键对物质的性质有什么影响？

3. 铬是人体必需的微量元素，在肌体的糖代谢和脂代谢中发挥特殊作用。三价铬是对人体有益的元素，而六价铬则有毒。请写出基态铬原子价电子构型的电子排布式，并依此确认该元素在元素周期表中所属周期、族及区。

4. 杂化轨道理论认为氨分子中的氮原子为 sp^3不等性杂化，在其他化合物中氮原子也存在 sp^2 杂化或 sp 杂化，请画出氮原子 sp^2 杂化和 sp 杂化的价电子轨道表示式。

（刘志红）

书网融合……

本章小结　本章小结（微课）　微课 1　微课 2　题库

第二章

分散系

PPT

学习目标

知识目标

1. **掌握** 溶液浓度的表示方法，稀溶液的依数性，胶体的性质。

2. **熟悉** 分散系分类，渗透现象，高分子溶液，表面活性剂的特征及作用，胶体稳定性因素，胶体的聚沉及胶体的制备和净化。

3. **了解** 渗透浓度，胶团结构，表面张力与表面能。

能力目标

1. 根据溶液浓度的表示方法和相关公式能够熟练进行计算。

2. 学会溶液的配制和稀释方法。

素质目标

通过本章学习，帮助学生明确分散系和人类生活现象的密切联系，使学生产生情感共鸣，培养学生勤于在生活中思考问题的能力，激发学生学习的兴趣、自主探索的精神和热爱科学的情感。

第一节 概 述

情境导入 2－1

情境 生活中，将食盐溶于水中，食盐固体溶解将形成透明、稳定的食盐水溶液；将碘固体溶于酒精不断搅拌得到碘酒；将卤水或石膏加到豆浆中，制成豆腐；鸡蛋里围绕蛋黄的透明液体部分是鸡蛋清；将熟石灰加到水中不断搅拌，得到白色、不透明的液体石灰乳；黄河流经黄土高原，携带着大量的泥沙，形成浑浊不清的黄河水。以上提及的食盐溶液、碘酒、豆腐、鸡蛋清、石灰乳、黄河水这些分散体系有什么不同呢？

参考答案

问题 1. 什么是分散系？

2. 分散系是如何进行分类的？

一、分散系的概念

自然界的物质多数是以混合物的形式存在。人们通常把具体的研究对象称为体系。体系中物理性质和化学性质都完全相同的均匀部分称为相。只含有 1 个相的体系称为单相或均匀体系，如生理盐水；含有 2 个或 2 个以上相的体系称为多相或非均匀体系，如 $Fe(OH)_3$ 胶体溶液和冰水混合物。

分散系是指一种或几种物质分散在另一种介质中所形成的体系。如矿物分散在岩石中生成矿石，水滴分散在空气中形成云雾，溶质分散在溶剂中形成溶液等。被分散的物质称为分散相，也称为分散质，容纳分散相的连续介质称为分散介质，也称为分散剂。如氨基酸口服液是氨基酸分散在水中形成的分散系，氨基酸是分散相，水是分散介质。

二、分散系的分类

（一）按照分散相粒子的大小分类

分散系分为真溶液、胶体分散系和粗分散系，见表 2－1。不同的分散系具有不同的扩散速度、膜的通透性和滤纸的通透性能。真溶液的分散相粒子小于 1nm，粗分散系分散相粒子大于 100nm，介于两者之间的是胶体分散系。

表 2－1　分散系的分类

分散系类型		分散相粒子大小	分散相粒子	一般性质	实例
真溶液		< 1nm	小分子或离子	均相；透明，稳定，扩散快，粒子能透过滤纸和半透膜	NaCl、$C_6H_{12}O_6$ 等水溶液
胶体分散系	胶体	1nm 至 100nm	胶粒（分子、离子、原子的聚集体）	非均相；透明，相对稳定，扩散慢，粒子能透过滤纸但不能透过半透膜	氢氧化铁胶体、碘卤化银胶体
	高分子溶液		高分子	均相；透明，稳定，扩散慢，粒子能透过滤纸但不能透过半透膜	蛋白质溶液、橡胶的苯溶液
	缔合胶体		胶束		肥皂水溶液
粗分散系（乳状液、悬浮液）		> 100nm	粗粒子	非均相；不透明，不稳定，粒子不能透过滤纸和半透膜	乳汁、泥浆等

（二）按照分散相和分散介质是否同一相分类

分散系也可分为均相分散系和非均相分散系两大类。均相分散系只有一个相，包括真溶液、高分子溶液和缔合胶体；非均相分散系的分散相和分散介质为不同的相，包括胶体和粗分散系，如云雾中的水滴和空气（液相和气相）。

第二节　溶液的浓度

情境导入 2－2

情境　死海是著名的疗养圣地，人可以很轻松地在海面上仰卧，主要是因为死海里盐的含量比较高，使得海水中的密度大大高于人体的平均密度，从而能够使人漂浮在海面上。实际的生活和医疗中，许多时候对溶液的浓度都有严格的要求，比如医用生理盐水是指溶质质量浓度为 9g/L 的氯化钠溶液；保存食物时，为了避免微生物的繁殖，可以采用高浓度的盐水或糖水，使细胞失水，抑制细菌等微生物的生长，从而起到保鲜的作用。在生活中，对于具有特殊颜色的溶液，颜色越深则溶质含量越多，而无色溶液只能通过计算判断浓和稀。

参考答案

问题　1. 溶液浓度的表示方法有哪几种？

2. 如何进行质量浓度和物质的量浓度之间的换算？

一、溶液浓度的表示方法

溶液由溶质和溶剂两部分组成，水溶液是最常见的溶液。溶液的浓度是指一定量的溶剂或溶液中所含溶质的量。溶液浓度有多种表示方法，常见的几种表示方法及相关计算如下。

（一）物质的量浓度

1. 物质的量 是表示物质数量的基本物理量，用符号 n_B 表示。B 泛指计量的物质 B，对应具体物质，例如氧气，其物质的量的表示为 n_{O_2}。

物质的量的基本单位是摩尔，单位符号为 mol，在医学上可用 mmol 和 μmol 这 2 个单位。摩尔的定义是："摩尔是一系统的物质的量，该系统中所包含的基本单元数与 0.012kg ^{12}C 的原子数目相等"。

注意：①摩尔是物质的量的单位，不是质量的单位。质量的单位是千克，单位符号 kg。0.012kg（12g）^{12}C 的原子数目是阿伏加德罗常数的数值，阿伏加德罗常数 $N_A = 6.023 \times 10^{23}$ 个/mol，1mol 任何物质含有的基本单元约为 6.023×10^{23} 个；②在使用摩尔时，基本单元必须指明，可以是原子、分子、离子、电子及其他微观粒子，或这些粒子的特定组合，例如，n_H、n_{H_2}、$n_{2H_2+O_2}$ 等；③"物质的量"是一个整体的专用名词，文字上不能分开使用和理解。

2. 摩尔质量 物质 B 的物质的量可以通过 B 的质量和摩尔质量求算。B 的摩尔质量 M_B 定义为 B 的质量 m_B 除以 B 的物质的量 n_B，即：

$$M_B = \frac{m_B}{n_B} \quad (2-1)$$

摩尔质量的单位是 g/mol，某原子的摩尔质量的数值等于其相对原子质量 Ar，某分子的摩尔质量的数值等于其相对分子质量 Mr。

例 2-1 11.7g NaCl 的物质的量是多少？

解：NaCl 的摩尔质量是 58.5g/mol，根据式（2-1）：

$$n_{NaCl} = \frac{m_{NaCl}}{M_{NaCl}} = \frac{11.7}{58.5} = 0.2\ (mol)$$

3. 物质的量浓度 定义为溶质 B 的物质的量（n_B）与溶液的体积（V）之比，用 c_B 或 c（B）表示。

$$c_B = \frac{n_B}{V} \quad (2-2)$$

物质的量浓度的 SI 单位是"摩尔每立方米"，用 mol/m^3 表示。常用单位还有 mol/L、mmol/L 及 μmol/L。在使用物质的量浓度时，也必须表明物质的基本单元。用粒子符号、物质的化学式或它们的特定组合表示，如 $c_{HCl} = 0.1mol/L$、$c_{H_2+2O_2} = 0.1mol/L$。

例 2-2 正常人每 100ml 血清中含 100mg 葡萄糖，计算正常人血清中葡萄糖的物质的量浓度。

解：已知 $M(C_6H_{12}O_6) = 180g/mol$。根据式（2-1）和式（2-2）可得：

葡萄糖（$C_6H_{12}O_6$）的物质的量：

$$n_{C_6H_{12}O_6} = \frac{m_{C_6H_{12}O_6}}{M_{C_6H_{12}O_6}} = \frac{100}{180} = 0.56\ (mmol)$$

葡萄糖的物质的量浓度：

$$c_{C_6H_{12}O_6} = \frac{n_{C_6H_{12}O_6}}{V} = \frac{0.56}{0.1} = 5.6\ (mmol/L)$$

即正常人血清中葡萄糖的物质的量浓度为 5.6mmol/L。

练一练 2-1

临床上用针剂 NH_4Cl 来治疗碱中毒，其规格为 20ml 一支，每支含 0.16g NH_4Cl，计算该针剂的物质的量浓度及每支针剂中含 NH_4Cl 的物质的量。（NH_4Cl 的摩尔质量为 53.5g/mol）

参考答案

（二）质量浓度

质量浓度定义为溶质B的质量（m_B）与溶液的体积（V）之比，用符号ρ_B或$\rho(B)$表示。

$$\rho_B = \frac{m_B}{V} \tag{2-3}$$

质量浓度的SI单位是“千克每立方米”，符号为kg/m^3。常用单位为g/L、mg/L和μg/L。质量浓度常用于溶质为固体配制的溶液，例如对于静脉注射用的葡萄糖溶液可以直接写为“葡萄糖溶液50g/L”或“50g/L的葡萄糖溶液”，以前的标签为5%，现在绝大多数情况下，标签上应同时标明质量浓度和物质的量浓度，即标明50g/L的$C_6H_{12}O_6$和0.28mol/L的$C_6H_{12}O_6$。

注意：质量浓度ρ_B与密度ρ是不同的。密度ρ是溶液的质量与溶液的体积之比，单位多用kg/L；而质量浓度ρ_B是溶质的质量与溶液的体积之比。

例2-3 临床上，1L生理盐水中含9.0g NaCl，计算该生理盐水溶液的质量浓度。

解：根据式（2-3）得：

$$\rho_{NaCl} = \frac{m_{NaCl}}{V} = \frac{9.0}{1} = 9(g/L)$$

即生理盐水溶液的质量浓度为9g/L。

（三）质量分数

质量分数定义为溶质B的质量（m_B）与溶液的质量（m）之比，用符号ω_B或$\omega(B)$表示。

$$\omega_B = \frac{m_B}{m} \tag{2-4}$$

质量分数没有单位，量纲为1。计算时，m_B和m的单位必须相同，可以用小数或百分数表示。例如，市售浓硫酸的质量分数为0.98或98%，表示100g硫酸溶液中含98g的H_2SO_4。

例2-4 将30g氯化钠溶于70g纯化水中，配置成氯化钠溶液，计算该溶液中氯化钠的质量分数。

解：溶质的质量$m_{NaCl}=30g$，溶液的质量$m=30+70=100g$

$$\omega_{NaCl} = \frac{m_{NaCl}}{m} = \frac{30}{100} = 0.3$$

即该溶液中氯化钠的质量分数为0.3或30%。

（四）体积分数

体积分数定义为相同温度和相同压力时，溶质B的体积（V_B）与溶液的体积（V）之比，用符号φ_B或$\varphi(B)$表示。

$$\varphi_B = \frac{V_B}{V} \tag{2-5}$$

体积分数没有单位，量纲为1。计算时，V_B和V的单位必须相同，可以用小数或百分数表示。例如，医学上消毒乙醇溶液的体积分数为0.75或75%，表示100ml乙醇溶液中含75ml的乙醇。

例2-5 量取380ml的无水乙醇，加入纯化水配制成400ml的溶液，求该乙醇溶液中乙醇的体积分数。

解：乙醇的体积分数为：

$$\varphi_{C_2H_6O} = \frac{V_{C_2H_6O}}{V} = \frac{380}{400} = 0.95$$

即该乙醇溶液中乙醇的体积分数为0.95或95%。

知识链接

食品的调味

通过调控溶液的浓度，可以实现食品的调味、保鲜、营养和口感的改善，同时也给食品增添了多样化的风味。在食品制作过程中，需要根据配方和口感要求，准确配制和控制溶液的浓度。食醋、酱油等常用的调味品都是溶液形式，它们的浓度和配比决定了食品的口味和风味，通过调整溶液浓度可以实现对食品的调味和提味；腌制食品时，将食材浸泡在含有盐水或调味汁的溶液中，腌渍液的浓度会影响食材的吸收能力和腌渍效果，从而改变食材的质地、味道和保存性；酸奶等发酵食品中的乳酸菌是通过发酵溶液中的乳糖产生乳酸，溶液中乳糖的浓度决定了乳酸的生成速度和酸度，从而影响最终食品的口感和营养；通过调整糖浆、果汁、茶叶等的成分浓度可以制作各种调制饮料和饮品，不同的浓度可以调节甜度、口感和滋味。

二、溶液浓度的换算

（一）质量浓度和物质的量浓度之间的换算

$$c_B = \frac{\rho_B}{M_B} \tag{2-6}$$

或

$$\rho_B = c_B \cdot M_B \tag{2-7}$$

式中，ρ_B 为 B 的质量浓度，M_B 为 B 的摩尔质量。

例 2-6 0.2mol/L 氢氧化钠溶液的质量浓度是多少？

解：$c_{NaOH} = 0.2\text{mol/L}$，$M_{NaOH} = 40\text{g/mol}$

根据 $\rho_B = c_B \cdot M_B$ 得：

$$\rho_{NaOH} = c_{NaOH} \cdot M_{NaOH} = 0.2\text{mol/L} \times 40\text{g/mol} = 8(\text{g/L})$$

即 0.2mol/L 氢氧化钠溶液的质量浓度是 8g/L。

（二）物质的量浓度和质量分数之间的换算

$$c_B = 1000\rho \frac{\omega_B}{M_B} \tag{2-8}$$

式中，ρ 为溶液的密度，单位为 g/ml。

例 2-7 质量分数为 30% 的盐酸，其密度为 1.15g/ml，此盐酸的物质的量浓度是多少？

解：$\omega_{HCl} = 30\%$，$\rho_{HCl} = 1.15\text{g/ml}$，$M_{HCl} = 36.5\text{g/mol}$

根据 $c_B = 1000\rho \frac{\omega_B}{M_B}$ 得：

$$c_{HCl} = 1000 \times 1.15 \times \frac{30\%}{36.5}\text{mol/L} = 9.45(\text{mol/L})$$

即盐酸的物质的量浓度是 9.45mol/L。

第三节 溶液的配制和稀释

情境导入 2-3

情境 在餐厅或厨房环境中，厨师经常需要调配各种调味料、酱汁和腌料等，他们会根据特定的菜谱要求和口味偏好，将不同的食材配制成溶液，以达到理想的味道和质地；在咖啡店或饮品店中，调制各种饮品时需要进行溶液的配制和稀释以达到需求调节咖啡或饮品的浓度和口感；在食品加工和制造过程中，常常需要配制溶液来进行调味、腌制、呈色或防腐等。例如，制作蛋糕时需要将粉状原料与液体配制成蛋糕糊，制作果酱时需要将水果和糖浆混合煮沸形成果酱溶液；有时候需要将浓缩食品或饮料稀释，以调整味道和口感。例如，浓缩果汁可以与水稀释制作成适宜的果汁饮料，罐装汤料可以稀释后煮沸制作成即食汤品。

参考答案

问题 1. 溶液配制的具体步骤包括哪些？

2. 溶液稀释的定律是什么？

一、溶液的配制

配制溶液是平时检验、化验、实验工作的重要组成部分。配制溶液主要是将固体试剂配制成液体溶液或将纯液体稀释成为浓度小的溶液。根据溶液的使用要求，选择适当的溶剂及不同类型的仪器配制溶液。

溶液的配制分为粗配和精配。粗配使用台称、量筒等；精配使用分析天平、移液管和容量瓶等。配制溶液时的步骤是计算、称量及溶解、洗涤及转移、定容、混匀、装瓶与贴标签。例如固体物质配制具体步骤如下：

1. 计算 计算出所需固体溶质的质量。

2. 称量及溶解 称取计算好的固体溶质，加入适量蒸馏水，用玻璃棒搅拌溶解于烧杯中，待冷却后用玻璃棒转移到适宜的定量容器中，如量杯、量筒或容量瓶。

3. 洗涤及转移 用蒸馏水洗涤烧杯和玻璃棒 2~3 次，洗涤液也转移到定量容器中。

4. 定容 向定量容器中加入蒸馏水，在距离刻度 1~2cm 时，改用胶头滴管滴加至刻度线。

5. 混匀 混匀溶液，如果是容量瓶，则需要盖好瓶塞，将容量瓶上下颠倒使溶液摇匀。

6. 装瓶与贴标签 将配制的溶液转移至试剂瓶中，贴好标签。标签要注明试剂名称、浓度和配制日期，保存备用。

练一练 2-2

计算配制 0.25mol/L 的 NaOH 溶液 1000ml 所需 NaOH 的质量。

参考答案

二、溶液的稀释

溶液稀释被广泛应用于实验室、医药、食品加工等行业。溶液的稀释是将高浓度溶液制成低浓度溶液的过程，通过加入适量的溶剂来降低高浓度溶液的浓度。实际工作中，先配制成高浓度溶液，再稀释成所需浓度的溶液。值得注意的是，在稀释浓 H_2SO_4 时，应将 H_2SO_4 注入水中，且操作过程应缓慢进行，且不可反向进行。

对一定物质的量浓度的溶液进行稀释和浓缩时，溶质的物质的量始终不变。稀释前浓度乘以稀释前体积等于稀释后浓度乘以稀释后体积。若浓溶液的浓度和体积为 c_1、v_1，稀释后溶液的浓度和体积为 c_2、v_2。则：

$$c_1v_1 = c_2v_2 \tag{2-9}$$

式（2－9）称为稀释定律。应用公式时，必须注意等号两边的单位保持一致。

例 2－8 用 18.4mol/L 浓硫酸溶液，如何配制 0.92mol/L 的硫酸溶液 200ml？

解：根据稀释定律 $c_1v_1 = c_2v_2$ 得：

所需 18.4mol/L 浓硫酸溶液的体积：$V_1 = \frac{c_1}{c_2}V_2 = \frac{0.92 \times 200}{18.4} = 10(\text{ml})$

量取 18.4mol/L 浓硫酸溶液 10ml，将浓硫酸在搅拌下慢慢加入到水中，待溶液温度降低后，将烧杯中的硫酸转移到容量瓶中，洗涤，定容，将溶液摇匀，转移到试剂瓶中贴好标签，即可。

练一练 2－3

用 500ml 的 95% 乙醇，可配制多少毫升的 75% 乙醇？

参考答案

第四节　稀溶液的依数性

情境导入 2－4

情境　寒冷的冬季，冰雪天的道路上通过泼撒工业用盐来加速冰雪融化，使道路畅通；冬天在室外施工，建筑工人在砂浆中加入食盐或氯化钙防止砂浆结冰；汽车驾驶员在散热水箱中加入乙二醇等防止散热水箱结冰，保证安全行车。冬天吃冻梨前，将冻梨放到凉水中浸泡，一段时间后，冻梨内部解冻了，表面却结了一层薄冰。在钢铁冶炼工业中，可以通过观测钢水的沸点来确定其他组分的含量。工业上，常利用反渗透原理进行工业废水的处理、海水淡化、浓缩溶液等方面的应用。

参考答案

问题　1. 稀溶液的依数性包括哪几方面？

2. 渗透产生的条件有哪些？

溶液是由溶质和溶剂组成，溶液的性质分为两类：一类与溶质的本性、数量有关，如溶液的颜色、pH、导电性等；另一类只与溶质的粒子数目有关，而与溶质的本性无关，如溶液的蒸气压、沸点、凝固点、渗透压，这类性质称为溶液的依数性。稀溶液的依数性只有在溶液的浓度很稀时才有规律，而且溶液浓度越稀，其依数性的规律越强。

一、溶液的蒸气压下降

（一）蒸气压

一定温度下，将纯溶剂置于密闭的容器中，由于分子的热运动，开始时液体的蒸发速度较快，随着蒸气分子数的增多，凝聚速度不断加快，当液体的蒸发速率与凝聚速率相等时，气－液两相达到平衡状态，此时液面上方的蒸气密度和蒸气压强不再改变，液面上蒸气压力称为该温度下溶剂的饱和蒸气压，简称蒸气压。

溶剂的蒸气压与温度有关，一定的温度下，液体的蒸气压是一个定值，温度越高，其蒸气压越大，不同的液体蒸气压的数值有所不同。如在 298K 条件下，水的蒸气压是 2.34kPa，乙醚的蒸气压是 57.6kPa。固体也有蒸气压，只不过一般要比液体的小很多。

（二）溶液的蒸气压下降

当溶液中含有少量的难挥发的溶质时，每个溶质分子与它周边的溶剂分子结合成溶剂化分子，束缚了一部分高能的溶剂分子的蒸发，同时部分溶液表面被溶质分子所占据，最终使得同条件下在单位内蒸发的溶剂分子的数目小于纯溶剂蒸发的分子数目，产生的压力降低，溶液的蒸气压比相同温度下纯溶剂的蒸气压低。溶液的浓度越大，溶液的蒸气压就越低。

二、溶液的沸点升高

（一）沸点

当加热液体时，随着温度的升高，液体的蒸气压逐渐增大，当液体的蒸气压等于外界大气压时，液体开始沸腾，此时的温度称为液体的沸点。液体的正常沸点是指外界大气压为 101.3kPa 时的温度。液体的沸点与外界的压强有关，外界的压强越大，沸点就越高。反之外界压强越小，沸点就越低。如水在 101.3kPa 时沸点是 100℃，而在 8.844 千米的珠穆朗玛峰顶上水的沸点大约 70℃。

（二）溶液的沸点升高

在溶液中加入难挥发的溶质，溶液的蒸气压下降，要使溶液沸腾就必须继续加热溶液，如图 2－1 中稀溶液 B′比纯溶剂 A′的沸点高，即溶液的沸点要比纯溶剂的沸点高。稀溶液沸点的升高与溶液的浓度成正比。

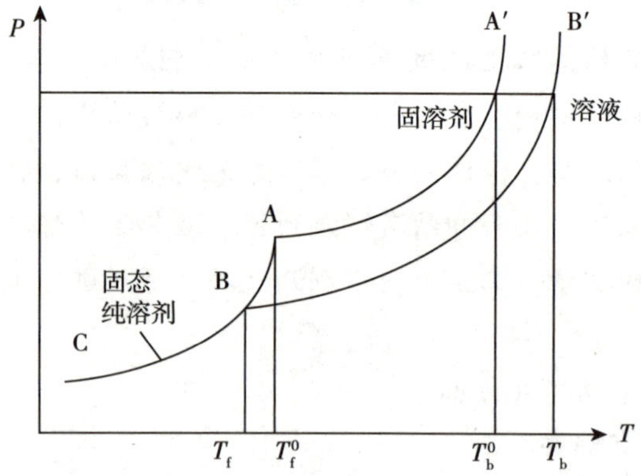

图 2－1　溶液的沸点升高和凝固点下降

三、溶液的凝固点降低

（一）凝固点

纯物质的凝固点是指在一定外界压力下，纯溶剂的固相和液相蒸气压相等并能共存时的温度。在一个标准大气压下，纯水的凝固点为 273K，此时水和冰平衡共存且蒸气压相等，又称为冰点。若温度低于或高于 273K 时，由于水和冰的蒸气压不再相等，则两相不能共存，蒸气压大的一个相将向蒸气压小的一个相转化。例如，当体系温度低于 273K 时，水将结成冰；反之，温度高于 273K 时，冰则融化为水。

（二）溶液的凝固点降低

若向处于凝固点的冰水体系中加入少量难挥发的溶质成为水溶液，其蒸气压下降，而冰的蒸气压不变，导致水溶液的蒸气压必然要低于冰的蒸气压，此时溶液和冰不能共存，冰不断融化为水，在此温度下溶液不会凝固。如果要使溶液和冰的蒸气压相等，能够共存，就必须降低温度，如图 2－1 所示，$T_f < T_f^{\circ}$，由此可见，溶液的凝固点比纯溶剂的低，这种现象称为溶液的凝固点降低。例如，海水的凝固点比纯水的低，约为－2℃。

知识链接

凝固点降低在食品中的应用

在食品中添加某些物质（如食盐或糖等）后会使食品中的水分凝固所需的温度降低，通过降低食品中水的凝固点，可以增加食品的口感和质地，并且能够更好地保持食品的水分和鲜味。例如，在制作冰淇淋和冷冻甜点时，添加糖或其他甜味剂可以降低混合物的冰点，使其更易于冷冻和凝固，并可以获得光滑细腻的口感和较长的保鲜期；将食材（如鱼、肉等）放入含盐的腌渍液中，盐会降低食材中水的凝固点，从而增加其保鲜期，并赋予食材更佳的口感和质地；在制作面团和面点时，添加糖或盐可以降低面团中水的凝固点，提高面团的可塑性和延展性，使其更易于操作和加工；一些调味品和酱汁中添加糖或其他甜味剂，可以降低其凝固点，使其更易于流动和混合，提升口感和调味效果。这些应用方式能够改善食品的口感、延长保质期并提供独特的风味。然而，需注意添加的糖和盐的量要适中，以免对健康造成负面影响。

四、溶液的渗透压

（一）渗透现象

1. 扩散现象　向一杯清水中缓慢加入一定量的蔗糖溶液，一段时间后，整杯水都会变甜。原因是分子本身的热运动，使得蔗糖分子向水中运动，水分子向蔗糖溶液中运动，最后形成一个均匀的蔗糖溶液，这个过程称为扩散。扩散是一种双向运动，是溶质分子和溶剂分子相互运动和迁移的结果，只要两种浓度不同的溶液相互接触，都会发生扩散现象。

2. 渗透现象　用半透膜将纯水与蔗糖溶液隔开，并使膜两侧的液面相平，如图 2－2a 所示。经一段时间后，纯水液面下降，蔗糖溶液液面上升。这是由于水分子可以向两个方向通过半透膜，膜两侧单位体积内溶剂分子数不相等，同体积的纯水中水分子数目大于蔗糖溶液中水分子的数目，在单位时间内，水分子由纯水向蔗糖溶液扩散的速度大于水分子由蔗糖溶液向纯水扩散的速度。这种溶剂分子自动通过半透膜由纯溶剂进入溶液（或由稀溶液进入浓溶液）的扩散现象，称为渗透现象，简称渗透（图 2－2b）。渗透现象是特殊的扩散现象。

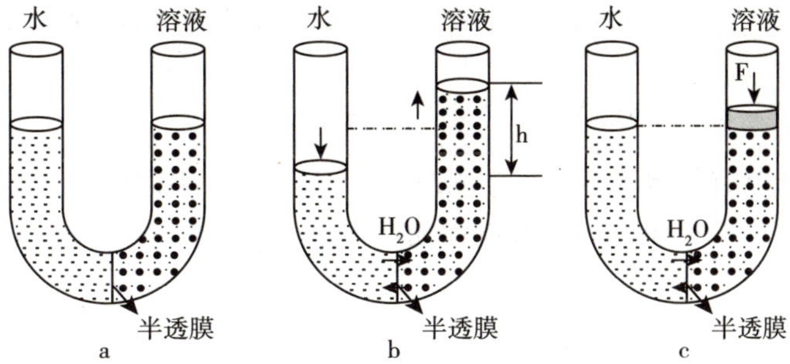

图 2－2　渗透现象和渗透压示意图

半透膜是一种只允许某些物质（如较小的溶剂水分子）自由通过，而另外一些物质（如溶质蔗糖分子）很难通过的多孔性薄膜。例如动物的膀胱膜、细胞膜、毛细血管壁以及人造羊皮纸、火棉胶等。其种类繁多，通透性也各不相同。

上述实验发生渗透的原因是，水分子从纯水（或稀溶液）向溶液（或浓溶液）扩散速率大于逆向扩散速率，导致蔗糖溶液（或浓溶液）液面升高，纯水（或稀溶液）液面降低，直至达到渗透平衡，液面高度不再变化，单位时间内进出半透膜的水分子数目相等，此时，水分子通过半透膜向两个方向的扩散速率相等。

渗透的方向总是溶剂分子从纯溶剂（稀溶液）向溶液（浓溶液）渗透。如水分子总从0.9mol/L的NaCl溶液向1.5mol/L的NaCl方向渗透。渗透作用的结果是缩小了膜两侧溶液的浓度差。

产生渗透的必备条件为：有半透膜存在；半透膜两侧单位体积内溶剂分子数不等（浓度差），两者缺一不可。

（二）渗透压

欲使半透膜两侧液面的高度相等并维持渗透平衡，保持水分子扩散速率不变，则需在液面上施加一个额外压力才能实现（图2-2c）。这种施加于溶液液面上恰好能阻止渗透现象继续发生而达到动态平衡的压力称为渗透压。若用半透膜隔开的两种不同浓度的溶液，为阻止渗透现象的发生，应在浓溶液液面上施加一个额外压力，这一压力是两溶液渗透压之差。渗透压用符号 Π 表示，单位是Pa或kPa。

如果选用一种高强度、耐高压的半透膜把浓溶液和稀溶液隔开，在浓溶液面上方施加的外压大于渗透压，则浓溶液中的溶剂分子就会通过半透膜向稀溶液渗透，这种溶剂的渗透方向与原来渗透的方向相反，这种现象称为反渗透。反渗透技术在海水净化、废水处理、食品加工中果蔬汁浓缩、废液处理、芳香物质提纯等方面均有广泛应用。医学上，利用反渗透的技术进行血液透析。

（三）渗透压的计算

1886年，荷兰化学家范特霍夫（Van't Hoff）根据实验数据提出：难挥发非电解质稀溶液的渗透压与溶液的物质的量浓度及绝对温度成正比，这个规律称为渗透压定律或范特霍夫定律。其数学表达式为：

$$\Pi = c_B RT \tag{2-10}$$

式中，Π 为溶液的渗透压，单位为kPa；c_B 为非电解质稀溶液的物质的量浓度，单位为mol/L；R 为摩尔气体常数，数值为8.31kPa·L/(mol·K)；T 为绝对温度(T/K = 273.15 + t/℃)，单位为K。

范特霍夫定律表明：在一定温度下，难挥发非电解质稀溶液的渗透压只与溶液的物质的量浓度成正比，而与粒子的本性（如种类、大小、分子或离子等）无关。溶液中起渗透作用的粒子总浓度称为渗透浓度，渗透浓度越大，其渗透压也越大。在相同温度下，溶液渗透压大小取决于它们的渗透浓度。例如310K时，0.2mol/L葡萄糖溶液和0.2mol/L蔗糖溶液的渗透压相等。

强电解质在溶液中全部电离，单位体积溶液中所含溶质的颗粒数多于相同浓度非电解质溶液，渗透浓度也相应增大。因此，在计算强电解质溶液的渗透压时，必须在Van't Hoff公式中引入一个校正因子 i，即：

$$\Pi = icRT \tag{2-11}$$

式中，i 近似为1个强电解质分子解离后产生的离子总数，与电解质的类型有关。强电解质AB型（如NaCl、KOH等），$i = 2$；A_2B 和 AB_2 型强电解质（如 $MgCl_2$、Na_2SO_4 等），$i = 3$；A_3B 和 AB_3 型强电解质（如 $FeCl_3$ 等），$i = 4$。

练一练 2-4

人体正常体温为37℃时，测得人的血浆的渗透压为780kPa，问血浆的渗透浓度是多少？

参考答案

（四）渗透压的应用

1. 渗透压在食品工业中的应用 食品工业中，在不影响食品质量的前提下，常采用盐腌法和糖腌法提高渗透压来保存食品，抑制微生物的生长，防止食品腐烂变质。食品经过干燥、腌制等方法处理后，细胞内的盐分浓度增加或蛋白质变性，这种情况下，细胞内不适于微生物繁殖，因而便于贮存和运输，比如咸菜、咸肉、果脯、蜜饯等。

2. 渗透压在医学上的应用

（1）等渗、低渗和高渗溶液 在相同温度下，渗透压相等的溶液称为等渗溶液；渗透压不相等的溶液，渗透压高的称为高渗溶液，渗透压低的称为低渗溶液。例如0.10mol/L的葡萄糖溶液与0.10mol/L的蔗糖溶液互为等渗溶液；0.10mol/L的葡萄糖溶液与0.10mol/L的NaCl溶溶液中，前者是低渗溶液而后者是高渗溶液。

渗透压在医学上应用较广。医学上的等渗、低渗或高渗溶液是以人体血浆总渗透压作为判断标准。正常人血浆的渗透浓度约为303.7mmol/L。因此，医学上规定：凡渗透浓度在280～320mmol/L（相当于渗透压为720～800kPa）范围内或接近该范围的溶液为等渗溶液；渗透浓度低于280mmol/L的溶液称为低渗溶液；渗透浓度高于320mmol/L的溶液称为高渗溶液。

（2）晶体渗透压和胶体渗透压 人体血浆中既有大量的无机盐离子（主要是Na^+、Cl^-、HCO_3^-等）、小分子物质（如葡萄糖、尿素等）和高分子物质（主要是清蛋白，其次是球蛋白等）。医学上通常把血浆中的无机盐离子和小分子物质称为晶体物质，其产生的渗透压称为晶体渗透压；血浆中的高分子物质称为胶体物质，其产生的渗透压称为胶体渗透压，血浆渗透压为两类渗透压的总和，两者所起的作用是不同的。

第五节 胶体和高分子溶液

情境导入 2-5

情境 清晨，在茂密的树林中，可以看到从树枝叶间透过的一缕缕光束；阳光透过墙上的小孔可在较暗的房间里形成一道道光柱；在江河入海口处与海水相遇时，发生凝聚而形成三角洲；电影院放映电影时，可以看到光束照射的空气里，尘埃小颗粒作无规则的不停地运动；一支钢笔使用两种不同型号的蓝黑墨水，混合聚沉易出现堵塞。人类赖以生存的不可缺少的衣、食、住、行都与胶体有关。胶体在食品行业中具有广泛的应用，在食品加工中可以起到增稠性、凝胶性、乳化稳定性、油脂替代性、包裹性、生物成膜性、黏附性等功能特性。

参考答案

问题 1. 胶体的性质包括哪些方面？

2. 胶体聚沉的方法有哪些？

一、胶体溶液 微课

（一）胶体的性质

1. 胶体的光学性质——丁达尔现象 当一束光线透过胶体，从垂直入射光方向可以观察到胶体里出现的一条光亮的“通路”，这种现象称为丁达尔现象。当用可见光照射分散系时，由于分散系中的分散质微粒大小不同产生不同的现象。根据光学理论，当可见光照射到分散系时，如果分散相粒子的直径太小（小于1nm），对光的散射极弱，主要发生透射现象，分散系是稳定、透明的；如果分散相粒子的直径远大于入射光的波长时，光束无法透过，主要发生反射现象，分散系是浑浊、不透明的；如果分散相的粒子直径略小于可见光的波长，每个分散相粒子吸收入射光后就像一个微小的光源，向各个方向散射出光波，发生散射现象。丁达尔现象产生的原因就是胶体粒子对光散射的结果。丁达尔效应是胶体特有的现象，可以用于区别胶体和溶液。

2. 胶体的动力学性质

（1）布朗运动 1827年，植物学家布朗（R. Brown，苏格兰，1773—1800）用显微镜观察，悬浮在水中的花粉不断进行着无规则的运动，这种运动称为布朗运动。胶体微粒在分散介质中，同样进行着这种无规则运动，如图2－3所示。布朗运动产生的原因有两个：一是胶粒受到分散介质分子不均匀的撞击时，合力未被完全抵消引起的；二是胶粒自身的热运动。我们观察到的布朗运动，是以上两种因素的综合结果。图2－3表示的是在超显微镜下观察到的胶粒的运动情况，直线段表示每次撞击时粒子所走的途径。胶粒越小，运动速度就越快，布朗运动就越剧烈。当胶体中存在胶粒的浓度差时，胶粒将从浓度较大的区域向浓度较小的区域运动，这种现象称为胶粒的扩散。布朗运动是胶体分散系的特征之一，而扩散则是布朗运动的直接结果。同时，布朗运动的存在也使胶粒不至于因重力的作用而迅速沉降，有利于保持胶体的稳定性。

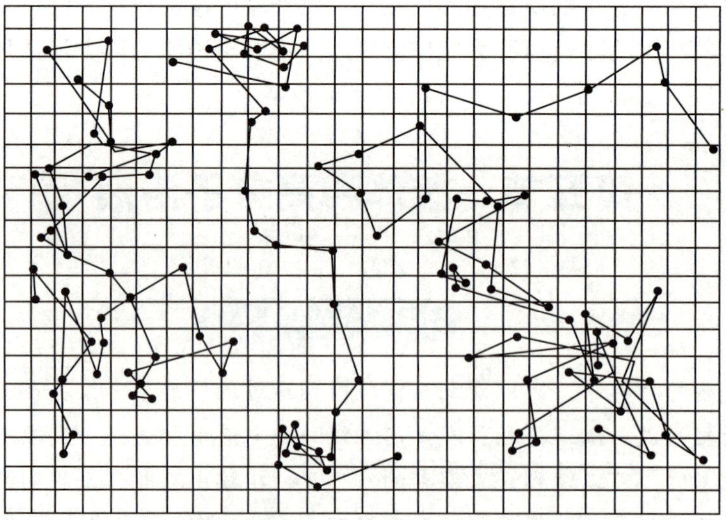

图2－3 Brown 运动

（2）扩散和沉降平衡 当胶体中存在胶粒的浓度差时，胶粒将从浓度较大的区域向浓度较小的区域运动，这种现象称为胶粒的扩散。扩散是布朗运动的直接结果。温度越高，胶体的黏度越小，胶粒就越容易扩散。分散系中，分散相的粒子在重力作用下，渐渐向容器底部降落的现象称为沉降。粗分散体系（如泥浆水）中的粒子较大，容易沉降。胶粒较小，质量较轻，扩散和沉降同时存在，当扩散速度与沉降速度相等时，胶体体系处于平衡状态，这种平衡称为沉降平衡。沉降平衡时，胶粒的浓度自上而下逐渐增大，形成稳定的浓度梯度。

3. 胶体的电学性质

（1）电泳　如图 2－4 所示，将棕红色的 $Fe(OH)_3$ 胶体置于 U 型管中，在其液面上注入 NaCl 溶液，使胶体和 NaCl 溶液之间有一清晰的界面。将 U 型管两端分别插入电极，通入直流电。经一段时间后，观察到负极一端棕红色的 $Fe(OH)_3$ 胶体界面上升，而正极一端的界面下降。这种在外电场作用下，胶粒在介质中按一定方向移动的现象称为电泳。

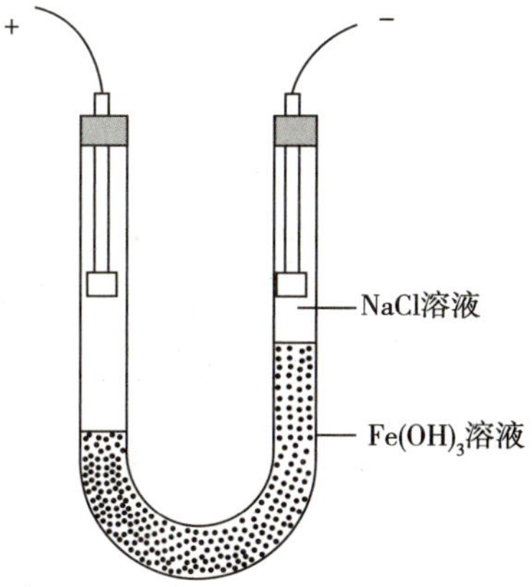

图 2－4　$Fe(OH)_3$ 胶体的电泳

电泳现象证明了胶粒是带电的，通过电泳方向可以判断胶粒的带电性。因胶粒所带电荷和粒子大小不同，电泳的速度和方向不同。电泳实验中，$Fe(OH)_3$ 胶粒向负极移动，说明 $Fe(OH)_3$ 胶体带正电。大多数氢氧化物胶体带正电，为正胶体；大多数金属硫化物硅胶、金、银等胶体则带负电荷，为负胶体。

（2）电渗　在电泳中，介质不动，胶粒在电场作用下发生定向运动；然而电渗现象正好与此相反，是使固体胶粒不动，液体介质在电场作用下发生定向移动。把胶粒浸渍在多孔性隔膜（如海绵、素瓷陶片）使胶粒被吸附而固定不动，在多孔性物质两侧施加电压，通电后观察到液体介质在电场作用下发生定向移动。这种在外电场的作用下，分散介质的定向移动现象称为电渗。电渗现象中，液体介质就会通过隔膜向与其电荷相反的电极方向移动。电渗常用于水的净化。

（二）胶体的结构

1. 胶团的结构　胶团是分子、原子或离子形成的大量粒子的聚集体，是胶体溶液中的分散相粒子单元，胶团的内部结构与胶体溶液的许多性质相关，现以 AgI 胶体为例，说明胶团的结构。

将 $AgNO_3$ 稀溶液与 KI 稀溶液混合制备成 AgI 胶体，由 m（约为 1000）个 AgI 聚集成为固体粒子，直径在 1～100nm 的范围内，它是胶体的分散相粒子的核心，称为胶核。胶核具有很大的比表面，易吸附溶液中的阳离子和阴离子。如图 2－5a 所示，胶核由实线加粗圆圈表示。制备 AgI 胶体时，如果 KI 溶液过量，溶液中存在剩余的 K^+、NO_3^-、I^- 离子，胶核选择地吸附了 n 个与它组成相同的 I^- 而带负电荷。由于静电作用，溶液中带相反电荷的 K^+ 一部分进入紧密层，如图用中间的实线大圆表示。另一部分形成扩散层，以图中最大的虚线大圆表示。胶核和吸附的离子以及能在电场中被带着一起移动的紧密层，三者在一起称为胶粒，胶粒和扩散层就构成胶团，整个胶团保持电中性。

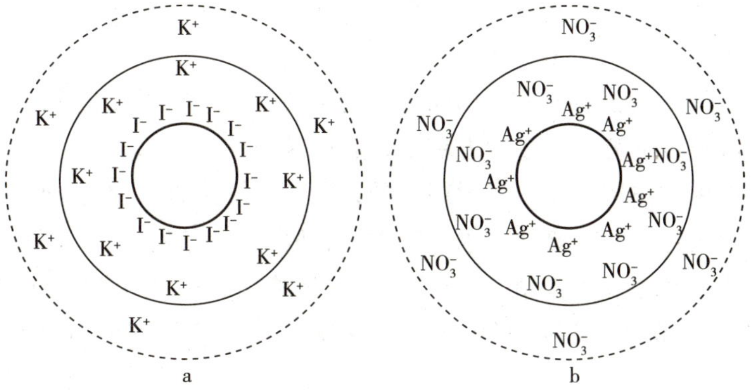

图 2－5　AgI 胶粒的胶团结构示意图

这个胶团可表示为：

$$\underbrace{\underbrace{\underset{\text{胶核}}{[(AgI)_m} \cdot \underset{\text{吸附离子}}{nI^-} \cdot \underset{\text{紧密层}}{(n-x)K^+]^{x-}}}_{\text{胶粒}} \cdot \underset{\text{扩散层}}{xK^+}}_{\text{胶团}}$$

如果 $AgNO_3$ 溶液过量，胶核就吸附 Ag^+ 而带正电荷。溶液中的 NO_3^- 一部分进入紧密层，另一部分形成扩散层，构成胶团，整个胶团也是电中性的，如图 2－5b 所示。

这个胶团可表示为：

$$\underbrace{\underbrace{\underset{\text{胶核}}{[(AgI)_m} \cdot \underset{\text{吸附离子}}{nAg^+} \cdot \underset{\text{紧密层}}{(n-x)NO_3^-]^{x+}}}_{\text{胶粒}} \cdot \underset{\text{扩散层}}{xNO_3^-}}_{\text{胶团}}$$

在外电场的作用下，带正电的胶粒向负极移动，带负电的胶粒向正极移动，而扩散层中带相反电荷的离子则向相反电极移动。

知识链接

胶体在食品中的应用

食用胶按照胶体来源的不同可以划分为五大类，阿拉伯胶、黄蓍胶、刺梧桐胶等属于植物胶；明胶、干酪素、甲壳素等属于动物胶；黄原胶、酵母多糖等属于微生物胶；琼脂、红藻胶等属于海藻胶；羧甲基纤维素钠、变性淀粉等属于化学改性胶。食品胶体在加工食品中具有增稠性、凝胶性、乳化稳定性、油脂替代性、包裹性、生物成膜性、黏附性等功能特性，是广泛使用的食品添加剂，如在汤汁、沙拉酱等中胶体常被用作增稠剂；在制作果冻、布丁中胶体具有凝胶作用；在酸奶、冰淇淋和奶油中胶体具有乳化作用；在糖果糕点和煎炸食品中胶体作为涂层剂；在饮料中胶体可以作为增稠剂和悬浮稳定剂。

2. 胶体的稳定和聚沉

（1）胶体的相对稳定　胶体为多相体系，不均匀、不稳定，胶粒之间有相互集结成大颗粒沉淀的趋势。但事实上用正确方法制备的胶体均可长期稳定的存在，其原因除胶粒具有强烈的布朗运动，使其能抵抗重力的作用而不沉淀外，主要还有下列两个原因。

①胶粒带电：同一溶液中的胶粒都带有相同符号的电荷，胶粒之间互相排斥，阻止胶粒互相接近而聚合变成较大的粒子。胶粒带电荷越多，斥力越大，胶体越稳定。

②胶粒表面水化膜的保护作用：胶粒吸附层中的离子对水分子有吸引力，吸附的水分子在胶粒表面形成一层水化膜，阻止了胶粒之间的聚结。水化膜越厚，胶体越稳定。

（2）胶体的聚沉　胶体的稳定性是相对的，当使胶体稳定的因素受到破坏时，胶粒就会互相碰撞聚集成较大的颗粒，从分散介质中沉淀析出，这个过程称为聚沉。促使胶体聚沉的主要方法有下列几种。

①加入强电解质：在胶体中，加入强电解质，强电解质解离出大量的正负离子，溶液中离子浓度增大。由于静电的相互作用，与胶粒带相反电荷离子进入吸附层，中和了胶粒所带的电荷，破坏了双电层结构，胶粒失去了相互排斥的静电保护作用。同时，加入的强电解质离子具有很强的溶剂化作用，破坏

了胶粒表面的水化膜。胶体稳定的两个主要因素被破坏，当胶粒运动发生互相碰撞时，就会聚集成较大的颗粒而聚沉。例如，在氢氧化铁胶体中加入少量 K_2SO_4 溶液，胶体立即发生聚沉作用，析出氢氧化铁沉淀。

电解质对胶体的聚沉作用取决于与胶粒电性相反的离子所带电荷的多少有关。一般来说，离子电荷越高，对胶体的聚沉能力就越强，这个规律称为哈迪－叔尔采（Hardy－Schulze）规则。一般聚沉能力的规律为1 价：2 价：3 价 =1：几倍：几百倍。例如，NaCl、$CaCl_2$、$AlCl_3$ 三种不同的电解质对 As_2S_3 负胶体起聚沉作用的是阳离子 Na^+，Ca^{2+}，Al^{3+}，因此，聚沉能力的大小顺序是 $Al^{3+} > Ca^{2+} > Na^+$。对于同价离子，聚沉能力随着离子水合半径的减小而增加。如，对于负胶体：$H^+ > C_S{}^+ > Rb^+ > NH_4^+ > K^+ > Li^+$；对于正胶体：$F^- > Cl^- > Br^- > I^- > OH^-$。

②加入带相反电荷的胶体：两种带相反电荷的胶体按适当的比例混合，也能引起胶体的聚沉，这种聚沉称为胶体的相互聚沉。例如，将带负电荷的 As_2S_3 胶体和带正电荷的 $Fe(OH)_3$ 胶体相混合时，由于带正负电荷的胶粒相互结合，从而使胶体立即发生聚沉。明矾的净水作用就是利用明矾水解生成 $Al(OH)_3$，正胶体与带负电的胶状污物相互聚沉的作用。

③加热：很多胶体加热时发生聚沉。温度升高，胶粒运动速度加快，碰撞机会增多，同时胶核对离子的吸附作用减弱，从而降低了胶粒所带的电荷和水化程度，使粒子在碰撞时聚沉。例如将 As_2S_3 胶体加热至沸析出黄色的硫化砷沉淀。

练一练 2－5

为什么在长江、珠江等河流的入海处都有三角洲存在？

参考答案

（三）胶体的制备和净化

1. 胶体的制备 胶体的制备方法包括分散法和凝聚法。分散法即将粗分散系进一步分散，达到胶体分散的程度；凝聚法即将真溶液中的溶质聚集成胶体质点。稳定的胶体制备，必须满足两个条件：分散相在分散剂中的溶解度很小，有稳定剂。

（1）分散法 使粗分散系分散成胶体的方式包括：研磨法、超声波分散法、胶溶法和电弧法。

①研磨法：该法一般适用于脆而易碎的物质，研磨机的构造和转速不同以及被分散物质的塑性黏度影响其分散程度。常用的设备有球磨机和胶体磨等。

②超声波分散法：用频率大于 16000Hz 的超声波所产生的高频机械波，使分散相受到较大的撕碎力和很大压力的作用而成为胶体分散系统。此法多用于乳状液的制备。

③胶溶法：又称解胶法，是把暂时聚集在一起的胶体粒子重新分散在介质中而成胶体，并加入适当的稳定剂（又称胶溶剂）。根据胶核所能吸附的离子而选用合适的电解质作为胶溶剂。这种方法一般用在化学凝聚法制胶体时，为了将多余的电解质离子去掉，先将胶粒过滤、洗涤，然后尽快分散在含有胶溶剂的介质中，形成胶体。

④电弧法：主要用于制备金、银、铂等金属胶体。制备过程包括先分散后凝聚两个过程。

（2）凝聚法 先制备出难溶物的分子（或离子）的过饱和溶液，再使其互相结合成胶粒而得到胶体。通常包括化学凝聚法和物理凝聚法。

①化学凝聚法：通过各种化学反应（如分解、水解、复分解、氧化、还原反应等）使生成的难溶物呈过饱和状态，使初生成的难溶物微粒结合成胶粒，在少量稳定剂存在下形成胶体。这种稳定剂一般

是某一过量的反应物。

A. 复分解反应制硫化砷胶体

$$2H_3AsO_3(稀) + 3H_2S \longrightarrow As_2S_3(胶体) + 6H_2O$$

B. 水解反应制氢氧化铁胶体

$$FeCl_3(稀) + 3H_2O \longrightarrow Fe(OH)_3(胶体) + 3HCl$$

②物理凝聚法：利用适当的物理过程（如蒸汽骤冷、改换溶剂等）使某些物质凝聚成胶粒。

2. 胶体的净化 用不同方法制成的胶体中，往往含有较多的电解质（反应产物或杂质），除了与胶体表明吸附的离子维持平衡的适量电解质具有稳定胶体的作用外，其余过量的电解质则会影响胶体的稳定性促使胶体聚沉，因此需要净化。常采用的净化方法有渗析法和超过滤法。

渗析法是基于胶粒不能通过半透膜，而分子、离子能通过半透膜的原理。把胶体放在装有半透膜（如羊皮纸、动物膀胱膜、硝酸纤维等）的容器内，膜外放溶剂，则膜内的电解质和杂质会向膜外渗透，达到胶体净化的目的。超过滤法是利用孔径极小而孔数极多的半透膜，在加压或吸滤的情况下使胶粒与介质分开，可溶性杂质能透过滤板而被除去，所得胶粒应立即分散在新的分散介质中，以免聚结成块。

二、高分子溶液

高分子化合物具有很大的相对分子质量，一般在10000以上，生物体中的蛋白质、核酸、糖元、淀粉、纤维素、磷脂等都是高分子化合物。绝大多数高分子化合物是由许多重复的原子团或分子残基所组成的，这些较小的原子团或分子残基叫作单体。由于大量单体互相结合的方式不同，可得到线状结构（如纤维素分子）和分枝状结构（如淀粉分子和糖元分子）的高聚物。高分子化合物溶解于适当的溶剂中制成的均匀分散的液体制剂称为高分子溶液。

（一）高分子溶液的形成和特征

高分子化合物能与分散剂直接作用，并不需要稳定剂就能自动形成溶液，属于均相分散系，其分散粒子已进入胶体范围（1～100nm），因此高分子化合物溶液也被列入胶体体系。它具有胶体体系的某些性质，如扩散速度小，分散相粒子不能透过半透膜等，但同时它也具有自己的特征，见表2－2。

表2－2 高分子溶液和胶体性质的比较

	胶体	高分子溶液
相同性质	（1）胶粒大小为1～100nm （2）扩散慢 （3）不能透过半透膜	（1）分子大小为1～100nm （2）扩散慢 （3）不能透过半透膜
不同性质	（1）胶粒由许多分子聚集而成 （2）分散相和分散介质无亲和力（不溶解） （3）分散相和分散介质间有界面，是非均相体系，丁达尔现象强 （4）不稳定体系，加少量电解质聚沉 （5）黏度小	（1）胶粒是单个的高分子化合物 （2）分散相和分散介质有亲和力（自行溶解） （3）分散相和分散介质间没有界面，是均相体系，丁达尔现象弱 （4）稳定体系，加大量电解质凝聚 （5）黏度大

1. 稳定性大 高分子化合物溶液比胶体稳定性要强，与真溶液相似。在无菌、溶剂不蒸发的情况下，高分子化合物溶液可以长期放置而不沉淀。

高分子化合物含有许多亲水基团（如—OH、—COOH、—NH_2等），与水分子具有较强的亲和力，在高分子化合物表面形成一层水化膜，这个水化膜的厚度和结合的紧密程度与胶粒的水化膜相比都要大得多，因而它在水溶液中比胶粒稳定得多，需要加大量的电解质才能使高分子化合物沉降。这种加入大量电解质使高分子化合物从溶液中沉淀析出的过程叫作盐析。盐析作用的实质是破坏高分子化合物的水化作用使其脱水，因此盐析一般是可逆的，加水后又可重新溶解。

练一练 2－6

高分子溶液具有稳定性的原因是什么？用什么方法可以破坏其稳定性？

参考答案

2. 黏度大 高分子化合物因具有线状或枝状结构，在溶液中能牵引介质使其运动困难，因此，高分子溶液黏度较大。高分子溶液的黏度受浓度、压力、温度及时间等诸多因素的影响。

（1）浓度 浓度增高时，支链与支链之间的距离靠近，互相吸引成网状结构，介质充满于网眼间，而使介质流动困难。随着网眼结构的发展，黏度骤增。一般溶液或胶体的黏度与浓度无此种突然增加的变化关系。

（2）压力 增加压力可使高分子溶液的黏度降低到某一程度后，即不再变化。因为增加压力可破坏其网状结构，黏度因而降低，直到网状结构全部被破坏，黏度即不再随压力而改变。一般溶液或胶体的黏度与压力几乎无关。

（3）温度 温度上升，粒子运动加剧，削弱了粒子之间的联系，网状结构因而破坏，高分子溶液的黏度急剧下降。

（4）时间 高分子化合物间形成的网状结构会随着时间延续而程度加强。所以，高浓度高分子溶液的黏度也随着时间变化而逐渐增大。

（二）高分子溶液对胶体的保护作用

在一定量的胶体中加入足够量的高分子溶液，由于加入的高分子化合物被吸附在胶体粒子表面上，将整个胶粒包裹起来，形成一个保护层，胶体粒子不易聚集，使胶体的稳定性提高，当受外界因素作用时（如电解质的作用）不容易发生聚沉，这种现象叫作高分子的保护作用。然而，在胶体中加入少量的高分子化合物后，不足以包住胶粒，反而使大量的胶粒吸附在高分子的表面，胶粒间可以互相“桥联”使胶粒变大而易于聚沉，降低其稳定性，这种现象称为高分子的敏化作用。

（三）唐南平衡

唐南平衡是高分子溶液的另一重要特征。对高分子或聚合物如蛋白质、聚丙烯酸钠盐等，他们电离而产生的小离子可以通过半透膜，同时又受到不能通过半透膜的大离子电性的影响，使小离子在半透膜两边的分布不均匀，造成膜两边的渗透压增大，这种因大分子离子的存在而导致小分子离子在半透膜两边分布不均匀的现象称为唐南平衡。唐南平衡的存在会影响溶液渗透压的准确测定，因此，在测定高分子电解质溶液渗透压时，应当设法予以消除。

唐南平衡也是生物体内常见的一种生理现象。生物的细胞膜相当于半透膜，细胞内的大分子电解质与细胞外的体液处于膜平衡状态，保证了一些具有重要生理功能的金属离子在细胞内外保持一定的比例。同时，膜平衡的条件还能使细胞在周围环境改变小分子成分时，确保内部组成相对稳定，这对维持机体正常的生理功能是很重要的。

（四）凝胶

高分子溶液和某些胶体在适当的条件下，黏度增大到一定程度，整个体系将变成外观均匀，并保持一定形态的弹性半固体，这个过程称为胶凝，所形成的弹性半固体称为凝胶。人体的肌肉、软骨、指甲、毛发、细胞膜等都可以看作凝胶，人体中约占体重 2/3 的水存在于凝胶中。凝胶在有机体的组成中占有重要地位，一方面它们具有一定强度的网状骨架，维持一定的形态；另一方面又可使代谢物质在其间进行物质交换。

1. 凝胶的形成 凝胶是在一定条件下，由于线形或分枝形的高分子溶液或胶粒连接起来形成的线状结构互相交联而成立体网状结构，介质被包围在不规则的网眼中间不能自由流动，形成半固体。

凝胶的形成，首先取决于胶粒的本性，其次与浓度和温度有关。高分子溶液中多半是线形或分枝形大分子，能形成凝胶是绝大多数高分子溶液的普遍性质。非线形分子若能转变成线形分子，或球形粒子能够联结成线形结构，也可以形成凝胶，如氧化铝、硅胶等就有这种作用。浓度越大，温度越低越容易形成凝胶。例如，5%的动物胶溶液在18℃时即能形成胶体，而15%的动物胶溶液则可以在23℃时形成胶体。如果浓度过小或温度过高，便不能形成胶体。

2. 凝胶的主要性质

（1）弹性 溶剂含量多的凝胶叫冻，各种凝胶在冻态时，弹性大致相同，但干燥后就显出很大差异。一类凝胶在烘干后体积缩小很多，但仍保持弹性，叫作弹性凝胶；另一类胶烘干后体积缩小不多，但失去弹性，并容易磨碎，叫作脆性凝胶。肌肉、脑髓、软骨、指甲、毛发、组成植物细胞壁的纤维素以及其他高分子溶液组成的凝胶，都是弹性凝胶，而氢氧化铝、硅酸等胶体所形成的凝胶则是脆性凝胶。

（2）膨润（溶胀） 干燥的弹性凝胶和适当的溶剂接触，便自动吸收溶剂而体积增大，质量增加，这个过程称为膨润或溶胀。有的弹性凝胶，体积增大到一定程度就停止了，称为有限膨润。例如，木材在水中的膨润就是有限膨润。有的弹性凝胶能无限地吸收溶剂，最后形成溶液，叫作无限膨润。例如，牛皮胶在水中的膨润。

知识链接

膨润对人体的影响

膨润在生理过程中具有重要作用。植物种子只有在膨润后才能发芽生长，生药只有在膨润后才能有效地将其有效成分提取出来。有机体越年轻，膨润能力越强；随着有机体的逐渐衰老，膨润能力也逐渐减退。老年人的特殊标志——皱纹，就是与有机体的膨润能力减退有关。老年人的血管硬化，其中一个重要的原因就是由于构成血管壁的凝胶膨润能力减低所致。

3. 离浆（脱液收缩） 新制备的凝胶放置一段时间后，一部分液体可以自动而缓慢地从凝胶中分离出来，凝胶体积逐渐缩小，这种现象称为离浆（或脱液收缩）。例如，腺体分泌，新鲜血块放置后分离出血清，淀粉糊放置后分离出液体，都是凝胶的离浆现象。

离浆的实质是高分子之间的继续交联作用使其中部分的网状结构变得更粗、更牢固，从而导致网架越来越紧凑，而将液体从网状结构中挤出造成的。

第六节 表面活性剂

情境导入 2-6

情境 在烧杯中加入一定量的水，如果将一枚缝衣针直接放入水中，将观察到缝衣针沉入水中；如果将一枚缝衣针置于一张滤纸片上，并将它们一起轻轻地放在水面上，当滤纸吸水下沉后，而缝衣针则浮在水面上；如果继续加入肥皂水之后，缝衣针则会沉入水中。这是因为，将缝衣针直接放入水中，尖细的针尖会破坏水的表面张力使其沉入水中；将缝衣针再次放到滤纸上，由于滤纸被水浸透，水的表面张力使针漂浮在水面上；加入肥皂水后，由于肥皂是表面活性剂导致水溶液表面张力下降，所以缝衣针会沉入水中。

参考答案

问题 1. 什么是表面活性剂？

2. 表面活性剂的种类和作用有哪些？

一、表面活性剂的概念

表面活性剂是指加入少量即能显著降低溶液表面张力的物质，具有固定的亲水亲油基团，在溶液的表面能定向排列。

物质的表面分子和其内部分子所处的境况是不同的，以液体为例，处在液体内部的分子，周围的分子对它的吸引力是均等的，彼此作用方向相反，互相抵消，其合力为零；而表面分子则不同，由于下方密集的液体分子对它的吸引力远大于上方稀疏气体分子对它的吸引力，所受的合力不能互相抵消，所受合力指向液体内部并与液面垂直，所以液体表面总有自动缩小的趋势，如一滴液体它总是趋向于形成球形。这个指向液体内部的引力把液体分子从其表面拉到内部，也就是说，表面有一种抵抗扩张的力，即表面张力。因此，要把分子从内部移往界面必须克服吸引力而消耗一定量的功，这个功称为表面能（E），它等于表面积（S）与表面张力（σ）的乘积。

$$E=\sigma\times S$$

液体的表面张力与温度有关。一般说来，温度升高，表面张力减少。这是因为温度升高分子间的引力减小的缘故。物质的表面张力，还与和它接触的另一个相的物质种类和性质有关。这是因为与不同的物质接触，表面层分子受到的力不同，致使两相界面间产生张力。

任何液体或固体体系，如果取一定体积加以分割，则分割得越细，所得的总表面积就越大。单位体积的总表面积称为比表面，又叫分散度。表面能随物质总表面积的增加而增加。因此，对一定质量或体积的物质，分割得越细，其比表面或分散度越大，表面能也增加得越多。

练一练 2-7

表面张力下降的过程是怎样的？

参考答案

二、表面活性剂的特征

（一）双亲结构

表面活性剂的分子结构具有独特的两亲性：一端为亲水基团，又称极性基团，如羧酸、磺酸、硫酸、氨基或胺基及其盐，羟基、酰胺基、醚键等；另一端为疏水基团，又称非极性基团，如烷基、芳基等。表面活性剂的这种特有结构通常称之为“双亲结构”，表面活性剂分子因而也常被称作“双亲分子”。

（二）表面吸附

根据热力学第二定律，表面能与表面自由能总向着降低的方向自发进行。为了降低表面能，可采取两种途径：一种是对于一定量的物体减小其表面积，例如小液滴自动合并成大液滴；另一种是降低其比表面能，即降低表面张力。降低表面张力，要靠吸附作用。吸附作用，是一种物质的分子附着在另一种物质的表面上的现象，或者说物质在两相界面上的浓度自动发生变化的现象。表面吸附包括固体表面的吸附、胶粒的形成与吸附和液体表面吸附。

（三）胶束和临界胶束浓度

当达到一定浓度时，表面活性剂的吸附到达饱和后继续加入表面活性剂将不再引起表面张力的继续降低，此时多余的分子则转入溶液中，因其亲油基团的存在，水分子与表面活性剂分子相互间的排斥力远大于吸引力，导致表面活性剂分子自身依赖范德华力相互聚集，形成亲油基团向内，亲水基团向外、在水中稳定分散、大小在胶体粒子范围，这种聚集体称为胶束。表面活性剂分子聚集形成胶束的最低浓度称为临界胶束浓度（CMC）。当其浓度高于 CMC 值时，表面活性剂的排列成球状、棒状、束状、层状或板状等结构。临界胶束浓度的大小与表面活性剂的结构和组成有关，同时受温度、pH 以及电解质等外部条件的影响。

三、表面活性剂的种类

表面活性剂的分类方法很多，广泛采用的是按照化学结构分类。通常根据表面活性分子在水溶液中离解与否，将其分为离子型和非离子型。

（一）离子型表面活性剂

离子型表面活性剂按其所带电荷种类，又分为阴离子型、阳离子型和两性离子型表面活性剂。阴离子型表面活性剂的活性基团为阴离子，包括一般的肥皂（高级脂肪酸的金属盐）、硫酸盐、磺酸盐和磷酸酯盐等类型，其具有良好的渗透、润湿、乳化、分散、增溶、发泡、去污、防静电、平滑等作用；阳离子型表面活性剂的活性基团为阳离子，主要包括季铵盐类，刺激性大，杀菌能力强，具有良好的杀菌、柔软、抗静电、抗腐蚀等作用；两性离子型表面活性剂的分子结构中同时具有正、负电荷基团，在不同 pH 介质中可表现出阳离子型或阴离子型表面活性剂的性质，如卵磷脂、氨基酸型、甜菜碱型，具有抗菌性，毒性低，耐硬水性优良，与各种表面活性剂有良好的相容性。

（二）非离子型表面活性剂

非离子型表面活性剂是指在水溶液中不电离，其亲水基主要是由具有一定数量的含氧基团（一般为醚基和羟基）构成。非离子型表面活性剂稳定性高，耐酸碱性良好，不易受强电解质、无机盐类和 pH 的影响，与其他类型表面活性剂相容性好。非离子型表面活性剂包括烷基葡糖苷、脂肪酸甘油酯、脂肪酸山梨坦、聚山梨酯等，其亲水基是由极性键如醚键、游离羟基、酯键组成，亲油基是由含有活泼氢的化合物如高碳醇、烷基酚、脂肪酸、脂肪胺等提供的；具有良好的增溶、洗涤、抗静电、刺激性小等特点，可应用 pH 范围比一般离子型表面活性剂更广。

四、表面活性剂的作用

表面活性剂是一大类有机化合物，其应用灵活、广泛，具有较大的实用价值，被广泛应用于食品、医药、农药、化工等工业领域以及洗涤用品、化妆品等民用领域。

（一）增溶作用

增加难溶性或不溶性物质在水中溶解度作用的表面活性剂称为增溶剂。苯在水中的溶解度仅为 0.09%，加入油酸钠后苯的溶解度可增加到 10%。

（二）乳化作用

将一种液体以液滴的形式分散于另一种不相溶的液体中形成乳液的过程称为乳化作用。具有乳化作用的表面活性剂称为乳化剂，如人造奶油、涂料、杀虫剂、化妆品、面包及纳米粒子等产品通常都涉及到乳化技术。

（三）润湿作用

促进液体在固体表面铺展或渗透作用称为润湿作用，能起润湿作用的表面活性剂叫润湿剂。表面活性剂具有双亲结构，其发生润湿作用主要是其能够在固体表面发生定向吸附，使自由能较高的固体表面转化为低能表面，达到改变润湿的性能；提高液体的润湿能力，降低水的表面张力，使其能够润湿固体的表面。

（四）起泡作用

泡沫是气体在液体中的分散体系，彼此被液膜隔开的气泡的聚集物。泡沫在表面活性剂的作用下更容易产生和稳定存在，能够促进泡沫生成的表面活性剂称为起泡剂或发泡剂；能够降低液体的表面张力，促使泡沫稳定存在的表面活性剂称为稳泡剂。起泡剂和稳泡剂通常具有较高的 HLB 值以及较强的亲水性。

（五）杀菌和消毒作用

具有杀菌和消毒作用的表面活性剂主要是阳离子型和两性离子型表面活性剂，少数的阴离子型表面活性剂也有类似的作用。根据需要使用不同浓度的表面活性剂，可分别用于手术前的皮肤消毒、伤口或黏膜消毒、器械消毒和环境消毒灯。常用的有苯扎溴铵（新洁尔灭），0.5%醇溶液用于手术前的皮肤消毒等。

（六）洗涤作用

具有去除污垢作用的表面活性剂称为洗涤剂或去污剂。非离子型表面活性剂洗涤能力最强，其次是阴离子型表面活性剂。常用的洗涤剂有钠皂、钾皂、十二烷基硫酸钠及其他烷基磺酸钠等。

答案解析

练习题

一、选择题

1. 分散相粒子能透过滤纸，而不能透过半透膜的是（　）。

A. 粗分散系　B. 胶体分散系　C. 分子离子分散系　D. 都不是

2. 蛋白质溶液属于（　）。

A. 乳状液　B. 悬浊液　C. 胶体　D. 真溶液

3. 100ml 溶液中含有 8mg Ca^{2+}，则溶液的 Ca^{2+} 浓度为（　）。

A. 0.2mol/L　B. 0.2mmol/L　C. 2mol/L　D. 2mmol/L

4. 一般情况下，胶体微粒不易聚集而稳定，主要是因为（　）。

A. 胶体有丁达尔现象　B. 胶体有布朗运动

C. 胶粒很小，不受重力作用　D. 同种胶粒带同种电荷，它们互相排斥

5. 下列单位中，哪一个是物质的量浓度的单位（　）。

A. g/L　B. g/mol　C. mol/L　D. mol/ml

6. 稀溶液的依数性的本质是（　）。

A. 溶液的凝固点降低　B. 溶液的沸点升高　C. 溶液的蒸气压下降　D. 溶液的渗透压

7. 以下关于高分子化合物和胶体的叙述错误的是（　）。

A. 高分子化合物溶液是单相体系　　B. 胶体是多相体系

C. 高分子化合物对胶体具有保护作用　　D. 胶体的形成和聚沉是可逆过程

8. 在纯水中加入少量难挥发性物质，则溶液的凝固点（　）。

A. 升高　　B. 降低　　C. 不变　　D. 无法确定

9. 将下列物质的渗透压从大到小排列正确的是：①纯 H_2O，②0.2mol/L Na_3PO_4，③0.6mol/L 葡萄糖，④0.3mol/L Na_2SO_4（　）。

A. ①②③④　　B. ④③②①　　C. ③②④①　　D. ④②③①

10. 向过量的 KI 溶液中加入 $AgNO_3$ 制成 AgI 胶体，则该溶液中胶粒带（　）。

A. 正电　　B. 负电　　C. 电中性　　D. 无法判定

二、判断题

（　）1. 胶体与溶液的根本区别在于分散质粒子的大小。

（　）2. 若两种溶液的渗透压力相等，其物质的量浓度也相等。

（　）3. 电解质的聚沉值越大，它对胶体的聚沉能力越小。

（　）4. 高分子溶液形成凝胶与温度无关。

（　）5. 质量浓度其实就是溶液的密度。

三、简答题

1. 高分子化合物如何对胶体具有保护作用？

2. 何谓分散系、分散相、分散介质？分散系如何分类？

3. 胶体稳定的原因有哪些？引起胶体聚沉的方法有哪些？

4. 临床上静脉注射时为何选用等渗溶液？

四、计算题

1. 已知生理盐水的规格为500ml 中含 NaCl 4.5g，求该溶液的质量浓度和物质的量浓度（NaCl 的摩尔质量为 58.5g/mol）。

2. 配制 500ml 0.1mol/L 硫酸铜溶液，需要胆矾多少？

3. 将 60g 20% 的食盐溶液和 30g 50% 的食盐溶液相混合，求所得混合溶液的溶质的质量分数为多少？

4. 市售浓硫酸中溶质的质量分数为98%，密度为 $1.84g/cm^3$，计算市售浓硫酸中的物质的量浓度是多少？

（刘晓金）

书网融合……

本章小结　　本章小结（微课）　　微课　　题库

第三章

化学反应速率和化学平衡

PPT

学习目标

知识目标

1. 掌握　化学平衡的特点、化学平衡常数及其相关计算。
2. 熟悉　化学反应速率的表示方法及相关计算。
3. 了解　影响化学反应速率和化学平衡的因素及其应用。

能力目标

1. 能够应用化学平衡移动的理论知识判断化学平衡移动的方向。
2. 能够计算简单的化学反应速率。

素质目标

通过本章学习，帮助学生从思辨的维度正确认识平衡的相对性，培养学生主动思考事物发展变化的原因，认识到外因是重要因素之一。

第一节　化学反应速率

微课 1

情境导入 3-1

情景　在日常生活和生产中，我们会经常遇到掌控反应速率的问题，如对酒的发酵，希望越快越好，以节约时间，降低成本；相反，对于食品的腐败，则采用适当措施，使反应越慢越好。因此，人们需要掌握化学反应速率的规律来控制化学反应速率。

问题　炎炎夏日食品很容易变质，必须及时放入冰箱保存，这是什么原因？

参考答案

一、化学反应速率的表示方法

化学反应速率，是指在一定条件下，化学反应中某物质的浓度随时间的变化率，用符号 v 表示。

（一）平均速率

平均速率 $\bar{v}$ 表示化学反应在 Δt 时间段中，某物质浓度的改变量（Δc）。

$$\bar{v} = \left|\frac{\Delta c}{\Delta t}\right| \qquad (3-1)$$

$\bar{v}$ 的常用单位为 mol/（L·s）；Δc 的常用单位为 mol/L；Δt 的常用单位为 s、min 和 h。

对于任意一个化学反应：

$$mA + nB = pC + qD$$

各物质的反应速率之间存在以下关系：

$$\frac{1}{m}\bar{v}_A = \frac{1}{n}\bar{v}_B = \frac{1}{p}\bar{v}_C = \frac{1}{q}\bar{v}_D$$

此公式说明反应过程中，反应物消耗速率与产物生成速率之间的关系。在表示反应速率时，必须注明使用的是哪一种物质。

（二）瞬时速率

在反应过程中，绝大部分化学反应都不是匀速进行的，反应的平均速率不能真实说明化学反应进行的快慢情况。当反应时间（Δt）足够小时，反应的平均速率就接近反应的真实速率，这就是瞬时速率，即在一定条件下，当 $\Delta t \to 0$ 时反应物浓度的减少或生成物浓度的增加，其表达式为：

$$v = \lim_{\Delta t \to 0}\left|\frac{\Delta c}{\Delta t}\right| = \left|\frac{dc}{dt}\right|$$

对于任意一个化学反应：

$$mA + nB = pC + qD$$

各物质的瞬时速率之间存在以下关系：

$$-\frac{dc_A}{m dt} = -\frac{dc_B}{n dt} = \frac{dc_C}{p dt} = \frac{dc_D}{q dt}$$

一般没有特别说明，反应速率指 Δt 时间内的平均速率。

二、影响化学反应速率的因素

影响化学反应速率大小的内在因素有反应物的结构、组成和性质，外界因素有浓度、温度、催化剂等。掌握外界因素的影响便可以控制反应速度，将会对人们的日常生活和生产实践产生积极的作用。

（一）碰撞理论

为什么不同的化学反应速率各不相同？决定反应速率的根本原因是什么？1918 年英国科学家路易斯（W. C. M. Lewis）在气体分子运动论的基础上，提出碰撞理论。该理论在一定程度上解释了不同化学反应快慢，尤其是气态双原子分子反应速率的差别。

碰撞理论的主要论点为：

（1）反应物分子间的碰撞是发生化学反应的前提条件。如果分子间不发生碰撞，反应不可能发生。碰撞频率越高，化学反应速率就越快。

（2）不是任何两个反应物分子发生碰撞都能发生反应。能够发生反应的碰撞称为有效碰撞。发生有效碰撞的分子应有足够高的能量，能够破坏原有化学键，转化生成新的分子，即发生化学反应，这些分子也称活化分子。

（3）能否发生有效碰撞，还取决于碰撞分子间的取向，这是有效碰撞发生的条件。

（4）活化分子所具有的平均能量与反应物分子的平均能量之差，称为活化能。

（二）浓度对反应速率的影响

1. 基元反应和复杂反应 化学反应方程式只能说明反应物和生成物及它们之间量的关系，并不能代表反应的实际过程。

一步就可直接转化为产物的化学反应称为基元反应，也称简单反应。

如：

$$2NO_2 \longrightarrow 2NO + O_2$$

多数化学反应并不能一步完成，而是分步进行。这样的化学反应称为复杂反应，又称为非基元反应。一个化学反应是否是基元反应，从表面上很难判断，必须通过实验才能证实。

如：

$$H_2 + I_2 \longrightarrow 2HI$$

实验证实其反应历程为：

$$I_2(g) \longrightarrow 2I(g)（快）$$

$$H_2(g) + 2I(g) \longrightarrow 2HI(g)（慢）$$

此反应是由两个基元反应组成的复杂反应，该反应的速率将由最慢的基元反应速率决定，因此，最慢的基元反应又称为限速步骤。

2. 速率方程 经验证明，在一定温度下，基元反应的反应速率与各反应物浓度的幂的乘积成正比，此规律称为质量作用定律。其中各浓度的幂指数分别为反应方程式中各反应物质的计量系数。

如：

$$mA + nB = pC + qD$$

速率方程表达式为：

$$v = kc_A^m c_B^n \qquad (3-2)$$

由上式可知，在相同条件下，对同一反应，反应物浓度越大，反应速率越大。浓度对反应速率的影响可以用碰撞理论来解释。按有效碰撞理论，在一定温度下，加大反应物浓度，将增加活化分子的个数和反应物分子的碰撞次数，也就增加了有效碰撞的次数，使反应速率增加。

k 为速率常数，是一个反应的特征物理常数，不同反应的速率常数不同，其大小反映速率快慢和反应的难易程度，速率常数与反应物的本性有关，与反应物的浓度无关，但受到温度、溶剂、催化剂等影响。速率方程中可用反应气体的分压代替其浓度，对于反应物中的纯固体或纯液体，若与其他物质互不相溶，在速率方程中视为常数。

对于复杂反应，速率方程中反应物浓度的幂指数通过实验测定，与反应方程式中反应物质的计量系数无关。

如复杂反应：

$$H_2 + I_2 \longrightarrow 2HI$$

经实验证实，此反应的速率方程为：

$$v = kc_{H_2} c_{I_2}^2$$

压强对化学反应速率的影响，在本质上与浓度对反应速率的影响相同。需要注意的是压强只对有气体参加的化学反应的反应速率有影响。

（三）温度对反应速率的影响

温度是影响化学反应速率的主要因素之一。化学反应速率与温度的关系比较复杂，通常情况下，温度升高会加快反应速率。

如：

$$2H_2 + O_2 \longrightarrow 2H_2O$$

常温常压下反应几乎不能察觉，但当温度升至 673K，大约 80 天可反应完全，升至 773K 时只需要 2 小时左右，升至 873K 以上，则迅速反应并发生猛烈爆炸。大量的实验证明，当其他条件不变时，温度每升高 10℃，化学反应速率可增加到原来的 2 ~ 4 倍，该规律又称为范特霍夫定律。

温度对化学反应速率的影响，实质是温度对速率常数的影响。1889 年瑞典科学家阿仑尼乌斯（S. A. Arrhenius）根据大量的实验数据，提出反应速率常数（k）和温度（T）之间存在着定量关系，称为阿仑尼乌斯方程。公式表示为：

$$k = Ae^{-E_a/RT} \tag{3-3}$$

式中，A 为碰撞频率因子，单位与 k 相同；R 为摩尔气体常数，$R = 8.314\text{J}/(\text{mol} \cdot \text{K})$；$E_a$ 为活化能，常用单位为 kJ/mol；T 为热力学温度，单位为 K；e 为自然对数的底，e = 2.718。

由阿仑尼乌斯方程可看出，反应速率常数（k）与热力学温度（T）成指数关系，温度的微小变化，将导致反应速率常数（k）较大的变化。

温度对化学反应速率的影响可用碰撞理论解释：一是温度升高，反应物分子运动速度加快，单位时间内反应物分子的碰撞总次数增加，有效碰撞次数增加，导致反应速率增大；二是升高温度使活化分子百分比增加，有效碰撞次数大大增加，从而使反应速率大幅度增加。

（四）催化剂对反应速率的影响

某些物质能改变化学反应速率，而这些物质的质量和化学性质在反应前后基本不发生改变，这种现象称为催化作用，起催化作用的物质称为催化剂。催化剂有正、负之分，正催化剂可以加快反应速率，负催化剂能够减慢反应速率，负催化剂又称为抑制剂。一般情况下所提到的催化剂是指正催化剂。

催化剂能改变化学反应速率的原因是因为它参与了化学反应过程，改变了原来的反应途径，降低了反应的活化能，因而使反应速率加快。

如反应：

$$A + B \longrightarrow AB$$

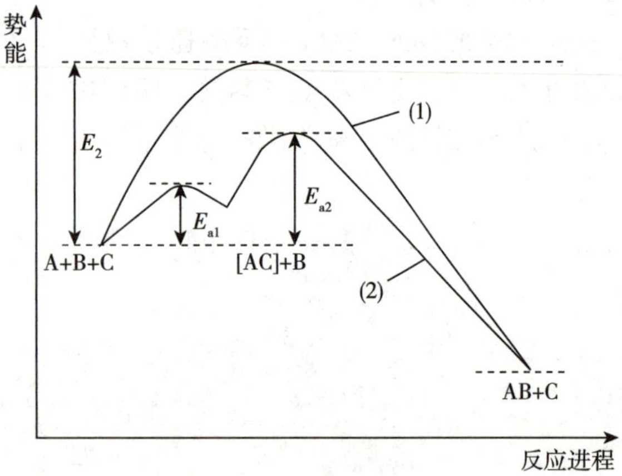

图 3-1 催化剂的作用

如图 3-1 所示，未加催化剂的反应途径是（1），其反应活化能为 E_a；加入催化剂 C 后，反应途径为（2），分两步进行：

第一步：$A + C \longrightarrow AC$ 活化能为 E_{a1}；

第二步：$AC + B \longrightarrow AB + C$ 活化能为 E_{a2}。

由于 E_{a1} 和 E_{a2} 均远小于 E_a，降低了反应所需活化能，活化分子百分数增加，所以反应速率大大加快。

催化剂具有以下特点：

（1）催化剂只改变化学反应速率，而不影响化学反应的始态和终态，即催化剂不能改变反应的方向。

（2）对于可逆反应，催化剂可以同等程度地加快正、逆反应的速率。

知识链接

酶

酶又称为生物催化剂，是生物体内具有催化功能的蛋白质大分子。生物体内的一切化学反应，几乎都是在酶的催化作用下进行的，可以说生命离不开酶。酶不同于一般的催化剂，具有一定的特殊性，主要表现在具有极高的催化效率，催化反应所需要的条件非常温和，具有极高的专一性。

酶的稳定性是相对的，由于酶的主要化学组成是蛋白质，凡是能使蛋白质变性的因素都能使酶丧失活性，如高温、强碱、强酸、重金属等。

第二节　化学平衡

情境导入 3-2

情景　碳酸饮料是人们喜爱的饮品之一，在生产时，为了让饮料中溶解更多的二氧化碳，会向饮料中充入高压的二氧化碳气体，饮料在不断吸收二氧化碳的同时，自身二氧化碳的浓度也在不断升高，因此释放出来的二氧化碳速度也在逐渐增加，当释放的二氧化碳速度与吸收的二氧化碳速度相当时，这个时候溶液在此条件下就达到了饱和状态，也就不会再吸收二氧化碳。碳酸饮料在进行封装时，瓶内上方气体中的二氧化碳气压与溶液中溶解的二氧化碳产生的分压是相等的，一般这个压强会是大气压的三倍左右。

参考答案

问题　为什么我们打开碳酸饮料的时候，无论我们在打开饮料之前是否对碳酸饮料进行摇晃，都会有气体喷出？

一、可逆反应和化学平衡

（一）可逆反应

同一条件下，能同时向正、逆两个方向进行的化学反应称为可逆反应。即在反应物转变为生成物的同时，生成物又可以转变为反应物的化学反应，常用“$\rightleftharpoons$”表示。人们常把从左向右进行的反应称为正反应，把从右向左进行的反应称为逆反应。如合成氨反应：

$$2N_2(g)+2H_2(g) \rightleftharpoons 2NH_3(g)$$

若反应一旦发生就只朝着一个方向进行到底，直到反应物完全转变为生成物，此类反应称为不可逆反应。实际上大多数化学反应都是可逆反应，只有极少数的如放射性元素的蜕变、$KClO_3$ 的分解等反应是不可逆反应。

（二）化学平衡

可逆反应在反应开始时，反应物浓度最大，正反应速率最大，随着反应的进行，反应物浓度逐渐减少，正反应速率逐渐减慢；对于逆反应，当生成物产生，逆反应开始进行，随着生成物浓度不断增加，逆反应速率逐渐加快，如图 3-2 所示。当反应进行到一定程度时，正反应速率与逆反应速率相等，体系中反应物和生成物的浓度不再发生变化，此时体系所处的状态称为化学平衡。

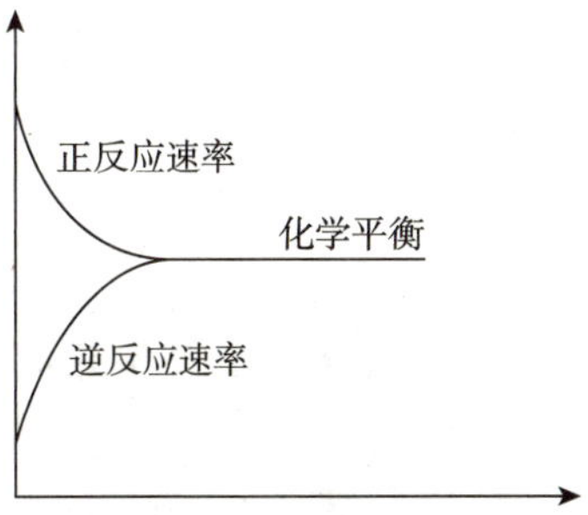

图 3-2　正逆反应速率变化示意图

化学平衡具有以下特征：

（1）可逆反应处于平衡时，正反应速率与逆反应速率相等，体系中各物质浓度保持不变。

（2）化学平衡是动态平衡，反应达到平衡后，正、逆反应仍在进行。

（3）化学平衡是可逆反应能进行的最大程度。

（4）化学平衡是在一定条件下建立的，外界条件一旦改变，正、逆反应速率将不再相等，原来的平衡即被破坏，直到建立新的平衡。

二、化学平衡常数

（一）实验平衡常数

通过实验测量平衡状态时各组分的浓度或分压而求得的平衡常数称为实验平衡常数。

对于任一可逆反应：

$$aA(g)+bB(g)\rightleftharpoons dD(g)+eE(g)$$

在一定温度下，反应达到化学平衡时，从理论上可推导出下列定量关系式：

$$K_c=\frac{[D]^d\cdot[E]^e}{[A]^a\cdot[B]^b} \quad 或 \quad K_p=\frac{[p_D]^d\cdot[p_E]^e}{[p_A]^a\cdot[p_B]^b} \tag{3-4}$$

式中，K_c 为浓度平衡常数，K_p 为压力平衡常数。表达式表明在一定温度下，可逆反应达到平衡时，生成物和反应物的平衡浓度或平衡分压以其系数为指数的幂的乘积之比为一常数，这一定律又称为化学平衡定律。实验平衡常数一般是有单位的，只有当反应物和生成物的计量系数之和相等时才是无量纲的量，通常情况下平衡常数不写单位。

（二）平衡常数表达式的书写规则

（1）平衡常数表达式中，各物质的浓度均为平衡浓度，气态物质以平衡分压表示。

（2）反应中有纯固体或纯液体参加时，它们的"浓度"可看作是常数，不写入平衡常数表达式中。如：

$$MgCO_3(s)\rightleftharpoons MgO(s)+CO_2(g)$$

平衡常数表达式为：$K_p=p_{CO_2}$。

（3）稀溶液中进行的反应，若有水参加，水的浓度不必写在平衡常数表达式中。如：

$$Ac^-(aq)+H_2O(l)\rightleftharpoons HAc(aq)+OH^-(aq)$$

平衡常数表达式为：$K_c=\dfrac{[OH^-][HAc]}{[Ac^-]}$。

但是，在非水溶液中的反应，有水参加反应，则水的浓度应写入平衡常数表达式中。

（4）平衡常数表达式必须与反应方程式一致。同一反应的反应式的写法不同，则平衡常数的表达式不同。

$$N_2(g)+2H_2(g)\rightleftharpoons 2NH_3(g) \quad K_1=\frac{[P_{NH_3}]^2}{[P_{N_2}][P_{H_2}]^3}$$

$$\frac{1}{2}N_2(g)+\frac{3}{2}H_2(g)\rightleftharpoons NH_3(g) \quad K_2=\frac{[P_{NH_3}]}{[P_{N_2}]^{\frac{1}{2}}[P_{H_2}]^{\frac{3}{2}}}$$

由此可见 K_1 与 K_2 不相同：

$$K_1=K_2^2$$

（三）平衡常数的意义

（1）平衡常数（K_c）的大小是可逆反应进行程度的标志。K_c 越大，说明正反应进行的程度越大；K_c 越小，说明反应进行越不完全。

（2）平衡常数是可逆反应的特征性常数，它只与物质本性和温度有关，与浓度、分压及反应途径无关。

（四）转化率

可逆反应达到平衡时，反应物转化为生成物的百分率，称为反应物的平衡转化率，用符号 α 表示。

$$\alpha = \frac{\text{平衡时已转化的反应物的浓度}}{\text{反应物的初始浓度}} \times 100\% \quad (3-5)$$

α 和 K_c 都表示化学反应进行的程度。通常情况下，K_c 越大，则 α 越大，表示反应进行越完全。转化率与平衡常数有明显不同，α 不但与温度有关，还与反应体系的起始状态有关。同一反应中不同反应物的转化率不同，因此使用时须指明是哪种反应物的转化率。

例 3－1 25℃时，可逆反应 $Pb^{2+}(aq) + Sn(s) \rightleftharpoons Pb(s) + Sn^{2+}(aq)$ 的平衡常数为 2.2，若 Pb^{2+} 的起始浓度为 0.10mol/L，计算 Pb^{2+} 的平衡转化率。

解：设反应达到平衡时，Sn^{2+} 的平衡浓度为 $x$mol/L，由反应式可知 Pb^{2+} 的平衡浓度为（0.10－x）mol/L。

此反应的平衡常数表达式为：

$$K_c = \frac{[Sn^{2+}]}{[Pb^{2+}]}$$

将数据代入上式中得：

$$2.2 = \frac{x}{0.10 - x}$$

$$x = 0.068$$

所以：$[Sn^{2+}] = 0.068$mol/L

$$[Pb^{2+}] = 0.10 - x = 0.10 - 0.068 = 0.032\text{mol/L}$$

Pb^{2+} 的平衡转化率为：

$$\alpha = \frac{c_{Pb^{2+}} - [Pb^{2+}]}{c_{Pb^{2+}}} \times 100\% = \frac{0.10 - 0.032}{0.10} \times 100\% = 68\%$$

三、可逆反应进行的方向

对于任一可逆反应：

$$aA(s) + bB(aq) \rightleftharpoons dD(g) + eE(aq)$$

在某温度下，将任意状态下生成物与反应物的相对浓度或相对分压各以其系数为指数的幂的乘积之比定义为反应熵，用 Q 表示：

$$Q = \frac{(P_D)^d \cdot (c_E)^e}{(c_B)^b} \quad (3-6)$$

在一定温度下，比较反应熵与平衡常数的大小就可以判断可逆反应的方向。

若 $Q = K_c$，可逆反应处于平衡状态；

若 $Q < K_c$，可逆反应向正反应方向进行；

若 $Q > K_c$，可逆反应向逆反应方向进行。

练一练 3－1

参考答案

1. 当一个化学反应处于平衡时，下列说法正确的是（　）

   A. 平衡混合物中各种物质的浓度都相等　　B. 正反应和逆反应速率都是零

   C. 反应混合物的组成不随着时间而改变　　D. 反应物的浓度相等

2. 对于平衡常数，下列说法正确的是（　）

   A. 平衡常数随反应物浓度增大而增大　　B. 每个反应只有一个平衡常数

   C. 平衡常数的大小与浓度有关　　D. 平衡常数随温度而变化

3. 一反应物在某条件下的最大转化率为35%，若在相同条件下，加入正催化剂，则它的转化率将（ ）

A. 大于35%　　B. 等于35%　　C. 小于35%　　D. 无法确定

4. 写出下列反应的化学平衡常数表达式

（1） $N_2(g) + 3H_2(g) \rightleftharpoons 2NH_3(g)$

（2） $\frac{1}{2}N_2(g) + \frac{3}{2}H_2(g) \rightleftharpoons NH_3(g)$

（3） $Pb^{2+}(aq) + Sn(s) \rightleftharpoons Pb(s) + Sn^{2+}(aq)$

第三节　化学平衡的移动

微课2

化学平衡是动态的平衡，当外部条件改变时，原有平衡被破坏，可逆反应将从一种平衡状态向另一种平衡状态转变，这一过程称为化学平衡的移动。影响化学平衡的因素很多，下面主要讨论浓度、压强、温度和催化剂对化学平衡的影响。

一、浓度对化学平衡的影响

可逆反应达到平衡后，$Q=K$。改变平衡体系中任一反应物或生成物的浓度，都会使反应熵发生改变，造成 $Q \neq K$，引起化学平衡发生移动。

增大反应物的浓度或减小生成物的浓度，都会使反应熵减小，使 $Q<K$，原有的平衡状态被破坏，可逆反应向正反应方向进行，直至反应熵重新等于平衡常数。反之，减小反应物的浓度或增大生成物的浓度，会使 $Q>K$，反应向逆反应方向进行，直至反应达到新的平衡。在新的平衡状态下，各物质的浓度均发生改变。在生产中，为降低成本，达到提高经济效益的目的，常常加大价格低廉的投料比，使价格昂贵的物质得到充分利用。

二、压力对化学平衡的影响

由于压强对固体、液体的体积影响极小，所以压强的变化对固相、液相反应的平衡几乎没有影响。因此只讨论压强对有气体参加的可逆反应的化学平衡的影响。

$$aA(g) + bB(g) \rightleftharpoons dD(g) + eE(g)$$

在一定温度下达到化学平衡时：

$$Q_P = K_p \qquad (3-7)$$

气体参加的反应，根据反应前后气体分子总数的情况分为两种：

（1）反应前后气体分子总数不相等时，当 $(d+e)>(a+b)$，其他条件不变，增大压强，相应各组分的分压也增大，但生成物增大的程度比反应物大，导致 $Q_P>K_p$，化学平衡向逆反应方向进行；减小压强，相应各组分的分压也减小，但生成物减小的程度比反应物大，导致化学平衡向正反应方向进行；当 $(d+e)<(a+b)$，其他条件不变，增大压强和减小压强，化学平衡移动的方向正好与 $(d+e)>(a+b)$ 的相反。

（2）反应前后气体分子总数相等，在其他条件不变时，因为 $(d+e)=(a+b)$，增大或减小压强时，相应各组分的分压同等程度增大或减小，始终保持 $Q_P=K_p$，因此化学平衡向不发生移动。

总之，对有气体参加且反应前后气体分子个数不同的可逆反应，当其他条件不变时，增大压强，反应向气体分子总数减小的方向移动；减小压强，反应向气体分子总数增大的方向移动。

三、温度对化学平衡的影响

浓度和压强的改变并不影响可逆反应的平衡常数，而温度的变化可改变平衡常数，导致 $Q \neq K$，从而使化学平衡移动。

温度对平衡常数的影响与反应热有关。对于放热反应，K 随温度的升高而减小；对于吸热反应，K 随温度的升高而增大。

对于吸热反应，在一定温度下达到平衡时，$Q = K$，当温度由 T_1 升高到 T_2 时，平衡常数由 K_1 增大到 K_2，此时 $Q < K$，化学平衡向正反应（吸热反应）方向移动。

对于放热反应，当温度由 T_1 升高到 T_2 时，平衡常数由 K_1 减小到 K_2，此时 $Q > K$，化学平衡向逆反应（吸热反应）方向移动。

总之，对任意一可逆反应，在其他条件不变时，升高温度，化学平衡向吸热反应的方向移动；降低温度，化学平衡向放热反应的方向移动。

四、催化剂对化学平衡的影响

催化剂通过改变反应途径和活化能来改变反应速率，缩短到达平衡状态的时间，其对正、逆反应速率的影响程度相同。由于催化剂不能改变反应的平衡常数和反应熵，因此不能使化学平衡发生移动。

综上所述，浓度、压强和温度是影响化学平衡移动的重要因素。法国化学家勒夏特列（LE Chatelier）归纳出一条普遍的规律：任何已经达到平衡的体系，若改变平衡体系的条件之一，则平衡向削弱这个改变的方向移动。这一规律又称勒夏特列原理。

练一练 3-2

参考答案

1. 关于勒夏特列原理，说法正确的是（　）

   A. 只适用于气体间的化学反应　　B. 只适用于液体间的化学反应

   C. 适用于平衡时的化学反应　　D. 适用于所有的化学反应

2. 下列关于催化剂的作用，叙述错误的是（　）

   A. 可以加速反应的进行　　B. 可以抑制逆反应的进行

   C. 可以等同加速正逆反应速率　　D. 可以降低反应的活化能

3. 反应 $2SO_2(g) + O_2(g) \rightleftharpoons 2SO_3(g)$ 达到平衡时，保持体积不变，加入惰性气体 He，使总压力增加一倍，则（　）

   A. 平衡向右移动　　B. 平衡向左移动　　C. 平衡不移动　　D. 无法判断

练习题

答案解析

一、选择题

1. 把同样大小的锌粒投入下列溶液，反应速率最小的是（　）。

   A. 0.15mol/L 醋酸 5ml　　B. 0.2mol/L 醋酸 10ml

   C. 0.25mol/L 醋酸 15ml　　D. 0.1mol/L 醋酸 20ml

2. 有关化学平衡的叙述，正确的是（ ）。

A. 凡能影响反应速率的因素，都能使化学平衡移动

B. 加热能加快吸热反应速率，减慢放热反应速率，平衡向吸热反应方向移动

C. 增大反应物的浓度，平衡向生成物浓度减小的方向移动

D. 增大反应物的浓度，平衡向生成物浓度增大的方向移动

3. 下列属于可逆反应的是（ ）。

A. 碘受热变成碘蒸气，遇冷又变成碘固体

B. 同一反应条件，氮气和氢气化合生成氨气，氨气同时又分解成氮气和氢气

C. NH_3 和 H_2O 结合生成 $NH_3 \cdot H_2O$，$NH_3 \cdot H_2O$ 受热又可分解成 NH_3 和 H_2O

D. NH_3Cl 受热分解成 NH_3 和 HCl，NH_3 和 HCl 反应生成 NH_3Cl

4. 可逆反应 $2SO_2 + O_2 \rightleftharpoons 2SO_3$（正反应为放热反应）达到平衡时，在恒温时扩大容积，若用 v 表示反应速率，则（ ）。

A. $v_{正}$、$v_{逆}$均不变，平衡向逆向移动

B. $v_{正}$减小、$v_{逆}$减小，平衡向逆向移动

C. $v_{正}$减小、$v_{逆}$增大，平衡向逆向移动

D. $v_{正}$减小、$v_{逆}$不变，平衡向逆向移动

5. 以下平衡不属于化学平衡的是（ ）。

A. 酸碱电离平衡和氧化还原平衡

B. 沉淀溶解平衡和配位平衡

C. 常温下水的蒸发与凝结平衡

D. $N_2(g) + 3H_2(g) \rightleftharpoons 2NH_3(g)$

6. 下列因素对反应平衡无影响的是（ ）。

A. 温度　　B. 浓度　　C. 压力（对气相反应）　　D. 催化剂

7. 可逆反应 $2SO_2 + O_2 \rightleftharpoons 2SO_3$（正反应为放热反应）达到平衡后，加入 V_2O_5催化剂，则 SO_2 的转化率（ ）。

A. 增大　　B. 不变　　C. 减小　　D. 无法确定

8. 下列叙述正确的是（ ）。

A. 催化剂同等程度地加快正逆反应的速度

B. 催化剂反应前后不发生任何变化

C. 催化剂不参与反应

D. 催化剂不能改变反应的途径

二、判断题

（ ）1. 升高温度，反应速率增大，主要是因为增加反应物分子的碰撞概率。

（ ）2. 改变反应物的浓度不能改变反应速率常数的变化。

（ ）3. 一个已达到平衡的可逆反应，只有平衡常数发生改变时，平衡才会移动。

（ ）4. 浓度、压力的改变和催化剂的使用对化学平衡常数没有影响。

（ ）5. 催化剂对化学平衡的移动不产生影响，对达到化学平衡所需要的时间也不产生影响。

（ ）6. 所谓平衡状态就是化学反应正反应速率和逆反应速率相等、反应停止。

（ ）7. 化学平衡的移动指的是因外界条件而引起的旧的平衡被破坏，在新的条件下建立新的平衡的过程。平衡状态改变了，平衡常数也随着改变。

(　) 8. 气体的浓度和分压成正比，所以改变压强就会改变气体浓度，就会对有气体参加的可逆反应的平衡移动产生影响。

(　) 9. 可逆反应达到化学平衡的标志是正反应的速率和逆反应的速率相等，它是一个动态平衡。

(　) 10. 一个可逆反应如果正反应是吸热反应，那么逆反应一定是放热反应。

三、简答题

1. 影响化学反应速率的主要外界因素是哪些？如何影响？

2. 什么叫化学平衡的移动？影响化学平衡移动的主要因素有哪些？如何影响？

3. 催化剂能改变化学反应速率，为什么对化学平衡移动无影响？

四、计算题

1. 某温度时，可逆反应 $CO(g) + H_2O(g) \rightleftharpoons H_2(g) + CO_2(g)$ 的平衡常数为 9.0，在该温度下于 5.0L 密闭容器中通入 0.10mol CO 和 0.10mol H_2O。求（1）平衡时 CO 的转化率；（2）平衡时各组分的浓度。

2. 25℃时，可逆反应 $Pb^{2+}(aq) + Sn(s) \rightleftharpoons Pb(s) + Sn^{2+}(aq)$ 的平衡体系中，若某一时刻，Pb^{2+}、Sn^{2+} 的浓度分别为 0.15mol/L、0.20mol/L，判断体系是否处于平衡状态，如果不是，请判断反应进行的方向。该温度下平衡常数为 2.2。

（王　丽）

书网融合……

本章小结　　微课 1　　微课 2　　题库

第四章

酸碱反应和酸碱平衡

PPT

学习目标

知识目标

1. **掌握** 酸碱质子理论；水的质子自递平衡、酸碱解离平衡常数的意义；氢离子浓度和溶液pH、缓冲溶液pH的计算；缓冲溶液的组成、作用机制和缓冲能力。

2. **熟悉** 酸碱反应的实质；酸碱解离平衡移动规律；共轭酸碱对 K_a 与 K_b 的关系；如何选择和配制缓冲溶液。

3. **了解** 缓冲溶液的应用。

能力目标

1. 能够根据实际情况选择和配制合适的缓冲溶液。
2. 具备正确计算溶液pH的能力。

素质目标

通过本章学习，使学生运用辩证唯物法理解酸碱反应的实质和化学平衡移动规律；从联系的角度重新认识酸碱；并从量变到质变的事物发展规律来理解缓冲溶液的作用机制。培养学生的化学辩证思维和严谨规范的科学态度。

第一节 酸碱理论

微课

情境导入4-1

情景 人们一开始将有酸味的物质归为酸，有滑腻感和苦涩味的物质归为碱。酸和碱协同作用可以使食品产生不同风味变化。在制作美味的面包和蛋糕时，人们经常会在面团中加入酸奶、醋、柠檬汁等物质。当这些酸性物质与小苏打结合后，会发生酸碱反应并释放二氧化碳气体，使面团膨胀。这样发面可以使面团变得松软蓬松，口感更佳，因此小苏打在烘焙中被广泛使用，但小苏打放多了对身体是有害的。

参考答案

问题 1. 小苏打是碱吗？

2. 为什么不能过量食用小苏打？

一、酸碱质子理论

1923年，丹麦化学家布朗斯特（Bronsted）和英国化学家劳莱（Lowry）分别独立提出了酸碱的质子理论（proton theory of acid and base），也称为 Bornsted - Lowry 质子理论。该理论成功地解释了水溶液中酸碱的本质，重新确定了酸碱的含义和范围。

酸碱质子理论认为：凡是能给出质子（H^+）的物质就是酸，凡是能接受质子的物质就是碱。所以酸和碱是相对应的，酸是质子的给予体，给出质子后就变成了碱；碱是质子的接受体，当碱接受质子后就变成了酸。可以用简式来表示：

$$HB \rightleftharpoons H^+ + B^+$$

$$\text{酸} \rightleftharpoons \text{质子} + \text{碱}$$

比如我们常见的酸与碱的互相转变：

$$HCl \rightleftharpoons H^+ + Cl^-$$

$$HAc \rightleftharpoons H^+ + Ac^-$$

$$H_2CO_3 \rightleftharpoons H^+ + HCO_3^-$$

$$HCO_3^- \rightleftharpoons H^+ + CO_3^{2-}$$

$$NH_4^+ \rightleftharpoons H^+ + NH_3$$

$$H_2O \rightleftharpoons H^+ + OH^-$$

$$H_3O^+ \rightleftharpoons H^+ + H_2O$$

上式中，左侧的物质都是酸，右侧的物质是质子和碱。酸和碱既可以是分子，也可以是离子。比如 HCl、HAc、H_2CO_3 是分子酸，NH_3 是分子碱，NH_4^+ 是阳离子酸，HCO_3^- 是阴离子酸，Ac^-、Cl^-、CO_3^{2-} 是阴离子碱。既能给出质子又能接受质子的物质称为两性物质，如 HCO_3^-、H_2O。盐的概念在酸碱质子理论中不再存在，因为组成盐的离子可以分别是离子酸和离子碱。所以酸碱的范围在质子理论中非常广泛。

二、酸碱反应

当一对酸和碱，可以通过给出或接受一个质子而互相转变时，这对酸碱物质称为共轭酸碱对。即：

$$HB \rightleftharpoons H^+ + B^-$$

$$\text{共轭酸} \rightleftharpoons \text{质子} + \text{共轭碱}$$

上述关系式又称为酸碱半反应。可以看出，酸比它的共轭碱多了一个质子，酸碱相互转化，如果酸给出质子的能力越强，即酸性越强，其共轭碱接受质子的能力便越弱，即碱性越弱，反之亦然。

练一练 4-1

1. 指出下列各酸的共轭碱。

   H_2O、H_3O^+、H_2CO_3、HCO_3^-、NH_4^+、H_2S

2. 指出下列各碱的共轭酸。

   H_2O、NH_3、HPO_4^{2-}、NH_2^-、CO_3^{2-}、$[Al(H_2O)_5OH]^{2+}$

参考答案

酸碱反应时，一定是酸在给出质子的同时，其共轭碱必然迅速接受质子，反应才能成立。所以酸碱反应是两个酸碱半反应的结合，即两个共轭酸碱对之间的质子传递反应。即：

$$\text{共轭酸 1} + \text{共轭碱 2} \rightleftharpoons \text{共轭酸 2} + \text{共轭碱 1}$$

例如 HAc 在水中的解离：

$$HAc \rightleftharpoons H^+ + Ac^-$$

$$H^+ + H_2O \rightleftharpoons H_3O^+$$

两个半反应相加：

$$HAc + H_2O \rightleftharpoons H_3O^+ + Ac^-$$

以上反应可以看出：质子传递反应中，存在质子的争夺，两对共轭酸碱之间，给出质子能力强的物质是强酸，接受质子能力强的物质是强碱。强碱夺取了强酸的质子，从而转化成了它的共轭酸（弱酸），强酸转化为它的共轭碱（弱碱）。需要注意的是，质子的半径极小，电荷密度又高，在水溶液中不可能单独存在，而是与水结合形成水合质子(H_3O^+)，我们习惯上简写为 H^+。

练一练 4-2

指出下列反应中的共轭酸碱。

1. $NH_4^+ + H_2O \rightleftharpoons NH_3 + H_3O^+$
2. $NH_3 + H_2O \rightleftharpoons NH_4^+ + OH^-$
3. $H_2O + H_2O \rightleftharpoons H_3O^+ + OH^-$

参考答案

第二节　水溶液中的酸碱平衡

情境导入 4-2

情景　前几年某品牌矿泉水在上海一些卖场派发 pH 试纸，测试水的酸碱性活动，并在广告中宣称：“健康的生命需要天然弱碱性水”。但其实不存在酸性或碱性的水质更健康、更有营养的说法。现行的国家饮用水标准 GB 5749—2022 生活饮用水卫生标准规定 pH 为 6.5～8.5。所以，以偏酸性或偏碱性来划分水质的好坏并不科学，要以是否符合水质标准、水中的杂质及其受到污染的情况来决定水质的好坏。

参考答案

问题　1. 水为什么有酸碱性？

2. 如何判断溶液的酸碱性？

一、水的质子自递反应和溶液的酸碱性

（一）水的质子自递反应

水是两性物质，既可以接收质子，也可以给出质子。当质子传递发生在 H_2O 分子之间时，此反应称为水的质子自递反应。即：

$$H_2O + H_2O \rightleftharpoons H_3O^+ + OH^-$$

$$\text{酸}1 + \text{碱}2 \rightleftharpoons \text{酸}2 + \text{碱}1$$

当反应达到平衡后，反应物和产物的浓度不再变化，此时，产物浓度的乘积与反应物浓度的乘积之比，就是其质子传递平衡常数。即：

$$K = \frac{[H_3O^+][OH^-]}{[H_2O][H_2O]}$$

$[H_2O]$ $[H_2O]$ 可以看作一常数，将其与 K 合并，公式转变为：

$$K_w = [H_3O^+][OH^-]$$

将H_3O^+简写为H^+，则：

$$K_w = [H^+][OH^-]$$

K_w 称为水的质子自递平衡常数，也叫水的离子积，与温度有关，25℃时，$K_w = 1.00 \times 10^{-14}$，故纯水中：

$$[H^+] = [OH^-] = \sqrt{K_w} = 1.00 \times 10^{-7} \text{mol/L}$$

无论是纯水还是稀水溶液中，水的离子积都可应用，即只要知道溶液中H^+浓度，就可根据 K_w 计算出OH^-浓度，在进行 pH 计算时应用较多。

（二）溶液的酸碱性

在水溶液中同时存在H^+和OH^-，它们的含量决定了溶液的酸碱性。

酸性溶液：$[H^+] > 1.00 \times 10^{-7} \text{mol/L} > [OH^-]$

中性溶液：$[H^+] = 1.00 \times 10^{-7} \text{mol/L} = [OH^-]$

碱性溶液：$[H^+] < 1.00 \times 10^{-7} \text{mol/L} < [OH^-]$

在实际应用中，H^+浓度很小，书写极不方便。因此 pH 用氢离子浓度的负对数值来表示。即：

$$pH = -\lg[H^+]$$

溶液的酸碱性也可以用 pOH 来表示，即：

$$pOH = -\lg[OH^-]$$

在25℃时，水溶液中$[H^+][OH^-] = 1.00 \times 10^{-14}$，因此 pH + pOH = 14。

当溶液中的H^+浓度在 $1 \sim 10^{-14}$ mol/L 时，其 pH 范围在 1 ~ 14。若溶液中H^+浓度或OH^-浓度大于 1mol/L 时，可直接用H^+或OH^-的浓度表示。

二、弱酸弱碱的解离平衡

（一）酸碱解离平衡常数

在水溶液中，强酸和强碱可以发生完全的质子传递，而弱酸和弱碱的强度可用解离平衡常数来进行衡量和表示，酸碱强度越大，其解离平衡常数越大。例如弱酸 HAc 在水溶液中的解离平衡用下式表示：

$$HAc + H_2O \rightleftharpoons H_3O^+ + Ac^-$$

其平衡常数：

$$K_i = \frac{[H_3O^+][Ac^-]}{[HAc][H_2O]}$$

$[H_2O]$ 可看成是常数，即：

$$K_a = \frac{[H_3O^+][Ac^-]}{[HAc]}$$

K_a 是酸的解离平衡常数，K_a 越大，解离程度越大。例如，298K 时，HAc、HCN 的 K_a 分别为 1.76×10^{-5}、4.93×10^{-10}，可见 HAc 的解离程度比 HCN 强。同样的，可用 K_b 来表示碱的解离平衡常数，K_b 越大，碱性就越强。

$$Ac^- + H_2O \rightleftharpoons OH^- + HAc$$

$$K_b = \frac{[HAc][OH^-]}{[Ac^-]}$$

酸碱解离常数也可以在 K 的后面注明酸碱的分子式来进行具体表示，如 K_{HAc}、K_{NH_3}表示的就是 HAc 和 NH_3 的解离平衡常数。常见质子酸在水溶液中的解离常数见附录四。

（二）平衡的移动

酸碱解离平衡也是化学平衡的一种，因而同样受到浓度、压强、温度等因素的影响，另外还会因溶液酸度变化、加入相同离子或其他电解质而导致平衡发生移动。

1. 酸效应 弱酸（碱）的解离度：

$$\alpha = \frac{\text{已解离的弱酸(碱) 浓度}}{\text{解离前弱酸(碱) 总浓度}}$$

当弱酸 HB 水溶液，达到解离平衡时：

$$HB + H_2O \rightleftharpoons H_3O^+ + B^-$$

此时，[HB] $[H_3O^+]$ 和 $[B^-]$ 均为定值，当酸度增加，即 $[H_3O^+]$ 增大时，平衡向左侧移动，弱酸 HB 的解离度减小。反之，酸度减小，即 $[H_3O^+]$ 减小时，平衡向右侧移动，弱酸 HB 的解离度增大。这种酸度对弱酸解离平衡的影响叫作酸效应。

2. 同离子效应 向弱酸 HB 溶液中，加入少量含有相同离子的强电解质，如 NaB，进入溶液后完全解离为 Na^+ 和 B^-，即 $[B^-]$ 增大，平衡向左侧移动，弱酸 HB 的解离度减小。这种现象称为同离子效应。

3. 稀释定律 向弱酸 HB 溶液中，加水稀释，导致 [HB] $[H_3O^+]$ 和 $[B^-]$ 以相同倍数降低，因削弱了相反电荷离子间的相互作用，从而使解离度增大。我们把温度一定时，弱酸（碱）的解离度会随着溶液的稀释而增大，这一关系称为稀释定律。需要注意的是，虽然解离度增大了，但是溶液中离子的浓度不一定增大，这是由溶液的体积决定的。

4. 盐效应 向弱酸 HB 溶液中，加入不含相同离子的强电解质，则因离子强度增大，溶液中离子之间的相互作用增大，使弱酸 HB 的解离度增大，这种现象称为盐效应。

三、共轭酸碱对 K_a 与 K_b 的关系

以共轭酸碱对 $HAc - Ac^-$ 为例：

$$HAc + H_2O \rightleftharpoons H_3O^+ + Ac^-$$

$$K_a = \frac{[H_3O^+][Ac^-]}{[HAc]}$$

$$Ac^- + H_2O \rightleftharpoons OH^- + HAc$$

$$K_b = \frac{[HAc][OH^-]}{[Ac^-]}$$

则：

$$K_a \cdot K_b = \frac{[H_3O^+][Ac^-]}{[HAc]} \cdot \frac{[HAc][OH^-]}{[Ac^-]} = [H_3O^+][OH^-] = [H^+][OH^-] = K_w$$

即：

$$K_a \cdot K_b = K_w$$

一对共轭酸碱的解离常数 K_a 与 K_b 之积为一个定值，即共轭酸的酸性越强（K_a 越大），其共轭碱的碱性就越弱（K_b 越小）。

水溶液中，多元弱酸的解离及其共轭碱接受质子的过程是逐级进行的。

二元弱酸以 H_2CO_3 为例：

$$H_2CO_3 + H_2O \rightleftharpoons H_3O^+ + HCO_3^-$$

$$K_{a_1} = \frac{[H_3O^+][HCO_3^-]}{[H_2CO_3]}$$

$$HCO_3^- + H_2O \rightleftharpoons H_3O^+ + CO_3^{2-}$$

$$K_{a_2} = \frac{[H_3O^+][CO_3^{2-}]}{[HCO_3^-]}$$

$$CO_3^{2-} + H_2O \rightleftharpoons OH^- + HCO_3^-$$

$$K_{b_1} = \frac{[HCO_3^-][OH^-]}{[CO_3^{2-}]}$$

$$HCO_3^- + H_2O \rightleftharpoons OH^- + H_2CO_3$$

$$K_{b_2} = \frac{[H_2CO_3][OH^-]}{[HCO_3^-]}$$

$$K_{a_1} \cdot K_{b_2} = K_{a_2} \cdot K_{b_1} = K_w$$

三元弱酸以 H_3PO_4 为例：

$$H_3PO_4 + H_2O \rightleftharpoons H_3O^+ + H_2PO_4^-$$

$$K_{a_1} = \frac{[H_3O^+][H_2PO_4^-]}{[H_3PO_4]}$$

$$H_2PO_4^- + H_2O \rightleftharpoons H_3O^+ + HPO_4^{2-}$$

$$K_{a_2} = \frac{[H_3O^+][HPO_4^{2-}]}{[H_2PO_4^-]}$$

$$HPO_4^{2-} + H_2O \rightleftharpoons H_3O^+ + PO_4^{3-}$$

$$K_{a_3} = \frac{[H_3O^+][PO_4^{3-}]}{[HPO_4^{2-}]}$$

$$PO_4^{3-} + H_2O \rightleftharpoons OH^- + HPO_4^{2-}$$

$$K_{b_1} = \frac{[HPO_4^{2-}][OH^-]}{[PO_4^{3-}]}$$

$$HPO_4^{2-} + H_2O \rightleftharpoons OH^- + H_2PO_4^-$$

$$K_{b_2} = \frac{[H_2PO_4^-][OH^-]}{[HPO_4^{2-}]}$$

$$H_2PO_4^{2-} + H_2O \rightleftharpoons OH^- + H_3PO_4$$

$$K_{b_3} = \frac{[H_3PO_4][OH^-]}{[H_2PO_4^-]}$$

$$K_{a_1} \cdot K_{b_3} = K_{a_2} \cdot K_{b_2} = K_{a_3} \cdot K_{b_1} = K_w$$

知识链接

食品的酸碱性

食品的酸碱性与食品本身的 pH 无关，主要是通过食品经过消化、吸收、代谢，最后在人体内变成酸性或碱性的物质来界定。产生酸性物质的称为酸性食品，如动物的内脏、肌肉、植物种子（五谷类）。产生碱性物质的称为碱性食品，如蔬菜、水果、豆类，茶类等。

这些食品在进入人体后，不会影响到人体内部系统 pH 的稳定。从营养均衡的角度，无论是酸性食品还是碱性食品，各含有人类所需的营养物质，在摄取时应平衡考虑，不能只选择其中一种食用，造成营养缺乏。但当患有肾结石病或肾功能受损时，可能就有必要选择特定的食品以使尿液呈酸性、碱性或中性。

第三节 溶液的酸碱性与 pH 的计算

情境导入 4-3

情景 啤酒是人类最古老的酒精饮料，是水和茶之后世界上消耗量排名第三的饮料。啤酒的酒精含量较低，含有二氧化碳、多种氨基酸、维生素、低分子糖、无机盐和各种酶。其中低分子糖和氨基酸很容易被消化吸收，产生能量，因此啤酒又被称为“液体面包”。啤酒是酸性的，一般啤酒 pH 在4.4~4.6之间，此时拥有较好的口感。pH 作为一项啤酒工艺指标，贯穿啤酒酿造的整个环节，对酿造效率、效果起到了非常重要的作用。需要使用精密的监测仪器，并随时进行微调，以达到最佳酿造效果。

参考答案

问题 1. pH 是什么？

2. 如何测定 pH？

一、氢离子浓度和溶液的 pH

氢离子浓度是指溶液中所有氢离子的物质的量的浓度。在纯水中，H_2O 会解离成 H^+ 和 OH^-，且它们的浓度相等。当加入某种酸或碱后，会使其中 H^+ 或 OH^- 浓度变大，使水的解离平衡发生移动。重新达到平衡后，其解离常数仍不变，$K_w = [H^+][OH^-]$ 也不变。但此时溶液中 $[H^+]$ 和 $[OH^-]$ 不再相等，溶液将显酸性或碱性。溶液的 pH 等于溶液中氢离子浓度的负对数，即 $pH = -\lg[H^+]$。氢离子浓度越大则 pH 越小，反之氢离子浓度越小则 pH 越大。在计算溶液 pH 时首先要计算溶液中氢离子浓度。

根据酸碱质子理论，酸碱反应达到平衡时，酸失去的质子数和碱得到的质子数相等。酸碱之间这种等量关系称为质子条件，或称质子平衡。由质子条件，得到一个关于溶液中氢离子浓度 $[H^+]$ 及参与质子传递的各相关物质平衡浓度的关系式。该关系式可以通过零水准法来建立。零水准，即质子参考水准，通常选择那些在溶液中大量存在并参与质子传递的物质，如溶剂和溶质本身。以零水准考查质子的得失，将得质子后物质平衡浓度相加写在等式左边，失质子后物质平衡浓度相加写在等式右边，各项平衡浓度前的系数为得失质子的数目。

例如 HAc 溶液，存在如下反应：

$$HAc + H_2O \rightleftharpoons H_3O^+ + Ac^-$$

$$H_2O + H_2O \rightleftharpoons H_3O^+ + OH^-$$

其中 HAc 和 H_2O 作为参考水准。H_3O^+ 为得质子后物质，OH^- 为失质子后物质，质子平衡为：

$$[H_3O^+] = [OH^-] + [Ac^-] \text{ 或简写为 } [H^+] = [OH^-] + [Ac^-]$$

基于质子条件式导出 $[H^+]$ 精确式进行精确求解，从而计算出溶液的 pH。

二、强酸（碱）溶液 pH 的计算

强酸强碱在溶液中能够完全解离，其 pH 也是由溶液中的 H^+ 浓度决定的。

以浓度为 cmol/L 的稀 HNO_3 溶液为例，溶液中存在如下反应：

$$HNO_3 \rightleftharpoons H^+ + NO_3^-$$

$$H_2O \rightleftharpoons H^+ + OH^-$$

质子平衡为$[H^+]=[OH^-]+[NO_3^-]$。

$$[H^+]=c(HNO_3)+\frac{K_w}{[H^+]}$$

当 HNO_3 浓度不是特别稀时$[c(HNO_3)>10^{-6}mol/L]$，水解离部分可忽略，即$[H^+]=c(HNO_3)$；

当 HNO_3 浓度特别稀时$[c(HNO_3)<10^{-6}mol/L]$，

$$[H^+]=\frac{c(HNO_3)+\sqrt{c^2+4K_w}}{2}$$

强碱溶液 $[OH^-]$ 计算方法类似，最后在换算成 $[H^+]$ 即可。

如前所述，我们可以用 pH 或 pOH 来表示溶液的酸碱性。溶液中 $[H^+]$ 的负对数叫作 pH；溶液中 $[OH^-]$ 的负对数叫作 pOH。即：

$$pH=-\lg[H^+] \qquad pOH=-\lg[OH^-]$$

25℃时，$K_w=1.00\times10^{-14}$，故 pH + pOH = 14。

练一练 4-3

1. 计算 1.0×10^{-5}mol/L 的 HCl 溶液的 pH。
2. 计算 1.0×10^{-5}mol/L 的 NaOH 溶液的 pH。

参考答案

三、一元弱酸（弱碱）的 pH 计算

对于初始浓度为 $c$mol/L 的一元弱酸 HB 的水溶液，存在如下反应

$$HB \rightleftharpoons H^+ + B^-$$

$$H_2O \rightleftharpoons H^+ + OH^-$$

质子平衡为$[H^+]=[OH^-]+[B^-]$。

由解离平衡常数可得：

$$[B^-]=K_a\cdot\frac{[HB]}{[H^+]}$$

$$[OH^-]=\frac{K_w}{[H^+]}$$

带入质子平衡式，可得：

$$[H^+]=\sqrt{K_a\cdot[HB]+K_w}$$
$$=\sqrt{K_a\cdot(c-[H^+])+K_w}$$

当 $c/K_a\geqslant500$，$[HB]=c-[H^+]\approx c$，所以：

$$[H^+]=\sqrt{K_a\cdot c+K_w}$$

如果再满足 $K_a\cdot c\geqslant20K_w$，K_w 可忽略，即：

$$[H^+]=\sqrt{K_a\cdot c}$$

对于一元弱碱，处理方法及计算过程与一元弱酸相似，只需将$[H^+]$和 K_a，换成$[OH^-]$和 K_b 即可。

第四节　缓冲溶液

情境导入 4-4

情景　生活中，我们经常看到饮料配料中有柠檬酸钠和柠檬酸，一字之差，却是两种物质。柠檬酸钠是柠檬酸的钠盐，呈弱碱性，在食品、饮料工业中用作酸度调节剂、风味剂、稳定剂；柠檬酸是一种有机弱酸，是常用的酸度调节剂和食品添加剂。他们两者在饮料中结合形成柠檬酸-柠檬酸钠缓冲体系，可以稳定溶液的 pH 在一定的范围。补充少许柠檬酸钠，可以减少柠檬酸对味蕾的刺激，使产品味道更佳自然、顺口。

参考答案

问题　1. 柠檬酸和柠檬酸钠为什么可以形成缓冲体系？

2. 缓冲体系有什么作用？

缓冲溶液是指一种能够抵抗外加少量强酸、强碱以及加水稀释而引起的 pH 急剧变化的溶液。这种维持 pH 稳定的作用称为缓冲作用。

一、缓冲溶液的组成和作用机制

（一）缓冲溶液的组成

向高浓度的强酸（如 HCl）或强碱（如 NaOH）中，加入少量强酸、强碱或稀释时，$[H^+]$ 或 $[OH^-]$ 依旧很高，pH 基本保持不变，所以它们也具有缓冲作用。但由于酸性或碱性太强，基本不会作为缓冲溶液来使用。

我们常用的缓冲溶液，是由一定浓度的共轭酸碱对组成。①弱酸和它的盐：HAc - NaAc；②弱碱和它的盐：NH_3 - NH_4Cl；③多元弱酸的酸式盐及其对应的次级盐：NaH_2PO_4 - Na_2HPO_4。

组成缓冲溶液的共轭酸碱对，其共轭酸为抗碱成分，共轭碱为抗酸成分，通常也把这两种物质称为缓冲对或缓冲系。

（二）缓冲溶液的作用机制

缓冲溶液是如何发挥作用的，以 HAc - NaAc 体系为例来说明缓冲溶液的作用机制。

NaAc 是强电解质，在溶液中完全解离成 Na^+ 和 Ac^-，HAc 是弱电解质，在溶液中部分解离。

$$NaAc \longrightarrow Na^+ + Ac^-$$

$$HAc \rightleftharpoons H^+ + Ac^-$$

所以溶液中，存在大量的 Na^+、Ac^- 和 HAc，其中 Ac^- 和 HAc 是共轭酸碱对，它们之间的质子转移平衡关系为：

$$HAc + H_2O \rightleftharpoons H_3O^+ + Ac^-$$

1. 向体系中加入少量强酸　使体系中 H^+ 的浓度升高，平衡向左侧移动，将外来的 H^+ 消耗，使溶液 pH 基本保持不变，共轭碱 Ac^- 发挥了抵抗外来强酸的作用，所以称为抗酸成分。

2. 向体系中加入少量强碱　体系中的 H^+ 不断被消耗，浓度变小，平衡向右侧移动，HAc 不断解离出 H^+，使溶液 pH 基本保持不变，共轭酸 HAc 发挥了抵抗外来强碱的作用，所以称为抗碱成分。

3. 溶液被稍加稀释　H^+ 的浓度和 Ac^- 的浓度同时降低，由于同离子效应减弱，使 HAc 的解离度增大，解离出的 H^+ 使溶液中的 H^+ 的浓度基本保持不变，pH 也就基本维持稳定。

$$pH=pK_a+\lg\frac{c_{B^-}}{c_{HB}}=pK_a+\lg\frac{c_{[共轭碱]}}{c_{[共轭酸]}}$$

二、缓冲溶液 pH 的计算

以弱酸 HB 及其共轭碱 B^-组成缓冲溶液为例。两者建立质子转移平衡：

$$HB+H_2O \rightleftharpoons H_3O^++B^-$$

$$K_a=\frac{[H_3O^+][B^-]}{[HB]}$$

则：

$$[H_3O^+]=K_a\cdot\frac{[HB]}{[B^-]}$$

等式两边各取负对数，则：

$$pH=pK_a+\lg\frac{[B^-]}{[HB]}=pK_a+\lg\frac{[共轭碱]}{[共轭酸]}$$

pK_a 为弱酸 HB 解离常数的负对数，[HB]和[B^-]为平衡时的浓度。$\frac{[B^-]}{[HB]}$称为缓冲比，[B^-]与[HB]之和称为缓冲溶液的总浓度，即 $c_{(HB)}$。

由于同离子效应，HB 解离度非常小，故可以认为 $[HB]\approx c_{(HB)}$、$[B^-]\approx c_{(B^-)}$。则：

$$pH=pK_a+\lg\frac{c(B^-)}{c(HB)}=pK_a+\lg\frac{c(共轭碱)}{c(共轭酸)}$$

由上式可知：

（1）缓冲溶液的 pH 首先取决于 pK_a，即弱酸的解离常数 K_a 的负对数。K_a 受温度影响，所以缓冲溶液的 pH 也会受到温度的影响。

（2）对于同一缓冲对的缓冲溶液，pK_a 不变，pH 会随着缓冲比的变化而发生改变。当缓冲比为 1 时，缓冲溶液的 pH 等于 pK_a。

（3）缓冲溶液加水稀释时，虽然 c（共轭碱）和 c（共轭酸）的值不变，但是因稀释引起溶液离子浓度的改变，缓冲溶液 pH 也会受到影响。

弱碱及其盐组成的缓冲溶液，可以推导出相似的公式：

$$pOH=pK_b+\lg\frac{c(共轭酸)}{c(共轭碱)}$$

例 4-1 计算 1L 0.1mol/L 缓冲溶液 $NH_4^+-NH_3$ 的 pH。

解：$c(NH_4^+)=c(NH_3)=0.1mol/L$

$$pH=pK(NH_4^+)+\lg\frac{c(NH_4^+)}{c(NH_3)}=9.25+\lg\frac{0.1}{0.1}=9.25$$

三、缓冲溶液的缓冲能力

如果向缓冲溶液中加入强酸或强碱，由于缓冲溶液具有缓冲作用，刚开始时，溶液的 pH 基本保持不变，但是随着时间的变化，加入的强酸或强碱的量也越来越多，当达到某一时刻，溶液的 pH 发生剧烈变化，表明缓冲溶液的缓冲能力消失了，这是因为缓冲溶液的缓冲作用是有限度的，缓冲溶液中的共轭碱或共轭酸被逐渐加入的强酸或强碱消耗殆尽所致。由此可见，每种缓冲溶液具有有限的缓冲能力，且不同的缓冲溶液，其缓冲能力也是不同的。

为了能够衡量不同缓冲溶液的缓冲能力大小，提出了缓冲容量的概念，通常把 1L 缓冲溶液中引起 pH

改变1个单位所需加入强酸（或强碱）的量称为缓冲容量。

缓冲容量的大小与缓冲溶液的总浓度及缓冲组分的浓度比有关。

（1）缓冲溶液总浓度　总浓度越大，缓冲容量就越大。

（2）缓冲组分浓度比　当缓冲溶液总浓度相同时，组分浓度比为1时，缓冲容量最大，缓冲组分浓度比越接近1，缓冲容量越大；反之，缓冲容量越小。

当缓冲组分浓度比大于10∶1或小于1∶10时，可认为缓冲溶液已基本失去缓冲能力。每种缓冲溶液的缓冲作用都有一定的有效范围。我们将缓冲溶液能控制的pH范围称为该缓冲溶液的有效范围，即缓冲范围。一般认为 $pH = pK_a \pm 1$ 便是缓冲溶液的缓冲范围。

四、缓冲溶液的选择和配制

（一）缓冲溶液的选择原则

（1）选择缓冲溶液时，应考虑缓冲溶液不会对体系主反应造成影响或干扰。

（2）缓冲溶液本身的pH主要取决于弱酸或弱碱的 K_a 或 K_b。所以可以根据对缓冲溶液pH要求来选择缓冲对，使 pK_a 或 pK_b 尽量接近其pH或pOH。

（3）各种缓冲溶液只能在缓冲范围内（即 $pK_a \pm 1$）发挥作用，因此在选用缓冲溶液时应注意其缓冲范围。

（4）如果要求溶液pH在0～2或12～14的范围内，应选用强酸或强碱溶液来进行控制。

（二）缓冲溶液的配制

1. 选择缓冲系　根据上述原则，对体系pH要求及成分进行分析，选择合适的缓冲系。

2. 缓冲溶液的总浓度要适当　若总浓度太低，则缓冲容量过小，其缓冲能力受限；若总浓度太高，则会影响溶液的离子强度和渗透压，并造成不必要的浪费。因此，在实际工作中，一般选用总浓度在0.05～0.2mol/L范围内。

3. 计算所需缓冲系的量　选择合适的缓冲系后，计算所需的共轭酸碱的量或体积。一般为了配制方便，常使用相同浓度的弱酸及其共轭碱。

例4-2　如何配制100ml pH为5.00的缓冲溶液？

解：（1）选择缓冲系　已知弱酸HAc的 $pK_a = 4.75$，与要求的缓冲溶液 $pH = 5$ 比较接近，故可选用HAc-NaAc缓冲系。

（2）利用缓冲溶液pH计算方程进行计算

$$pH = pK_a + \lg\frac{c(\text{共轭碱})}{c(\text{共轭酸})}$$

$$pH = pK_a(HAc) + \lg\frac{c(Ac^-)}{c(HAc)}$$

$$5.00 = 4.75 + \lg\frac{c(Ac^-)}{c(HAc)}$$

$$\lg\frac{c(Ac^-)}{c(HAc)} = 0.24$$

$$\frac{c(Ac^-)}{c(HAc)} = 1.74$$

缓冲溶液中，HAc与NaAc占有相同体积，$V = 100ml$。

$$\frac{c(Ac^-)}{c(HAc)} = \frac{c(Ac^-)V}{c(HAc)V} = \frac{n(Ac^-)}{n(HAc)} = 1.74$$

配制此缓冲溶液所用的 HAc、NaAc 溶液的浓度相同，故：

$$\frac{V(\mathrm{Ac^-})}{V(\mathrm{HAc})}=1.74$$

总体积为 100ml，则：

$$\frac{V(\mathrm{Ac^-})}{100}-V(\mathrm{Ac^-})=1.74$$

$$V(\mathrm{Ac^-})=64\mathrm{ml}$$

故需将相同物质的量浓度的 HAc 溶液 36ml 和 NaAc 溶液 64ml，混合均匀即可制成 pH =5.00 的缓冲溶液。

4. 校正 配制好的缓冲溶液，其真实值和理论值会有差别，如果对 pH 要求严格，还需在 pH 计监控下对所配缓冲溶液的 pH 进行校正。

练一练 4－4

欲配制 pH =3.00 缓冲溶液，选用哪一缓冲对最好？（$K_{a(\mathrm{HCOOH})}=1.76\times10^{-4}$，$K_{a(\mathrm{HAc})}=1.76\times10^{-5}$，$K_{b(\mathrm{NH_3\cdot H_2O})}=1.76\times10^{-5}$）缓冲对的浓度比值为多少？

参考答案

五、缓冲溶液的应用

缓冲溶液在工业、农业、生物学、医学、化学等方面都有重要意义。如农业方面，研究土壤中的缓冲体系，可以使土壤维持一定的 pH，保证农作物的正常生长和发育；化工生产方面，制备难溶金属氢氧化物、硫化物和碳酸盐中，加入缓冲溶液，可以控制溶液 pH，使各种离子能够在溶液中稳定存在；工业生产中，对离子的分离提纯中使用缓冲溶液，可以有选择地对离子进行沉淀和分离；生物体中，缓冲溶液可以维持体系 pH 在正常的范围内，如血浆 pH 正常值是 7.35 ~7.45，超出这个范围会对人体造成致命性危害；缓冲溶液在药物保存、保护及药学控制方面，也发挥着重要的作用。

缓冲溶液在食品中的应用也非常广泛。在食品检验方面，需要对食品的营养成分、污染物质、辅助材料等进行分析，涉及的检验方法和手段也非常多，包括分光光度计、气相色谱法、高效液相色谱法等，缓冲溶液在其中都发挥着重要的作用，如色谱分析过程中，缓冲溶液可以调节流动相的 pH，使用不当，会导致缓冲盐析出，缩短色谱柱的使用寿命。在食品加工方面，缓冲溶液也发挥了关键作用，如肉制品加工过程中添加磷酸盐缓冲液，一方面可以调节 pH，使体系 pH 高于肉蛋白等电点，提高了肉的持水能力；另一方面，增加离子强度，改变了肉的内部三维结构，有利于水的聚集，也提高了持水性，从而保证肉质的鲜嫩和风味。

知识链接

人体的酸碱

2002 年，有人提出了酸碱体质，宣称“酸性体质容易得癌症，碱性饮食有益健康。”其实人体内酸碱是永远处于动态平衡状态。人体体液包括细胞内液、细胞外液（血液、组织液和淋巴液）、分泌的各种消化液和排泄的尿液、汗液等。这些液体 pH 差别很大。如胃酸 pH 为 1 ~2，血液 pH 在 7.4 左右。食物被吃进去，在胃中变为酸性，在肠道中又变为碱性。即使酸碱度不同的食物也无法改变人体体液的酸碱度，人体血液中的各种缓冲物质，构成了身体内部的缓冲体系，同时消化系统、呼吸系统、内分泌系统、排泄系统等协调精确控制着酸碱平衡，使人体的酸碱达到稳定。

练习题

答案解析

一、选择题

1. 下列关于缓冲溶液的叙述中，错误的是（ ）。

A. 温度一定时，影响缓冲溶液 pH 的主要因素为 pK_a 和缓冲比

B. 缓冲溶液的有效缓冲范围为 $pK_a \pm 1$

C. 缓冲溶液缓冲比一定时，总浓度越大，则其缓冲容量越大

D. 缓冲溶液加水稀释后，pH 基本不变，缓冲容量也不变

2. 下列各缓冲溶液的总体积相同，其中缓冲能力最强的是（ ）。

A. 0.10mol/L $NH_3 \cdot H_2O$ 溶液和 0.10mol/L NH_4Cl 溶液等体积混合后的溶液

B. 0.20mol/L $NH_3 \cdot H_2O$ 溶液和 0.20mol/L NH_4Cl 溶液等体积混合后的溶液

C. 0.20mol/L $NH_3 \cdot H_2O$ 溶液和 0.20mol/L NH_4Cl 溶液以体积比 2∶1 混合后的溶液

D. 0.20mol/L $NH_3 \cdot H_2O$ 溶液和 0.10mol/L NH_4Cl 溶液等体积混合后的溶液

3. 配制 pH =9.2 的缓冲溶液时，应选用的缓冲对是（ ）。

A. $NaHCO_3 - Na_2CO_3$（H_2CO_3 的 $pK_{a_2}=10.25$）

B. HAc – NaAc（HAc 的 $pK_a=4.75$）

C. $NH_3 - NH_4Cl$（NH_3 的 $pK_b=4.75$）

D. $NaH_2PO_4 - Na_2HPO_4$（H_3PO_4 的 $pK_{a_2}=7.21$）

4. 已知 H_3PO_4 的 $pK_{a_1}=2.12$，$pK_{a_2}=7.21$，$pK_{a_3}=12.66$。100ml 0.10mol/L H_3PO_4 溶液和 150ml 0.10mol/L NaOH 溶液混合后（忽略溶液体积变化），所得溶液的 pH 约为（ ）。

A. 2.12　　B. 7.21　　C. 12.32　　D. 4.68

5. 已知某弱酸的 $pK_a=6.35$，其与 NaOH 配置的缓冲溶液的缓冲范围为（ ）。

A. 6.3 ~ 6.4　　B. 6 ~ 7　　C. 5.35 ~ 7.35　　D. 5.75 ~ 6.75

6. NH_4^+ 的共轭碱是（ ）。

A. OH^-　　B. NH_3　　C. NH_2^-　　D. NH^{2-}

7. $H_2PO_4^-$ 的共轭碱是（ ）。

A. H_3PO_4　　B. HPO_4^{2-}　　C. $H_2PO_3^-$　　D. PO_4^{3-}

8. pH =2 的溶液酸度是 pH =6 的溶液酸度的（ ）。

A. 4 倍　　B. 12 倍　　C. 4000 倍　　D. 10000 倍

9. 室温下，同浓度的 Na_3PO_4、Na_2HPO_4、NaH_2PO_4 溶液的水解度关系是（ ）。

A. Na_3PO_4 最大　　B. NaH_2PO_4 最大　　C. Na_2HPO_4 最大　　D. 三者相等

10. 0.1mol/L H_3PO_4 溶液中，下述关系错误的是（ ）。

A. $[H^+] > 0.1mol/L$　　B. $[OH^-] > [PO_4^{3-}]$

C. $[H_2PO_4^-] > [HPO_4^{2-}]$　　D. $[H_3PO_4] < 0.1mol/L$

二、判断题

（ ）1. pH =3 的溶液中氢离子浓度是 pH =6 的溶液中氢离子浓度的 300 倍。

（ ）2. 强酸性水溶液中不含 OH^-，强碱性水溶液中不含 H^+。

(　　) 3. 弱电解质的解离度随电解质浓度的降低而增大。

(　　) 4. 在 0.001mol/L 的稀 H_3PO_4 溶液中，H^+ 的浓度为 0.003mol/L。

(　　) 5. 将 HAc 和 HCl 溶液各加水稀释一倍，则两种溶液中 $[H^+]$ 浓度均减小为原来的二分之一。

(　　) 6. 将适量的 $NaHCO_3$ 和 Na_2CO_3 两种盐溶液混合后组成的溶液也具有缓冲作用。

(　　) 7. 弱酸的酸性越强，其共轭碱的碱性就越弱。

(　　) 8. 凡是能接受质子的物质都是碱。

(　　) 9. K_2CO_3 是盐，其水溶液呈中性。

(　　) 10. 水是两性物质。

三、简答题

1. 判断下列物质在水溶液中，哪些为质子酸？哪些为质子碱？哪些是两性物质？

$[Al(H_2O)_4]^{3+}$、HSO_4^-、HS^-、HCO_3^-、$H_2PO_4^-$、NH_3、SO_4^{2-}、NO_3^-、HCl、Ac^-、H_2O、OH^-

2. 试找出下列物质中的共轭酸碱对：

NH_4^+、Ac^-、H_2O、HSO_4^-、NH_3、SO_4^{2-}、HNO_3、OH^-、H_2SO_4、CO_3^{2-}、NO_3^-、H_3O^+、H_2CO_3、HAc、HCO_3^-

3. 试以 $KH_2PO_4-Na_2HPO_4$ 缓冲溶液为例，说明为何加少量的强酸或强碱时其溶液的 pH 基本保持不变。

四、计算题

1. 已知 H_3PO_4 的 $pK_{a_1}=2.12$，$pK_{a_2}=7.21$，$pK_{a_3}=12.66$。向一定浓度的 NaH_2PO_4 溶液中加入固体 NaOH 配制 pH 为 7.21 的缓冲溶液（忽略溶液体积变化），若使该溶液与人体血浆等渗（设血浆 $c_{os}=$ 300mmol/L），则 NaH_2PO_4 溶液的初始浓度应为多少。

2. 50ml 浓度为 0.10mol/L 某一元弱酸与 20ml 浓度为 0.10mol/L KOH 混合，稀释至 100ml，测得其 pH 为 5.25。计算此弱酸的标准解离常数。

（崔珊珊）

书网融合……

本章小结　　本章小结（微课）　　微课　　题库

第五章

氧化还原反应和电极电势

PPT

学习目标

知识目标

1. **掌握** 氧化还原反应的基本概念；能斯特方程；影响电极电势的因素及其应用。
2. **熟悉** 原电池的组成、表示方法；标准电极电势及其应用。
3. **了解** 电极电势产生的原因。

能力目标

1. 根据共轭电对的电极电势能够比较氧化剂和还原剂的相对强弱、判断氧化还原反应的方向。
2. 学会离子选择性电极和 H^+ 浓度的测定。

素质目标

通过本章学习，帮助学生树立绿色发展理念，体会氧化还原反应的社会价值和应用价值，使学生养成保护环境的责任感和使命感；通过宏观氧化数的变化理解微观电子的转移，培养学生建立微观与宏观、对立与统一的辩证唯物主义思想。

情境导入 5－1

情景 食品漂白剂除能够改善食品色泽外，还具有抑菌防腐等作用，按其作用机制分还原型漂白剂和氧化型漂白剂。还原型漂白剂在果蔬加工中应用较多，《食品安全国家标准 食品添加剂使用标准》GB 2760—2011 中的还原型漂白剂以亚硫酸制剂为主，如亚硫酸钠、低亚硫酸钠（保险粉）、焦亚硫酸钠盐或钾盐、亚硫酸氢钠和硫黄等；氧化型漂白剂除了作为面粉处理剂的偶氮甲酰胺等少数品种外，实际应用较少。氧化还原反应在食品加工过程中应用广泛，但也存在一定局限性，过量添加可能导致食品营养流失、破坏色泽与口感等问题。因此，在食品加工过程中要注意合理调配、正确添加这些化学物质。

参考答案

问题 还原型漂白剂和氧化型漂白剂具有漂白作用的原因分别是什么？

第一节　氧化还原反应

一、氧化数

氧化数是某元素一个原子的形式电荷数，这种电荷数由假设把每个化学键中的成键电子指定给电负性更大的原子而求得。氧化数又称为氧化值。按照这一定义可以得出确定元素氧化数的规则如下。

（1）在单质中，元素的氧化数为零。例如，O_2、Cl_2 等单质中，O、Cl 的氧化数均为零。

（2）在单原子离子中，元素的氧化数等于离子的电荷数。例如，Na^+ 中 Na 的氧化数为 +1；Br^- 中

Br 的氧化数为 -1。在多原子离子中，各元素氧化数的代数和等于离子的电荷数。

（3）化合物中各元素氧化数代数和为零。

（4）在化合物中，氟元素的氧化数总是 -1。通常，氢元素的氧化数为 +1，氧元素的氧化数为 -2，但也有例外。例如，H_2O_2、Na_2O_2 中，氧元素的氧化数为 -1；KO_2 中，氧的氧化数为 $-\frac{1}{2}$；NaH、CaH_2 中，氢元素的氧化数为 -1。碱金属的氧化数为 +1，碱土金属的氧化数为 +2。

根据以上原则，可以计算出化合物中各种元素的氧化数。例如，在 $Na_2S_2O_3$ 中，S 的氧化数可以由下式求得：

$$2\times(+1)+2\times x+3\times(-2)=0$$
$$x=+2$$

氧化数并不是一个原子所带的真实电荷数，而是人为规定的形式电荷数，其代表的是该元素所有原子所带电荷数的代数和的平均值，是计算所得。氧化数可以是整数，也可以是小数或分数。单独书写氧化数时，与数学的正负数表示形式相同，但正号不省去。在化合物或分子式中表示元素氧化数时，通常在元素后以括号加大写罗马数字表示，正号可省去。

二、氧化剂与还原剂

氧化还原反应的实质是反应物之间发生电子的转移或偏移，导致元素的氧化数发生改变。由氧化数的概念可知，元素氧化数升高的过程称为氧化，而氧化数升高的物质称为还原剂；元素氧化数降低的过程称为还原，而氧化数降低的物质称为氧化剂。反应前后元素氧化数发生变化的反应就称为氧化还原反应。

在一个氧化还原反应中，氧化与还原总是同时发生，并且氧化剂的氧化数降低总数与还原剂的氧化数升高的总数相等，即得失电荷总数相等。氧化与还原过程发生在同一种化合物中的反应称为自氧化还原反应。例如：

$$2KClO_3 \underset{\triangle}{=\!=\!=} 2KCl+3O_2\uparrow$$

在自氧化还原反应中还有一些特殊情况，例如在氯与氢氧化钠的反应中：

$$Cl_2+2NaOH =\!=\!= NaCl+NaClO+H_2O$$

氯元素的氧化数由零转化为 -1 和 +1，即氧化还原反应发生在同一物质中的同一元素上，这类自氧化还原反应又称为歧化反应。

通常情况下，元素氧化数为最高值时只能作氧化剂；元素氧化数为最低值时只能作还原剂。但也有例外，如 H_3PO_4 中 P 的氧化数为最高值 +5，但它不是氧化剂。处于中间氧化数的元素，既可作氧化剂，也可作还原剂，视具体反应条件而定。

练一练 5-1

请分别计算 $KMnO_4$、MnO_4^{2-}、MnO_2、Mn^{2+} 中 Mn 元素的氧化数是多少，指出何种氧化数的 Mn 元素具有最强的氧化能力。

参考答案

三、氧化还原电对

在氧化还原反应中，得电子的物质称为氧化剂（发生还原反应），失电子的物质称为还原剂（发生氧化反应）。例如：

$$Zn^{2+}+2e \rightleftharpoons Zn$$
$$Fe^{3+}+e \rightleftharpoons Fe^{2+}$$

上面各式中左侧一列均可视为氧化剂（又称氧化型、氧化态），右侧一列则可视为还原剂（又称还原型、还原态）。氧化剂和还原剂并不是孤立的，氧化剂得电子后变成还原剂，而还原剂失电子后变成氧化剂。氧化剂与还原剂之间这种相互依存并相互转化的关系称为氧化还原共轭关系，可表示为：

$$\mathrm{Ox}\ (氧化剂)\ + ne \rightleftharpoons \mathrm{Red}\ (还原剂)$$

Ox/Red 称为共轭氧化还原电对，简称共轭电对。在书写电对时，通常氧化数较高的物质写在左侧，氧化数较低的物质写在右侧，中间用斜线“/”隔开。例如：Zn^{2+}/Zn，Fe^{3+}/Fe^{2+}。

氧化剂要得电子（或还原剂要失电子），必须有另一个共轭电对提供（或接受）电子。例如：

$$Zn + Cu^{2+} \rightleftharpoons Zn^{2+} + Cu$$

该反应中包括下列两个“半反应”（两组共轭电对）：

$$Zn - 2e \rightleftharpoons Zn^{2+}\ (氧化反应)$$

$$Cu^{2+} + 2e \rightleftharpoons Cu\ (还原反应)$$

两个半反应同时发生才能组成上述氧化还原反应。因此，氧化还原反应的实质又可理解为两组共轭电对之间的电子转移。

知识链接

缺铁性贫血的治疗

临床上，在治疗缺铁性贫血时，常通过补充硫酸亚铁辅以维生素 C 的方式达到治疗目的。健康人体内的铁含量约在 40mg/kg，Fe^{2+} 更容易被人体吸收，但食物中的 Fe^{2+} 容易被氧化为 Fe^{3+}，并不利于铁的吸收。因此，在补铁的同时补充维生素 C，一方面可以利用维生素 C 的还原性将已被氧化的 Fe^{3+} 还原为 Fe^{2+}；另一方面可以利用维生素 C 的抗氧化能力，防止 Fe^{2+} 进一步被氧化。通过硫酸亚铁和维生素 C 的联合用药，实现铁剂的有效吸收。

第二节 电极电势

微课

情境导入 5-2

情景 如图 5-1 所示，一同学自制的水果电池，水果电池是一种简单的原电池，将铜片和锌片分别插入柠檬中，以导线串联一小灯泡，形成闭合回路后可以观察到灯泡亮起。

参考答案

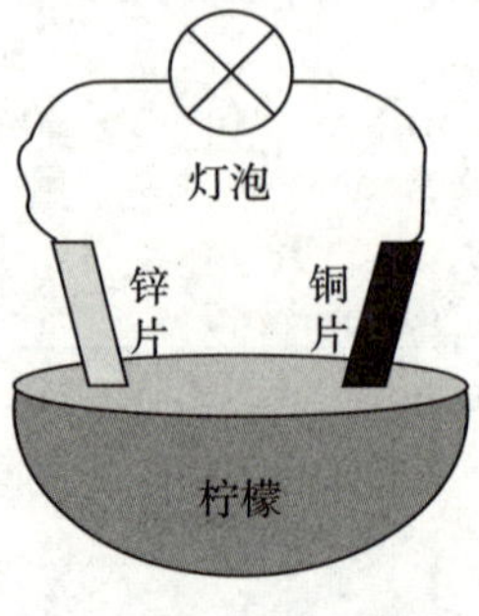

图 5-1 自制水果电池

问题 请分析水果电池的工作原理。

一、原电池

氧化还原反应中虽然发生了电子的转移，但氧化剂与还原剂直接接触时，电子的转移是没有方向的，因此无法产生电流。若设计一定的装置，使氧化还原反应中电子的转移变成电子的定向移动，可将化学能转变为电能，这种装置称为原电池，见图 5-2。

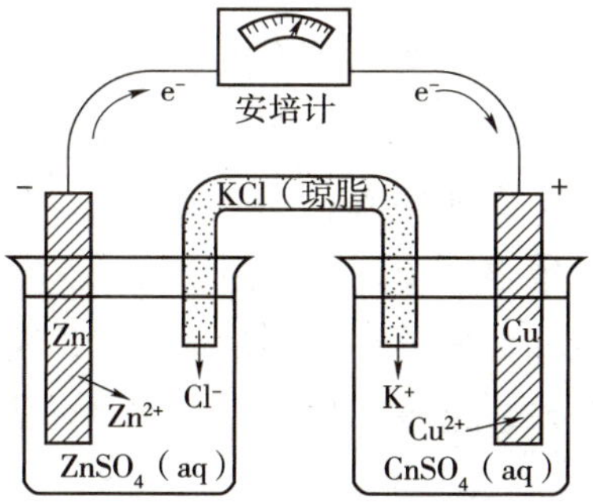

图 5-2 铜锌原电池

左侧烧杯内的 $ZnSO_4$ 溶液中插入锌片称为锌电极，右侧烧杯内的 $CuSO_4$ 溶液中插入铜片称为铜电极，将两个烧杯中的溶液用盐桥（盛满 KCl 饱和溶液胶冻的 U 形管）连接起来。用导线将检流计和两个金属片串联起来，检流计指针发生偏转。同时，锌片开始溶解，而铜片上有铜沉积。盐桥起到构成通路的作用，上述装置简称为铜锌原电池。原电池中，电子流出的一端为负极，发生氧化反应；电子流入的一端为正极，发生还原反应。电极反应分别为：

锌电极（负极）　　$Zn - 2e \rightleftharpoons Zn^{2+}$（氧化反应）

铜电极（正极）　　$Cu^{2+} + 2e \rightleftharpoons Cu$（还原反应）

两个电极反应相加得到总反应，称为电池反应：

$$Zn + Cu^{2+} \rightleftharpoons Zn^{2+} + Cu$$

原电池是由两个半反应构成。原电池装置可用简单的符号表示，称为电池符号，例如，铜锌原电池可用符号表示如下：

$$(-)Zn|Zn^{2+}(c_1)||Cu^{2+}(c_2)|Cu(+)$$

书写电池符号时，一般把负极写在左边，正极写在右边，“||”表示盐桥；单垂线“|”表示相界面，将不同相的物质分开；不存在相界面，用逗号“,”分开；c 为浓度；若电极中没有金属导体时，可选用惰性金属 Pt 或石墨作电极导体。例如：

$$(-)Ag|Ag^{+}(c_1)||Fe^{3+}(c_2),Fe^{2+}(c_3)|Pt(+)$$

知识链接

盐桥

盐桥是为了减小液接电位（当组成或活度不同的两种电解质接触时，在溶液接界处由于正负离子扩散通过界面的离子迁移速度不同造成正负电荷分离而形成双电层，这样产生的电位差称为液体接界扩散电位，简称液接电位），离子可在两种溶液之间连接的高浓度电解质溶液转移。盐桥常出现在原电池中，由琼脂和饱和氯化钾或饱和硝酸钾溶液构成。

盐桥的作用：①形成闭合回路；②平衡电荷。

二、电极电势

上述铜-锌原电池的导线中有电流通过，说明两电极之间存在电势差，为什么电子是由锌电极流向铜电极？电极电势是如何产生的？

以金属电极为例，金属晶体中有金属离子和自由电子。将金属 M 置于它的盐溶液中时，金属原子有失去电子，形成金属离子溶解到溶液中的趋势。金属越活泼、溶液越稀，这种趋势越大。同时，溶液中的金属离子也有获得电子，转化为金属单质，沉积在电极上的趋势。当金属的溶解速率与沉积速率相等时，两种趋势达到动态平衡：

$$M(s) \rightleftharpoons Mn^+(aq) + ne^-$$

若金属原子失电子的倾向大于其得电子的倾向，更多金属离子进入溶液中，金属表面因留有更多电子而带负电荷。在静电作用下，溶液中的阳离子被吸引并排布在金属表面附近液层，从而在溶液和金属的相界面形成一个双电层。反之，若金属原子失电子的倾向小于其得电子的倾向，在达到平衡状态后，金属表面由于沉积过多金属离子而带正电荷，溶液中的阴离子被吸引并排布在金属表面附近液层，在溶液和金属的相界面形成一个双电层。不论形成的是何种双电层，在金属与溶液间都会产生一个恒定的电势差，这种产生在双电层之间的电势差称为金属电极的电极电势 φ，单位为 V。

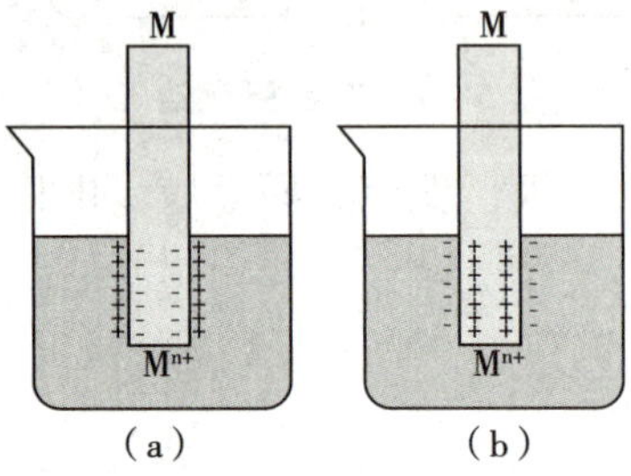

图 5-3　双电层产生示意图

越活泼的金属，溶解的趋势越强，平衡状态时金属表面剩余的电子越密集，该金属的电极电势就越低。相反，越不活泼的金属电极电势越高。电极电势的大小主要取决于电极的本性，不同的电极具有不同的电极电势。

和水流一样，电流也会由电极电势高的一极流向电极电势低的一极。若将不同的两个电极串联组成原电池，由于两电极的电极电势不同，在电极间会产生电流和电势差。两电极的电极电势之差称为原电池的电动势，用符号 E 表示。

$$E = \varphi_+ - \varphi_-$$

式中，φ_+ 为正极的电极电势，φ_- 为负极的电极电势。

三、标准氢电极和标准电极电势

（一）标准氢电极

至今电极电势的绝对值还无法测定。国际纯粹化学与应用化学联合会（IUPAC）规定采用标准氢电极作为基准电极。标准氢电极的构造如图 5-4 所示，在 298K 下，将镀有铂黑的铂片浸入 H^+ 浓度为1mol/L的酸溶液中，然后不断通入压力为 101.3kPa 的 H_2，使铂片上吸附 H_2 达到饱和。规定 298K 时，标准氢电极的电极电势为零，$\varphi^\theta_{H^+/H_2} = 0.0000V$。式中 φ 的右下角注明了参加电极反应物质的共轭电对；φ 的右上角的"θ"代表标准状态。其电极反应为：

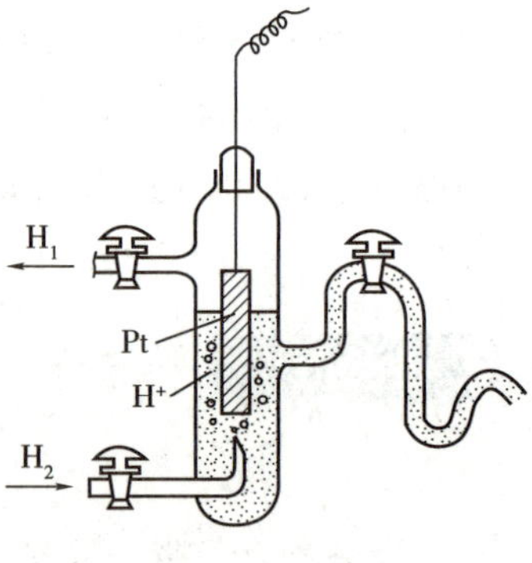

图 5-4　标准氢电极

$$2H^+ + 2e \rightleftharpoons H_2$$

（二）标准电极电势

某电极在标准状态下（298K、101.3kPa，溶液的离子浓度为 1mol/L）的电极电势，称为该电极的标准电极电势 φ^θ。测定某电极的标准电极电势时，标准状态下待测电极与标准氢电极组成原电池，测出该原电池的电动势，即求出待测电极的标准电极电势。例如，标准锌电极与标准氢电极组成如下原电池：

$$(-)\ Zn|Zn^{2+}(1mol/L)||H^+(1mol/L)|H_2(101.3kPa)|Pt(+)$$

测得原电池的标准电动势 $E^\theta = -0.7618V$。

$$E^\theta = \varphi^\theta_+ - \varphi^\theta_- = \varphi^\theta_{H^+/H_2} - \varphi^\theta_{Zn^{2+}/Zn} = 0 - \varphi^\theta_{Zn^{2+}/Zn}$$

$$\varphi^{\theta}_{Zn^{2+}/Zn} = -0.7618V$$

利用上述方法，可计算各种电极的标准电极电势。将各电极的标准电极电势按从小到大的顺序排列，就得到了标准电极电势表。常用电对的标准电极电势见附录五。标准状态下，φ^{θ} 越大，电对中氧化型物质的氧化能力越强；φ^{θ} 越小，电对中还原型物质的还原能力越强。

使用标准电极电势表时，必须注意以下几点。

（1）标准电极电势的大小取决于电极反应中物质的本性，而与物质的计量系数无关。

（2）标准电极电势的符号和大小与电极反应的书写方法无关。

（3）标准电极电势是在标准状态时水溶液中测定的，不适用非水溶液。

（4）标准电极电势表分酸表（φ^{θ}_{A}）和碱表（φ^{θ}_{B}）。若电极反应在酸性或中性溶液中进行，则应查酸表；若在碱性溶液中进行，则应查碱表。

四、影响电极电势的因素

电极电势的大小主要决定于电极的本性，并受浓度和温度等外界条件的影响，电极电势与它们之间的定量关系用能斯特（Nernst）方程式表示。

对于电极反应 $Ox + ne \rightleftharpoons Red$，电极电势与浓度、温度之间有如下关系：

$$\varphi = \varphi^{\theta} + \frac{RT}{nF}\ln\frac{c_{Ox}}{c_{Red}} \tag{5-1}$$

式中，φ^{θ} 为标准电极电势（V）；R 为气体常数，8.314J/(mol·K)；T 为热力学温度（K）；n 为电极反应中得（失）电子数；F 为法拉第常数，96487C/mol；c_{Ox} 代表电极反应中氧化型一侧各物质浓度的乘积；c_{Red} 代表还原型一侧各物质浓度的乘积，各物质浓度的指数应等于电极反应式中相应物质的计量系数。

当 $T = 298K$：

$$\varphi = \varphi^{\theta} + \frac{0.0592}{n}\lg\frac{c_{Ox}}{c_{Red}} \tag{5-2}$$

在使用 Nernst 方程式时应注意，如果电极反应中某物质是固体、纯液体或稀溶液中的溶剂时，则不出现在能斯特方程式中；气体则用相对分压（p/p^{θ}）表示；c_{Ox} 和 c_{Red} 并非专指氧化数有变化的物质，而是参加电极反应的所有物质。

例如电极反应：$O_2 + 4H^+ + 4e \rightleftharpoons 2H_2O$

298K 时，能斯特方程式为：

$$\varphi_{O_2/H_2O} = \varphi^{\theta}_{O_2/H_2O} + \frac{0.0592}{4}\lg\frac{c^4_{H^+}\cdot pO_2/p^{\theta}}{1}$$

从 Nernst 方程可以看出，电极反应中各物质的浓度对电极电势有着显著的影响。电极物质本身的浓度，酸度等均可引起 φ 的变化。由 Nernst 方程式可知，增大氧化型物质的浓度或减小还原型物质浓度，φ 增大；增大还原型物质浓度或减小氧化型物质的浓度，φ 减小。

例 5-1 已知 298K 时，电极反应 $Fe^{3+} + e \rightleftharpoons Fe^{2+}$，$\varphi^{\theta}_{Fe^{3+}/Fe^{2+}} = 0.771V$，求当 $c_{Fe^{3+}}/c_{Fe^{2+}}$ 分别是 10^2、10^{-2}时的电极电势。

解：

$$\varphi_{Fe^{3+}/Fe^{2+}} = \varphi^{\theta}_{Fe^{3+}/Fe^{2+}} + \frac{0.0592}{1}\lg\frac{c_{Fe^{3+}}}{c_{Fe^{2+}}}$$

当 $c_{Fe^{3+}}/c_{Fe^{2+}}=10^2$ 时：

$$\varphi_{Fe^{3+}/Fe^{2+}}=0.771+\frac{0.0592}{1}\lg(10^2)=0.889(V)$$

当 $c_{Fe^{3+}}/c_{Fe^{2+}}=10^{-2}$ 时：

$$\varphi_{Fe^{3+}/Fe^{2+}}=0.771+\frac{0.0592}{1}\lg(10^{-2})=0.653(V)$$

对于有 H^+ 或 OH^- 参与的电极反应，溶液酸度的改变也会引起氧化还原电对的电极电势发生改变。多数含氧酸或含氧酸盐作为氧化剂参与反应时，增大溶液酸度可使电对的电极电势值升高，并增强氧化剂的氧化能力。相反，降低溶液酸度，可使氢氧化物或较低氧化态的含氧酸及含氧酸盐的还原能力增强。

例 5-2 已知 298K 时，电极反应 $MnO_4^-+8H^++5e \rightleftharpoons Mn^{2+}+4H_2O$，$\varphi^{\theta}_{MnO_4^-/Mn^{2+}}=1.51V$，试计算 pH 为 2 时电对的电极电势。设 $c_{MnO_4^-}=c_{Mn^{2+}}=1mol/L$。

解：$$\varphi_{MnO_4^-/Mn^{2+}}=\varphi^{\theta}_{MnO_4^-/Mn^{2+}}+\frac{0.0592}{5}\lg\frac{c_{MnO_4^-}\cdot c^8_{H^+}}{c_{Mn^{2+}}}$$

$$=1.51+\frac{0.0592}{5}\lg\frac{1\times(10^{-2})^8}{1}$$

$$=1.32(V)$$

练一练 5-2

已知 298.15K 时：$\varphi^{\theta}_{Fe^{3+}/Fe^{2+}}=0.771V$，试求在 $c_{Fe^{3+}}/c_{Fe^{2+}}=10^2$ 时的电极电势值。

参考答案

第三节 电极电势的应用

情境导入 5-3

情景 电极电势在多个领域都有广泛应用。在食品加工过程中，可以利用电极电势快速测定某些物质的浓度。例如，酿酒过程中可通过电极测定果汁的电势值，确定果汁中的还原糖含量，从而确定果汁的发酵程度。

问题 请查阅资料，了解电极电势在食品加工中还有其他哪些应用？

参考答案

一、比较氧化剂和还原剂的相对强弱

电极电势的数值高低可以反映氧化还原电对得失电子的难易程度，电对的电极电势值越大，氧化态物质的氧化能力越强、对应还原态物质的还原能力越弱；电对的电极电势值越小，还原态物质的还原能力越强、对应氧化态物质的氧化能力越弱。在标准状态下，可以直接比较标准电极电势值 φ^{θ} 确定氧化剂和还原剂的相对强弱。

非标准状态下应通过 Nernst 方程计算出各电对的电极电势，然后再比较氧化剂和还原剂的相对强弱。

例 5－3 298K 时，电对 $Co^{3+}(1.0\times10^{-5}mol/L)/Co^{2+}(1.0mol/L)$ 和 $H_2O_2, H^+(0.10mol/L)/H_2O$ 中，哪种是较强的氧化剂？哪种是较强的还原剂？（已知 $\varphi^\theta_{Co^{3+}/Co^{2+}}=1.83V$，$\varphi^\theta_{H_2O_2/H_2O}=1.776V$）

解：电极反应：$Co^{3+}+e \rightleftharpoons Co^{2+}$

$$\varphi_{Co^{3+}/Co^{2+}}=\varphi^\theta_{Co^{3+}/Co^{2+}}+\frac{0.0592}{1}\lg\frac{c_{Co^{3+}}}{c_{Co^{2+}}}$$

$$=1.83+\frac{0.0592}{1}\lg\frac{1.0\times10^{-5}}{1.0}=1.534(V)$$

电极反应：$H_2O_2+2H^++2e \rightleftharpoons 2H_2O$

$$\varphi_{H_2O_2/H_2O}=\varphi^\theta_{H_2O_2/H_2O}+\frac{0.0592}{2}\lg(c_{H^+})^2$$

$$=1.776+\frac{0.0592}{2}\lg(0.10)^2=1.717(V)$$

由于 φ 值较大的电对中的氧化型物质为较强的氧化剂，φ 值较小的电对中的还原型物质为较强的还原剂，所以上列电对中 H_2O_2 为较强的氧化剂，而 Co^{2+} 为较强的还原剂。

二、判断氧化还原反应进行的方向

两个电对组成氧化还原反应时，电极电势较大的电对中，氧化型物质氧化能力较强，反应中作氧化剂；电极电势较小的电对中，还原型物质还原能力较强，反应中作还原剂。

若 $\varphi_{Ox_1/Red_1}>\varphi_{Ox_2/Red_2}$，电对 Ox_1/Red_1 和电对 Ox_2/Red_2 组成氧化还原反应：$Ox_1+Red_2 \rightleftharpoons Ox_2+Red_1$，此反应正向自发进行；若 $\varphi_{Ox_1/Red_1}<\varphi_{Ox_2/Red_2}$，则氧化还原反应逆向自发进行。

例 5－4 （1）试判断下列反应在标准状态下向哪个方向进行？

$$2Fe^{3+}+2I^- \rightleftharpoons 2Fe^{2+}+I_2$$

（2）若 Fe^{3+} 的浓度为 $1.0\times10^{-4}mol/L$，Fe^{2+} 的浓度为 1.0mol/L，I^- 的浓度为 $1.0\times10^{-3}mol/L$，试问 $2Fe^{3+}+2I^- \rightleftharpoons 2Fe^{2+}+I_2$ 反应向哪个方向进行？（已知 $\varphi^\theta_{Fe^{3+}/Fe^{2+}}=0.771V$，$\varphi^\theta_{I_2/I^-}=0.535V$）

解：（1）已知 $\varphi^\theta_{Fe^{3+}/Fe^{2+}}=0.771V$，$\varphi^\theta_{I_2/I^-}=0.535V$。由于 $\varphi^\theta_{Fe^{3+}/Fe^{2+}}>\varphi^\theta_{I_2/I^-}$，所以标准状态下，两电对组成氧化还原反应时，$Fe^{3+}$ 作氧化剂，I^- 作还原剂，上述氧化还原反应正向进行。

（2）电极反应：$Fe^{3+}+e \rightleftharpoons Fe^{2+}$

$$\varphi_{Fe^{3+}/Fe^{2+}}=\varphi^\theta_{Fe^{3+}/Fe^{2+}}+\frac{0.0592}{1}\lg\frac{c_{Fe^{3+}}}{c_{Fe^{2+}}}$$

$$=0.771+\frac{0.0592}{1}\lg\frac{1.0\times10^{-4}}{1.0}=0.534(V)$$

电极反应：$I_2+2e \rightleftharpoons 2I^-$

$$\varphi_{I_2/I^-}=\varphi^\theta_{I_2/I^-}+\frac{0.0592}{2}\lg\frac{1}{(c_{I^-})^2}$$

$$=0.535+\frac{0.0592}{2}\lg\frac{1}{(1.0\times10^{-3})^2}=0.713(V)$$

由于 $\varphi_{I_2/I^-}>\varphi_{Fe^{3+}/Fe^{2+}}$，将两电对组成氧化还原反应时，$I_2$ 作氧化剂，Fe^{2+} 作还原剂。上述氧化还原反应逆向进行。

知识链接

氧化还原反应的标准平衡常数与标准电动势的关系

对于反应：$Zn + Cu^{2+} \rightleftharpoons Zn^{2+} + Cu$ 达到平衡，$E = 0$

$$\varphi_{Zn^{2+}/Zn} = \varphi^{\theta}_{Zn^{2+}/Zn} + \frac{0.0592}{2}\lg c_{Zn^{2+}_{平衡}}, \varphi_{Cu^{2+}/Cu} = \varphi^{\theta}_{Cu^{2+}/Cu} + \frac{0.0592}{2}\lg c_{Cu^{2+}_{平衡}}$$

$$E = \varphi_{Cu^{2+}/Cu} - \varphi_{Zn^{2+}/Zn} = E^{\theta} + \frac{0.0592}{2}\lg\frac{c_{Cu^{2+}_{平衡}}}{c_{Zn^{2+}_{平衡}}}$$

$$E = E^{\theta} - \frac{0.0592}{2}\lg K^{\theta} = 0，可导出：\lg K^{\theta} = \frac{2E^{\theta}}{0.0592}$$

因此，标准电动势与标准平衡常数的关系：$\lg K^{\theta} = \frac{nE^{\theta}}{0.0592}$。反应的标准平衡常数越大，该反应 E^{θ} 值越大，则氧化还原反应进行得越彻底。

三、计算原电池的电动势

两个电极组成原电池，电极电势较大的电极为原电池的正极，电极电势较小的电极为负极，原电池的电动势等于正极的电极电势减去负极的电极电势。

$$E = \varphi_{+} - \varphi_{-} \tag{5-3}$$

式中，E 为原电池的电动势；φ_{+} 为正极的电极电势；φ_{-} 为负极的电极电势。

例 5-5 求下列原电池的电动势，判断正负极并写出电池反应（298K）。

$Ag|Ag^{+}(1.0\times10^{-2}mol/L)||Fe^{3+}(1.0\times10^{-2}mol/L), Fe^{2+}(1.0\times10^{-4}mol/L)|Pt$

（已知 $\varphi^{\theta}_{Ag^{+}/Ag} = 0.7996V$，$\varphi^{\theta}_{Fe^{3+}/Fe^{2+}} = 0.771V$）

解：电极反应：$Ag^{+} + e \rightleftharpoons Ag$

$$\varphi_{Ag^{+}/Ag} = \varphi^{\theta}_{Ag^{+}/Ag} + \frac{0.0592}{1}\lg c_{Ag^{+}}$$

$$= 0.7996 + \frac{0.0592}{1}\lg(1.0\times10^{-2}) = 0.681(V)$$

电极反应：$Fe^{3+} + e \rightleftharpoons Fe^{2+}$

$$\varphi_{Fe^{3+}/Fe^{2+}} = \varphi^{\theta}_{Fe^{3+}/Fe^{2+}} + \frac{0.0592}{1}\lg\frac{c_{Fe^{3+}}}{c_{Fe^{2+}}}$$

$$= 0.771 + \frac{0.0592}{1}\lg\frac{1.0\times10^{-2}}{1.0\times10^{-4}} = 0.889(V)$$

由于 $\varphi_{Fe^{3+}/Fe^{2+}} > \varphi_{Ag^{+}/Ag}$，将两个电极组成了原电池，$Fe^{3+}/Fe^{2+}$ 电极是正极，Ag^{+}/Ag 电极是负极。原电池的电动势为：

$$\begin{aligned}E &= \varphi_{+} - \varphi_{-}\\ &= \varphi_{Fe^{3+}/Fe^{2+}} - \varphi_{Ag^{+}/Ag}\\ &= 0.889 - 0.681\\ &= 0.208(V)\end{aligned}$$

电池反应：$Fe^{3+} + Ag \rightleftharpoons Fe^{2+} + Ag^{+}$

练一练 5-3

在 298.15K 时，将锡片插入 0.10mol/L 的 $SnCl_2$ 溶液中，将铅片插入 0.0010mol/L 的 $Pb(NO_3)_2$ 溶液中组成原电池，计算该原电池的电动势。

已知：$\varphi^{\theta}_{Sn^{2+}/Sn} = -0.136V$，$\varphi^{\theta}_{Pb^{2+}/Pb} = -0.126V$。

参考答案

第四节 电势法测定溶液的 pH

一、离子选择性电极

离子选择性电极是以原电池原理为基础，对特定离子产生电势响应的一种传感器。离子选择性膜是电势型离子传感器的核心组件，被膜分离的两相溶液由于浓度差异产生跨膜电势，其大小决定于待测离子浓度，并遵循能斯特方程。

pH 玻璃电极是最早的离子选择性电极，底部敏感膜对 H^+ 有选择性响应的玻璃膜。298K 时，玻璃电极的电极电势与溶液中 H^+ 浓度的关系为：

$$\varphi = K + 0.0592\lg c_{H^+}$$

二、电势法测定溶液的 pH

电势法测定溶液的 pH，以玻璃电极（GE）作指示电极，以饱和甘汞电极（SCE）作参比电极，浸入待测溶液中组成原电池。原电池符号表示如下：

$$(-)\text{GE}\,|\,\text{待测溶液}\,||\,\text{SCE}(+)$$

298K 时，该原电池的电动势为：

$$E = K' + 0.0592\text{pH} \qquad (5-4)$$

两次测定法：先测定标准 pH_S 缓冲溶液的电动势 E_S，再测定未知 pH_X 溶液的电动势 E_X。标准缓冲溶液和待测溶液的电动势分别为：

$$E_S = K' + 0.0592\text{pH}_S$$

$$E_X = K' + 0.0592\text{pH}_X$$

由以上两式可计算得：

$$\text{pH}_X = \text{pH}_S + \frac{E_X - E_S}{0.0592} \qquad (5-5)$$

知识链接

微生物燃料电池

微生物燃料电池（microbial fuel cell，MFC）是一种利用微生物将有机物中的化学能直接转化成电能的装置。其基本工作原理是：在阳极室厌氧环境下，有机物在微生物作用下分解并释放出电子和质子，电子依靠合适的电子传递介体在生物组分和阳极之间进行有效传递，并通过外电路传递到阴极形成电流，而质子通过质子交换膜传递到阴极，氧化剂（一般为氧气）在阴极得到电子被还原与质子结合成水。

"绿水青山就是金山银山。"微生物燃料电池是实现绿色发展理念的有效途径之一。与现有的其他利用有机物产能的技术相比，微生物燃料电池具有操作上和功能上的优势：①它将底物直接转化为电能，保证了具有高的能量转化效率；②不同于现有的所有生物能处理，微生物燃料电池在常温环境条件下能够有效运作；③微生物燃料电池不需要进行废气处理，因为它所产生的废气的主要组分是二氧化碳，一般条件下不具有可再利用的能量；④微生物燃料电池不需要输入较大能量，因为若是单室微生物燃料电池仅需通风就可以被动地补充阴极气体；⑤在缺乏电力基础设施的局部地区，微生物燃料电池具有广泛应用的潜力，同时也扩大了用来满足我们对能源需求的燃料的多样性。

练习题

答案解析

一、选择题

1. 下列化学反应类型中，一定属于氧化还原反应的是（ ）。

A. 化合反应　B. 分解反应　C. 置换反应　D. 复分解反应

2. 氧化数处于最高值的元素的化合物，在氧化还原反应中（ ）。

A. 只能作氧化剂　B. 只能作还原剂

C. 既能作氧化剂又能作还原剂　D. 无法判断

3. 关于标准电极电势，下列说法正确的是（ ）。

A. 电对的 φ^θ 值越大，氧化态氧化能力越强

B. 电对的 φ^θ 值越大，氧化态氧化能力越弱

C. φ^θ 值越小，还原态氧化能力越强

D. φ^θ 值越小，还原态氧化能力越弱

4. 在酸性溶液中，下列不能使 $KMnO_4$ 溶液褪色的是（ ）。

A. SO_3^{2-}　B. $C_2O_4^{2-}$　C. I^-　D. CO_3^{2-}

5. 关于氧化还原反应，下列叙述不正确的是（ ）。

A. 同种元素的原子间不会发生电子转移

B. 氧化还原反应伴随有电子转移

C. 氧化还原反应伴随有元素氧化数的改变

D. 氧化还原反应遵循电子守恒

6. 下列氧化还原电对 Sn^{2+}/Sn、Cu^{2+}/Cu、Fe^{2+}/Fe、Ag^+/Ag 的电极电势分别是 −0.136V、0.3419V、−0.447V 和 0.799V，其中具有最强氧化能力和最强还原能力的分别是（ ）。

A. Cu^{2+} 和 Fe　B. Sn^{2+} 和 Fe　C. Ag^+ 和 Fe　D. Fe^{2+} 和 Ag

7. 氧化还原电对中，氧化态的氧化能力越强，其共轭的还原态的还原能力（ ）。

A. 越强　B. 越弱　C. 不变　D. 无法判断

8. 下列与电极电势的大小无关的因素是（ ）。

A. 溶液的密度　B. 氧化态物质的浓度　C. 还原态物质的浓度　D. 溶液的酸度

9. 下列氧化还原电对书写不正确的是（　）。

A. Zn^{2+}/Zn　　B. Cu^{2+}/Cu　　C. $Mn^{2+}/KMnO_4$　　D. I_2/I^-

10. 关于氧化数的叙述不正确的是（　）。

A. 氧化数可以是整数也可以是分数　　B. F 的氧化数是 -1

C. 氧化数等于化合价　　D. 氧化数是元素的形式电荷数

二、判断题

（　）1. 改变溶液酸度一定会改变电对的电极电势。

（　）2. 标准氢电极的电极电势是在标准状态时通过实验测量得到的。

（　）3. 在原电池中正极发生还原反应，接受电子；负极发生氧化反应，释放电子。

（　）4. 同一元素在不同化合物中，氧化数越高越易失电子、氧化数越低越易得电子。

（　）5. 通过电极电势，既能够判断氧化剂还原剂的相对强弱，又能够判断氧化还原反应进行的方向和进行的程度。

三、简答题

1. 高锰酸钾与浓盐酸制取氯气的反应如下：

$$2KMnO_4 + 16HCl \rightleftharpoons 2KCl + MnCl_2 + 5Cl_2 + 8H_2O$$

请写出本反应对应的正、负极反应、电池反应、原电池符号。

2. 请配平下列方程式：

（1）$MnSO_4 + FeSO_4 + H_2SO_4 \longrightarrow MnSO_4 + Fe_2(SO_4)_3 + K_2SO_4 + H_2O$

（2）$K_2Cr_2O_7 + KI + H_2SO_4 \longrightarrow Cr_2(SO_4)_3 + I_2 + K_2SO_4 + H_2O$

（3）$Cl_2 + NaOH \longrightarrow NaCl + NaClO_3$

四、计算题

1. 已知在 298.15K 时，$\varphi^{\theta}_{Fe^{2+}/Fe} = -0.447V$，$\varphi^{\theta}_{Cu^{2+}/Cu} = 0.3419V$，原电池装置：$(-)Fe|Fe^{2+}(aq)\|Cu^{2+}(aq)|Cu(+)$，请计算该原电池标准状态下的电动势。

2. 请计算电池反应 $Sn^{2+} + I_2 \rightleftharpoons Sn^{2+} + 2I^-$ 在标准状态下的电动势。

3. 在 298.15K 时，将银片分别插入 0.010mol/L 的 $AgNO_3$ 溶液中，铂片插入 Fe^{3+} 和 Fe^{2+} 浓度分别为 0.10mol/L 和 0.0010mol/L 的溶液中组成两个电极，试通过计算对比在此条件下 Ag^+ 与 Fe^{3+} 的氧化能力孰强孰弱。（已知 $\varphi^{\theta}_{Ag^+/Ag} = 0.799V$，$\varphi^{\theta}_{Fe^{3+}/Fe^{2+}} = 0.771V$。）

4. 请分析为什么反应 $2Cu^{2+} + 4I^- \rightleftharpoons 2CuI\downarrow + I_2$ 可以正向进行。（已知 $\varphi^{\theta}_{Cu^{2+}/Cu^+} = 0.153V$、$\varphi^{\theta}_{I_2/I^-} = 0.535V$）。

（孙晓晶）

书网融合……

本章小结　　本章小结（微课）　　微课　　题库

第六章

配位化合物

PPT

学习目标

知识目标

1. 掌握　配合物的概念、组成和命名。
2. 熟悉　配合物的稳定常数；配位平衡的移动。
3. 了解　配合物的异构现象及其应用。

能力目标

1. 能运用配合物的基本知识进行配合物的命名。
2. 具备配位化合物的常规制备能力。

素质目标

通过本章学习，使学生利用配位平衡的动态特征，渗透对立统一的辩证唯物主义思想，培养学生实事求是的科学态度、团队意识、沟通和创新能力、绿色环保理念以及从微观到宏观，从现象到本质的科学的研究方法。

人体内必需的金属元素部分是以配合物的形式存在的。例如人体内输送氧气的血红蛋白是一种含铁配合物；植物进行光合作用所需的叶绿素是含镁的配合物；维生素 B_{12}是含钴的配合物；生物体中的酶大部分以配合物形式存在。同时配合物还可作为食品添加剂，如螯合剂、防腐剂、抗氧化增效剂等，因此配合物与食品医药学有着十分密切的关系。

第一节　配位化合物的基本知识

微课

情境导入 6-1

情景　肿瘤有良性和恶性两种类型，其中恶性的肿瘤是科研人员的主要研究对象，对人体的危害很大，称为癌症。癌症是现代社会的致命杀手之一，我国癌症的发病率越来越高，以年均3%～5%的速度递增，对很多人的生活造成影响。近年来，配合物类药物成为抗癌药物研发的重要方向之一，科研人员也在这个方向上发现了很多具有抗癌作用的配合物，如钒、锗、钌、铑、钛、铜和银等元素的配合物。

参考答案

问题　1. 什么是配合物？

2. 配合物还有什么作用？

一、配位化合物的定义

向 $CuSO_4$ 溶液中逐滴加入氨水，先生成浅蓝色的 $Cu(OH)_2$ 沉淀，再继续滴加氨水，生成深蓝色的透明溶液。实验证明，上述深蓝色晶体是$[Cu(NH_3)_4]SO_4$。$[Cu(NH_3)_4]SO_4$在水溶液中解离为$[Cu(NH_3)_4]^{2+}$和SO_4^{2-}。

$$CuSO_4 + 4NH_3 \rightleftharpoons [Cu(NH_3)_4]SO_4$$

$$[Cu(NH_3)_4]SO_4 \rightleftharpoons [Cu(NH_3)_4]^{2+} + SO_4^{2-}$$

这种由金属离子或原子与一定数目的阴离子或中性分子以配位键结合形成的复杂离子，称为配离子，如$[Cu(NH_3)_4]^{2+}$、$[Fe(CN)_6]^{4-}$。含有配离子的化合物称为配合物，如$[Cu(NH_3)_4]SO_4$、$K_4[Fe(CN)_6]$。若以配位键结合的化合物不带电荷，则称为配位分子，如$[Ni(CO)_4]$、$[Pt(NH_3)_2Cl_2]$。通常把含有配离子的化合物和配位分子统称为配合物。

二、配位化合物的组成

配合物的组成一般包括内界和外界两部分。内界由中心原子和配位体之间以配位键相结合，写化学式时，用方括号括起来。括号以外的其他部分为外界，配合物的内界与外界之间以离子键结合。配位分子无外界，如$[CO(NH_3)_3Cl_3]$。图6-1是以$[Cu(NH_3)_4]SO_4$为例的组成分析。

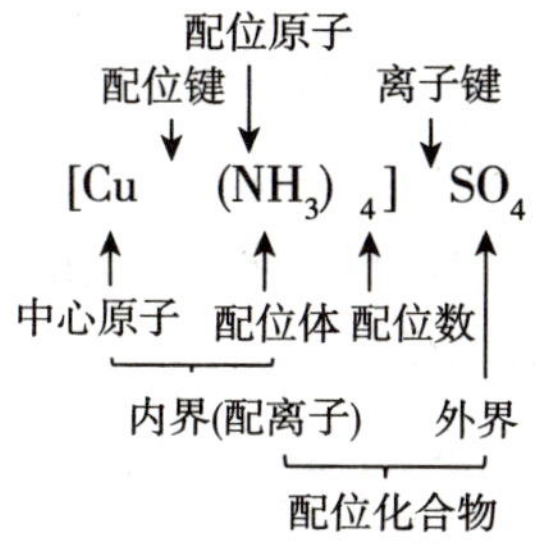

图6-1　配位化合物的组成

（一）中心原子

配合物的内界中能接受孤对电子的阳离子或原子统称为中心原子，又称为配合物的形成体。中心原子一般是过渡金属离子或原子，如Zn^{2+}、Hg^{2+}、Cr^{3+}、Fe^{3+}、Co^{+}及Ni、Fe；高氧化态的非金属原子也可以作为中心原子，如$[SiF_6]^{2-}$中的Si（IV），而$[Ni(CO)_4]$中的Ni是中性原子。

（二）配位体和配位原子

配合物中与中心原子以配位键相结合的阴离子或中性分子称为配位体，简称配体。常见的配体见表6-1。

表6-1　常见的配体

名称	缩写符号	化学式	齿数
卤离子		$\ddot{F}^-$ $\ddot{Cl}^-$ $\ddot{Br}^-$ $\ddot{I}^-$	1
氢氧根		$\ddot{O}H^-$	1
氰根		$\ddot{C}N^-$	1
氨		$\ddot{N}H_3$	1
水		$H_2\ddot{O}$	1
亚硝酸根		$\ddot{O}NO^-$	1
硫氰酸根		$\ddot{S}CN^-$	1
一氧化碳		$\ddot{C}O$	1
草酸根	ox	$-\ddot{O}OC-CO\ddot{O}^-$	2
乙二胺	en	$H_2\ddot{N}CH_2CH_2\ddot{N}H_2$	2
乙二胺四乙酸	EDTA	$CH_2\ddot{N}(CH_2CO\ddot{O}H)_2$ | $CH_2\ddot{N}(CH_2CO\ddot{O}H)_2$	6

注：标出孤对电子的原子为配位原子。

配体中提供孤对电子与中心原子以配位键相连的原子称为配位原子，如 H_2O 中的 O、NH_3 中的 N、CN^- 中的 C。配位原子通常是电负性较大的非金属元素，如 N、O、C、F、Cl、Br、I 等。

根据配体中配位原子的数目，将配体分为单齿配体和多齿配体。配体中只含 1 个配位原子的称为单齿配体，如 H_2O、NH_3、OH^-、X^- 等；配体中含 2 个或 2 个以上配位原子的称为多齿配体，如乙二胺（en），属于二齿配体；乙二胺四乙酸（EDTA）中含有 6 个配位原子，属于六齿配体。

有些配体虽含有 2 个配位原子，但只能选择其中一个配位原子与中心原子形成配位键，这类配体称为两可配体，属于单齿配体。例如，SCN^- 与 Hg^{2+} 形成配离子 $[Hg(SCN)_4]^{2-}$ 时，S 为配位原子；而 SCN^- 与 Fe^{3+} 形成配离子 $[Fe(NCS)_6]^{3-}$ 时，N 为配位原子。

（三）配位数

直接与中心原子结合的配位原子的数目称为配位数。配位数一般为 2、4、6、8，最常见的是 4 和 6。

单齿配体中配位数与配体数相等，如 $[Cu(NH_3)_4]^{2+}$ 中 NH_3 是单齿配体，配位数与和配体数都为 4。如果是多齿配体，则配位数与配体数不相等，如 $[Cu(en)_2]^{2+}$ 的 en 为二齿配体，配位数是 4。

配位数的大小主要受中心原子电荷数和配体半径的影响。中心原子电荷数越大，对配体吸引力越强，配位数越大。一般地说，中心原子的电荷数分别为 +1、+2、+3 时，其配位数分别为 2、4、6；配体半径越小，则配位数越大。

（四）配离子的电荷

配离子的电荷数等于中心原子和配体所带电荷的代数和。如 $[Fe(CN)_6]^{4-}$ 的电荷是：$1\times(+2)+6\times(-1)=-4$。因配合物是电中性的，也可以根据外界离子的电荷数来确定配离子的电荷数。例如，配合物 $[Cu(NH_3)_4]SO_4$ 中配离子电荷数为 +2。

三、配位化合物的命名

配合物的命名遵循一般无机化合物的命名原则，即阴离子名称在前，阳离子名称在后，分别称为“某化某”“某酸”“氢氧化某”“某酸某”。

1. 配合物内界的命名原则 “配体数 - 配体名称 - 合 - 中心原子名称（中心原子氧化数）”，其中配体数用数字一、二、三……表示，中心原子氧化数用罗马数字表示，并置于括号中。例如：

$[Cu(NH_3)_4]^{2+}$ 四氨合铜（Ⅱ）配离子

$[Fe(CN)_6]^{4-}$ 六氰合铁（Ⅱ）配离子

$[Ag(S_2O_3)_2]^{3-}$ 二硫代硫酸根合银（Ⅰ）配离子

2. 内界含有两种或两种以上的配体 不同配体名称之间要用中圆点“·”分开。不同类型配体的命名顺序遵循“先无机配体，后有机配体”“先阴离子后中性分子”的原则；若为同一类型的配体，则按配位原子元素符号的英文字母顺序排列。复杂的配体名称写在括号内，以免混淆。例如：

$[Fe(NH_3)_2(en)_2]^{3+}$ 二氨·二(乙二胺)合铁(Ⅲ)配离子

$[Co(H_2O)(NH_3)_4Cl]Cl_2$ 二氯化一氯·四氨·一水合钴(Ⅲ)

此外，一些配合物习惯采用俗名，如 $K_4[Fe(CN)_6]$ 称为黄血盐或亚铁氰化钾。

练一练 6-1

写出 $[CrCl_2(H_2O)_4]Cl$、$H_2[PtCl_6]$ 的名称，并指出其内界、中心原子、配位体、配位原子、配位数及其类型。

参考答案

四、配合物的同分异构现象

配合物的异构现象较复杂，这里只介绍几何异构现象和键合异构现象。

（一）几何异构

配合物具有相同的化学组成，由于配体在中心原子周围的排布位置不同而产生的异构现象，称为几何异构现象。几何异构现象主要存在于在配位数为 4 的平面四方形配合物和配位数为 6 的正八面体配合物中。例如，二氯·二氨合铂（Ⅱ）具有平面四方形的空间结构，4 个配体有两种不同的空间排布方式，一种称为顺式结构，另一种称为反式结构。

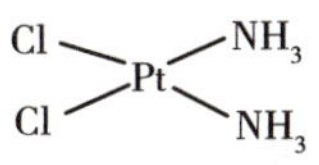

顺–二氯·二氨合铂（Ⅱ）

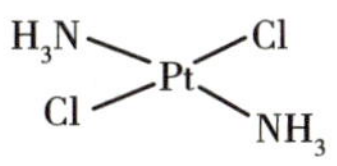

反–二氯·二氨合铂（Ⅱ）

（二）键合异构

键合异构是指两可配体使用不同的配位原子与中心原子配位引起的异构现象。如 NO_2^- 既可用 N 原子作配位原子，也可用 O 原子作配位原子，得到 2 个不同的异构体：

$[Co(NO_2)(NH_3)_5]^{2+}$　　　　$[Co(ONO)(NH_3)_5]^{2+}$

硝基·五氨合钴（Ⅲ）离子　　　　亚硝酸根·五氨合钴（Ⅲ）离子

五、螯合物和螯合效应

螯合物是由中心原子与多齿配体形成的一类具有环状结构的配合物。例如，$[Cu(en)_2]^{2+}$ 是由 Cu^{2+} 与二齿配体 en 形成的具有 2 个五元环的螯合物。

多数螯合物具有五元环或六元环结构，螯合物中的多原子环称为螯合环，与中心原子形成螯合物的多齿配体称为螯合剂，中心原子与螯合剂的数目之比称为螯合比。

螯合剂具有两大特点：螯合剂属于多齿配体，且相邻的配位原子之间相隔 2 个或 3 个原子，可以形成稳定的五元环或六元环结构；绝大多数螯合剂是有机化合物。

乙二胺四乙酸或乙二胺四乙酸根均缩写为 EDTA，是常用的螯合剂，实际工作中使用的是乙二胺四乙酸二钠（水溶性好），能与很多金属离子形成稳定的螯合物。例如，Ca^{2+} 与单齿配体很难形成配合物，但与 EDTA 可以形成稳定的螯合物 $[Ca(EDTA)]^{2-}$，其结构中包含 5 个五元环，配位数是 6，螯合比是 1∶1。$[Ca(EDTA)]^{2-}$ 的结构见图 6－2。

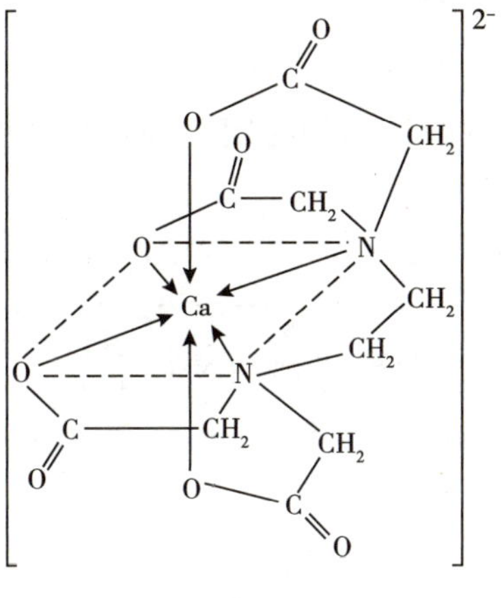

图 6－2　$[Ca(EDTA)]^{2-}$ 的结构

具有五元环或六元环的螯合物比具有相同配位数的简单配合物要稳定得多。如 $[Ni(en)_2]^{2+}$ 在高度稀释的溶液中亦相当稳定，而 $[Ni(NH_3)_4]^{2+}$ 在同样条件下却早已析出氢氧化镍沉淀。像这种由于螯合环的形成而使螯合物的稳定性大大增加的作用称为螯合效应。多齿配体中配位原子越多，生成螯合物的螯合环越多，螯合效应越强。

螯合物在食品工业方面有着重要作用，如利用配位反应测定食品重金属离子含量，也可以调节食品的酸碱度等；临床上用螯合剂作为解毒剂来治疗机体铅中毒。

第二节 配位平衡

情境导入 6-2

情景 重金属属于环境中持久性污染，毒性大、污染严重，其中铅、铜、镍、镉、铬和汞等重金属被列入我国水中优先控制的68种污染物的“黑名单”。

对有色行业重金属废水中涉及的重金属可以引入配位化学的有关概念。对于羟基型配合物，如 $[Zn(OH)]^{2-}$，随着溶液pH的升高，配位平衡移动，有利于羟基化进行，因此配合的重金属更多。

参考答案

问题 1. 什么是配位平衡的移动？

2. 影响配位平衡移动的因素有哪些？

一、配离子的稳定常数和不稳定常数

向 $CuSO_4$ 溶液中加入过量氨水，会生成深蓝色的 $[Cu(NH_3)_4]^{2+}$：

$$Cu^{2+} + 4NH_3 \rightleftharpoons [Cu(NH_3)_4]^{2+}$$

该反应为配位反应，逆反应称为解离反应。在一定温度下，当配位反应和解离反应速率相等时，达到了配位平衡。此时：

$$K_{稳} = \frac{[Cu(NH_3)_4^{2+}]}{[Cu^{2+}][NH_3]^4}$$

式中，$K_{稳}$ 称为配离子的稳定常数。常见配离子的稳定常数见附录八。

配合物的形成是分步进行的，每一步反应所对应的平衡常数，称为配合物的逐级稳定常数。根据多重平衡规则，配合物的稳定常数等于其分步稳定常数的乘积，即：

$$K_{稳} = K_1 \cdot K_2 \cdots K_n \qquad (6-1)$$

也可用配合物的不稳定常数来衡量配合物的稳定性和解离程度。例如，$[Cu(NH_3)_4]^{2+}$ 的解离反应为：

$$[Cu(NH_3)_4]^{2+} \rightleftharpoons Cu^{2+} + 4NH_3$$

$$K_{不稳} = \frac{[Cu^{2+}][NH_3]^4}{[Cu(NH_3)_4^{2+}]}$$

式中，$K_{不稳}$ 称为配合物的不稳定常数。$K_{不稳}$ 越大，配离子越容易解离，配合物越不稳定。配合物的稳定常数与不稳定常数互为倒数关系：

$$K_{稳} = \frac{1}{K_{不稳}}$$

一般来说，配体数相同的配合物，$K_{稳}$ 越大，配合物越稳定。配体数目不同的配合物，不能用 $K_{稳}$ 比较它们的稳定性，只能通过计算进行比较。例如，$[Fe(EDTA)]^-$ 和 $[Fe(CN)_6]^{3-}$ 的 $K_{稳}$ 分别为 1.7×10^{24} 和 1.0×10^{42}，但实际上前者比后者稳定得多。

二、配位平衡的移动

配位平衡与其他化学平衡一样，是一种动态平衡，如果改变平衡体系的条件，平衡就会发生移动。金属离子 M^{n+} 和配体 L^- 生成的配离子 $ML_x^{(n-x)+}$ 在水溶液中存在如下平衡：

$$M^{n+} + xL^- \rightleftharpoons ML_x^{(n-x)+}$$

根据平衡移动原理，如向上述溶液中加入某种试剂而使金属离子、配体或者配离子浓度发生改变，均可使配位平衡发生移动，直至在新的条件下建立新的平衡。

（一）溶液 pH 对配位平衡的影响

1. 酸效应　根据酸碱质子理论，很多配体都是碱。当溶液 pH 减小时，配体与 H^+ 结合形成弱酸，降低了溶液中配体的浓度，使配位平衡向配离子解离方向移动。这种因溶液的酸度增大，导致配合物的稳定性降低的现象称为酸效应。

例如，向 $[FeF_6]^{3-}$ 溶液中加入强酸，F^- 与 H^+ 结合成弱酸 HF，将使 $[FeF_6]^{3-}$ 配离子解离：

$$[FeF_6]^{3-} + 6H^+ \rightleftharpoons Fe^{3+} + 6HF$$

配合物的 $K_{稳}$ 越小，酸效应越强；反之，配合物的 $K_{稳}$ 越大，酸效应越弱。例如，由于 $[Ag(CN)_2]^-$ 的 $K_{稳} = 1.3 \times 10^{20}$，$[Ag(NH_3)_2]^+$ 的 $K_{稳} = 1.1 \times 10^7$，所以前者比后者的酸效应小，故 $[Ag(CN)_2]^-$ 在酸性溶液中仍能稳定存在。

2. 水解效应　当溶液的 pH 增大，溶液酸度降低时，中心原子发生水解，降低中心原子在溶液中的浓度，导致配合物的稳定性降低的现象称为水解效应。

大多数配合物的中心原子是过渡金属离子，水溶液中有不同程度的水解。若降低溶液的酸度，中心原子可能发生水解生成难溶性的氢氧化物沉淀，导致其平衡浓度降低，平衡向配合物解离的方向移动，其稳定性降低。例如，向 $[FeF_6]^{3-}$ 溶液中加入 NaOH 时，Fe^{3+} 发生水解生成 $Fe(OH)_3$ 沉淀，导致 $[FeF_6]^{3-}$ 解离。

$$[FeF_6]^{3-} + 3OH^- \rightleftharpoons Fe(OH)_3 \downarrow + 6F^-$$

练一练 6-2

$[Cu(NH_3)_4]SO_4$ 溶液中存在着下列平衡：

$$[Cu(NH_3)_4]^{2+} \rightleftharpoons Cu^{2+} + 4NH_3$$

分别向此溶液中加入少量下列物质，试判断上述平衡移动的方向。

1. 稀 H_2SO_4 溶液；2. NH_3 溶液

参考答案

（二）沉淀剂对配位平衡的影响

在配位平衡体系中，加入沉淀剂可能导致配离子解离。如果沉淀剂与中心原子反应生成沉淀，降低平衡体系中心原子的浓度，平衡向配离子解离的方向移动。例如，向 $[Ag(NH_3)_2]^+$ 的溶液中加入 NaBr，生成难溶的 AgBr 浅黄色沉淀，则 $[Ag(NH_3)_2]^+$ 解离。总反应方程式如下：

$$[Ag(NH_3)_2]^+ + Br^- \rightleftharpoons AgBr \downarrow + 2NH_3$$

若配离子的稳定常数越小，且生成的难溶强电解质的溶度积常数越小，则配离子越容易解离；反之，难溶强电解质的溶度积常数越大，配离子的稳定常数也越大，配离子就越难解离。

（三）氧化还原反应对配位平衡的影响

配合物溶液中加入与配体或中心原子发生氧化还原反应的试剂，配体或中心原子的浓度降低，将导致配位平衡向解离方向移动。例如，向$[Fe(NCS)_2]^+$溶液中加入 $SnCl_2$ 溶液，由于 Sn^{2+} 将 Fe^{3+} 还原为 Fe^{2+}，溶液的血红色褪去，即$[Fe(NCS)_2]^+$解离。反应如下：

$$2[Fe(NCS)_2]^+ + Sn^{2+} \rightleftharpoons 2Fe^{2+} + 4SCN^- + Sn^{4+}$$

（四）配位平衡之间的相互转化

一种配离子溶液中，加入另一种能与该中心原子形成更稳定配离子的配位剂时，原来的配位平衡将发生转化。例如，由于$[Ag(NH_3)_2]^+$稳定常数(1.1×10^7)远小于$[Ag(CN)_2]^-$的稳定常数(1.3×10^{20})，正反应的趋势很大；所以在$[Ag(NH_3)_2]^+$溶液中，加入足量的 CN^-，$[Ag(NH_3)_2]^+$将转化为$[Ag(CN)_2]^-$。

$$[Ag(NH_3)_2]^+ + 2CN^- \rightleftharpoons [Ag(CN)_2]^- + 2NH_3$$

第三节　配合物的应用

（一）配合物是非常重要的生物活性物质

机体内的金属元素主要是通过形成生物配合物，参与生化反应和代谢过程。例如金属酶是具有催化作用的金属蛋白；维生素 B_{12}是含钴的配合物。

（二）添加金属离子螯合剂，避免金属离子的影响

食品天然色素在使用中易受各种因素的影响，其稳定性差，常发生变色、褪色现象。为了加强天然着色剂的稳定性，在使用时采用一些保护措施，如加入维生素 C，防止氧化；添加金属离子螯合剂，避免金属离子的影响。

（三）能用于定性和定量分析

定性分析中，利用生成特征颜色的配合物来鉴定离子，如用氨水与 Cu^{2+} 反应生成深蓝色溶液鉴定 Cu^{2+}。定量分析中，利用配位体和金属离子生成配合物来测定金属离子的含量。如利用 EDTA 测定食品中钙的含量。

知识链接

配合物的解毒作用

对于重金属或类金属（汞、砷）中毒的患者，医学上根据配合物的特点以及配位原理，对机体有毒或过量的必需金属离子，选择合适的配体或螯合剂与之生成无毒的可溶性螯合物排出体外，这种方法称螯合疗法。螯合疗法中所用的螯合剂称为解毒剂，又称为促排剂。如二巯基丙醇是治疗汞、砷和镉中毒的解毒剂。

答案解析

练习题

一、选择题

1. 在$[Co(en)_3]Cl_3$中，中心原子的配位数是（　）。

A. 2　　B. 6　　C. 8　　D. 9

2. 配合物中$H_2[PtCl_4]$中配体为（　）。

A. Pt　　B. H　　C. Cl　　D. H_2

3. $K_4[Fe(CN)_6]$中配离子电荷和中心原子电荷分别为（　）。

A. −2，+4　　B. −4，+2

C. +3，−3　　D. −3，+3

4. $K_2[HgI_4]$的正确命名是（　）。

A. 四碘汞化钾　　B. 碘化汞钾

C. 四碘合汞（Ⅱ）酸钾　　D. 四碘一汞二钾

5. 下列为多齿配体的是（　）。

A. NH_3　　B. HCN

C. HCl　　D. EDTA

6. 下列说法正确的有（　）。

A. 配位数一定是配位体的数目

B. 影响配位平衡移动的因素有配位剂分子量大小

C. 只有金属离子才能作为中心原子

D. 配合物中内界与外界电荷的代数和为零

二、判断题

（　）1. 配合物均由配离子和外层离子组成。

（　）2. 只有金属离子才能作为中心原子。

（　）3. $K_{稳}$数值越大，表示配离子离解程度越小，配离子越稳定。

（　）4. 配离子的电荷数等于中心原子的电荷数。

（　）5. 影响配位平衡移动的因素有被测离子原子量大小。

三、命名下列配离子和配合物

1. $[Ag(NH_3)_2]Cl$

2. $K[PtCl_3(NH_3)]$

3. $[Zn(OH)(H_2O)_3]^+$

4. $H_2[PtCl_6]$

5. $Na_2[SiF_6]$

四、计算题

室温下，将 0.02mol/L 的 $CuSO_4$ 溶液与 0.28mol/L 的氨水等体积混合，当溶液达配位平衡时，求溶液中 Cu^{2+}、NH_3、$[Cu(NH_3)_4]^{2+}$ 的浓度各为多少？

（陈　晨）

书网融合……

本章小结　　本章小结（微课）　　微课　　题库

第七章

沉淀溶解平衡

PPT

学习目标

知识目标

1. 掌握　溶度积规则及相关计算。
2. 熟悉　溶度积原理、沉淀溶解平衡的特点。
3. 了解　溶度积常数意义、溶度积同溶解度之间的换算关系。

能力目标

1. 能够进行沉淀溶解平衡的相关计算。
2. 具备使用溶度积规则解决实际问题的能力。

素质目标

通过本章学习，培养学生的化学思维，结合实验现象以及对生产、生活中与沉淀溶解平衡有关的相关现象，使学生体验化学科学的奥秘，培养学生审美情趣，激发学生学习化学的热情。

第一节　难溶电解质的溶度积

微课

情境导入 7－1

参考答案

情景　牙齿是人体最坚硬的部分，其主要成分是羟基磷灰石，$Ca_5(PO_4)_3OH$，在口腔中存在如下平衡：$Ca_5(PO_4)_3OH(s) \rightleftharpoons 5Ca^{2+}(aq) + 3PO_4^{3-}(aq) + OH^-(aq)$。当糖附在牙齿上，在唾液淀粉酶的作用下会产生 H^+，H^+ 与上式中的 OH^- 结合形成水，平衡向右侧移动，$Ca_5(PO_4)_3OH$ 逐渐溶解，从而形成龋齿。如果在口腔中加入氟化物，可以促使上式平衡向左侧移动，即催化牙齿的再矿化作用，而且新生成的氟磷灰石，[$Ca_5(PO_4)_3F$]，更能抵抗酸的侵蚀，使牙齿更加坚固。目前使用氟化物预防龋齿是被公认的最有效措施。

问题　1. 羟基磷灰石是什么物质，在口腔中的平衡属于什么平衡？

2. 为什么氟磷灰石比羟基磷灰石更坚固？

高中化学接触过的 AgCl、$CaCO_3$、$BaSO_4$ 等物质，在水中溶解度很小，属于难溶物质（沉淀）。它们在水中仍有极小的一部分溶解，溶解部分完全解离形成离子，固体与离子之间形成新的化学平衡，即沉淀溶解平衡。

一、溶度积常数

以 AgI 为例，在一定温度下，将 AgI 固体投入水中，在水分子的作用下，少量的 Ag^+ 和 I^- 会脱离固体表面进入溶液，此过程为溶解。溶解在水中的 Ag^+ 和 I^- 越来越多，并不断地做无规则运动，其中一部分会碰到 AgI 固体表面，重新沉积回固体上，此过程为沉淀。

当溶解速率与沉淀速率相等时，便建立了固相－液相的动态平衡，即沉淀溶解平衡。此时溶液是 AgI 的饱和溶液，Ag^+ 和 I^- 浓度不变，但溶解和沉淀过程仍在继续。平衡表示式为：

$$AgI(s) \rightleftharpoons Ag^+(aq) + I^-(aq)$$

平衡时：

$$K = \frac{[Ag^+][I^-]}{[AgI]}$$

即：

$$K[AgI] = [Ag^+][I^-]$$

固体的浓度视为常数，与 K 的乘积为新的常数：

$$K_{sp} = [Ag^+][I^-]$$

K_{sp}称为溶度积常数，简称溶度积。它反映了难溶电解质在水中的溶解能力。对于难溶电解质 A_aB_b，其沉淀溶解平衡表示为：

$$A_aB_b(s) \rightleftharpoons aA^{b+} + bB^{a-}$$

$$K_{sp} = [A^{b+}]^a[B^{a-}]^b$$

它表明在一定温度下，难溶电解质的饱和溶液中，两种离子浓度幂的乘积是一常数。实际上溶度积应用两个离子活度幂的乘积来表示，但在稀溶液中，离子强度很小，活度因子约等于1，所以通常就用浓度代替活度。难溶电解质的溶度积可由实验测定，一些常见难溶电解质的 K_{sp}值见附录七。

溶度积和溶解度都可以表示物质的溶解能力，二者之间有一定的联系，它们在相互换算时，需要注意所用浓度单位。

例 7－1 298.15K 时，AgCl 的溶解度为 1.92×10^{-3}g/L，换算成溶度积是多少？

首先将 AgCl 溶解度单位换算由 g/L 换算成 mol/L，$M(AgCl) = 143.4$g/mol，所以溶解度：

$$s(AgCl) = \frac{1.92 \times 10^{-3}\text{g/L}}{143.4\text{g/mol}} = 1.33 \times 10^{-5}\text{mol/L}$$

1mol AgCl 溶于水，可以产生 1mol Ag^+ 和 1mol Cl^-，

$$AgCl(s) \rightleftharpoons Ag^+(aq) + Cl^-(aq)$$

$$[Ag^+] = [Cl^-] = s = 1.33 \times 10^{-5}\text{mol/L}$$

$$K_{sp} = [Ag^+][Cl^-] = (1.33 \times 10^{-5})^2 = 1.77 \times 10^{-10}$$

例 7－2 298.15K 时，CaF_2 的溶解度为 1.90×10^{-4}mol/L，换算成溶度积是多少？

$$CaF_2(s) \rightleftharpoons Ca^{2+}(aq) + 2F^-(aq)$$

CaF_2 的饱和溶液中，每生成 1mol Ca^{2+}，就同时产生 2mol F^-，则：

$$[Ca^{2+}] = 1.90 \times 10^{-4}\text{mol/L}, [F^-] = 3.8 \times 10^{-4}\text{mol/L}$$

$$K_{sp} = [Ca^{2+}] \cdot [F^-]^2 = 2.74 \times 10^{-11}$$

例 7－3 298.15K 时，Ag_2CrO_4 的溶度积为 1.12×10^{-12}，换算成溶解度是多少（g/L）？

$$Ag_2CrO_4(s) \rightleftharpoons 2Ag^+(ag) + CrO_4^{2-}(aq)$$

$$[Ag^+] = 2[CrO_4^{2-}]$$

$$K_{sp} = [Ag^+]^2[CrO_4^-] = 4[CrO_4^{2-}]^3$$

$$[CrO_4^{2-}] = \frac{\sqrt[3]{1.1 \times 10^{-12}}}{4} = 6.5 \times 10^{-5}\text{mol/L}$$

$$M(Ag_2CrO_4)=331.8g/mol$$

$$s(Ag_2CrO_4)=331.8g/mol \times 6.5\times10^{-5}mol/L = 2.16\times10^{-2}g/L$$

比较三道例题的结果，见表 7－1。

表 7－1　AgCl、CaF_2、Ag_2CrO_4 的溶解度与溶度积

物质类型	难溶电解质	溶解度/（mol/L）	溶度积	K_{sp}表达式
AB	AgCl	1.33×10^{-5}	1.77×10^{-10}	$K_{sp}=[Ag^+][Cl^-]$
AB_2	CaF_2	1.90×10^{-4}	2.74×10^{-11}	$K_{sp}=[Ca^{2+}][F^-]^2$
A_2B	Ag_2CrO_4	6.5×10^{-5}	1.12×10^{-12}	$K_{sp}=[Ag^+]^2[CrO_4^{2-}]$

由表 7－1 可知，不同类型的难溶电解质，是不能直接根据溶度积来比较溶解度大小的。但对于同类型的难溶电解质，溶解度越大，溶度积也越大。

练一练 7－1

298.15K 时，AgBr 的溶度积为 5.35×10^{-13}，换算成溶解度是多少（g/L）？

参考答案

二、溶度积规则

判断一个溶液是否达到沉淀溶解平衡，需要比较难溶电解质溶液的离子积 Q_i和溶度积 K_{sp}，才能得出结论。

难溶电解质的离子积，是指某难溶电解质溶液中，离子浓度的乘积，用 Q_i表示。如：

$$A_aB_b(s) \rightleftharpoons aA^{b+} + bB^{a-}$$

$$Q_i = c(A^{b+})^a \cdot c(B^{a-})^b$$

Q_i与 K_{sp}具有相同的表达式，但两者不完全相同。K_{sp}表示饱和溶液状态下，难溶电解质离子浓度幂的乘积，Q_i表示任一状态下溶液中离子浓度幂的乘积。在一定温度下，K_{sp}为一常数。我们可以通过 Q_i和 K_{sp}进行比较，判断沉淀溶解平衡的状态和移动的方向。

当 $Q_i=K_{sp}$时，此时溶液为饱和溶液，体系处于沉淀溶解平衡状态，既无新的沉淀生产也无沉淀溶解。

当 $Q_i>K_{sp}$时，此时溶液离子浓度过高，溶液为过饱和溶液，沉淀溶解平衡向沉淀生成的方向移动，直至达到新的平衡，即 $Q_i=K_{sp}$时，不再继续生成沉淀。

当 $Q_i<K_{sp}$时，此时溶液未达到饱和，若有难溶电解质固体存在，沉淀会溶解，即沉淀溶解平衡向沉淀溶解的方向移动，直至达到饱和，$Q_i=K_{sp}$。

上述判断沉淀生成与溶解的关系称为溶度积规则。我们可以通过控制溶液中离子的浓度，产生或溶解沉淀。如向 $CaCl_2$ 溶液中，加入少量 Na_2CO_3 溶液，通过溶度积规则来判断是否有 $CaCO_3$ 沉淀生成，计算 Ca^{2+} 和 CO_3^{2-} 的离子积，若大于 $K_{sp}(CaCO_3)$，则有沉淀生成。

知识链接

沉淀溶解平衡的应用

沉淀溶解平衡是四大化学平衡之一，在医药、环境监测等领域被广泛的应用，对我们的生活产生了深远的影响。例如，在医药领域，沉淀溶解平衡可以控制药物的溶解性。当某些药物溶解度低，难以被肠道吸收时，可以通过调整溶剂、添加助溶剂等方法改善药物溶解性，进而提高其生物利用度。在环境监测中，可以通过控制沉淀溶解平衡，促使金属离子沉淀，实现金属离子的准确定量分析。又如，在工业生产中，可以利用沉淀溶解平衡，进行矿物中目标物质的分离，有害离子的去除和物质的纯化。沉淀溶解平衡对于我们的生产生活具有重要意义。

第二节　沉淀的生成和溶解

情境导入 7-2

情景　历史上最大的肾结石超过1公斤，直径可达17厘米。肾结石可不是外来的，而是人体内部形成的，结石越大人体排出就越痛苦。肾结石的主要成分是草酸钙，CaC_2O_4，约占80%。其次还有磷酸钙、磷酸镁铵等物质。这些物质溶解度较小，很容易形成结晶。小的结晶很容易被人体排出。但当这些不溶性物质分泌速率增加，或尿中结晶形成抑制物含量减少时，尿液呈现过饱和状态。这些结晶会不断析出、聚集、生长，最终变为临床意义上的结石。

参考答案

问题　1. 草酸钙的沉淀溶解平衡是怎样的？

2. 沉淀的生成和溶解与什么有关？

一、沉淀的生成

根据溶度积规则，当溶液中 $Q_i > K_{sp}$ 时，就会生成沉淀，这是难溶电解质生成沉淀的条件。向难溶电解质的饱和溶液中，加入易溶的强电解质，则难溶电解质的溶解度与其在纯水中的溶解度有可能不相同。易溶电解质的存在对难溶电解质溶解度的影响是多方面的。

（一）同离子效应

在难溶电解质的溶液中加入含有相同离子的强电解质，使难溶电解质的沉淀溶解平衡发生移动。与弱酸或弱碱溶液中的同离子效应相同，难溶电解质在同离子效应的影响下，其溶解度降低，沉淀生成。

例 7-4　298.15K 时，在 $BaSO_4$ 饱和溶液中加入 $BaCl_2$，并使 $BaCl_2$ 的浓度为 0.01mol/L，求 $BaSO_4$ 的溶解度。

已知 $K_{sp}(BaSO_4)=1.07\times10^{-10}$，而 $BaSO_4$ 溶液在纯水中的溶解度为 1.03×10^{-5}mol/L。设 $BaSO_4$ 的溶解度为 $x$mol/L。

$$BaSO_4(s) \rightleftharpoons Ba^{2+}(aq) + SO_4^{2-}(aq)$$

平衡浓度（mol/L）$(0.01+x)x$：

$$K_{sp}=[Ba^{2+}][SO_4^{2-}]=(0.01+x)x=1.07\times10^{-10}$$

$BaSO_4$ 的溶度积为非常小，因此可近似认为 $0.01+x\approx0.01$，因此：

$$1.07\times10^{-10}=(0.01+x)x=0.01x$$

$$x=1.07\times10^{-8}\text{mol/L}$$，比其在纯水中的溶解度小。

由此可见，利用同离子效应，可以使某些离子沉淀得更完全。例如，在 AgCl 沉淀平衡系统中，加入适量过量沉淀剂 NaCl 可使贵金属离子 Ag^+ 沉淀更加完全。但沉淀剂不宜过量太多，一般过量 20% ~ 50% 即可，过大会引起副反应，反而使溶解度加大。比如 $BaSO_4$ 沉淀中加入过量的 H_2SO_4 导致酸效应：

$$BaSO_4+H_2SO_4 \rightleftharpoons Ba(HSO_4)_2$$

（二）盐效应

在难溶电解质饱和溶液中，加入其他离子而使难溶电解质的溶解度增大的效应。例如，在 AgCl 沉淀中加入 KNO_3，AgCl 溶解度增大。原因是：

$$AgCl \rightleftharpoons Ag^+ + Cl^-$$

$$KNO_3 \longrightarrow K^+ + NO_3^-$$

KNO_3 增大了溶液中阴、阳离子的浓度，加剧了异电荷离子之间的相互吸引，从而降低了沉淀离子的有效浓度，使其溶解度增大。外加强电解质浓度和离子电荷越大，则盐效应越显著。同离子效应也伴有盐效应，但通常忽略。若加入过多，溶解度反而增大。

同离子效应和盐效应对难溶电解质溶解度的影响是相互矛盾的，当两者同时存在时，通常同离子效应起主导作用。

（三）分级沉淀

如果在溶液中含有多种可被同一种沉淀剂沉淀的离子时，逐渐增大溶液中沉淀试剂的浓度，使这些离子先后被沉淀出来的现象，称为分级沉淀。生成沉淀所需沉淀试剂浓度小的离子先被沉淀出来，即 Q_i 先达到 K_{sp} 的离子先被沉淀出来。对于同一类型的化合物，且离子浓度相同情况，K_{sp} 小的先沉淀析出，K_{sp} 大的后沉淀析出。对于离子浓度不同或不同类型的化合物，则需要通过具体计算来确定沉淀的先后生成顺序。

二、沉淀的溶解

根据溶度积规则，当溶液中 $Q_i < K_{sp}$ 时，难溶电解质的沉淀溶解平衡会向沉淀溶解的方向移动，当难溶电解质饱和溶液的离子减少时，便会引发这种变化。

（一）生成气体

难溶碳酸盐可与足量的 HCl、HNO_3 等发生作用生成 CO_2 气体，CO_3^{2-} 浓度不断降低，使沉淀溶解。

（二）生成弱电解质或水

难溶金属氢氧化物都能与强酸反应生成水而溶解。例如，向 $Cu(OH)_2$ 饱和溶液中加入 HCl，$Cu(OH)_2$ 沉淀不断消失溶解。

（三）生成配离子

某些试剂能与难溶电解质中的金属离子反应生成配合物，从而降低离子浓度，使沉淀溶解。如：

$$AgCl(s) \rightleftharpoons Ag^+(aq) + Cl^-(aq)$$

$$Ag^+(aq) + 2NH_3(aq) \xlongequal{} [Ag(NH_3)_2]^+(aq)$$

（四）发生氧化还原反应

CuS 的溶解度非常小，既难溶于水，又难溶于稀盐酸，但可以和 HNO_3 发生氧化还原反应生成单质 S 而溶解。

三、沉淀的转化

某种难溶化合物中加入适当的沉淀试剂，使原有的沉淀溶解而生成另一种沉淀的过程，称为沉淀的转化。例如，向含有白色 $PbCl_2$ 沉淀的溶液中加入 KI 溶液，混匀后静置观察，发现沉淀变为黄色，分析后可知，黄色沉淀是 PbI_2。因为 $K_{sp}(PbI_2) < K_{sp}(PbCl_2)$，所以 PbI_2 生成，并致使溶液中的 Pb^{2+} 浓度降低，原有的 $PbCl_2$ 沉淀不断溶解，最终全部溶解转化为 PbI_2 沉淀。当我们想溶解某些难溶电解质时可采用沉淀转化的方法。

练一练 7-2

在含 AgCl 固体的饱和溶液中，分别加入 HCl、$AgNO_3$、KNO_3、氨水，对 AgCl 的溶解度有什么影响？

参考答案

知识链接

自然界中的沉淀溶解平衡

中国是多溶洞的国家，如闻名世界的桂林溶洞就是自然界创造出来的奇特景象，溶洞形成的原理便是沉淀溶解平衡：石灰岩里含有不溶性物质碳酸钙，在遇到水和 CO_2 时发生反应变成可溶性的碳酸氢钙。含有碳酸氢钙的水受重力作用从溶洞顶部向底部滴落时，水分不断蒸发、CO_2 蒸气压不断减小，促使碳酸氢钙又转变成碳酸钙沉淀，这样经过千万年的累积，便形成了石笋、钟乳石、石柱等。

$$CaCO_3(\text{不溶}) + H_2O + CO_2 = Ca(HCO_3)_2(\text{可溶})$$

答案解析

练习题

一、选择题

1. 下列说法正确的是（　）。
   A. 溶度积小的物质一定比溶度积大的物质溶解度小
   B. 对同类型的难溶电解质，溶度积小的一定比溶度积大的溶解度小
   C. 难溶物质的溶度积与温度无关
   D. 难溶物质的溶解度仅与温度有关
2. 298.15K 时，AgCl 的溶度积为 1.77×10^{-10}，则下列说法正确的是（　）。
   A. 向饱和 AgCl 水溶液中加入盐酸，溶度积变大
   B. $AgNO_3$ 溶液与 NaCl 溶液混合后，一定有 $[Ag^+]=[Cl^-]$
   C. 温度一定时，当溶液中 $[Ag^+][Cl^-]=K_{sp}$ 时，此时溶液为 AgCl 的饱和溶液
   D. 将 AgCl 加入较浓 KI 溶液中，部分 AgCl 转化为 AgI，因为 AgCl 溶解度小于 AgI
3. 常温下，$K_{sp}[Mg(OH)_2]=1.8\times10^{-11}$，则 $Mg(OH)_2$ 的饱和溶液 pH 最接近于（　）。
   A. 1　　B. 3　　C. 11　　D. 13

4. 在 CaF_2($K_{sp}=5.3\times10^{-9}$)与 $CaSO_4$($K_{sp}=9.1\times10^{-6}$)混合的饱和溶液中，测得 F^- 浓度为 1.8×10^{-3}mol/L，则溶液中 SO_4^{2-}的浓度为（ ）。

A. 3.0×10^{-3}mol/L　　B. 5.7×10^{-3}mol/L

C. 1.6×10^{-3}mol/L　　D. 9.0×10^{-4}mol/L

5. $Cu(OH)_2$ 在水中存在着沉淀溶解平衡：$Cu(OH)_2(s) \rightleftharpoons Cu^{2+}(aq)+2OH^-(aq)$，在常温下 $K_{sp}=2\times10^{-20}$。某 $CuSO_4$ 溶液中$[Cu^{2+}]=0.02$mol/L，在常温下如果要生成 $Cu(OH)_2$ 沉淀，需要向 $CuSO_4$ 溶液中加入碱溶液来调整溶液的 pH，则溶液的 pH 大于（ ）。

A. 2　　B. 3　　C. 4　　D. 5

6. $AgNO_3$ 溶液中加入 100ml 溶有 2.08g $BaCl_2$ 的溶液，再加入 100ml 溶有 0.010mol $CuSO_4\cdot5H_2O$ 的溶液，充分反应。下列说法中正确的是（ ）。

A. 最终得到白色沉淀和无色溶液

B. 最终得到的白色沉淀是等物质的量的两种化合物的混合物

C. 最终得到的溶液中，Cl^-的物质的量为 0.02mol

D. 最终得到的溶液中，Cu^{2+}的物质的量浓度为 0.01mol/L

7. 一定温度下，在氢氧化钡的悬浊液中，存在氢氧化钡固体与其电离的离子间的溶解平衡关系：$Ba(OH)_2(s) \rightleftharpoons Ba^{2+}+2OH^-$。向此种悬浊液中加入少量的氢氧化钡粉末，下列叙述正确的是（ ）。

A. 溶液中钡离子数目减小　　B. 溶液中钡离子浓度减小

C. 溶液中氢氧根离子浓度增大　　D. pH 减小

8. 在氯化亚铁溶液中加入下列物质能产生沉淀的是（ ）。

A. 通入硫化氢气体　　B. 加入氯化钠溶液

C. 加入硫化钠溶液　　D. 通入二氧化碳气体

9. CaC_2O_4 的 K_{sp}为 2.34×10^{-9}，要使 0.020mol/L $CaCl_2$ 溶液生成沉淀，需要的草酸根离子浓度是（ ）。

A. 1.3×10^{-7}mol/L　　B. 1.0×10^{-9}mol/L

C. 5.2×10^{-10}mol/L　　D. 2.2×10^{-5}mol/L

10. Ag_2CrO_4 的 $K_{sp}=1.12\times10^{-12}$，其饱和溶液中 Ag^+浓度为（ ）。

A. 1.3×10^{-4}mol/L　　B. 2.1×10^{-5}mol/L

C. 6.5×10^{-5}mol/L　　D. 4.2×10^{-5}mol/L

二、判断题

（ ）1. $K_{sp}(AB_2)$小于 $K_{sp}(CD)$，则 AB_2 的溶解度小于 CD 的溶解度。

（ ）2. 不可能使要除去的离子全部通过沉淀除去。一般认为残留在溶液中的离子浓度小于 1.0×10^{-5}mol·L^{-1}时，已经完全沉淀。

（ ）3. 在一定条件下，溶解度较小的沉淀也可以转化成溶解度较大的沉淀。

（ ）4. 常温下，向 $BaCO_3$ 的饱和溶液中加入 Na_2CO_3 固体，$BaCO_3$ 的 K_{sp}减小。

（ ）5. 溶度积常数 K_{sp}只受温度影响，温度升高，K_{sp}基本不变。

（ ）6. 常温下，向 $Mg(OH)_2$ 饱和溶液中加入 NaOH 固体，$Mg(OH)_2$ 的 K_{sp}不变。

（ ）7. 0.1mol AgCl 和 0.1mol AgI 混合加入 1L 水中，所得溶液中 $c(Cl^-)=c(I^-)$。

（ ）8. 将 0.1mol·L^{-1} $MgSO_4$ 溶液滴入 NaOH 溶液至不再有沉淀产生，再滴加 0.1mol·L^{-1}$CuSO_4$ 溶液，现象是先有白色沉淀生成，后变为浅蓝色沉淀，所以 $Cu(OH)_2$ 的溶度积比 $Mg(OH)_2$ 的小。

( ) 9. $Mg(OH)_2$ 固体在溶液中存在平衡：$Mg(OH)_2(s) \rightleftharpoons Mg^{2+}(aq) + 2OH^-(aq)$，该固体可溶于 NH_4Cl 溶液。

( ) 10. 向 AgCl 悬浊液中加入 NaI 溶液时出现黄色沉淀，则 $K_{sp}(AgCl) < K_{sp}(AgI)$。

三、简答题

1. 写出下列难溶电解质的溶度积表达式。

$Mg(OH)_2$、Ag_2CrO_4、FeS、$Ba_3(PO_4)_2$

2. 简述溶度积与溶解度的关系。

3. 要使工业废水中的重金属 Pb^{2+} 沉淀，可用硫酸盐、碳酸盐、硫化物等作沉淀剂，哪种沉淀剂最好？已知 Pb^{2+} 与这些离子形成的化合物的溶解度如下：

化合物：$PbSO_4$、$PbCO_3$、PbS

溶度积：2.53×10^{-8}、7.4×10^{-14}、8.0×10^{-28}

四、计算题

1. 已知25 ℃时 $BaSO_4$ 饱和溶液中存在：$BaSO_4(s) \rightleftharpoons Ba^{2+}(aq) + SO_4^{2-}(aq)$，$K_{sp} = 1.07 \times 10^{-10}$，向 $[SO_4^{2-}]$ 为 1.05×10^{-5}mol/L 的 $BaSO_4$ 溶液中加入 $BaSO_4$ 固体，SO_4^{2-} 的浓度怎样变化？试通过计算说明。

2. 已知：ZnS 的 $K_{sp} = 1.2 \times 10^{-23}$，$H_2S$ 的 $K_1 = 9.5 \times 10^{-8}$，$K_2 = 7.1 \times 10^{-15}$，在 0.10mol/L $ZnSO_4$ 的酸性溶液中通入 H_2S 至饱和，欲使 ZnS 产生沉淀，$[H^+]$ 最高不能超过多少？

（崔珊珊）

书网融合……

本章小结　　本章小结（微课）　　微课　　题库

第八章

有机化合物概述

PPT

学习目标

知识目标

1. **掌握** 有机化合物定义、特点、结构式表示方法和分类。
2. **熟悉** 有机化合物共价键的断裂方式。
3. **了解** 有机化合物与食品的关系。

能力目标

1. 会正确表达有机化合物的构造式。
2. 能认识官能团，并初步确定有机化合物的类型。

素质目标

通过本章学习，激发学生探索有机化合物的兴趣，帮助学生树立良好的学习习惯、为追求真理的献身精神。

情境导入 8-1

情景 大家日常生活中经常会用到以下化合物：植物色素、燃料、食盐、味精、煤炭、蔗糖、石灰石、小苏打、四氯化碳、氰化钠。

问题 1. 以上哪些是有机化合物，哪些是无机化合物？

2. 有机化合物和无机化合物相比在性质上有什么不同？

参考答案

第一节 有机化合物的概念和特性

一、有机化合物的概念

众所周知，人们常把自然界的物质分为无机化合物和有机化合物两大类。有机化合物与工业、农业、国防、交通及人们的衣食住行有着极为密切的关系。天然气、石油、棉花、木材是有机化合物；合成塑料、合成纤维和合成橡胶也是有机化合物；组成人体的糖类、脂肪、和蛋白质也是有机化合物。目前用于防病治病的药物 90% 以上是有机化合物，例如阿司匹林、头孢氨苄、布洛芬等，特别是中草药的有效成分，几乎全部都是有机化合物。

有机化合物简称有机物。古代，人们对有机化合物的认识，主要基于实用的目的，例如：用谷物酿酒、酿造食醋，用茜草染色，用中草药治疗疾病等。总之早期人们认为有机化合物都是来源于动植物体内，它与无机化合物截然不同，人们无法用无机物通过合成的方法生成有机物。直到 1828 年维勒人工合成尿素，有机物和无机物之间的界限随之消失，但是由于历史和习惯原因，“有机”这个名词仍然沿用。

知识链接

科学家小传——维勒

弗里德里希·维勒（Friedrich Wohler），1800年7月31日至1882年9月23日，是德国化学家。他因人工合成了尿素，打破了有机化合物的生命力学说而闻名。维勒幼时喜欢化学，尤其对化学实验感兴趣。维勒于1823年获得海德堡大学外科医学博士学位，被导师格麦林推荐到贝采里乌斯实验室工作。1824年维勒致力于氰酸铵的合成研究，并意外地合成得到尿素，在《物理学和化学年鉴》上发表了论文“论尿素的人工制成”，详细记述了如何用氰酸与氨水或氯化铵与氰酸银来制备纯净的尿素。随着醋酸、酒石酸的相继合成，才打破了多年来占据有机化学领域的生命力学说，开辟了有机化合物合成的新时代。

人们通过对有机化合物的分析，发现所有的有机化合物都含有碳，含有“碳”原子是有机化合物的组成特点。另外大多数有机化合物含有氢，有的还含有氮、氧、硫、磷、卤素等。因此有机化合物可以定义为碳氢化合物及其衍生物，碳氢化合物又称为烃，其衍生物是指分子中的氢原子被其他原子或基团取代的化合物，但一氧化碳、二氧化碳、碳酸、碳酸盐、碳酸氢盐、金属碳化物、氰化物等含碳化合物，因有着典型的无机化合物的成键方式和性质，从而被看作是无机化合物。

二、有机化合物的特性

有机化合物在结构和组成上不同于无机化合物。有机化合物分子中碳原子与碳原子、碳原子与其他原子一般是通过共价键相结合，每个碳原子都有四条共价键。这样就决定了有机化合物与无机化合物相比有很多的特殊性：绝大多数有机化合物容易燃烧，燃烧时碳化变黑，最后生成二氧化碳和水，这是识别有机化合物的简单方法之一；固体有机化合物的熔点较低，一般在300℃以下，熔点是固体有机化合物的非常重要的物理常数，纯净的固体有机化合物有固定的熔点和很窄的熔距；有机化学反应速率较慢，且常伴有副反应，所以有机反应通常需要加催化剂、加热、搅拌等，由于产物复杂，须经分离提纯才能得到纯净物，因此反应方程式只写主要产物，反应号一般用“——→”表示；大多数有机化合物在水中的溶解度较小。由于水是一种极性较强的溶剂，有机化合物大多是极性较小或非极性分子，根据“相似相溶”的原则，有机化合物难溶于水；有机化合物种类繁多，数目庞大，且存在同分异构现象。

第二节　有机化合物结构的表示方法

一、有机化合物构造的表示方法

有机化合物的构造可用构造式、构造简式和键线式表示。构造式中两原子间用短线相连，一根短线代表一个共价键，当原子与原子之间以双键或叁键相连时，则用两根或三根短线相连。构造式完整地表示了组成有机化合物分子的原子种类和数目、各原子的连接顺序和方式，但书写起来很繁琐。

在构造式的基础上，不再写出碳或其他原子与氢原子之间的短线，并将同一个碳原子上的相同原子或基团合并，这种表示法为构造简式。构造简式也可以反映出有机化合物的分子组成、原子间的连接顺序和方式，而且较构造式简单，所以一般采用构造简式表示有机化合物的构造。使用时略去构造式和构造简式的区分，常说的构造式实际上就是构造简式。

另外，还可以使用短线以近似的键角相连，表示碳原子之间的共价键，碳、氢元素符号均不写出，只写出与碳相连的其他原子或基团，这种表示法为键线式。有机化合物的构造式、构造简式和键线式示例见表 8－1。

表 8－1　有机化合物的构造式、构造简式和键线式示例

化合物	构造式	构造简式	键线式
丁烷	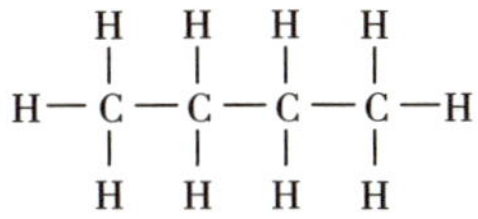	$CH_3CH_2CH_2CH_3$	
丁-2-烯	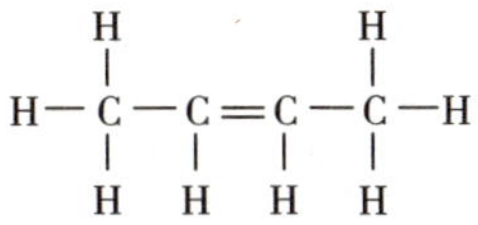	$CH_3CH{=}CHCH_3$	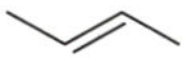
环戊烷	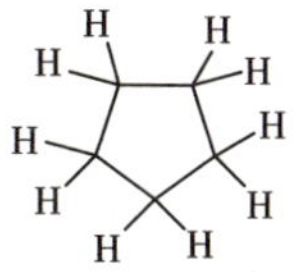	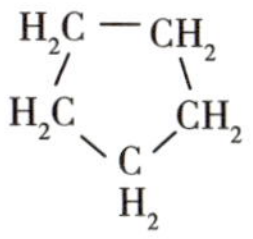	
丁-2-醇	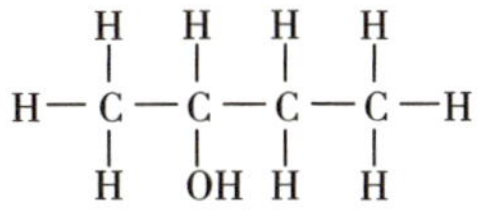	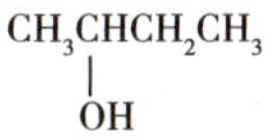	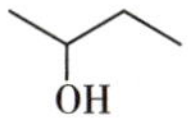

二、有机化合物立体结构的表示方法

甲烷的正四面体结构中，碳原子位于正四面体的中心，四个氢原子分别处在正四面体的四个顶点，各价键之间的夹角为 109°28′，如图 8－1 所示。甲烷的正四面体结构也可以用图 8－2 所示的球棒模型表示。

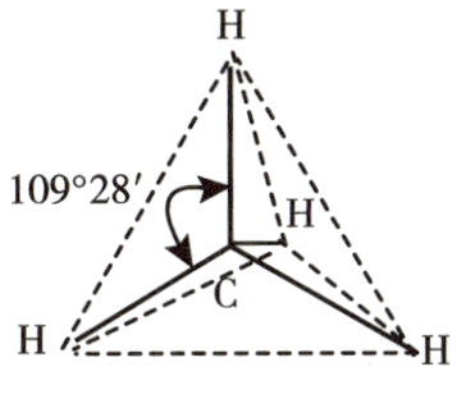

图 8－1　甲烷的正四面体结构

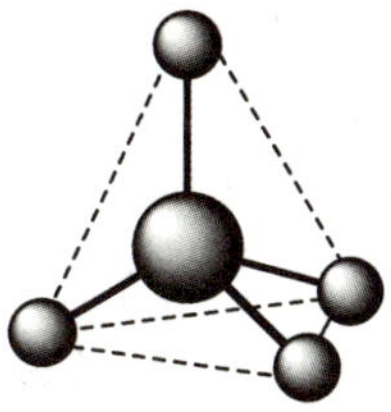

图 8－2　甲烷的正四面体球棒模型

分子模型能够帮助我们认识分子的立体结构和分子中各原子的相对位置，但书写不方便。为了方便表示分子的立体形象，可采用如下透视式表示分子中原子或基团在空间的相互关系。透视式中的直线表示键在纸平面上；黑体楔形线表示窄端开始于纸平面上的原子，键伸向纸平面的前方；虚黑体楔形线表示窄端开始于纸平面上的原子，键伸向纸平面的后方。

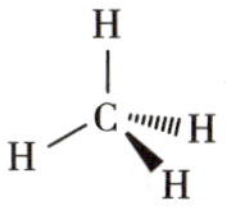

第三节 共价键的断裂方式和有机化学反应类型

一、共价键断裂

共价键的断裂方式有两种：一种是成键的一对电子平均分给两个原子或原子团，这种断裂方式称为均裂。例如：

$$A \colon B \longrightarrow A\cdot + \cdot B$$

均裂生成带有单电子的原子或原子团，称为自由基（或称游离基）。自由基一般不稳定，能迅速发生反应，是有机反应中的活性中间体。

另一种是成键的一对电子被其中一个原子或原子团所占有，形成负离子，另一个成键原子或原子团为正离子，这种断裂方式称为异裂。例如：

$$A \colon B \longrightarrow A^{+} + \colon B^{-}$$

异裂形成的正离子，又称亲电试剂；异裂形成的负离子，又称亲核试剂。另外，亲电试剂还包括缺电子原子或基团，亲核试剂还包括富电子原子或基团。例如：

常见的亲电试剂：H^{+}、$AlCl_3$、BF_3、$FeCl_3$；

常见的亲核试剂：X^{-}、CN^{-}、OH^{-}、ROH 、H_2O、NH_3。

二、有机化学反应类型

根据反应过程中共价键的断裂方式，有机化学反应分为自由基反应、离子型反应等。

1. 自由基反应 通过共价键均裂生成自由基而进行的反应称为自由基反应，往往需要在加热或光照等条件下进行，包括自由基取代反应和自由基加成反应。

2. 离子型反应 通过共价键异裂生成正、负离子而进行的反应称为离子型反应，反应除需要催化剂外，一般由极性试剂进攻或在极性溶剂中进行，根据反应试剂分为亲电反应和亲核反应，亲电反应包括亲电取代反应和亲电加成反应；亲核反应包括亲核取代反应和亲核加成反应。

第四节 有机化合物的分类

有机化合物的种类和数目众多，为了便于学习和研究，通常将有机化合物按结构特征分类，一种是按碳骨架结构不同分类，另一种是按官能团（特性基团）不同分类。

一、按碳骨架分类

根据分子中碳原子构成的骨架不同，有机化合物可以分为链状化合物和环状化合物。链状化合物最初是在油脂中发现的，所以又称为脂肪族化合物。全部由碳原子组成的环状化合物为碳环化合物，由碳原子和至少一个其他原子（杂原子）组成的环状化合物为杂环化合物。碳环化合物中性质与脂肪族化合物相似的为脂环族化合物，性质与脂肪族化合物不同、有特殊芳香性的为芳香族化合物。

- 有机化合物
  - 链状化合物
  - 环状化合物
    - 碳环化合物
      - 脂环族化合物
      - 芳香族化合物
    - 杂环化合物

二、按官能团分类

官能团是决定一类化合物主要化学性质的原子或基团，有机化学反应一般发生在官能团上。按官能团分类就是将具有相同官能团的化合物归为一类，具有相同官能团的化合物，一般具有相同或相似的化学性质。一些常见官能团及化合物的类别见表 8－2。

表 8－2　一些常见官能团及化合物的类别

官能团	化合物	官能团	化合物	官能团	化合物
$>C=C<$（双键）	烯烃	$-C(=O)-$（羰基）	醛、酮	$-C(=O)-NH_2$（酰氨基）	酰胺
$-C\equiv C-$（叁键）	炔烃	$-C(=O)-OH$（羧基）	羧酸	$-C\equiv N$（氰基）	腈
$-X$（卤素）	卤代烃	$-C(=O)-X$（酰卤基）	酰卤	$-NH_2$（氨基）	胺
$-OH$（羟基）	醇、酚	$-C(=O)-O-C(=O)-$	酸酐	$-NO_2$（硝基）	硝基化合物
$-O-$（醚基）	醚	$-C(=O)-OR$（酯基）	酯	$-SO_3H$（磺酸基）	磺酸

练习题

答案解析

一、名词解释

1. 有机化合物　　2. 化学结构　　3. 官能团

二、将下列构造式改写成键线式

1. $CH_3C\equiv CCH(CH_3)_2$

2. 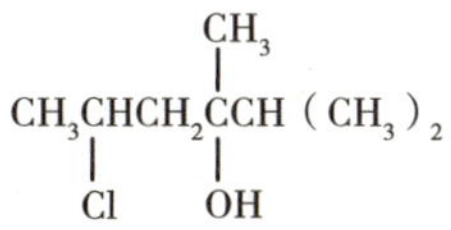

3. $(CH_3)_2CHOC(CH_3)_3$

4. 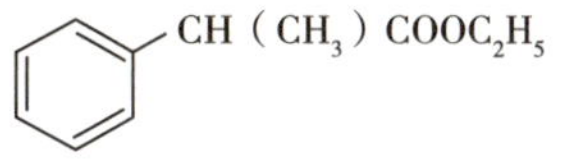

三、将下列键线式改写成构造式

1. 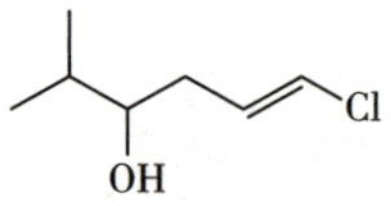

2. 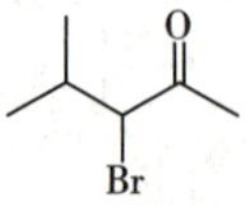

3. 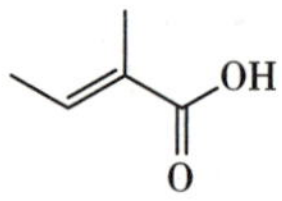

4. 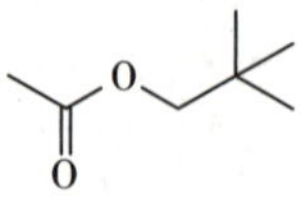

四、判断下列化合物哪些是亲电试剂，哪些是亲核试剂？

H^+、Cl^-、H_2O、NH_3、ROH、$AlCl_3$、Cl^+、HCN

（王广珠）

书网融合……

本章小结　　本章小结（微课）　　微课　　题库

第九章

链　烃

学习目标

知识目标

1. **掌握**　链烃的命名；链烃的主要化学性质。
2. **熟悉**　诱导效应和共轭效应；马尔可夫尼可夫规则。
3. **了解**　链烃的物理性质；链烃的结构。

能力目标

1. 具备鉴别烷烃、烯烃、末端炔烃的能力。
2. 能应用诱导效应解释马尔可夫尼可夫规则。
3. 能应用共轭效应分析共轭二烯烃的结构。

素质目标

通过本章学习，激发学生对有机领域的好奇心、求知欲和创新动力；培养学生独立思考，有效搜集、整理归纳知识和应用能力；培养与他人沟通合作的能力，共同探讨问题，共同寻求解决方案。

烃是由碳氢两种元素组成的化合物，是有机化合物的母体，根据烃分子骨架不同分为链烃和环烃。链烃又称脂肪烃，其结构特征是分子中所有碳原子相互连接成不闭合状态的“链”；环烃的结构特征是分子中碳原子相互连接成闭合状态的“环”。

- 烃
  - 链烃
    - 饱和烃(烷烃)
    - 不饱和烃
      - 烯烃
      - 炔烃
  - 环烃
    - 脂环烃
    - 芳香烃

第一节　烷　烃

微课

PPT

情境导入 9-1

情景　压疮系身体局部组织长期受压，使血液循环受阻而引起的皮肤及皮下组织缺血、缺氧、营养不良而发生水疱、溃疡或坏疽，是康复治疗、护理中常见的并发症之一。患者一旦发生压疮，不仅给其带来痛苦，也同时增加了感染的概率，进一步可引起全身炎症，甚至危及生命。经临床大量试验和观察，采用液体石蜡涂抹受压部位，可减少受压部位皮肤与接

参考答案

触面的摩擦，增大接触受力面，降低受压部位皮肤压力，对预防压疮的发生有一定的效果。

问题 1. 液体石蜡的主要成分是什么？

2. 液体石蜡在医药上还有哪些作用呢？

烷烃是碳原子彼此以单键相连，其余价键被氢原子饱和的链烃，所以烷烃又称为饱和烃。

一、烷烃的分子通式、同系列和同系物

最简单的烷烃是由一个碳原子和四个氢原子组成的甲烷（CH_4），其余依次为乙烷、丙烷、丁烷、戊烷等，其分子式分别为 C_2H_6、C_3H_8、C_4H_{10}、C_5H_{12}等。从甲烷开始，分子中每增加一个碳原子就相应地增加两个氢原子，假设碳原子的数目为 n，则氢原子的数目为 $2n+2$，所以烷烃的分子通式为 C_nH_{2n+2}。

具有同一分子通式、组成上相差一个或几个 CH_2 并具有相同结构特征的一系列化合物称为同系列，同系列中的各化合物互称为同系物，相邻两个同系物的组成差“—CH_2—”称为同系差。同系物的结构相似，所以化学性质相似，物理性质则随碳原子数目的增加呈现规律性的变化。

二、烷烃的结构和碳链异构

1. 烷烃的结构 烷烃分子中的碳原子均采用 sp^3 杂化。甲烷分子中的碳原子以四个相同的 sp^3 杂化轨道分别与四个氢原子的 1s 轨道“头碰头”重叠形成四个 C—H σ 键，见图9－1。四个氢原子位于以碳原子为中心的正四面体的四个顶点，键角均为 109°28′。

乙烷分子中两个碳原子各以一个 sp^3 杂化轨道“头碰头”重叠形成一个 C—C σ 键，余下的三个 sp^3 杂化轨道分别与三个氢原子的 1s 轨道“头碰头”重叠形成 C—H σ 键，见图 9－2。

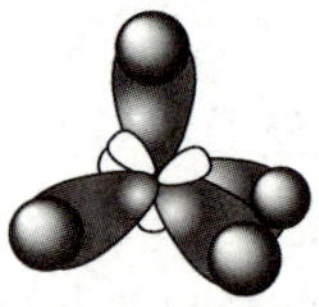

图 9－1 甲烷分子中原子轨道重叠示意图

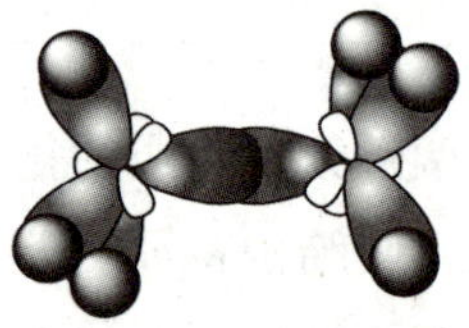

图 9－2 乙烷分子中原子轨道重叠示意图

含多个碳原子的烷烃，每个碳原子与相邻的四个原子在局部构成一个四面体，所以烷烃分子的碳链呈锯齿状，见图 9－3。

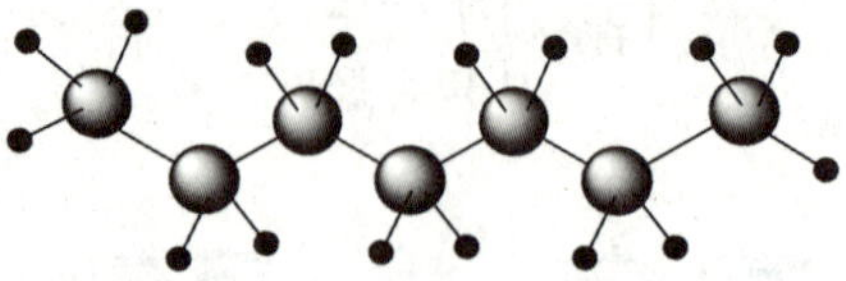

图 9－3 烷烃碳链结构示意图

2. 烷烃的碳链异构 甲烷、乙烷、丙烷分子中的碳原子只有一种连接方式，无异构体。从丁烷开始，碳原子的连接方式就不止一种，即有异构体。如分子式为 C_4H_{10}的烷烃有正丁烷和异丁烷两种异构体，分子式为 C_5H_{12}的烷烃有正戊烷、异戊烷和新戊烷三种异构体。

C_4H_{10}：$CH_3CH_2CH_2CH_3$（正丁烷）

CH_3CHCH_3 中间碳上连 CH_3（异丁烷）

$$\begin{array}{c} CH_3\underset{\displaystyle |\atop \displaystyle CH_3}{C}HCH_3 \end{array}$$

正丁烷　　异丁烷

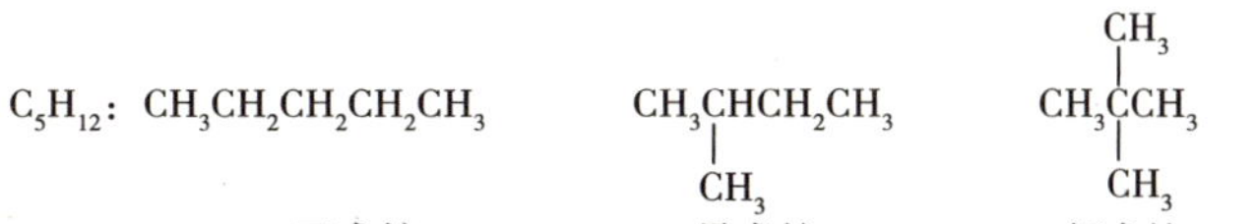

正戊烷　　异戊烷　　新戊烷

这种具有相同分子组成，而分子中的原子连接顺序或连接方式不同的同分异构现象称为构造异构。随着碳原子数目的增加，构造异构体的数目增多。烷烃的构造异构体均是由于碳链的构造不同而形成的，所以又称为碳链异构。

三、碳原子的类型

烷烃分子中每个碳原子周围都连有四个原子，根据与它相连的碳原子数目分为四类：①与一个碳原子相连的称为伯碳原子或一级碳原子，用1°表示；②与两个碳原子相连的称为仲碳原子或二级碳原子，用2°表示；③与三个碳原子相连的称为叔碳原子或三级碳原子，用3°表示；④与四个碳原子相连的称为季碳原子或四级碳原子，用4°表示。例如：

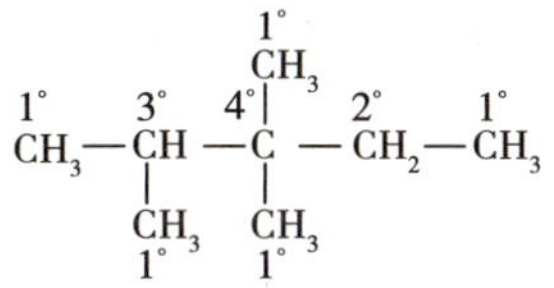

连接在伯、仲、叔碳原子上的氢原子分别称为伯（1°）、仲（2°）、叔（3°）氢原子。

练一练 9－1

写出只有伯氢原子、分子式为 C_8H_{18} 烷烃的结构式。

参考答案

四、烷烃的命名

1. 普通命名法　结构比较简单的烷烃常用普通命名法命名，命名原则为：①根据分子中碳原子数命名为“某烷”，碳原子数在十及十以内的用天干“甲、乙、丙、丁、戊、己、庚、辛、壬、癸”表示，在十以上的用中文数字“十一、十二、十三……”表示；②直链烷烃用“正（*n*－）”表示，“异（*i*－）”和“新（*neo*－）”分别表示碳链一端的第二个碳原子上有一个和两个甲基，且其他部位无支链的烷烃。例如：

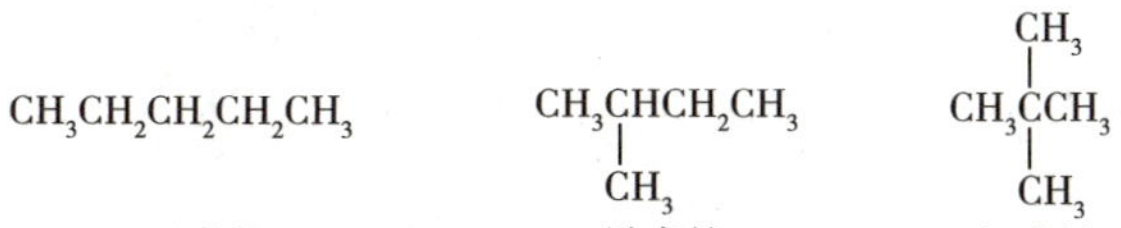

正戊烷　　异戊烷　　新戊烷

2. 系统命名法　系统命名法是根据国际纯粹与应用化学联合会（IUPAC）制定的有机化合物命名原则进行命名的方法。直链烷烃的命名类似于普通命名法，只需去掉“正某烷”中的“正”字即可。例如：

$CH_3CH_2CH_2CH_2CH_3$　　$CH_3CH_2CH_2CH_2CH_2CH_3$

戊烷　　己烷

支链烷烃的命名是把支链作为取代基，名称包括取代基和母体两部分。烷烃中的支链就是各种烷基，也就是烷烃分子去掉一个氢原子后余下的基团，通式为 C_nH_{2n+1}，用 R－表示。一些常见的烷基及其名称见表 9－1。

表 9－1 一些常见的烷基及其名称

烷基	烷基名称	烷基	烷基名称
$CH_3—$	甲基（methyl）	$CH_3CH_2CH_2CH_2—$	丁基（butyl）
$CH_3CH_2—$	乙基（ethyl）	$CH_3CH_2CH(CH_3)—$	仲丁基（sec－butyl）
$CH_3CH_2CH_2—$	丙基（propyl）	$(CH_3)_2CHCH_2—$	异丁基（iso－butyl）
$(CH_3)_2CH—$	异丙基（iso－propyl）	$(CH_3)_3C—$	叔丁基（tert－butyl）

烷烃的系统命名原则如下。

（1）选主链，确定母体　选择分子中最长的连续碳链作为主链，将主链作为母体，根据碳原子数命名为“某烷”。例如：

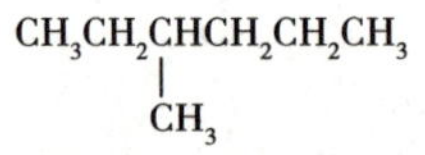

主链上有六个碳原子，所以命名其母体为己烷。

如有等长的碳链可选择时，则选择连有较多取代基的碳链作为主链。例如：

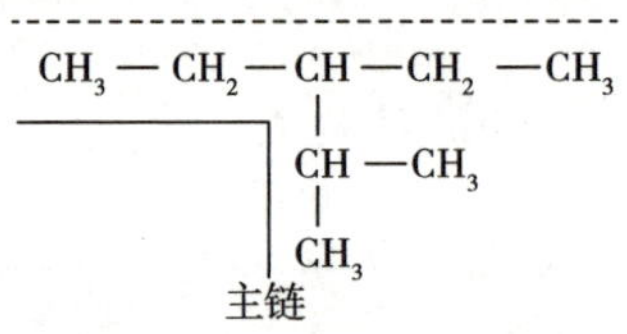

（2）给主链碳原子编号，确定取代基位次　从靠近取代基的一端开始，用阿拉伯数字对主链碳原子依次编号，使取代基的位次最低（小）。例如：

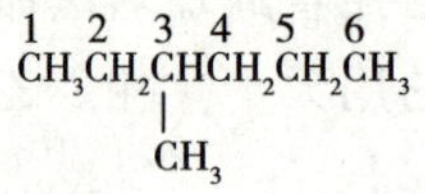

从左至右编号，取代基的位次是 3；从右至左编号，取代基的位次是 4，所以该主链选择从左至右编号。

如果在碳链两端等距离处遇有取代基且多于两个时，则采用最低（小）位次组编号，即逐个比较两种编号的取代基位次至分出大小，小者位次组为最低（小）位次组。例如：

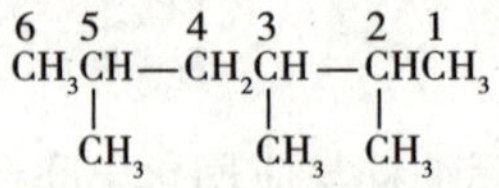

从右至左编号，取代基的位次是 2,3,5；从左至右编号，取代基的位次是 2,4,5。2,3,5 组低（小）于 2,4,5 组，所以该主链选择从右至左编号。

若按“最低（小）位次组”原则编号相同时，取代基英文名称的字母排列在前的应有较小位次。例如：

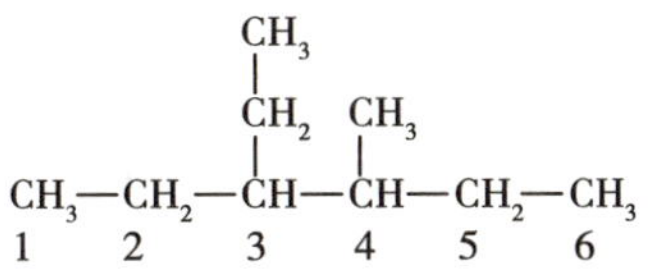

从左至右编号，乙基（ethyl）的位次是3，甲基（methyl）的位次是4；从右至左编号，甲基（methyl）的位次是3，乙基（ethyl）的位次是4。两种编号方式的位次均为3,4，但乙基英文名称的字母排在甲基英文名称的字母之前，所以该主链选择从左至右编号。

（3）写出全称　将取代基的位次、名称依次写在母体名称的前面，取代基的位次与名称之间用短横线“-”隔开。例如：

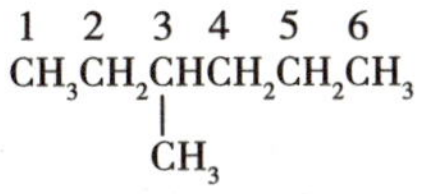

3-甲基己烷

如果有多个相同取代基，合并取代基并在取代基名称前用“二、三、四……”表示取代基的数目，各位次之间用逗号隔开。例如：

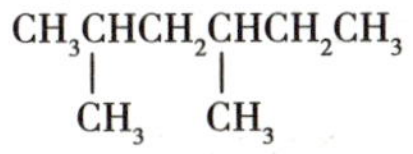

2,4-二甲基己烷

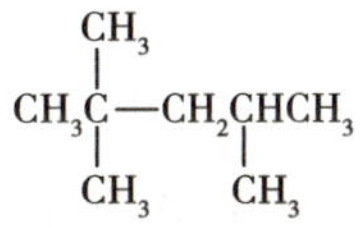

2,2,4-三甲基戊烷

如果有多个不同取代基，则按取代基英文名称的字母顺序依次排列。例如：

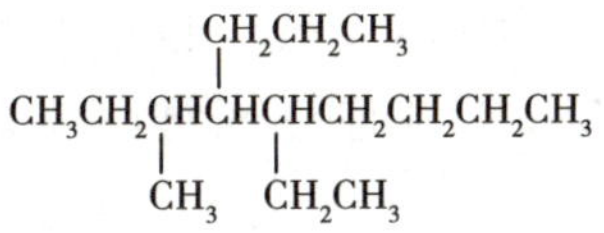

5-乙基-3-甲基-4-丙基壬烷

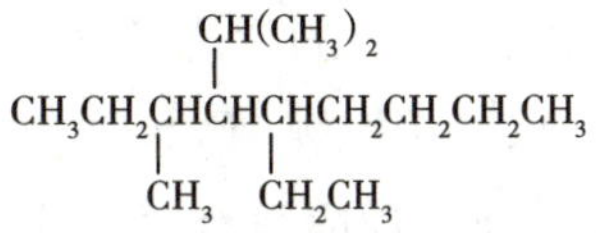

5-乙基-4-异丙基-3-甲基壬烷

练一练 9-2

按IUPAC命名法，写出化合物的名称。

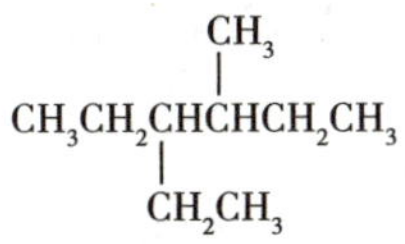

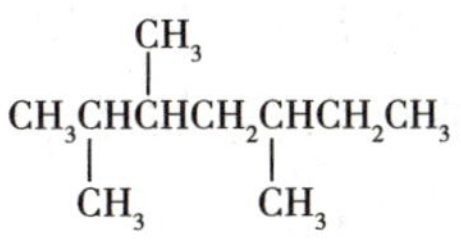

参考答案

五、烷烃的物理性质

常温常压下，$C_1 \sim C_4$ 直链烷烃是无色气体，$C_5 \sim C_{17}$ 直链烷烃是无色液体，C_{17} 以上直链烷烃是白色蜡状固体。直链烷烃的沸点随相对分子质量的增大而升高，因为烷烃是非极性分子，分子间作用力主要是色散力，而色散力随分子中碳原子数目的增加而增大。

碳原子数相同的支链烷烃的沸点比直链烷烃的沸点低，且支链越多，沸点越低。因为支链的存在阻碍了烷烃分子的靠近，使有效接触面积减小，色散力减弱。

直链烷烃的熔点与沸点有相似的变化规律，即随相对分子质量的增大而升高，但偶数碳原子烷烃的熔点升高的幅度比奇数碳原子的烷烃大一些。因为偶数碳原子的烷烃呈锯齿状排列时对称性较高，从而使分子可以靠得更近，色散力较大。一些常见烷烃的物理常数见表9-2。

表 9－2　一些常见烷烃的物理常数

烷烃	熔点（℃）	沸点（℃）	相对密度（d_4^{20}）
甲烷	－182.6	－161.7	0.4240
乙烷	－172.0	－88.6	0.5462
丙烷	－187.1	－42.2	0.5824
正丁烷	－135.0	－0.5	0.5788
异丁烷	－159.0	－12.0	0.5510
正戊烷	－129.7	36.1	0.6264
异戊烷	－159.6	27.9	0.6201
新戊烷	－16.6	9.5	0.6135
正己烷	－94.0	68.7	0.6594
正庚烷	－90.5	98.4	0.6837

直链烷烃的相对密度随相对分子质量的增大而升高，但都小于1。烷烃不溶于水，易溶于苯、乙醚等有机溶剂。

六、烷烃的化学性质

烷烃分子中的C—H键和C—C键都是牢固的σ键，对一般化学试剂表现出高度的稳定性，在室温下与强酸、强碱、氧化剂及还原剂都不发生化学反应。但在一定条件下，C—H键和C—C键也会断裂发生反应。

1. 卤代反应　烷烃分子中的氢原子被卤素取代的反应称为卤代反应，包括氟代、氯代、溴代和碘代，不同卤素的反应活性顺序为：$F_2 > Cl_2 > Br_2 > I_2$。氟代反应过于剧烈而难以控制，碘代反应较难发生，因此有实际意义的卤代反应只有氯代反应和溴代反应。

（1）甲烷的氯代反应　甲烷与氯室温时在黑暗处并不发生化学反应，但一旦加热到250～400℃或用紫外光照射，甲烷与氯反应生成一氯甲烷和氯化氢。

$$CH_4 + Cl_2 \xrightarrow[\text{或 } h\nu]{\triangle} CH_3Cl + HCl$$

但反应难停留在生成一氯甲烷这一步，因为氯甲烷会继续与氯反应生成二氯甲烷、三氯甲烷（氯仿）和四氯化碳，最终得到的是四种氯代产物的混合物。

$$CH_4 \xrightarrow[\triangle\text{或 } h\nu]{Cl_2} CH_3Cl \xrightarrow[\triangle\text{或 } h\nu]{Cl_2} CH_2Cl_2 \xrightarrow[\triangle\text{或 } h\nu]{Cl_2} CHCl_3 \xrightarrow[\triangle\text{或 } h\nu]{Cl_2} CCl_4$$

（2）甲烷氯代反应机制　反应物转变为产物所经历的途径或过程称为反应机制或反应历程。研究证明，甲烷及其他烷烃在加热或光照条件下的卤代反应属于自由基取代反应。

甲烷的氯代反应机制可表示如下：

①链引发：此阶段的主要特点是产生自由基。

$$Cl:Cl \xrightarrow[\triangle\text{或 } h\nu]{Cl_2} 2Cl\cdot$$

氯分子通过加热或光照获得能量使Cl—Cl键均裂，生成活泼的氯自由基（Cl·）中间体，引发自由基反应，为链的引发阶段。

②链增长：此阶段的主要特点是自由基与分子反应，旧的自由基消失，新的自由基产生。

$$Cl\cdot + H:CH_3 \longrightarrow HCl + \cdot CH_3$$

$$\cdot CH_3 + Cl:Cl \longrightarrow CH_3Cl + Cl\cdot$$

氯自由基与甲烷分子碰撞，夺取甲烷分子中的一个氢原子形成HCl，同时生成活泼的甲基自由基

（·CH_3）中间体。甲基自由基立即与大量存在的氯分子作用使之均裂，生成一氯甲烷和新的氯自由基。新生的氯自由基重复上述过程，继续生成二氯甲烷、三氯甲烷和四氯化碳。此阶段是生成产物的主要阶段，为链的增长阶段。

③链终止：此阶段的主要特点是自由基之间相互结合成分子。

$$Cl\cdot + Cl\cdot \longrightarrow Cl_2$$

$$\cdot CH_3 + \cdot CH_3 \longrightarrow CH_3CH_3$$

$$\cdot CH_3 + Cl\cdot \longrightarrow CH_3Cl$$

随着反应的进行，甲烷的量逐渐减少，氯自由基与甲烷碰撞的概率随之减少，这样自由基之间碰撞的概率就增大了，两个自由基的结合将使反应停止，为链的终止阶段。

2. 氧化反应 烷烃在常温常压下一般不与氧化剂反应，也不与空气中的氧反应，但在空气或氧气中点火易燃烧，生成二氧化碳和水，并放出大量的热量。例如：

$$CH_4 + 2O_2 \xrightarrow{\text{点燃}} CO_2 + 2H_2O + 886.2\text{kJ/mol}$$

该反应的重要性在于反应放出大量的热量。如汽油、柴油的主要成分是烷烃混合物，它们燃烧时放出大量的热量，都是重要的燃料。

烷烃燃烧是剧烈的氧化反应，有机化学反应中把得到氧或脱去氢的反应称为氧化反应，得到氢或脱去氧的反应称为还原反应。

知识链接

可燃冰

天然气水合物又称“可燃冰”，是一种白色固体物质，有极强的燃烧力，主要由水分子和烃类气体分子（主要是甲烷）组成。它是在一定条件（合适的温度、压力、气体饱和度、水的盐度、pH 等）下，由水和天然气在中高压和低温条件下混合时组成的类冰的、非化学计量的、笼形结晶化合物（碳的电负性较大，在高压下能吸引与之相近的氢原子形成氢键，构成笼状结构）。天然气水合物燃烧后几乎不产生任何残渣，污染比煤、石油、天然气都要小得多。1 立方米可燃冰可转化为 164 立方米的天然气和 0.8 立方米的水。开采时只需将固体的“天然气水合物”升温减压就可释放出大量的甲烷气体。

第二节 烯 烃

PPT

情境导入 9-2

情景 家中如果有未成熟的香蕉、橘子等水果，要想把它们尽快催熟，可以把这些生水果和熟苹果等成熟的水果放在同一个塑料袋里，系紧袋口。这样，青香蕉、绿橘子等就很快变黄成熟。这是因为水果在成熟的过程中，自身能放出一种气体，这种气体具有催熟作用。

参考答案

问题 1. 催熟气体是什么物质？

2. 该气体还有哪些用途？

烯烃是分子中含有碳碳双键（$\gt C=C \lt$）的不饱和烃，根据碳碳双键的数目分为单烯烃、二烯烃及多烯烃。通常所说的烯烃一般是指开链单烯烃，它比同碳原子数的烷烃少两个氢原子，分子通式为 $C_nH_{2n}(n \geqslant 2)$。

一、烯烃的结构和异构

1. 烯烃的结构 乙烯是最简单的烯烃，两个碳原子各以一个 sp^2 杂化轨道“头碰头”重叠形成 C—C σ 键，又分别各以两个 sp^2 杂化轨道与两个氢原子的 1s 轨道“头碰头”重叠形成 C—H σ 键，这五个 σ 键处在同一平面，见图 9-4（a）；每个碳原子还有一个未参与杂化的 p 轨道，相互平行从侧面“肩并肩”重叠形成 π 键，见图 9-4（b），π 键电子云分布在 σ 键所在平面的上方和下方，见图 9-4（c）。

其他烯烃分子中的双键碳原子均为 sp^2 杂化，碳碳双键是由一个 σ 键和一个 π 键组成的。

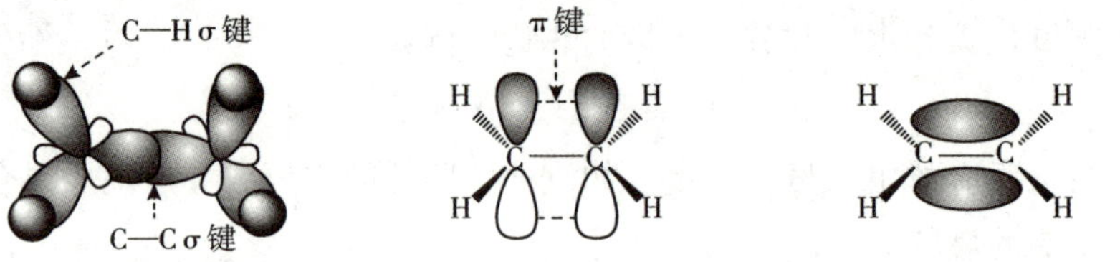

（a）σ 键的形成　（b）π 键的形成　（c）π 键电子云分布

图 9-4 乙烯分子的结构

2. 烯烃的异构 烯烃的构造异构比烷烃复杂，除与烷烃一样存在碳链异构外，还存在因双键在碳链中的位置不同所引起的位置异构。如丁烷只有正丁烷和异丁烷两个异构体，而丁烯却有三个异构体。

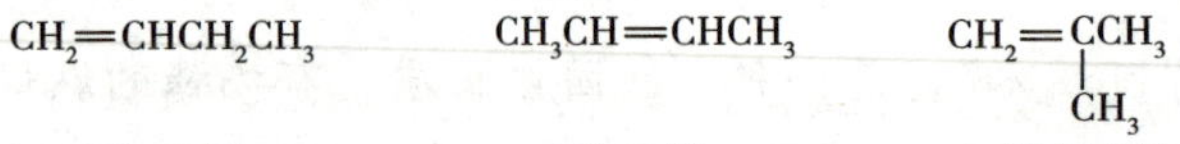

丁-1-烯　丁-2-烯　2-甲基丙烯

碳碳双键中的 π 键限制了 C-C σ 键的“自由旋转”，使得与双键碳原子相连的原子或基团在空间具有固定的排列方式，当每个双键碳原子连有不同的原子或基团时，产生顺反异构。例如：

顺-丁-2-烯　反-丁-2-烯

二、烯烃的命名

结构比较简单的烯烃采用普通命名法命名，根据碳原子数命名为“某烯”。例如：

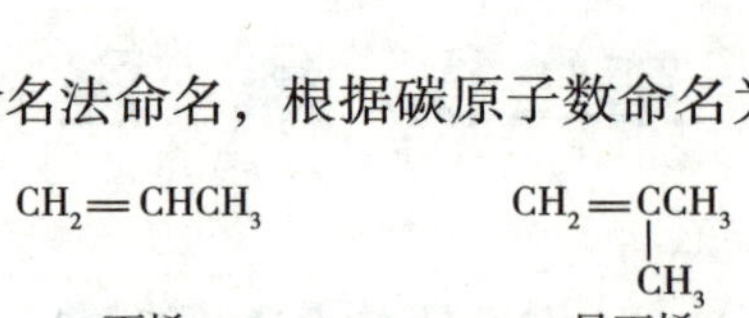

丙烯　异丁烯

结构复杂的烯烃采用系统命名法命名，命名原则为：①选择分子中含双键最长的连续碳链作为主链，如有等长的碳链可选择时，则依次选择含有碳碳双键的、取代基数目最多的碳链作为主链。②从靠近双键的一端依次对主链碳原子编号，如有选择应兼顾使取代基的位次尽可能低（小）。③以双键编号较小的数字表示双键的位次并写在“烯”之前。④按取代基英文名称的字母顺序将取代基的位次、数目、名称写在烯烃名称的前面。例如：

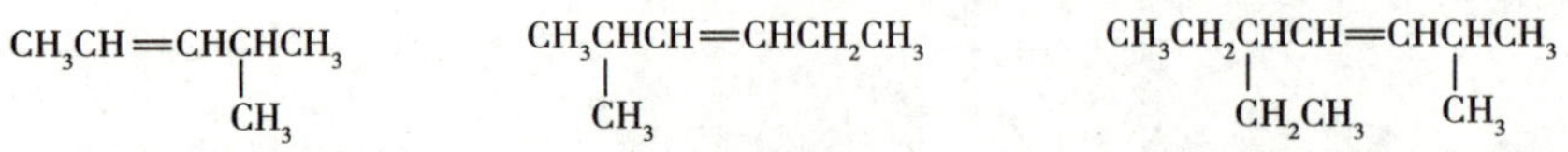

4-甲基戊-2-烯　2-甲基己-3-烯　5-乙基-2-甲基庚-3-烯

烯烃分子去掉一个氢原子余下的基团称为烯基。例如：

$CH_2{=}CH-$	$CH_3CH{=}CH-$	$CH_2{=}CHCH_2-$
乙烯基	丙烯基（丙-1-烯基）	烯丙基（丙-2-烯基）
ethynyl 或 vinyl	propenyl	altyl

练一练 9-3

写出下列烯烃的结构式或命名。

（1）2-甲基戊-1-烯

（2）$CH_3CH{=}CHCH(CH_3)CH_3$

参考答案

三、烯烃的物理性质

烯烃的物理性质与烷烃相似，常温常压下，$C_2 \sim C_4$ 烯烃是气体，$C_5 \sim C_{18}$烯烃是易挥发的液体，C_{18}以上烯烃是固体。烯烃的沸点随相对分子质量的增大而升高，同分异构体中支链烯烃比直链烯烃的沸点低。烯烃相对密度均小于1。烯烃不溶于水，易溶于苯、乙醚、四氯化碳等有机溶剂。一些常见烯烃的物理常数见表9－3。

表 9－3　一些常见烯烃的物理常数

烯烃	熔点（℃）	沸点（℃）	相对密度（d_4^{20}）
乙烯	－169.2	－103.7	0.5678
丙烯	－185.2	－47.4	0.5193
丁-1-烯	－185.3	－6.3	0.5951
2-甲基丙烯	－140.4	－6.9	0.5890
顺-丁-2-烯	－138.9	3.7	0.6213
反-丁-2-烯	－105.5	0.9	0.6042
戊-1-烯	－165.2	29.9	0.6405
2-甲基丁-1-烯	－137.5	31.2	0.6504
3-甲基丁-1-烯	－168.5	20.1	0.6213
己-1-烯	－139.8	63.3	0.6731
庚-1-烯	－119.7	93.6	0.6970

烯烃的顺反异构体的物理性质是有差异的。顺式异构体的偶极矩大于反式异构体，因而沸点高于反式异构体；反式异构体有较高的对称性，熔点高于顺式异构体。如顺-丁-2-烯的沸点（3.7℃）高于反-丁-2-烯的沸点（0.9℃），反-丁-2-烯的熔点（－105.5℃）高于顺-丁-2-烯的熔点（－138.9℃）。

四、烯烃的化学性质

烯烃的化学性质主要表现在官能团碳碳双键以及受碳碳双键影响较大的α-碳原子上。

1. 催化加氢反应　在催化剂 Pt、Pb 或 Ni 的作用下，烯烃与氢发生加成反应生成相应的烷烃。例如：

$$CH_2{=}CHCH_2CH_3 + H_2 \xrightarrow{\text{Pt、Pb 或 Ni}} CH_3CH_2CH_2CH_3$$

烯烃的催化加氢反应是一放热反应，1mol 不饱和化合物催化加氢时所放出的热量称为氢化热，氢化热的大小可以反映烯烃的稳定性。例如，丁-1-烯、顺-丁-2-烯和反-丁-2-烯催化加氢均生成丁烷，但氢化热分别为127kJ/mol、120kJ/mol 和 116kJ/mol，所以这三种烯烃的稳定性顺序为：反-丁-2-烯 > 顺-丁-2-烯 > 丁-1-烯。

2. 亲电加成反应 烯烃 π 电子受核的束缚力较小，容易给出电子，所以烯烃容易受缺电子的亲电试剂的进攻而发生亲电加成反应。

（1）与卤素加成 烯烃与氯或溴反应生成邻二氯代烷或邻二溴代烷。例如：

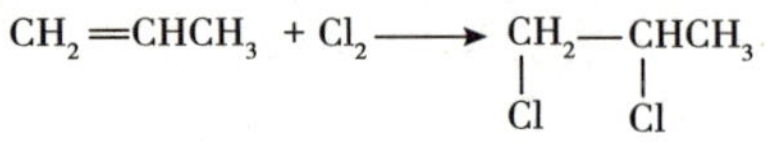

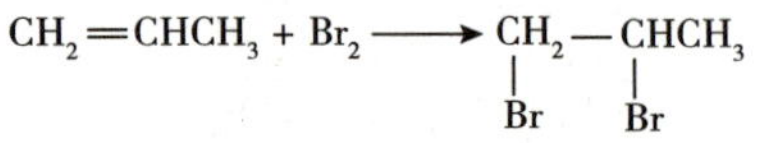

烯烃与溴的四氯化碳溶液或溴水反应，溴的红棕色很快褪去，实验室常用此法检验烯烃。

（2）与卤化氢加成 烯烃与卤化氢（HCl、HBr 或 HI）反应生成相应的卤代烷。例如：

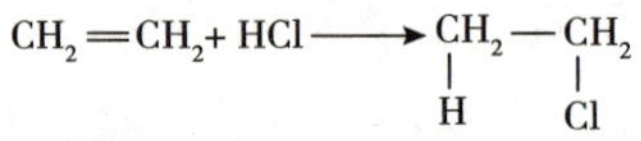

卤化氢的活性顺序为：HI > HBr > HCl。

乙烯是对称烯烃，与卤化氢反应只生成一种产物，不对称烯烃与卤化氢反应则生成两种产物，例如：

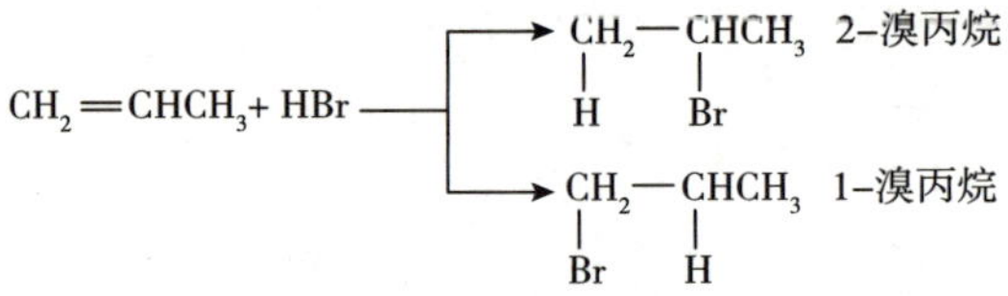

实验证明，丙烯与溴化氢反应的主要产物是2-溴丙烷。1868 年马尔可夫尼可夫（Markovnikov）根据大量实验事实，总结提出了一条经验规则，即马尔可夫尼可夫规则（简称马氏规则）：不对称烯烃与不对称试剂发生亲电加成反应时，试剂的正电荷部分总是加到含氢较多的双键碳原子上，而试剂的负电荷部分则加到含氢较少的双键碳原子上。

当有过氧化物存在时，烯烃与溴化氢加成表现出反马氏规则的特征。例如：

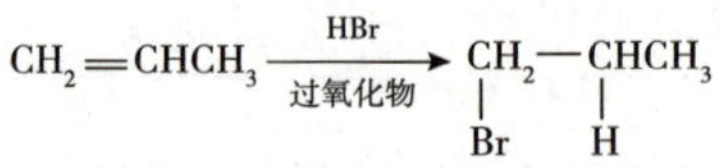

因过氧化物（ROOR）的存在而使加成反应的取向发生改变的现象称为过氧化物效应，该反应是按自由基加成反应机制进行的。氯化氢和碘化氢没有过氧化物效应，加成取向仍遵循马氏规则。

练一练 9-4

分子式为 C_5H_{10} 的某烯烃，与 HBr 加成生成 2-溴-2-甲基丁烷，写出烯烃结构式。

参考答案

（3）与硫酸加成 烯烃与浓硫酸反应生成硫酸氢酯，然后水解生成醇，工业上常用此法制备醇，称为间接水合法，产物遵循马氏规则。例如：

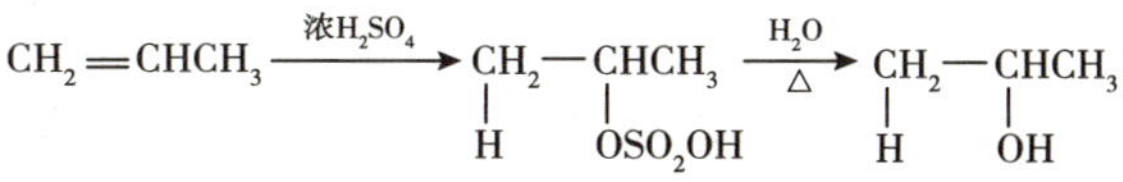

3. 氧化反应 烯烃比较容易氧化，随所用氧化剂和反应条件的不同，氧化产物各异。用稀、冷高锰酸钾碱性或中性溶液作氧化剂，烯烃的 π 键打开，生成邻二醇。例如：

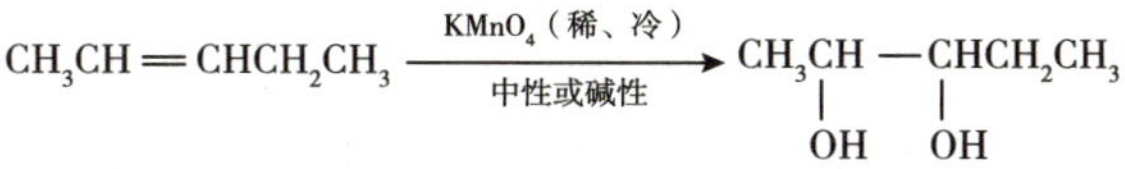

若用酸性高锰酸钾溶液作氧化剂，烯烃分子中的碳碳双键断裂，依烯烃结构的不同生成酮、酸及二氧化碳等。

$$RCH{=}CH_2 \xrightarrow[H_2SO_4]{KMnO_4} RCOOH + CO_2$$

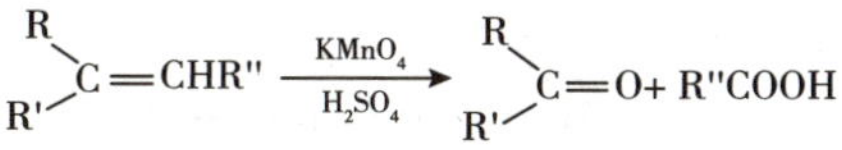

随着氧化反应的发生，高锰酸钾溶液的紫红色会逐渐褪去，因而可用于烯烃的鉴别。也可以根据酸性高锰酸钾氧化的产物，推测原来烯烃的结构。

4. α-H 的卤代反应 与官能团直接相连的碳原子称为 α-碳原子，α-碳原子上的氢原子称为 α-氢原子。烯烃分子中的 α-氢原子受碳碳双键的影响，表现出特殊的活泼性，在高温或光照条件下，α-氢可以被卤素取代。例如：

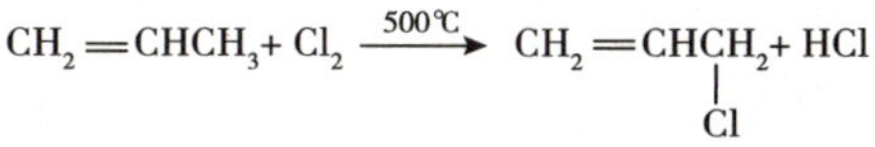

该反应与烷烃在加热或光照条件下的卤代反应一样，属于自由基取代反应。

五、诱导效应

由于成键原子的电负性不同，使整个分子中的电子云沿碳链向某一方向偏移，这种原子间的相互影响称为诱导效应，用符号 I 表示。例如：

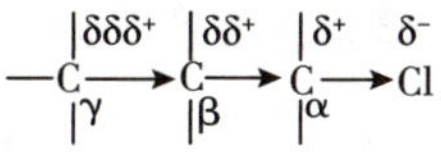

"⟶"表示电子偏移的方向

由于氯的电负性比较大，电子云沿碳链向氯原子偏移，不但使 α-碳带有部分正电荷（δ^+），β-碳也带有弱一些的正电荷（$\delta\delta^+$）及 γ-碳带有更弱一些的正电荷（$\delta\delta\delta^+$）。诱导效应沿碳链传递迅速减弱，一般到第三个碳原子后就很微弱，可以忽略不计。

诱导效应的方向一般以氢原子作为标准，电负性大于氢原子的原子或基团称为吸电子基，引起的诱导效应为吸电子诱导效应，用 -I 表示；电负性小于氢原子的原子或基团称为供电子基，引起的诱导效应为供电子诱导效应，用 +I 表示。

常见的吸电子基和供电子基及其诱导效应的相对强弱为：

吸电子基（-I）：$-NO_2 > -COOH > -F > -Cl > -Br > -I > -C{\equiv}CH > -OCH_3 > -C_6H_5 > -CH{=}CH_2 > -H$。

供电子基（+I）：$-C(CH_3)_3 > -CH(CH_3)_2 > -C_2H_5 > -CH_3 > -H$。

对于不同杂化态的碳原子来说，s 成分越多，吸电子能力越强，即吸电子强弱顺序为：$-C{\equiv}CR >$

$—CR=CR_2>—CR_2—CR_3$。因为每个 sp 杂化轨道由 1/2s 成分和 1/2p 成分组成，每个 sp^2 杂化轨道由 1/3s 成分和 2/3p 成分组成，每个 sp^3 杂化轨道由 1/4s 成分和 3/4p 成分组成。

六、马尔可夫尼可夫规则解释

丙烯与溴化氢反应的主要产物是2-溴丙烷，即遵循马氏规则，该反应的取向可以从反应中间体碳正离子的稳定性来解释。

丙烯与溴化氢的加成反应分两步进行，第一步是溴化氢中的氢进攻双键中的 π 电子，生成中间体碳正离子，第二步是溴负离子进攻碳正离子生成溴代烷。

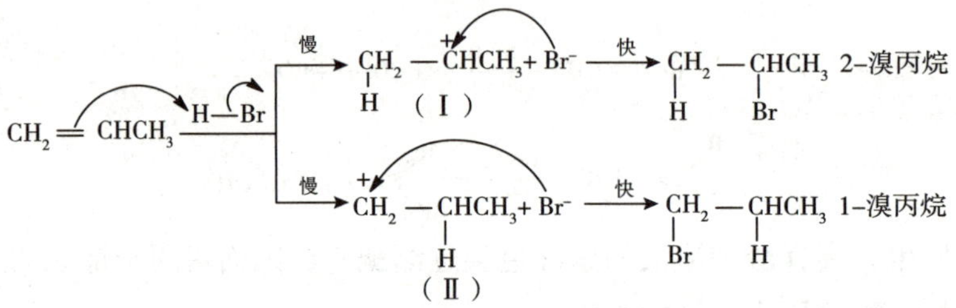

第一步反应比较慢，是速率决定步骤，即生成的碳正离子越稳定，反应越容易进行。一个带电体系的稳定性主要取决于电荷的分布情况，电荷越分散，体系越稳定，碳正离子的稳定性也是如此。由于烷基的供电子诱导效应，使碳正离子的稳定性顺序为：3°碳正离子 > 2°碳正离子 > 1°碳正离子 > CH_3^+。所以丙烯与 HBr 反应生成的碳正离子（Ⅰ）比（Ⅱ）稳定，溴负离子进攻碳正离子（Ⅰ）生成2-溴丙烷是反应的主要产物，是遵循马氏规则的。

另外，烷烃的卤代反应产生的中间体自由基的稳定性与碳正离子的稳定性是一致的，即 3°R· > 2°R· > 1°R· > ·CH_3，因烷基的供电子诱导效应对自由基有稳定作用。

第三节 炔 烃

PPT

情境导入 9-3

情景 2011 年 1 月 29 日，上海浦东新区某户发生一起事故，由于操作不当，室内正在进行电焊切割的乙炔瓶发生爆炸，一栋两层高的民宅楼梯被炸塌三分之二，事故造成 2 人身亡，3 人受伤。

问题 1. 乙炔为什么容易发生爆炸？

2. 乙炔有哪些用途？

参考答案

烃炔是分子中含有碳碳叁键（—C≡C—）的不饱和烃，开链炔烃比同碳原子数的烯烃少两个氢原子，分子通式为 C_nH_{2n-2}。

一、炔烃的结构和异构

1. 炔烃的结构 乙炔是最简单的炔烃，两个碳原子各以一个 sp 杂化轨道“头碰头”重叠形成 C—C σ 键，又分别以另一个 sp 杂化轨道与氢原子的 1s 轨道“头碰头”重叠形成C—H σ 键，这三个 σ 键的键轴在一条直线上，如图 9-5(a)所示。每个碳原子还有两个未参与杂化的 p 轨道，两对 p 轨道分别侧面“肩并肩”重叠形成两个相互垂直的π键，如图9－5(b)所示。π键电子云绕σ键形成一个圆筒形，如图9－5(c)所示。

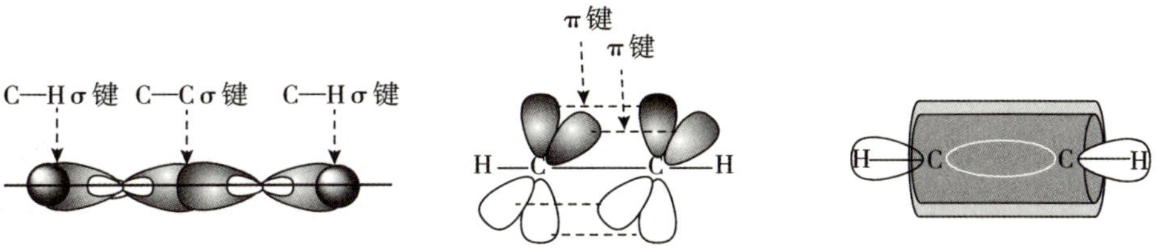

（a）σ键的形成　　（b）π键的形成　　（c）π键电子云分布

图9－5　乙炔分子的结构

2. 炔烃的异构　炔烃分子中叁键碳原子只与一个原子或基团相连，所以炔烃不存在顺反异构。炔烃的构造异构有碳链异构和叁键位置异构。例如：

$CH{\equiv}CCH_2CH_2CH_3$　　戊-1-炔

$CH_3C{\equiv}CCH_2CH_3$　　戊-2-炔

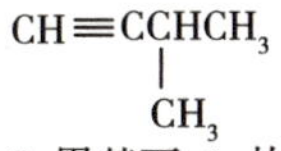

3-甲基丁-1-炔

二、炔烃的命名

炔烃的命名一般采用系统命名法，命名原则与烯烃相似，只需将“烯”改为“炔”。例如：

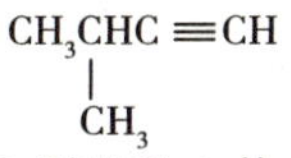

3-甲基丁-1-炔

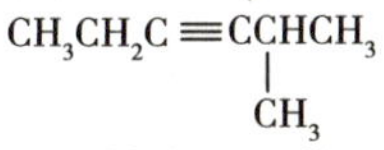

2-甲基己-3-炔

若分子中同时含有双键和叁键，选择分子中最长的连续碳链作为主链，如有等长的碳链可选择时，则依次选择含有碳碳双键和叁键的、取代基数目最多的碳链作为主链。若主链包含了双键和叁键，编号从最先遇到双键或叁键的一端开始，若在主链两端等距离处同时遇到双键或叁键，则从靠近双键的一端开始编号。例如：

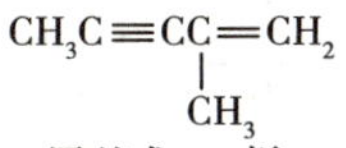

2-甲基戊-1-烯-3-炔

$CH_2{=}CHCH_2C{\equiv}CH$　　戊-1-烯-4-炔

练一练9－5

按IUPAC命名法，写出化合物的名称。

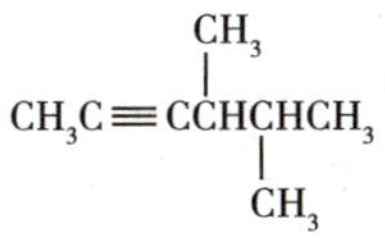

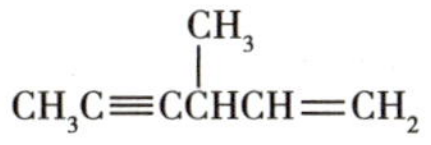

参考答案

三、炔烃的物理性质

炔烃的分子结构呈直线型，分子间较易靠近，所以熔点、沸点、相对密度均比相应的烷烃、烯烃高。在室温下C_2～C_4的炔烃是气体，C_5～C_{18}的炔烃是液体，C_{18}以上的炔烃是固体。炔烃的相对密度小于1，难溶于水，易溶于苯、乙醚、丙酮等有机溶剂。一些常见炔烃的物理常数见表9－4。

表 9－4　一些常见炔烃的物理常数

炔烃	熔点（℃）	沸点（℃）	相对密度（d_4^{20}）
乙炔	－81.8	－83.4	0.6479
丙炔	－102.7	－23.3	0.6714
丁-1-炔	－125.8	8.7	0.6682
丁-2-炔	－32.2	27.0	0.6937
戊-1-炔	－98.0	39.7	0.6950
戊-2-炔	－101.0	55.5	0.7127
3-甲基丁-1-炔	－89.7	29.4	0.6660
己-1-炔	－131.9	71.3	0.7155
己-2-炔	－89.6	84.5	0.7315
己-3-炔	－103.0	81.0	0.7231
庚-1-炔	－81.0	99.7	0.7328

四、炔烃的化学性质

炔烃与烯烃分子结构相似，都含有 π 键，所以化学性质也相似，如可以发生催化加氢反应、亲电加成反应和氧化反应。此外，叁键碳原子电负性较大，使叁键碳原子上的氢（炔氢）具有一定的酸性。

1. 催化加氢反应　在催化剂 Pt、Pb 或 Ni 的作用下，炔烃与氢发生加成反应，先生成相应的烯烃，进一步反应生成相应的烷烃，反应一般不能停留在烯烃阶段。

$$R—C≡C—R' \xrightarrow[\text{Pt、Pb 或 Ni}]{H_2} RCH═CHR' \xrightarrow[\text{Pt、Pb 或 Ni}]{H_2} RCH_2—CH_2R'$$

若用活性较低的林德拉（Lindlar）催化剂，可以使反应停留在烯烃阶段。林德拉催化剂是将钯附着在碳酸钙或硫酸钡上，并用醋酸铅或喹啉处理，醋酸铅和喹啉的作用是降低钯的活性。例如：

$$CH_3C≡CC_2H_5 + H_2 \xrightarrow[\text{醋酸铅}]{Pd/CaCO_3} CH_3CH═CHC_2H_5$$

2. 亲电加成反应　炔烃与烯烃类似，能与卤素、卤化氢等亲电试剂发生亲电加成反应。但由于叁键碳原子电负性较大，核对电子的束缚力较强，所以炔烃亲电加成反应的活性小于烯烃。

（1）与卤素加成　炔烃与卤素反应先生成二卤代烯，进一步反应生成四卤代烷。例如：

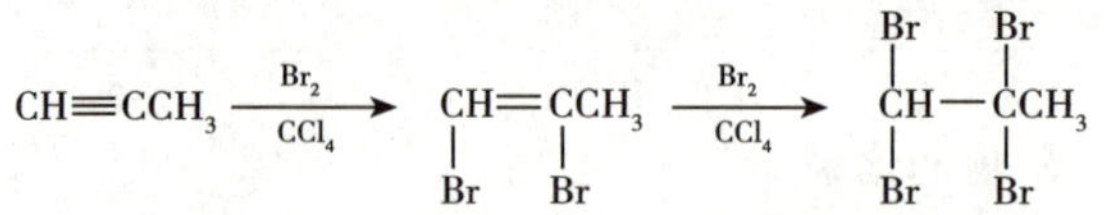

炔烃与烯烃类似，能使溴的四氯化碳溶液或溴水褪色，所以此反应也可用于检验炔烃。

（2）与卤化氢加成　炔烃与卤化氢反应先生成卤代烯，进一步反应生成二卤代烷，不对称炔烃与卤化氢反应遵循马氏规则。例如：

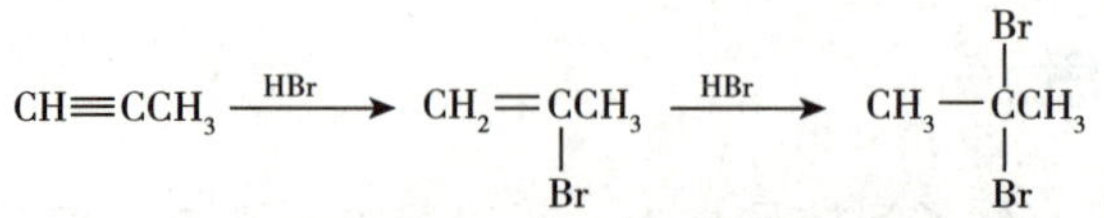

3. 氧化反应　炔烃与高锰酸钾溶液发生氧化反应，得到相应的羧酸和二氧化碳，高锰酸钾溶液的紫红色逐渐褪去。根据颜色的变化可以鉴别炔烃，根据氧化的产物可以推测原来炔烃的结构。

$$RC≡CH \xrightarrow[100℃]{KMnO_4/H^+} RCOOH + CO_2$$

4. 炔氢的反应　叁键碳原子电负性较大，使炔氢显示弱酸性，可与某些金属离子反应生成金属炔化物。例如：将乙炔通入硝酸银的氨溶液或氯化亚铜的氨溶液时，分别生成白色的乙炔银沉淀和棕红色的乙炔亚铜沉淀。

$$CH\equiv CH \xrightarrow{[Ag(NH_3)_2]^+NO_3^-} AgC\equiv CAg\downarrow$$

$$CH\equiv CH \xrightarrow{[Cu(NH_3)_2]^+Cl^-} CuC\equiv CCu\downarrow$$

其他末端炔烃（碳碳叁键处于末端的炔烃）与硝酸银的氨溶液或氯化亚铜的氨溶液作用，也生成白色的炔化银沉淀或棕红色的炔化亚铜沉淀。

$$RC\equiv CH \xrightarrow{[Ag(NH_3)_2]^+NO_3^-} RC\equiv CAg\downarrow$$

$$RC\equiv CH \xrightarrow{[Cu(NH_3)_2]^+Cl^-} RC\equiv CCu\downarrow$$

该反应非常灵敏且现象明显，可用于末端炔烃的鉴别。但生成的重金属炔化物在干燥状态下受热或撞击易爆炸，所以反应完毕应及时用硝酸或盐酸处理。

知识链接

重金属炔化物的处理

金属炔化物在空气中容易自燃，因此常需要在处理时使用一些稳定性较好的溶剂或试剂。硝酸之所以适合处理金属炔化物，是因为硝酸具有以下几个特点：硝酸具有强氧化性；硝酸能够与金属炔化物产生氧化反应，促使其快速分解并避免自燃；硝酸能够快速与金属炔化物反应。硝酸与炔基金属形成的配合物容易发生水解反应，能够快速将金属炔化物中的炔基水解并转化为不易燃烧的产物。

硝酸具有腐蚀性质，在处理金属炔化物时，需要小心谨慎，避免接触皮肤和眼睛，注意安全。

PPT

第四节　二烯烃

情境导入 9－4

情景　维生素 A 和β–胡萝卜素是具有共轭多烯类结构的化合物。维生素 A 是维持正常视觉功能和机体生长及骨骼正常生长发育的必需物质。而β–胡萝卜素是自然界中最普遍存在和最稳定的天然色素，也是维护人体健康不可缺少的营养素，β–胡萝卜素的分子结构相当于 2 个分子的维生素 A，进入机体后，在肝脏及小肠黏膜内经过酶的作用，可转变成维生素 A，有补肝明目的作用，可治疗夜盲症；还有助于增强机体的免疫功能，在预防上皮细胞癌变的过程中具有重要作用。

参考答案

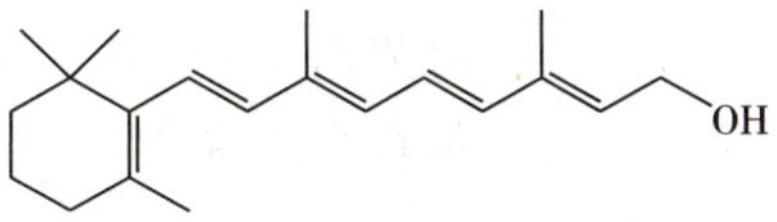

维生素A的结构式

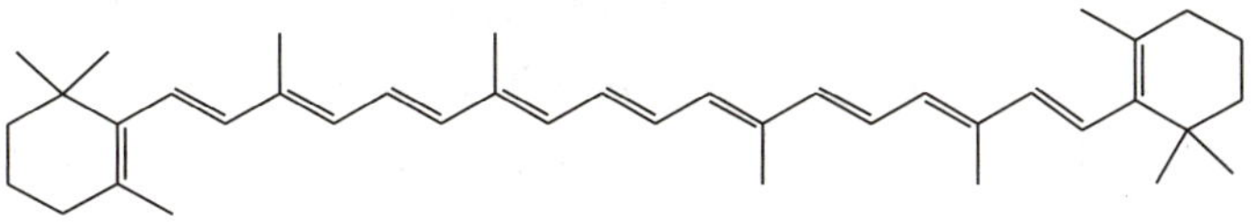

β–胡萝卜素的结构式

问题 1. β-胡萝卜素与维生素A共有的官能团是什么？
2. 这类化合物有什么独特的化学性质？

一、二烯烃的分类和命名

1. 分类 二烯烃是含有两个碳碳双键的不饱和烃，分子通式为 C_nH_{2n-2}。根据两个碳碳双键的相对位置，二烯烃可分为三类。

（1）聚集二烯烃 两个碳碳双键连在同一个碳原子上的二烯烃称为聚集二烯烃，又称累积二烯烃，如丙二烯（$CH_2=C=CH_2$）。

（2）共轭二烯烃 两个碳碳双键被一个碳碳单键隔开的二烯烃称为共轭二烯烃，如丁-1,3-二烯（$CH_2=CH—CH=CH_2$）。

（3）隔离二烯烃 两个碳碳双键被两个或两个以上的碳碳单键隔开的二烯烃称为隔离二烯烃，又称孤立二烯烃，如戊-1,4-二烯（$CH_2=CH—CH_2—CH=CH_2$）。

聚集二烯烃不稳定，比较少见，实际应用也不多。隔离二烯烃的两个碳碳双键相距较远，彼此间的影响较小，化学性质与单烯烃基本相同。共轭二烯烃的两个碳碳双键相互影响，具有特殊的分子结构和性质。

2. 命名 二烯烃的命名与单烯烃相似，选择分子中最长的连续碳链作为主链，如有等长的碳链可选择时，则依次选择含有两个碳碳双键的、取代基数目最多的碳链作为主链。若主链包含了两个双键，编号从靠近链端的双键开始。命名时双键的数目用中文数字表示，双键的位次用阿拉伯数字表示。例如：

$CH_2=CH—CH=CH_2$

丁-1,3-二烯

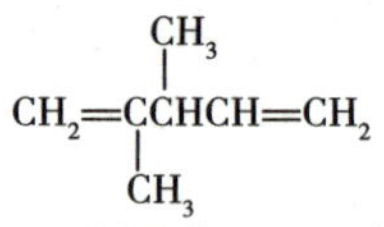

2,3-二甲基戊-1,4-二烯

练一练 9-6

写出化合物的名称。

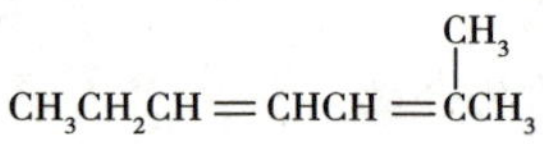

$CH_3CH_2CH=CHCH=CH_2$

参考答案

二、共轭二烯烃的结构和共轭效应

1. 共轭二烯烃的结构 最简单的共轭二烯烃是丁-1,3-二烯。丁-1,3-二烯分子中的四个碳原子都是 sp^2 杂化，它们彼此各以一个 sp^2 杂化轨道"头碰头"重叠形成三个 C—C σ 键，其余的 sp^2 杂化轨道和氢原子的 1s 轨道"头碰头"重叠形成六个 C—H σ 键。分子中所有的 σ 键及成键原子都在一个平面上，每个碳原子未参与杂化的 p 轨道都垂直于这个平面，并相互平行侧面"肩并肩"重叠形成一个大 π 键，称为共轭 π 键，见图 9-6。

丁-1,3-二烯的共轭 π 键中，π 电子的运动空间不再局限在 C_1-C_2 及 C_3-C_4 之间，而是在整个体系内流动，这种现象称为 π 电子的离域，这样的 π 键称为离域 π 键。

2. 共轭效应 共平面的多原子的 p 轨道相互平行侧面重叠形成离域的分子轨道，从而使分子中电子云的分布及键长趋于平均化，内能降低，分子更加稳定，这种原子间的相互影响称为共轭效应，用符

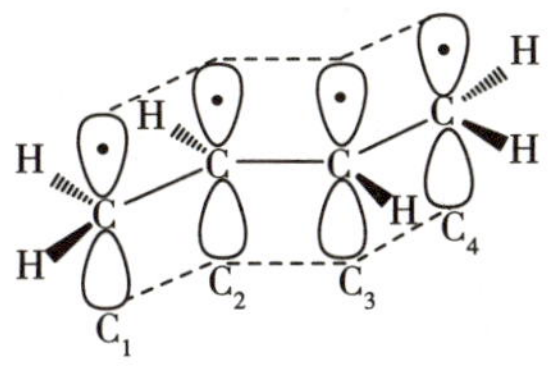

图 9-6　丁-1,3-二烯分子的共轭 π 键

号 C 表示，整个体系称为共轭体系。

共轭体系根据离域的电子类型不同主要分为 π-π 共轭体系和 p-π 共轭体系。双键与单键交替排列的体系称为 π-π 共轭体系，如丁-1,3-二烯（$CH_2=CH—CH=CH_2$）和丙烯醛（$CH_2=CH—CH=O$）。π-π 共轭体系中，电子云会向电负性大的原子方向转移，如丙烯醛分子中 π 电子云会向羰基氧原子方向转移，羰基相对于碳碳双键就是引起吸电子共轭效应（用 -C 表示）的吸电子基，且共轭效应在 π-π 共轭体系中传递会导致体系出现极性交替现象。

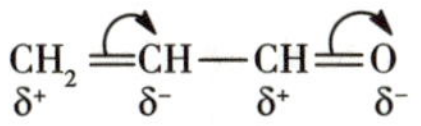

“↷”表示电子转移方向

具有 p 轨道的原子通过单键与双键相连，p 轨道可与双键中 π 键的 p 轨道侧面重叠，形成 p-π 共轭体系。p-π 共轭体系的结构特征是单键的一侧是 π 键，另一侧有平行的 p 轨道，如氯乙烯（$CH_2=CH—Cl$）。

p-π 共轭体系中，电子云会由电子云密度大的向电子云密度小的方向转移。例如氯乙烯分子中氯原子 p 轨道的未共用电子对会向 π 键方向转移，氯相对于碳碳双键就是引起供电子共轭效应（用 +C 表示）的供电子基。

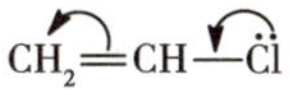

三、共轭二烯烃的化学性质

共轭二烯烃与一般烯烃的化学性质类似，可以发生加成、氧化等反应。但由于共轭 π 键的存在，共轭二烯烃还表现出一些特殊性质。

1. 亲电加成反应　共轭二烯烃的亲电加成反应有两种方式，即 1,2-加成和 1,4-加成。

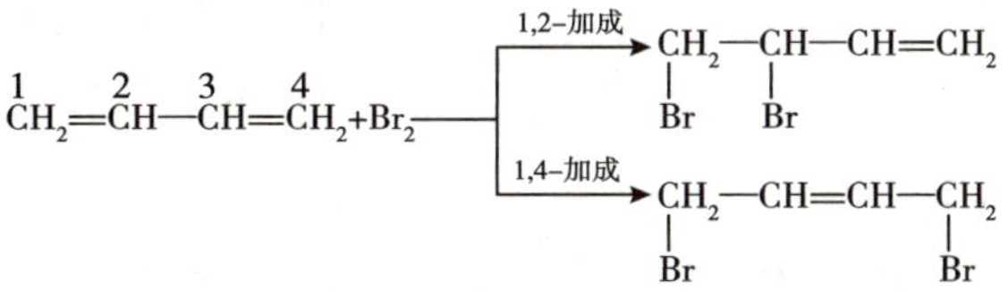

1,2-加成是试剂的两部分分别加到一个双键的两个碳原子上；1,4-加成则是加到 C_1 和 C_4 上，原来的两个双键消失，而在 C_2 和 C_3 之间形成一个新的双键。哪种加成产物为主，主要取决于反应条件。一般在低温及非极性溶剂中以 1,2-加成为主，高温度及极性溶剂中以 1,4-加成为主。

2. 狄尔斯-阿尔德反应　共轭二烯烃与某些具有碳碳双键、叁键的不饱和化合物发生 1,4-加成反应，生成六元环状化合物，这种特殊的环加成反应称为狄尔斯-阿尔德（Diels-Alder）反应。例如：

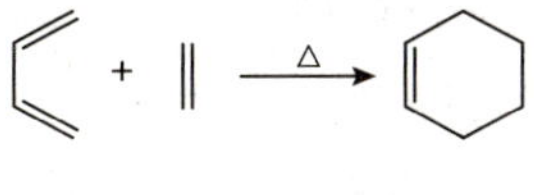

共轭二烯烃称为双烯体，与双烯体发生反应的不饱和化合物称为亲双烯体。亲双烯体的双键碳原子

上连有吸电子基团（如—CHO、—$COCH_3$、—COOH、—$COOC_2H_5$）时，反应易于进行。例如：

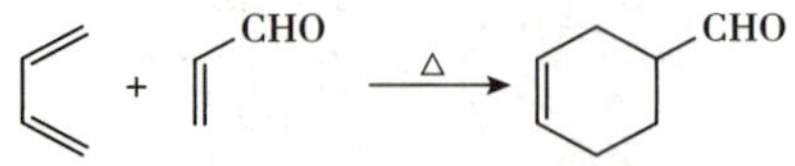

知识链接

狄尔斯－阿尔德（Diels－Alder）反应

狄尔斯－阿尔德反应又名双烯合成反应，是由共轭双烯与烯烃或炔烃反应生成六元环的反应，是1928年由德国化学家奥托·迪尔斯和他的学生库尔特·阿尔德发现的，他们因此获得1950年的诺贝尔化学奖。

狄尔斯－阿尔德反应是有机化学合成反应中非常重要的形成碳碳键的手段之一，也是现代有机合成里常用的反应之一。该反应有丰富的立体化学呈现，兼有立体选择性、立体专一性和区域选择性等。由于该反应一次生成两个碳碳键和最多四个相邻的手性中心，所以在合成中很受重视。如果一个合成设计上使用了狄尔斯－阿尔德反应，则可以大大减少反应步骤，提高了合成的效率。

练习题

答案解析

一、选择题

1. 下列物质中，属于烃类的是（ ）。

A. CO　　B. CH_4　　C. CH_3COOH　　D. CH_3CHO

2. 下列各组化合物中，属同系物的是（ ）。

A. C_2H_6和C_4H_8　　B. C_3H_8和C_6H_{12}

C. C_8H_{18}和C_4H_{10}　　D. C_5H_{12}和C_7H_{14}

3. 下列化合物中含有伯、仲、叔、季碳原子的是（ ）。

A. 2,2,3-三甲基丁烷　　B. 2,2,3-三甲基戊烷

C. 2,3,4-三甲基戊烷　　D. 3,3-二甲基戊烷

4. 下列化合物中，能使溴水褪色的是（ ）。

A. 乙烷　　B. 乙醚　　C. 乙烯　　D. 乙醇

5. 下列气体的主要成分不是甲烷的是（ ）。

A. 天然气　　B. 煤气　　C. 沼气　　D. 瓦斯

6. 下列物质中，广泛用于焊接和切割金属材料的物质是（ ）。

A. 乙烯　　B. 乙炔　　C. 丙烷　　D. 丙烯

7. 可形成金属炔化物的是（ ）。

A. 丁-2-炔　　B. 4-甲基戊-2-炔　　C. 3-甲基丁-1-炔　　D. 己-3-炔

8. 不能使溴水或酸性高锰酸钾溶液褪色的是（ ）。

A. 丙烷　　B. 丁-1,3-二烯　　C. 乙烯　　D. 丙烯

9. 下列分子中，属于炔烃的是（　）。

A. C_6H_6　　B. C_2H_4　　C. C_2H_6　　D. C_2H_2

10. 下列物质中，在一定条件下能与甲烷发生取代反应的是（　）。

A. 氧气　　B. 氯气　　C. 氢气　　D. 氯化氢

二、判断题

（　）1. 由碳和氢两种元素组成的饱和链烃称为烷烃。

（　）2. 在家里发现管道石油气或瓶装液体泄漏应立即打电话报警求救。

（　）3. 可燃冰的学名叫天然气水合物，是天然气在高压低温的环境中与水形成的冰结晶体。

（　）4. 丙炔与 HBr 的加成反应的主要产物不符合马氏规则。

（　）5. 凡是符合 C_nH_{2n} 通式的化合物都是烯烃。

（　）6. 乙烯分子中 C=C 键比乙烷分子中 C—C 键稳定，故乙烯在空气中不易燃烧。

（　）7. 凡含有双键的化合物都有顺反异构体。

（　）8. 丁-1,3-二烯是最简单的共轭二烯烃。

（　）9. 炔烃是比烯烃更活泼的不饱和烃。

（　）10. $—CH_2CH_2CH_3$ 属于供电子基。

三、用系统命名法命名下列化合物或根据命名写出结构简式

1. 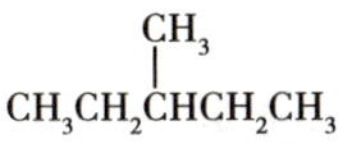

2. 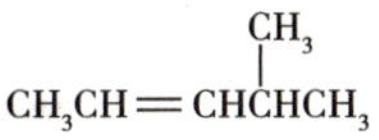

3. 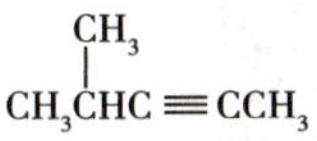

4. 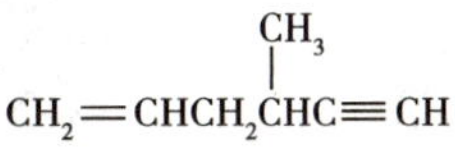

5. 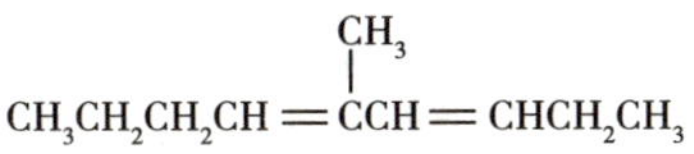

6. 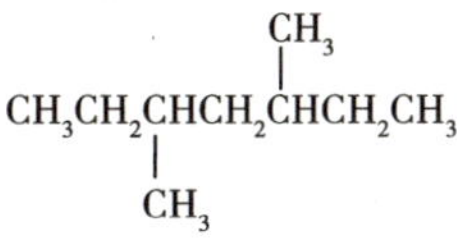

7. 2,3-二甲基丁-2-烯

8. 3-乙基-5-甲基辛烷

9. 3-甲基己-2,4-二烯

10. 4-甲基庚-2-炔

四、完成下列反应式

（1）$CH_3CH_3 + Cl_2 \xrightarrow{\text{加热}}$

（2）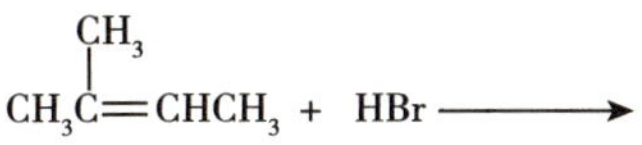

（3）$CH_3CH_2CH=CH_2 \xrightarrow{\text{冷，稀}KMnO_4\text{水溶液}}$

（4）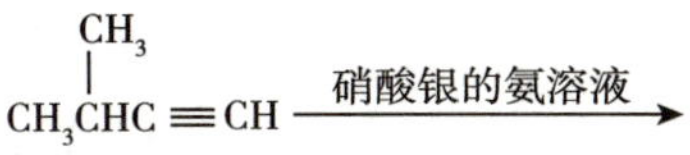

（5）$CH_3CH_2CH=CH_2 \xrightarrow{KMnO_4\text{酸性溶液}}$

（6）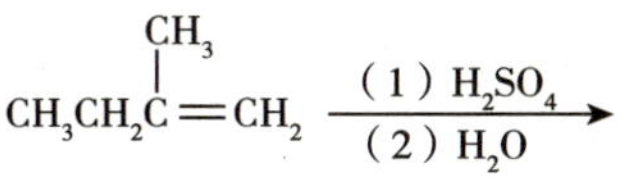

（7）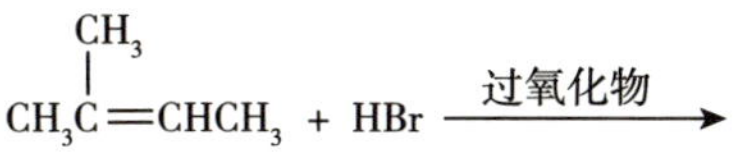

（8）$CH\equiv CCH_3 \xrightarrow[100℃]{KMnO_4/H^+}$

（9）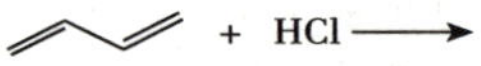

（10）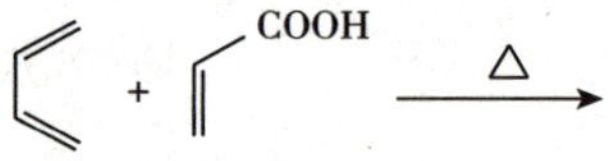

五、用化学方法鉴别下列各组化合物

1. 乙烷、乙烯、乙炔
2. 丙烷、乙炔、丁-2-炔

六、推测结构

1. 某链烃的分子量为82，此化合物1mol可吸收2mol H_2，它与氯化亚铜的氨溶液不生成沉淀，如与1mol H_2反应时，产物主要是己-3-烯，写出此化合物可能的结构式。

2. 某烯烃的分子式C_6H_{12}，被酸性高锰酸钾溶液氧化后得到两种产物，一种为丙酸CH_3CH_2COOH，另一种为丙酮CH_3COCH_3。试推出该烯烃的结构式。

（徐陛梅）

书网融合……

本章小结　本章小结（微课）　微课　题库

第十章

环 烃

PPT

学习目标

知识目标

1. 掌握　环烃的命名；环烃的主要化学性质。
2. 熟悉　环烃的物理性质；环烃的结构。
3. 了解　环烃在生活中的应用。

能力目标

1. 根据命名原则会命名典型环烃的名称并能书写相应的结构式。
2. 根据环烃的化学性质正确书写典型的反应方程式并能鉴别出苯和烃基苯。
3. 能根据苯环上亲电取代定位规律推断相关化学反应的目标产物。

素质目标

通过环烃结构发现历史，体会想象力和创造力在科学研究中的重要意义；通过芳香烃的作用及危害，使学生辩证认识科学技术在社会生活中所起的作用以及多角度分析问题的科学方法。

由 C 和 H 两种元素组成的环状有机物叫环烃，包括脂环烃和芳香烃两类。

第一节　脂环烃

微课

情境导入 10-1

情景　侧柏叶油（thujaoil）又称侧香油，是一种精油，气味清香，色泽清澈主要用于香水、化妆品、气雾剂、清香剂、香皂、牙膏、制药及食品工业等。

问题　1. 侧柏叶油具有什么母体结构？

2. 侧柏叶油属于什么类型的化合物？

参考答案

环脂烃是指性质和脂肪链烃相似，含碳环结构的烃类。脂环烃及其衍生物广泛存在于石油、植物挥发油、甾体等天然化合物中。

一、脂环烃的分类

根据环中是否含有不饱和键分为饱和脂环烃和不饱和脂环烃，饱和脂环烃称为环烷烃，不饱和脂环烃分为环烯烃和环炔烃。例如：

环戊烷　　环己烯　　环辛炔

根据碳环的数目分为单环、双环和多环脂环烃。单环脂环烃根据成环碳原子的数目分为小环（C_3～C_4）、普通环（C_5～C_6）、中环（C_7～C_{12}）和大环（$>C_{12}$）。双环和多环脂环烃根据两个碳环共用的碳原子数目分为螺环烃和桥环烃。

二、脂环烃的命名

1. 单环脂环烃的命名 单环脂环烃的命名与链烃相似，只需在相应的直链烃名称前加“环”字。环碳原子编号时，应使不饱和键和取代基的位次尽可能低（小）。例如：

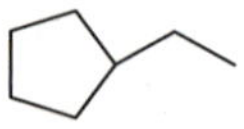
乙基环戊烷

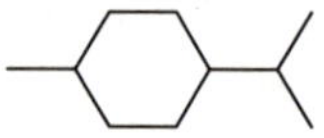
1-异丙基-4-甲基环己烷

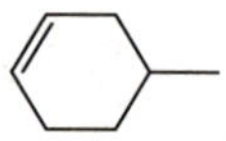
4-甲基环己烯

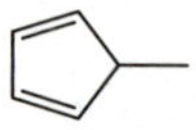
5-甲基环戊-1,3-二烯

2. 多环脂环烃的命名 多环脂环烃主要有螺环烃和桥环烃。

（1）螺环烃的命名 两个碳环共用一个碳原子的为螺环烃，共用的碳原子称为螺原子，根据螺原子的数目分为单螺、二螺等。单螺命名时根据参与成环的碳原子总数称为“螺［ ］某烃”，方括号内用阿拉伯数字标出每个碳环的碳原子数目（螺原子除外），从小到大，数字之间用小圆点“.”隔开。编号从小环邻接螺原子的碳原子开始，通过螺原子编到大环，并使不饱和键和取代基的位次尽可能低（小）。例如：

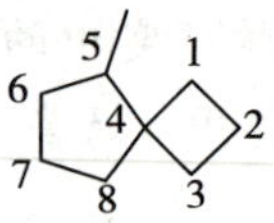

5-甲基螺[3.4]辛烷

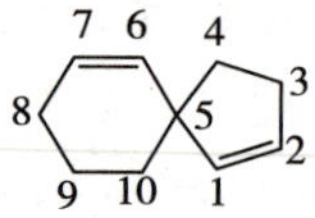

螺[4.5]癸-1,6-二烯

（2）桥环烃的命名 两个碳环共用两个或两个以上碳原子的为桥环烃，桥碳链交汇点的碳原子称为桥头碳原子。命名双环时根据参与成环的碳原子总数称为“双环［ ］某烃”，方括号内用阿拉伯数字标出各桥所含碳原子数（桥头碳原子除外），从大到小，数字之间用小圆点“.”隔开。编号从一个桥头碳原子开始，沿最长的桥编到第二个桥头碳原子，再沿次长桥编回到第一个桥头碳原子，最短的桥最后编号。环上有不饱和键和取代基时，应使其位次尽可能（低）小。例如：

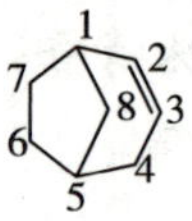

双环[3.2.1]辛-2-烯

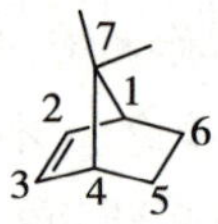

7,7-二甲基双环[3.2.1]庚-2-烯

三、脂环烃的化学性质

脂环烃的化学性质与链烃相似，如环烷烃与烷烃相似，常温下不与氧化剂反应，高温或光照条件下与卤素发生取代反应；环烯烃与烯烃相似，可以发生加成反应和氧化反应。下面主要讨论环烷烃的化学性质。

1. 取代反应 高温或光照条件下，环烷烃与卤素发生自由基取代反应，生成卤代环烷烃。例如：

2. 加成反应

（1）催化加氢 小环环烷烃不稳定，在催化剂存在下，容易加氢开环生成烷烃。例如：

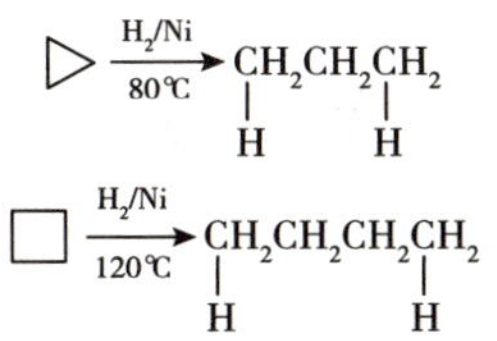

环戊烷需加热至300℃以上才能发生加氢开环反应，环己烷加氢开环反应更难进行。可见小环、普通环加氢开环反应的活性顺序为：环丙烷 > 环丁烷 > 环戊烷 > 环己烷，即小环和普通环的稳定性顺序为：环己烷 > 环戊烷 > 环丁烷 > 环丙烷，这与环烷烃每个 CH_2 的平均燃烧热是相符合的。小环和普通环每个 CH_2 的平均燃烧热见表 10 – 1。

表 10 – 1　小环和普通环每个 CH_2 的平均燃烧热

	环丙烷	环丁烷	环戊烷	环己烷
每个 CH_2 的平均燃烧热（kJ/mol）	697.1	686.2	664.0	658.6

（2）与卤素加成　环丙烷在室温条件下易与卤素发生加成反应而开环，环丁烷与卤素需要加热才能发生反应。

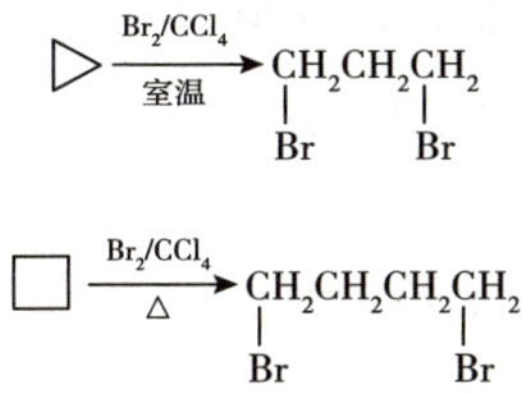

环丙烷与烯烃类似，室温能使溴的四氯化碳溶液或溴水褪色，所以此反应可用于鉴别环丙烷。

（3）与卤化氢加成　环丙烷在室温条件下易与卤化氢发生加成反应而开环，其他环烷烃在室温时很难与卤化氢反应。

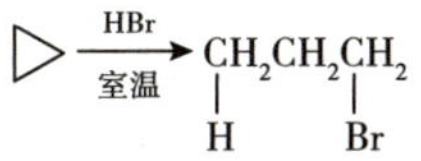

知识链接

金刚烷

金刚烷的碳架结构相当于金刚石晶格网络中的一个晶胞，故得金刚烷这个名字。葵烷的分子式 $C_{10}H_{16}$，具有特殊的笼状结构。白色结晶粉末，溶于有机溶剂，不溶于水。有升华性，具有芳香味。金刚烷本身具有抗病毒活性，其衍生物可制成药物使用，如 1 – 氯基金刚烷盐酸盐和 1 – 金刚烷基乙胺盐酸盐能防治由 A_2 病毒引起的流行性感冒。

练一练 10 – 1

完成下列方程式

1. 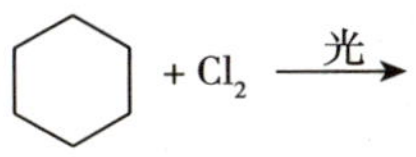

2. 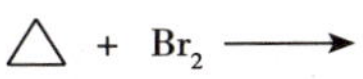

参考答案

第二节 芳香烃

情境导入 10－2

情景 十九世纪初，由于冶金工业的发展，需要大量焦炭，生产焦炭的主要方法是煤的干馏，即对煤隔绝空气加热。煤的干馏除了得到焦炭外，也会产生一种黑糊糊、有特殊臭味的油状液体，称为煤焦油，其组成中烷烃、烯烃及芳香烃类约占50%，高温焦油主要是由芳香烃所组成的复杂混合物。

参考答案

问题 1. 什么是芳香烃？

2. 该类化合物有什么共同的结构特征？

芳香烃是芳香族化合物的母体，芳香族化合物最初是从一些植物胶中分离出来的具有芳香气味的物质。后来研究发现，许多芳香族化合物并无芳香气味，但由于习惯的原因，现仍将这类化合物称为芳香族化合物。芳香族化合物一般含有苯环，苯的分子式为 C_6H_6，具有高度的不饱和性，但又不像烯烃、炔烃那样容易发生加成反应和氧化反应，而是容易发生取代反应，这种特殊的稳定性称为芳香性。具有芳香性的碳氢化合物称为芳香烃，简称芳烃。

芳香烃根据分子中所含苯环数目分为单环芳烃和多环芳烃，分子中只含一个苯环的为单环芳烃。例如：

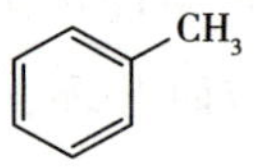

甲苯

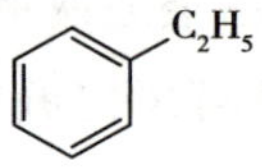

乙苯

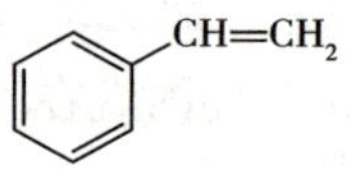

苯乙烯

分子中含有两个或两个以上苯环的为多环芳烃，多环芳烃按苯环间的连接方式不同可以分为多苯代脂烃、联苯型芳烃和稠环芳烃。

多苯代脂烃是指脂肪烃分子中两个或两个以上的氢原子被苯环取代的芳烃。例如：

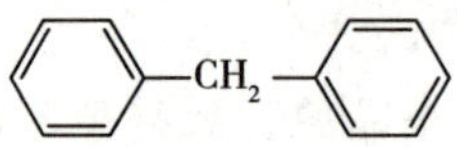

二苯甲烷

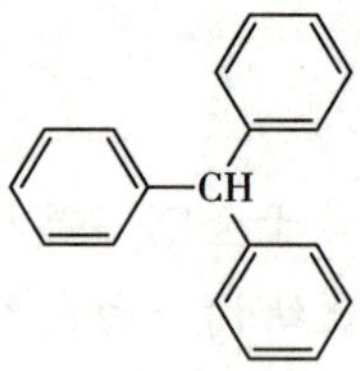

三苯甲烷

联苯型芳烃是指分子中两个或两个以上的苯环通过单键相连的芳烃。例如：

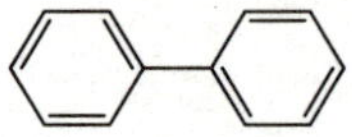
联苯

对三联苯

稠环芳烃是指分子中的苯环通过共用两个相邻碳原子稠合而成的芳烃。例如：

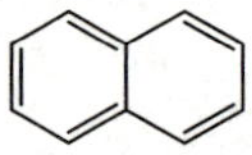
萘

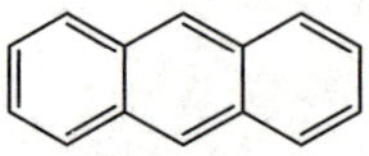
蒽

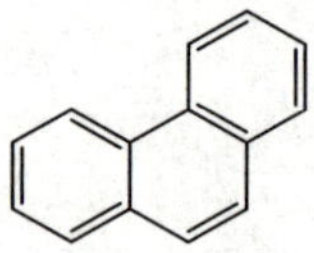
菲

还有些环烃虽然不含苯环，但其结构和性质与苯相似，这类环烃被称为非苯芳烃。例如：

环戊二烯负离子　　环庚三烯正离子

知识链接

芳香性的判别

1937 年休克尔（Hückel）提出了判断某一化合物是否具有芳香性的规则，称为休克尔规则，即具有平面结构的环状共轭体系，其 π 电子数符合 $4n+2$（$n=0$、1、2……）的具有芳香性。

1. 轮烯　单环共轭多烯称为轮烯，根据成环碳原子数称为［某］轮烯。根据休克尔规则，［4］轮烯和［8］轮烯的 π 电子数不符合 $4n+2$，没有芳香性；［10］轮烯和［14］轮烯由于环较小，环内氢原子间的排斥作用使成环碳原子不共平面，所以没有芳香性；［18］轮烯由于环较大，环内氢原子间的排斥作用小，成环碳原子可以共平面而具有芳香性。

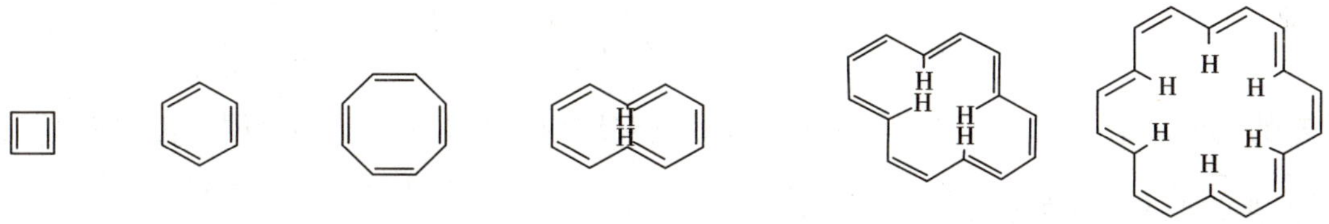

[4]轮烯　[6]轮烯　[8]轮烯　[10]轮烯　[14]轮烯　[18]轮烯

2. 环状正、负离子　含奇数碳原子的单环多烯分子中有一个 sp^3 杂化碳原子，不能构成共轭体系，但转变成正离子或负离子后可以构成共轭体系，当 π 电子数符合 $4n+2$ 时具有芳香性，如环戊二烯负离子和环庚三烯正离子具有芳香性。

一、苯的结构

1. 苯的凯库勒结构式　1865 年德国化学家凯库勒（A. Kekulé）提出：苯是一个对称的平面六碳环，环上碳原子单双键交替排列，每个碳原子连有一个氢原子，这种结构式称为苯的凯库勒结构式。

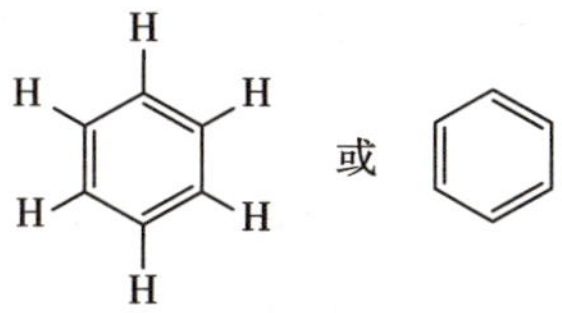

苯的凯库勒结构式能够说明苯的一元取代物只有一种，也能说明苯环上的六个碳原子和六个氢原子是等同的。但不能解释：①按苯的凯库勒结构式，苯分子中有三个双键，应该很容易发生加成反应和氧化反应，然而事实是苯有特殊的芳香性。②按苯的凯库勒结构式，苯环中的三个双键和三个单键的键长应该是不一样的，然而苯分子中所有碳碳键的键长均为 139pm。③按苯的凯库勒结构式，苯的邻位二元取代物应该有两种，如邻二溴苯应有下列两种结构，但实际上只有一种。

2. 杂化轨道理论的解释 苯分子中的碳原子为 sp^2 杂化，六个碳原子之间以 sp^2 杂化轨道“头碰头”重叠形成六个 C—C σ 键，又各以一个 sp^2 杂化轨道和氢原子的 1s 轨道“头碰头”重叠形成六个 C—H σ 键，所有的碳原子和氢原子都在同一平面，键角均为 120°，如图 10－1（a）所示。每个碳原子还有一个垂直于该平面的 p 轨道，彼此平行侧面“肩并肩”重叠形成一个环状大 π 键，构成闭合共轭体系，如图 10－1（b）所示。大 π 键电子云均匀地分布在环平面的上方和下方，如图 10－1（c）所示。

由于共轭，大 π 键电子云离域于整个环状体系，使体系能量降低，所以苯具有特殊的芳香性；由于共轭，键长平均化，所有碳碳键的键长（139pm）介于碳碳单键（154pm）和碳碳双键（134pm）之间；苯环上并没有单、双键之分，所以邻位二元取代物只有一种。

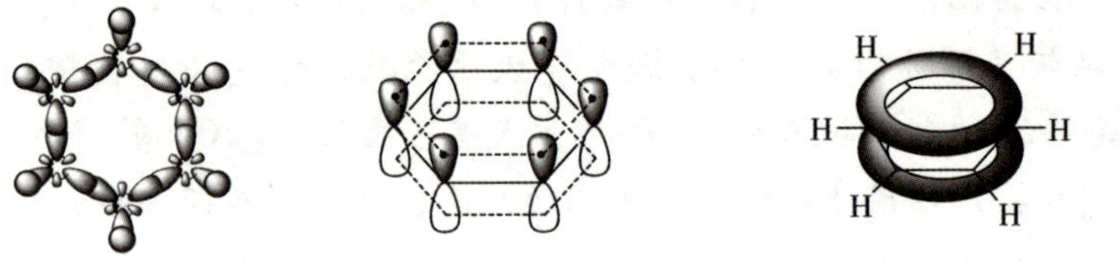

（a）σ 键的形成　（b）大 π 键的形成　（c）大 π 键电子云分布

图 10－1 苯分子的结构

尽管苯的凯库勒结构式并不能完美地表示苯的真实结构，但由于历史的沿用，仍然使用凯库勒结构式  或  表示苯的分子结构。

二、单环芳烃的命名

苯是最简单的单环芳烃，苯环上的氢原子被烷基取代后得到烷基苯。烷基苯的分子通式为 C_nH_{2n-6}（$n \geq 6$）。

简单的一元烷基苯的命名是以苯为母体，烷基作为取代基，称为“某基苯”，“基”字常省略。例如：

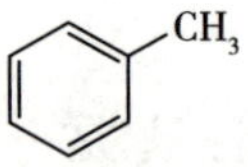

甲苯

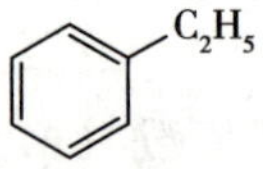

乙苯

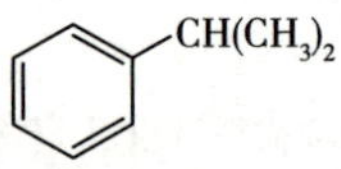

异丙苯

苯环上连有两个相同烷基时，以邻(*o*-)、间(*m*)、对(*p*-)表示两个取代基的相对位置，或用 1,2-、1,3-、1,4-表示。例如：

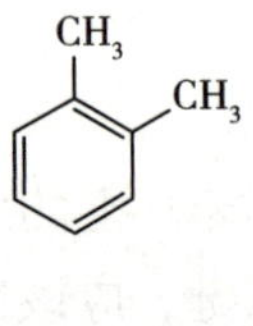

邻二甲苯
o-二甲苯
1,2-二甲苯

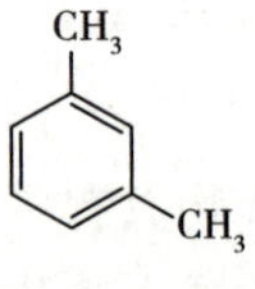

间二甲苯
m-二甲苯
1,3-二甲苯

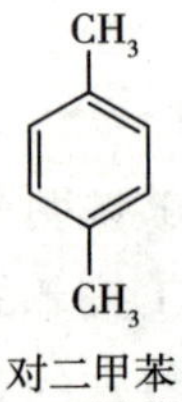

对二甲苯
p-二甲苯
1,4-二甲苯

苯环上连有两个不同烷基时，采用最低（小）位次组编号，取代基英文名称的字母排列在前的应有较小位次，并按取代基英文名称的字母顺序依次排列在母体名称之前。例如：

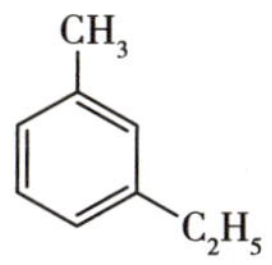

1-乙基-3-甲苯

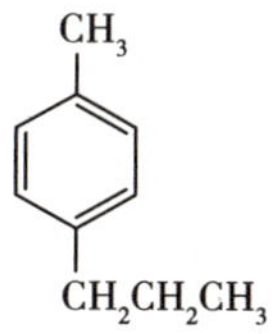

1-甲基-4-丙苯

苯环上连有三个相同烷基时，可用阿拉伯数字表示取代基的位置，也可用“连”“偏”“均”等词头表示。例如：

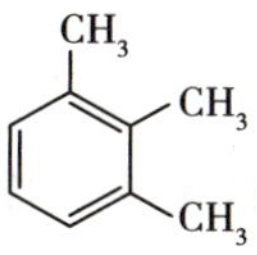

1,2,3-三甲苯
连三甲苯

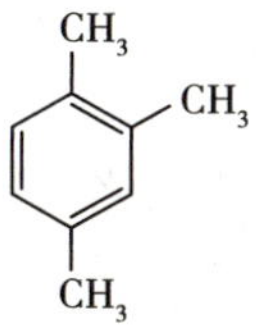

1,2,4-三甲苯
偏三甲苯

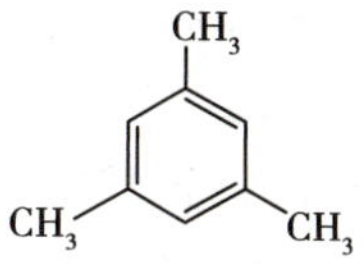

1,3,5-三甲苯
均三甲苯

当苯环上连接的脂肪烃基比较复杂，或连接的是不饱和烃基时，将苯环作为取代基来命名。例如：

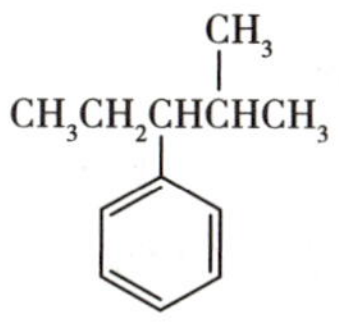

2-甲基-3-苯基戊烷

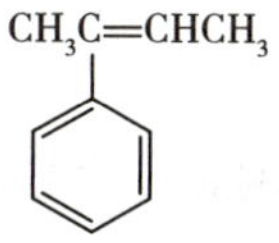

2-苯基丁-2-烯

芳香烃分子去掉一个氢原子后余下的基团称为芳基，用 Ar—表示。苯分子去掉一个氢原子余下的基团称为苯基，用 C_6H_5—或 Ph—表示，甲苯分子去掉甲基上的一个氢原子余下的基团称为苯甲基或苄基，以 $C_6H_5CH_2$—(或 $PhCH_2$—) 表示。

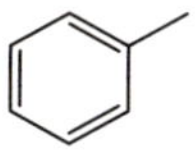
苯基

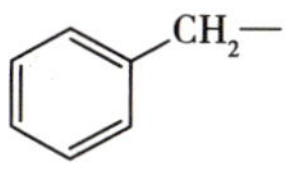

苯甲基或苄基

三、单环芳烃的物理性质

单环芳烃多为无色液体，相对密度小于 1，不溶于水，易溶于四氯化碳、乙醚等有机溶剂。液体芳烃常用作溶剂，但有一定的毒性，长期接触低浓度的苯蒸气会损坏造血器官，使用时注意防护。

单环芳烃的沸点随相对分子质量增大而升高。熔点除与相对分子质量有关，还与结构的对称性有关，通常对位异构体的熔点较高。一些常见单环芳烃的物理常数见表 10－2。

表 10－2　一些常见单环芳烃的物理常数

芳香烃	熔点（℃）	沸点（℃）	相对密度（d_4^{20}）
苯	5.4	80.1	0.8765
甲苯	-95.0	110.6	0.8669
邻二甲苯	-25.2	144.4	0.8802
间二甲苯	-47.9	139.1	0.8642

续表

芳香烃	熔点（℃）	沸点（℃）	相对密度（d_4^{20}）
对二甲苯	13.2	138.4	0.8611
乙苯	-94.9	136.2	0.8670
丙苯	-99.5	159.2	0.8620
异丙苯	-96.0	152.4	0.8618
苯乙烯	-30.6	145.8	0.9060

四、单环芳烃的化学性质

苯具有特殊的芳香性，很难发生加成反应和氧化反应，但在一定条件下，可以发生取代反应。

1. 亲电取代反应 在一定条件下，苯环的氢原子可被卤原子、硝基、磺酸基等基团取代。

（1）卤代反应 卤代反应中最重要的是氯代和溴代。在三卤化铁的催化下，苯与氯或溴发生卤代反应生成氯苯或溴苯。例如：

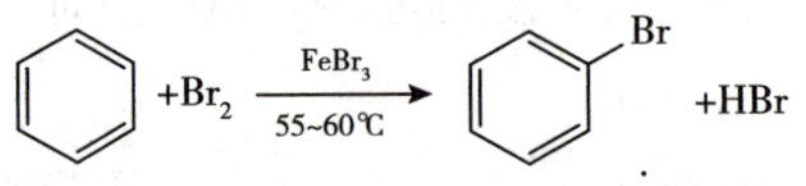

溴苯

氯苯和溴苯继续卤代比苯困难，主要生成邻、对位产物。例如：

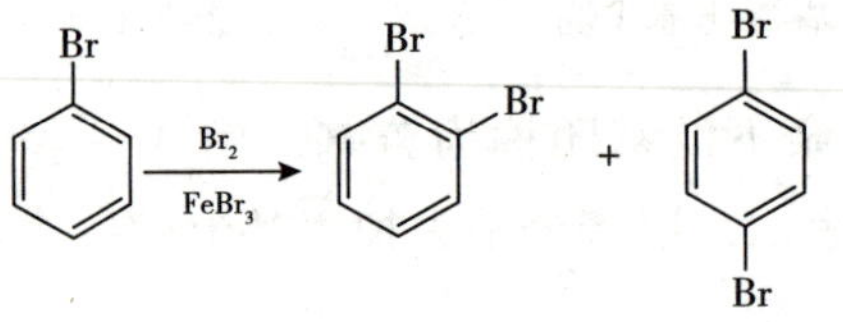

邻二溴苯　对二溴苯

烷基苯卤代比苯容易，主要生成邻、对位产物。例如：

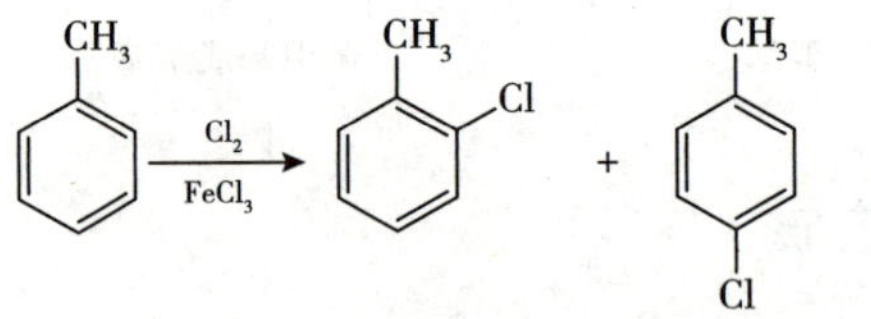

1-氯-2-甲苯　1-氯-4-甲苯

（2）硝化反应 在一定温度下，苯与浓硝酸和浓硫酸的混合物（常称为混酸）发生硝化反应生成硝基苯。

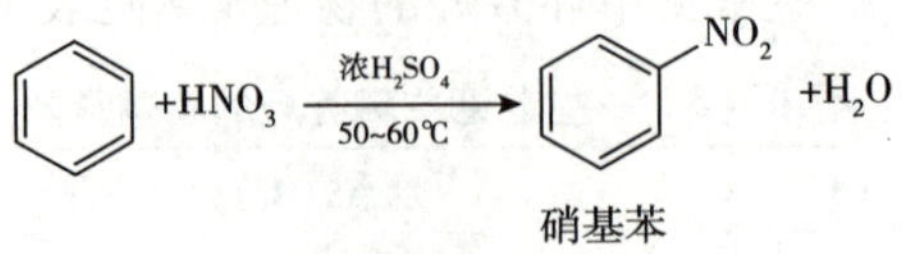

硝基苯

硝基苯继续硝化比苯困难，使用发烟硝酸和浓硫酸在较高温度下反应，主要生成间位产物。

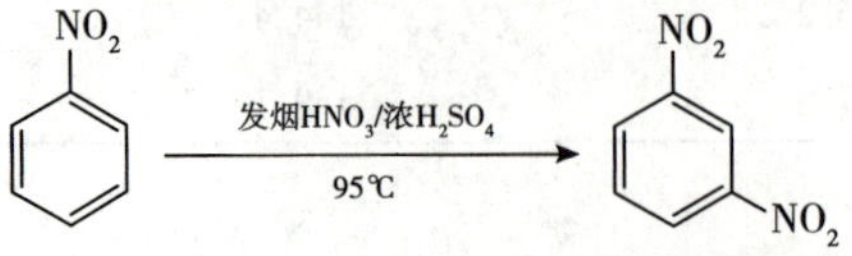

间二硝基苯

烷基苯比苯容易发生硝化反应，主要生成邻、对位产物。例如：

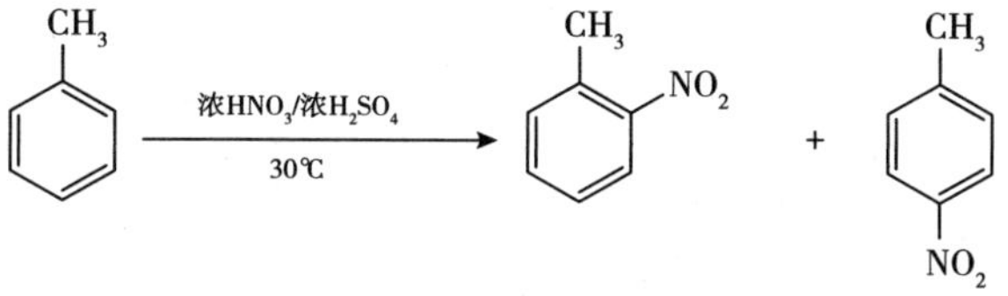

1-甲基-2-硝基苯　1-甲基-4-硝基苯

（3）磺化反应　苯与浓硫酸在 75～80℃时发生磺化反应，苯环上的氢原子被磺酸基（—SO_3H）取代生成苯磺酸。苯磺酸是一强酸，其酸性与硫酸相当。

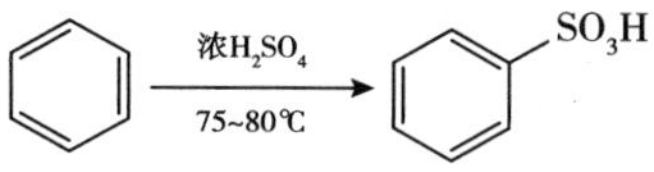

苯磺酸

苯磺酸继续磺化比苯困难，使用发烟硫酸并在较高温度下反应，主要生成间位产物。

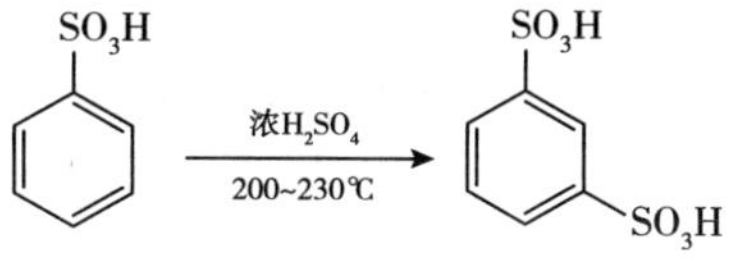

间苯二磺酸

烷基苯比苯容易发生磺化反应，如甲苯与浓硫酸在室温时便可以反应，主要生成邻、对位产物，在较高温度（100℃）时主要生成对位产物。

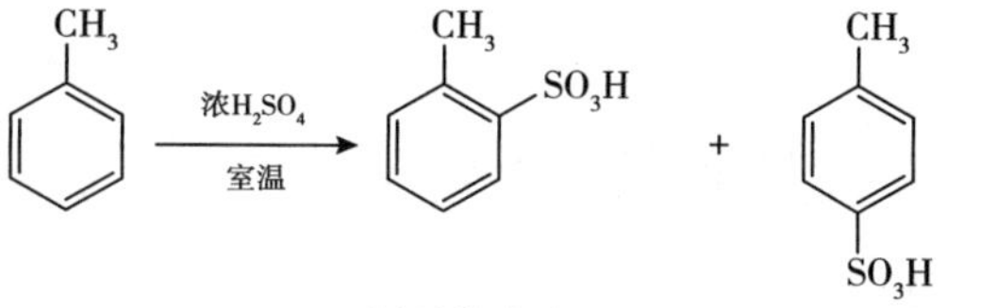

2-甲基苯磺酸　4-甲基苯磺酸

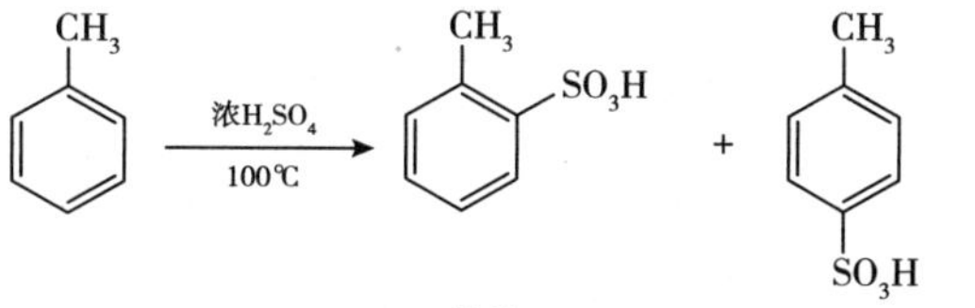

13%　79%

磺化反应是可逆的，将苯磺酸与稀硫酸加热至 100～170℃时又返回苯和硫酸。磺化反应的可逆性在有机合成中起着重要的作用。

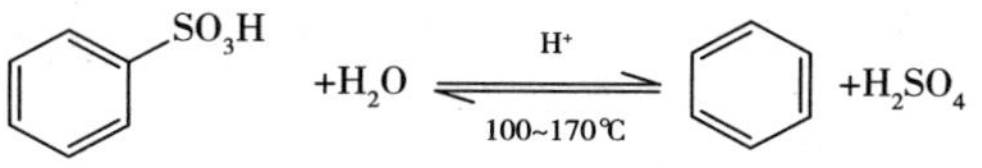

（4）傅瑞德尔－克拉夫茨反应　傅瑞德尔－克拉夫茨（Friedel－crafts）反应简称傅－克化反应，包括傅－克烷基化反应和傅－克酰基化反应。在无水三氯化铝的催化下，苯与卤代烷或酰卤作用，苯环上的氢原子被烷基（—R）或酰基（$R-\overset{O}{\overset{\|}{C}}-$）取代生成烷基苯或苯基酮的反应，分别称为傅－克烷基化反应和傅－克酰基化反应。例如：

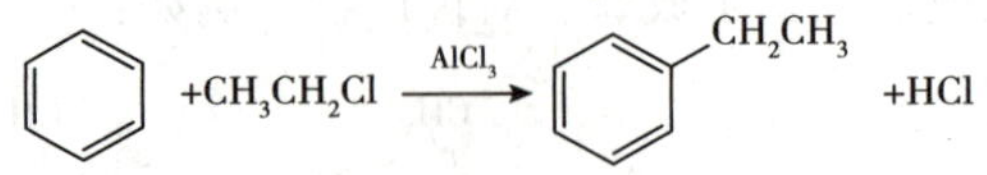

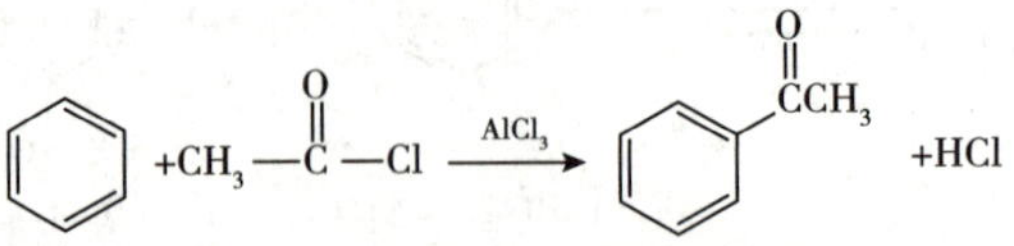

苯乙酮

傅－克烷基化反应中，苯环上引入一个烷基后，由于烷基使苯环的电子云密度升高，生成的烷基苯更容易发生反应，所以容易生成多烷基苯。

苯环上连有强吸电子基如—NO_2、—SO_3H 和 $R-\overset{\overset{O}{\|}}{C}-$ 等时，它们使苯环的电子云密度降低，一般不发生傅－克烷基化反应和傅－克酰基化反应。

2. 烷基苯侧链的反应　连接于芳烃的碳链常称为侧链，直接与苯环相连的碳原子上的氢原子（α-H），受苯环的影响而被活化。

（1）卤代反应　烷基苯侧链的卤代反应与烷烃的卤代反应一样，是自由基取代反应。在加热或光照条件下，α-H 容易被卤素取代。例如：

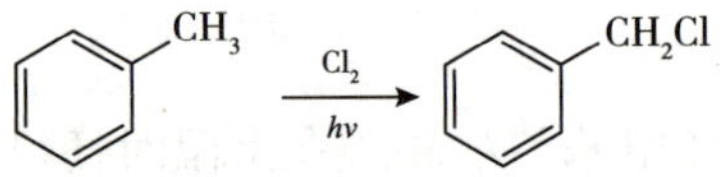

（2）氧化反应　苯不易氧化，苯环侧链有 α-H 时较易氧化，无论侧链长短如何，都被氧化成羧基，若无 α-H 则难以被氧化。例如：

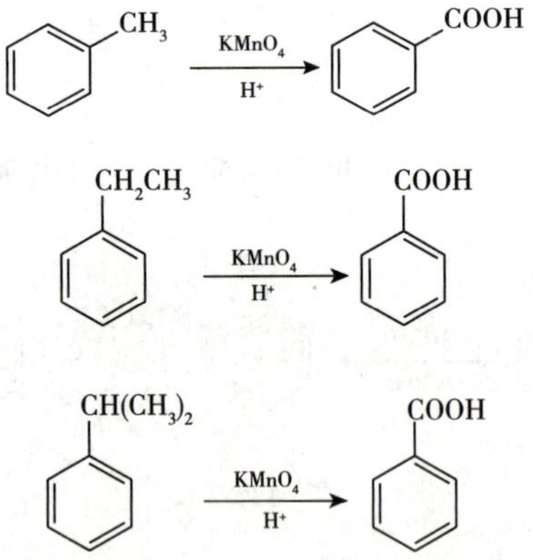

叔丁基苯无 α-H，因此在酸性高锰酸钾溶液中无变化。

练一练 10－2

完成下列方程式

参考答案

1. 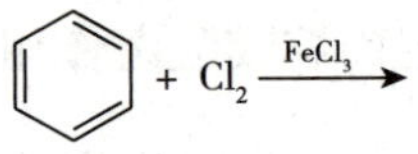

2. 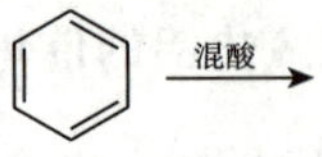

3. 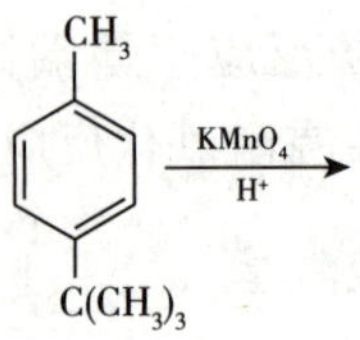

五、苯环上亲电取代反应的定位规律及其应用

苯环亲电取代反应中，甲苯比苯容易硝化，主要生成邻、对位产物；硝基苯比苯难硝化，主要生成间位产物。可见，不同的取代基对苯环的亲电取代反应有不同的影响。

1. 定位基的定义　苯环上引入了第一个取代基后，再导入第二个取代基时，苯环上已有的取代基会对反应活性及第二个取代基导入的位置产生影响，因此将苯环上已有的取代基称为定位基。

2. 定位基的分类　根据取代基对苯环亲电取代反应的影响，将定位基分为邻对位定位基和间位定位基。

（1）邻对位定位基　邻对位定位基使第二个取代基主要进入邻位和对位，其结构特征是与苯环直接相连的原子一般为饱和原子，多数具有未共用电子对。常见的邻对位定位基及其对反应活性的影响为：

强致活基：$-\ddot{N}(CH_3)_2$、$-\ddot{N}H_2$、$-\ddot{O}H$

中等致活基：$-\ddot{N}H\overset{O}{\overset{\|}{C}}CH_3$、$-\ddot{O}\overset{O}{\overset{\|}{C}}CH_3$、$-\ddot{O}R$

弱致活基：$-R$

弱致钝基：$-\ddot{X}$

（2）间位定位基　间位定位基使第二个取代基主要进入间位，其结构特征是与苯环直接相连的原子一般含有双键、叁键或带有正电荷。间位定位基都是致钝基，常见的间位定位基及其致钝强弱顺序为：$-N^+R_3$、$-NO_2$、$-SO_3H$、$-CHO$、$-COR$、$-COOH$、$-COOR$。

3. 定位规律的应用

（1）预测反应的主要产物　苯环上已有两个取代基时，第三个取代基进入的位置取决于已有两个取代基的位置和性质。

已有两个取代基的定位作用一致时，第三个取代基进入它们共同作用的位置。例如：

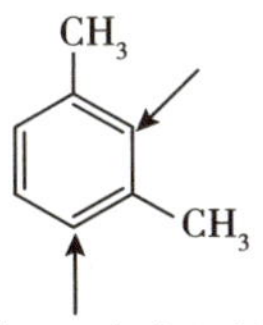

空间位阻，产率很低

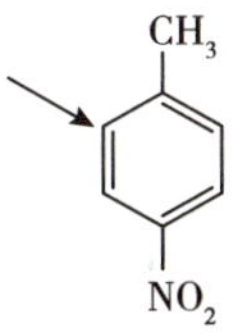

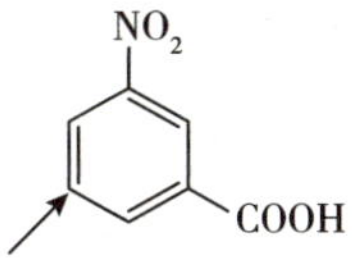

两个致钝基，反应很困难

已有两个取代基的定位作用不一致时，如果两个都是邻对位定位基，第三个取代基进入的位置取决于致活作用强的定位基；如果一个是邻对位定位基，一个是间位定位基，第三个取代基进入的位置取决于邻对位定位基；如果两个都是间位定位基，亲电取代反应很难发生，没有合成的意义。例如：

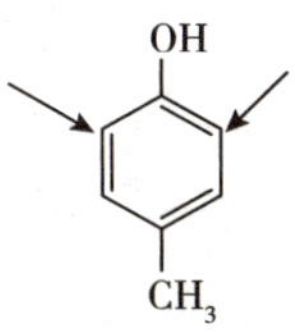

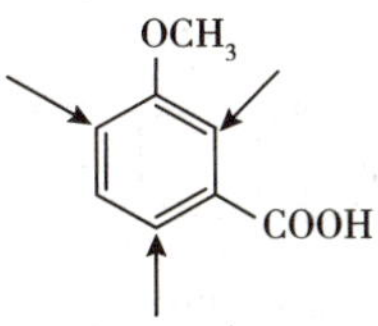

空间位阻，产率很低

（2）选择合成路线　合成具有两个或多个取代基的苯的衍生物时，需要应用定位规律，合理设计合成路线。例如以苯为原料合成1-氯-3-硝基苯时，合成路线有两种可能，即先氯代后硝化或先硝化后氯代，此时应考虑到氯是邻对位定位基，而硝基是间位定位基，所以必须选择先硝化后氯代，才能得到预期产物。

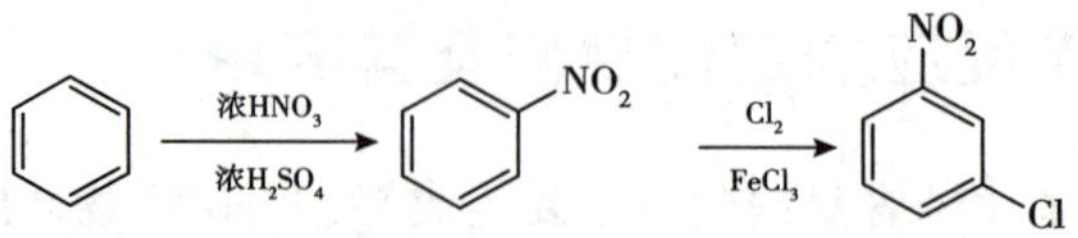

练一练 10－3

下列化合物中，若发生苯环上取代反应，取代基容易进入苯环上哪个位置？请用箭头标示出来。

参考答案

1. 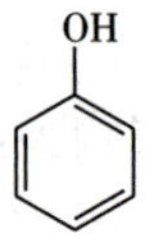

2. 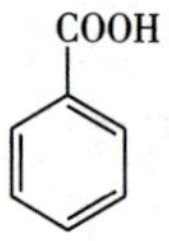

3. 

六、稠环芳烃

1. 萘 萘是由两个苯环稠合而成的，分子式为$C_{10}H_8$。

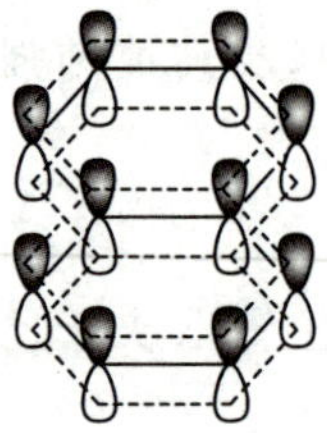

图 10－2 萘分子的大 π 键

（1）萘的结构 萘的结构与苯相似，所有的碳原子和氢原子都在同一平面。萘分子中每个碳原子都以 sp^2 杂化轨道与相邻碳原子的 sp^2 杂化轨道及氢原子的 1s 轨道“头碰头”重叠形成 σ 键，每个碳原子还有一个 p 轨道相互平行侧面“肩并肩”重叠形成一个闭合的环状大 π 键，如图 10－2 所示。与苯不同的是萘分子中的大 π 键电子云及碳碳键键长并没有完全平均化。

（2）萘的命名 萘分子中环碳原子的位置可按下列方式编号，其中 1、4、5、8 位是等同的，为 α－位；2、3、6、7 位也是等同的，为 β－位，因此萘的一元取代物有 α－位和 β－位两种异构体。例如：

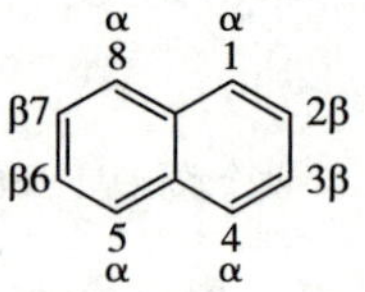

萘

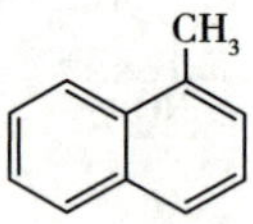

α－甲基萘
1－甲基萘

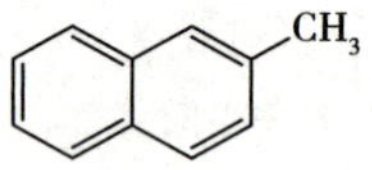

β－甲基萘
2－甲基萘

萘的二取代物的命名与二取代苯的类似，例如：

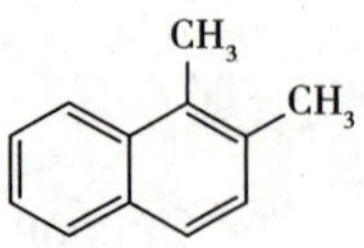

1,2－二甲萘

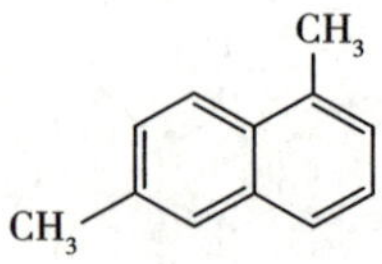

1,6－二甲萘

（3）萘的性质 萘是无色片状晶体，熔点为 80.5℃，沸点为 218℃，易升华，有特殊的气味。不溶于水，易溶于乙醇、乙醚苯等有机溶剂。

萘的 α－碳原子的电子云密度高于 β－碳原子，因此亲电取代反应一般主要发生在 α－位。例如：

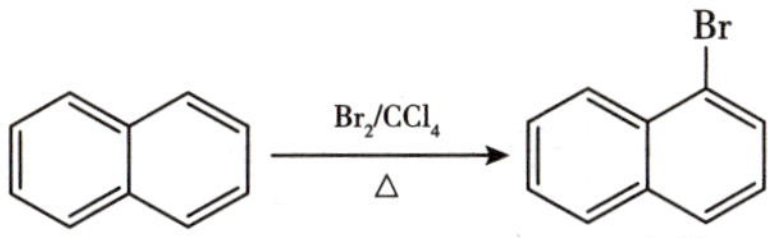

1-溴萘
α-溴萘

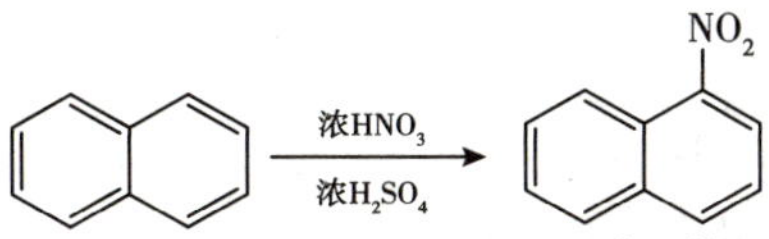

1-硝基萘
α-硝基萘

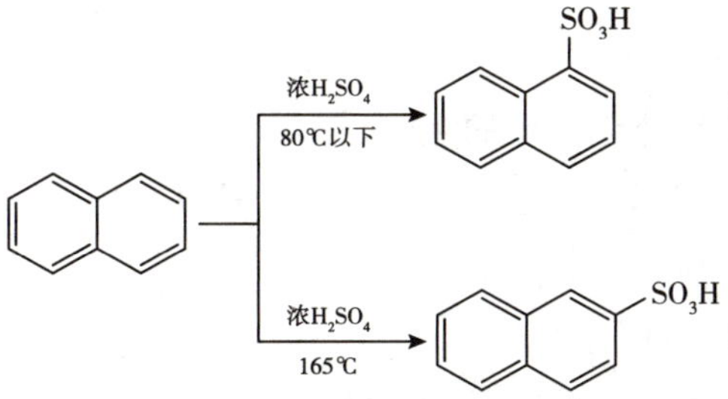

萘-1-磺酸

萘-2-磺酸

萘的磺化反应也是可逆的，萘与浓硫酸在80℃以下主要生成萘-1-磺酸，在165℃主要生成萘-2-磺酸。

2. 蒽和菲 蒽和菲的分子式均为 $C_{14}H_{10}$，两者互为同分异构体。蒽是三个苯环线型稠合而成的，菲是三个苯环角型稠合而成的，分子中所有的原子都在同一平面上。

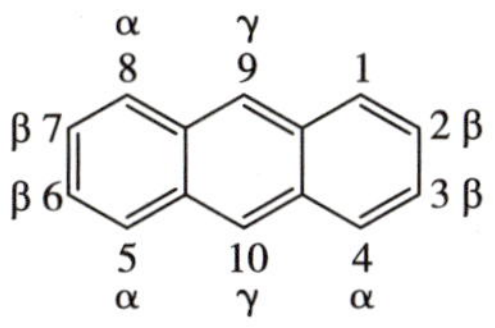

蒽

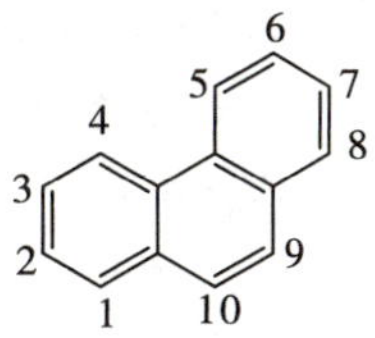

菲

蒽为具有淡蓝色荧光的片状结晶，熔点为216℃，沸点为340℃，不溶于水，难溶于乙醇和乙醚，易溶于苯；菲为白色片状结晶，熔点为100℃，沸点为340℃，不溶于水，易溶于苯和乙醚。

知识链接

致癌芳烃

致癌芳烃是能引起恶性肿瘤的一类稠环芳烃，主要存在于煤烟、石油、沥青和烟草的烟雾以及烟熏、烘烤及焙焦的食物中。皮肤长期接触其蒸气，可能引起皮肤癌。因此，为了保证人民健康，我们必须防止多环稠苯芳香烃对环境的污染，致癌芳烃通常是由四个或四个以上苯环稠合而成的，如芘、3,4-苯并芘、1,2-苯并蒽等。

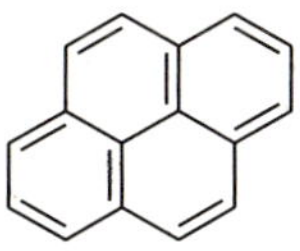

芘

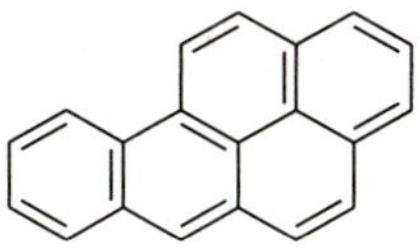

3,4-苯并芘

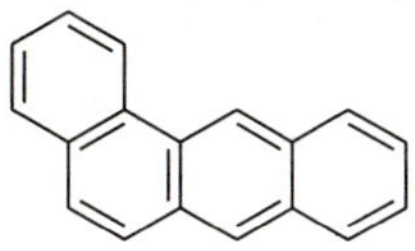

1,2-苯并蒽

练习题

答案解析

一、选择题

1. 单环烷烃的通式是（　）。

A. C_nH_{2n-2}　　B. C_nH_{2n+2}　　C. C_nH_{2n}　　D. C_nH_{2n-6}

2. 下列试剂能用于鉴别环丙烷和丙烯的是（　）。

A. 高锰酸钾　　B. 碘仿试剂　　C. 淀粉溶液　　D. 溴水

3. 下列脂环最不稳定的是（　）。

A. 环丙烷　　B. 环丁烷　　C. 环戊烷　　D. 环己烷

4. 下列基团既是邻对位定位基又是钝化苯环的是（　）。

A. $—NH_2$　　B. —Cl　　C. $—NO_2$　　D. $—CH_3$

5. 下列基团不是邻对位定位基的是（　）。

A. $—NH_2$　　B. $—NO_2$　　C. $—CH_3$　　D. —Cl

6. 要鉴别乙烯中是否混有少量甲苯，正确的实验方法是（　）。

A. 先加足量的酸性高锰酸钾溶液，再加溴水　　B. 先加足量的溴水，再加酸性高锰酸钾溶液

C. 点燃这种液体，再观察火焰颜色　　D. 加入浓硫酸与浓硝酸后共热

7. 苯分子中的碳原子的杂化形式是（　）。

A. sp　　B. sp^2　　C. sp^3　　D. sp^2d

8. 在苯的同系物中，加入少量高锰酸钾，震荡后褪色，正确的解释是（　）。

A. 苯的同系物分子中，碳原子数比苯多

B. 苯环受侧链影响，易被氧化

C. 侧链受苯环影响，易被氧化

D. 由于侧链与苯环互相影响，侧链与苯环均被氧化

二、判断题

（　）1. 苯分子是一个平面型分子，分子中有一个闭合的共轭大 π 键。

（　）2. 环丙烷能使高锰酸钾褪色，但不能使溴水褪色。

（　）3. 叔丁基苯能被酸性高锰酸钾溶液氧化。

（　）4. 甲苯在三氯化铁的作用下和光照条件下进行氯化反应，取代部位相同。

（　）5. 间位定位基均为钝化苯环。

（　）6. 芳香性就是具有芳香气味。

（　）7. 所有的邻对位定位基都是活化苯环的。

（　）8. 苯硝化生成硝基苯的反应，属于亲电取代反应。

三、结构式命名或画出结构式

1. 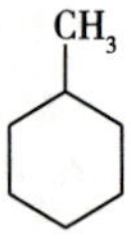

2. 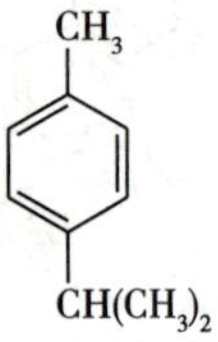

3. 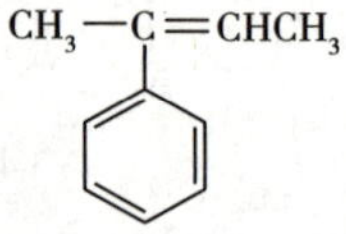

4. 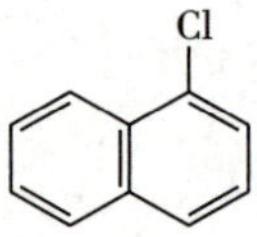

5. 均三甲苯　　6. 4-甲基环己烯　　7. 对硝基甲苯　　8. 3-甲基-1-苯丁-2-烯

四、完成下列反应式

1. 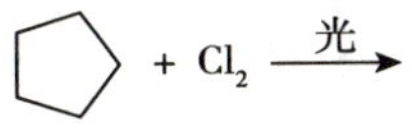

2. 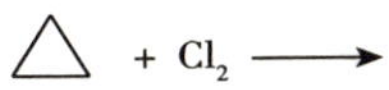

3. 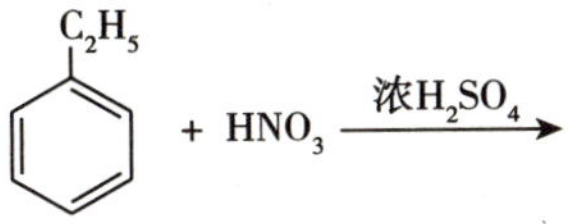

4. 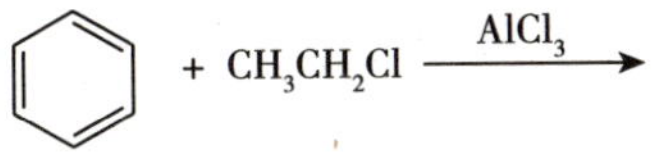

5. 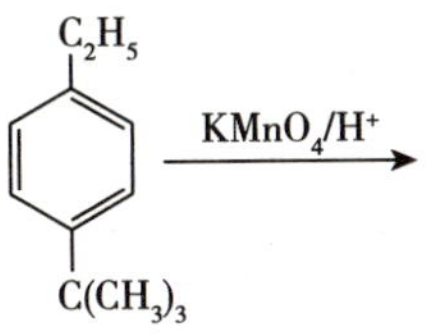

6. 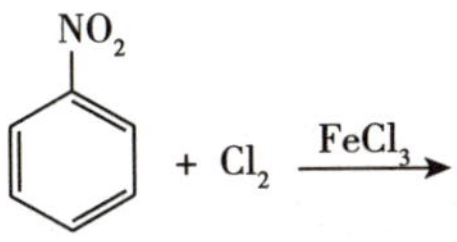

7. 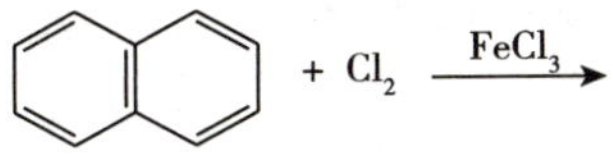

五、鉴别下列各组物质

1. 环丙烷、丙烷　　2. 苯、甲苯

3. 甲苯、甲基环己烷　　4. 苯、环己烯

六、推测结构

某化合物 A 分子式为 $C_7H_7O_2N$，能使酸性高锰酸钾褪色，与混酸反应只得到一种硝化产物。试写出 A 可能的结构式。

（冯晴霞）

书网融合……

本章小结　　本章小结（微课）　　微课　　题库

第十一章

卤代烃

PPT

学习目标

知识目标

1. 掌握　卤代烃的分类、命名及化学性质。
2. 熟悉　卤代烃的结构与化学性质之间的关系。
3. 了解　重要的卤代烃的性能及用途。

能力目标

1. 能够准确书写常见卤代烃的命名。
2. 能够运用卤代烃的化学性质准确书写其化学反应方程式。
3. 能够分析卤代烃的结构并熟练运用其鉴别方法。

素质目标

通过本章学习，激发学生强烈的好奇心和求知欲，培养学生“由局部到整体”及从宏观上把握事物特点的哲学思想，以及思考问题、分析问题、解决问题的方法和理性思维、批判质疑的能力。

烃分子中的氢原子被卤素原子取代后的化合物称为卤代烃（haloaikane），简称卤烃。天然存在的卤代烃不多，大多是人工合成产物。卤代烃性质活泼，在有机合成中起着重要作用。卤代烃可用作溶剂、农药、制冷剂、麻醉剂、防腐剂、灭活剂等，是一类重要的化合物。

第一节　卤代烃的分类和命名

情境导入 11-1

情景　卤代烃在大气中的存在十分广泛，部分卤代烃的大气寿命为几十年到几百年间，它们能传输至平流层作为催化剂破坏臭氧层，同时，部分卤代烃还具有较高的全球变暖潜能值，对全球变暖有较大影响，氟利昂就属于大气中一种重要的痕量污染物。

参考答案

从 20 世纪 30 年代之后，人类合成了氯氟烃，氟利昂被逐渐广泛使用起来，主要应用于冷冻设备、家用冰箱和空调的制冷剂，塑料工业中各类硬软泡沫塑料的发泡剂，电子元件的清洗剂等。

由于氟利昂产生环境污染问题，其生产和使用已经被限制，替代品的开发以及氟利昂的无害化研究已经加快了步伐。目前常见的氟利昂，使用比较安全，但具有可燃性，遇到明火时会燃烧产生有毒气体，因此在使用氟利昂时应严禁明火。

问题　氟利昂是哪种类型的有机物？其结构组成是什么？

一、卤代烃的分类

卤代烃的分类方法很多，主要有以下六种。

1. 根据分子中卤原子个数不同 可将卤代烃分为一卤代烃、二卤代烃和多卤代烃。例如：

CH_3Cl　　CH_2Cl_2　　$CHCl_3$　CCl_4

一卤代烃　二卤代烃　多卤代烃

2. 根据所含卤原子种类不同 可分为氟代烃、氯代烃、溴代烃和碘代烃。

3. 根据烃基种类不同 可分为饱和卤代烃和不饱和卤代烃。例如：

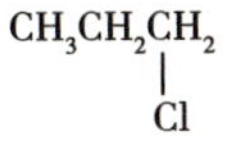
饱和卤代烃

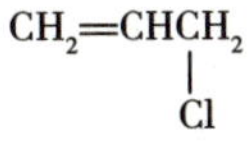
不饱和卤代烃

4. 根据卤原子所连接烃基的种类不同 可分为脂肪族卤代烃和芳香族卤代烃。例如：

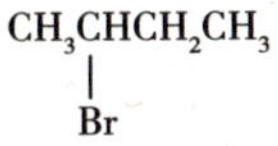
脂肪族卤代烃

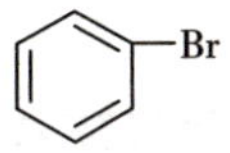
芳香族卤代烃

5. 根据卤原子所连接的饱和碳原子的种类不同 将卤代烃分为伯卤代烃、仲卤代烃和叔卤代烃。例如：

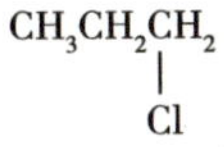
伯卤代烃

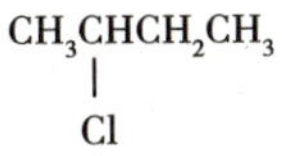
仲卤代烃

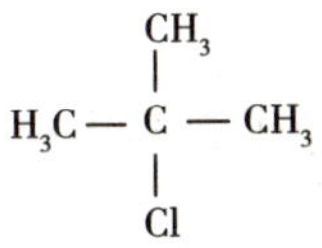
叔卤代烃

6. 根据分子中卤原子与碳碳双键或苯环的相对位置 可分为卤代乙烯（或卤苯）型、卤代烯丙（或卤化苄）型、卤代烷型。例如：

卤代乙烯（或卤苯）型：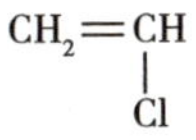　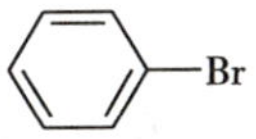

卤代烯丙（或卤化苄）型：$CH_2=CHCH_2I$　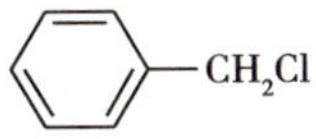

卤代烷型：$CH_2=CHCH_2CH_2I$　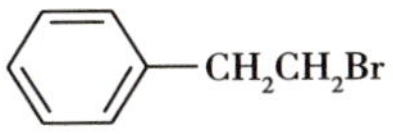

二、卤代烃的命名

（一）普通命名法

简单的一元卤代烃可以用普通命名法命名，称为“某烃基卤”。例如：

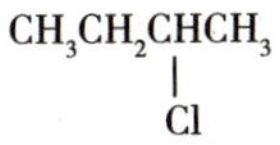
仲丁基氯

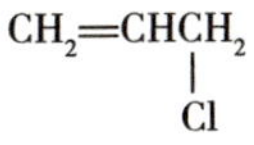
烯丙基氯

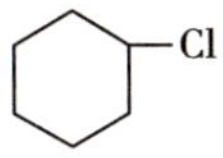
环己基氯

也可以在母体烃前面加上“卤代”，直接称为“卤代某烃”，“代”字常省略。例如：

CH_3CH_2Cl
氯（代）乙烷

$CH_2{=}CH$
　　　|
　　 Cl
氯（代）乙烯

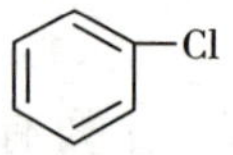
氯（代）苯

（二）系统命名法

1. 饱和卤代烃 饱和卤代烃（卤代烷）通常以烷烃为母体，卤原子作为取代基，选择最长碳链作为主链，按取代基英文名称的首字母顺序将取代基的位次、数目、名称写在母体名称的前面来命名。例如：

$CH_3CH_2CH_2CH_2Cl$
1-氯丁烷

$ClCH_2CH_2Cl$
1,2-二氯乙烷

　　CH_3
　　|
$CH_3CH-CHCH_3$
　　　　|
　　　　Br
2-溴-3-甲基丁烷

2. 不饱和卤代烃 不饱和卤代烃应选择含有不饱和键和卤原子相连碳原子的最长碳链作为主链，从靠近不饱和键的一端开始将主链编号，以烯或炔为母体来命名。例如：

$CH_3CHCH{=}CHCH_3$
　|
　Br
4-溴戊-2-烯

$HC{\equiv}CCH_2CH_2Cl$
4-氯丁-1-炔

3. 卤代芳烃 当卤原子直接连在芳环上时，以芳烃为母体，卤原子作为取代基来命名。例如：

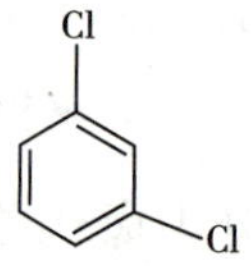
间二氯苯或1,3-二氯苯

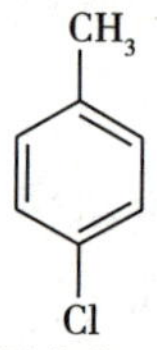
对氯甲苯或4-氯甲苯

当卤原子连在芳环侧链上时，则以脂肪烃为母体，芳基和卤原子都作为取代基来命名。例如：

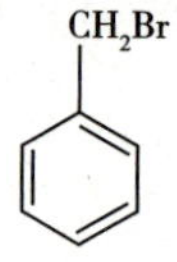
苯（基）溴甲烷
（苄基溴）

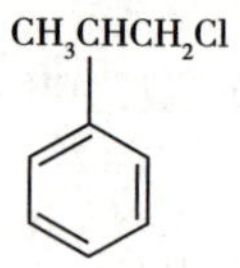
1-氯-2-苯基丙烷

练一练 11-1

用系统命名法命名下列化合物。

1. $(CH_3)_3CCH_2Br$
2. $CH_3CH_2CHClCH_3$

参考答案

第二节　卤代烃的性质

微课

情境导入 11－2

情景　我国生活饮用水以氯化消毒为主，但该方法会造成有害的余氯残留，且氯会与水中有机物作用生成卤代烃等有害物质。同时，自来水在城市管网输送过程中，由于小管径管道输送、管道中滞留时间过长等原因均会增加自来水中有害成分。有研究表明，在未煮沸时，自来水中三氯甲烷、四氯化碳等卤代烃含量要明显高于煮沸 60 秒后，且煮沸 60 秒之后，卤代烃含量在标准允许范围内。因此，为了身体健康，自来水在煮沸 60 秒之后饮用为宜。

参考答案

问题　三氯甲烷、四氯化碳在常温下是何种状态？具有何种物理性质？

一、物理性质

室温下，只有少数低级卤代烃是气体，例如氯甲烷、溴甲烷、氯乙烷和氯乙烯等，其他低级的卤代烃为液体，含 15 个碳原子以上的高级卤代烃为固体。纯净的卤代烃多数是无色的。溴代烃和碘代烃对光较敏感，光照下能缓慢地分解出游离卤素而分别带棕黄色和紫色。

卤代烃难溶于水。但是，它们彼此可以相互混溶，也能溶于醇、醚、烃类等有机溶剂中。有些卤代烃本身就是有机溶剂，多氯代烷和多氯代烯可用作干洗剂。

卤代烃的沸点随分子中碳原子和卤素原子数目的增加（氟代烃除外）和卤素原子序数的增大而升高。卤代烃的同分异构体的沸点随烃基中支链的增加而降低。同一烃基的不同卤代烃的沸点随卤素原子的相对原子质量的增大而增大，密度随碳原子数增加而降低。一氟代烃和一氯代烃的密度一般比水小，溴代烃、碘代烃及多卤代烃密度比水大。

在有机分子中引入氯原子或溴原子可减弱其可燃性，增强其不燃性，这是一般规律。某些含氯、含溴的有机化合物是很好的灭火剂和阻燃剂。例如，二氟二溴甲烷、三氟一溴甲烷可用作灭火剂，它们比四氯化碳安全。氯化石蜡（C_{10}～C_{20}）是直链烷烃氯代衍生物的统称，一般产品含氯量为 40%～70% 是树脂和橡胶的阻燃剂。

卤代烃有毒，有的具有致癌作用，使用时需注意。

二、化学性质

卤代烃的化学性质主要由官能团卤原子决定。由于卤原子的电负性比碳原子强，卤代烃分子中的卤原子带部分负电荷，与卤原子直接相连的 α-碳原子带部分正电荷，C—X 键为极性共价键，容易断裂，卤代烃中的卤素容易被—OH、—OR、—CN、—NH_2 或—NHR 取代，生成相应的醇、醚、腈、胺等化合物从而发生取代反应。另外，由于受卤原子吸电子诱导效应的影响，卤代烃 β－H 和卤原子能被同时脱去，从而发生消除反应。

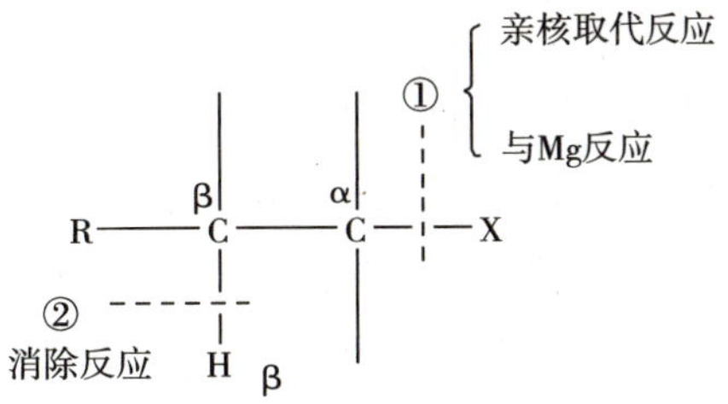

（一）取代反应

由于卤素原子吸引电子的能力大，致使卤代烃分子中的 C—X 键具有一定的极性。当 C—X 键遇到其他的极性试剂时，卤素原子被其他原子或原子团取代。

1. 被羟基取代 卤代烃与水作用可生成醇。在反应中，卤代烃分子中的卤原子被水分子中的羟基所取代：

$$R-X + HOH \rightleftharpoons R-OH + HX$$

该反应进行比较缓慢，而且是可逆的。如果用强碱的水溶液来进行水解，这个反应可向右进行，原因是在反应中产生的卤化氢被碱中和掉，而有利于反应向水解方向进行。

$$R-X + NaOH \longrightarrow ROH + NaX$$

卤素与苯环相连的卤代芳烃，一般比较难水解。如氯苯一般需要高温高压条件下才能水解。

2. 被烷氧基取代 卤代烃与醇钠作用，卤原子被烷氧基（RO—）取代生成醚，这是制取混合醚的方法。

$$R-X + R'ONa \longrightarrow ROR' + NaX$$

例：

$$CH_3Br + CH_3CH_2ONa \longrightarrow \underset{\text{甲乙醚}}{CH_3-O-CH_2CH_3} + NaBr$$

3. 被氰基取代 卤代烃与氰化钠（或氰化钾）的醇溶液共热，卤原子被氰基取代生成腈。

$$R-X + NaCN \longrightarrow RCN + NaX$$

生成的腈分子比原来的卤代烃分子增加了一个碳原子，这在有机合成中作为增长碳链的一种方法。

4. 与硝酸银反应 卤代烃与硝酸银的醇溶液作用，卤原子被硝酸银取代生成硝酸酯，同时产生卤化银沉淀。

$$R-X + AgNO_3 \xrightarrow{\text{醇}} R-ONO_2 + AgX\downarrow$$

该反应有明显的外观现象，可以作为卤代烃的鉴别反应。利用不同结构的卤代烃与 $AgNO_3$ 醇溶液反应生成卤化银沉淀的速率不同，可以进行不同类型卤代烃的区分。表 11－1 列出了不同类型卤代烃与 $AgNO_3$ 醇溶液反应的速率差别。

表 11－1 三种类型卤代烃与 $AgNO_3$ 醇溶液反应的速率差别

卤代烃类型	反应速率
卤代烯丙型	室温下立即产生 AgX 沉淀
伯卤代烷型	加热后缓慢产生 AgX 沉淀
卤代乙烯型	加热后也不产生 AgX 沉淀

（二）消除反应

当卤代烃与 NaOH、KOH 等强碱的醇溶液共热时，分子内消去 1 分子卤化氢形成烯烃。这种从分子内消去一个简单分子，形成不饱和烃的反应称为消除反应。由于此种反应消除的是卤素原子和 β-碳原子上的氢原子，又称为 β-消除反应。

$$RCH_2CH_2X \xrightarrow[\text{加热}]{\text{KOH/醇}} RCH{=}CH_2 + KX + H_2O$$

这是烯烃制备的一种方法。此反应中卤代烷的活性顺序是：

叔卤代烷 > 仲卤代烷 > 伯卤代烷

仲卤代烷和叔卤代烷消除卤化氢时，分子结构中存在着不同的 β－H，反应可以有不同的取向，得到不同的烯烃。例如，2–溴丁烷消除溴化氢时，生成丁–1–烯和丁–2–烯，而丁–2–烯是主要产物。

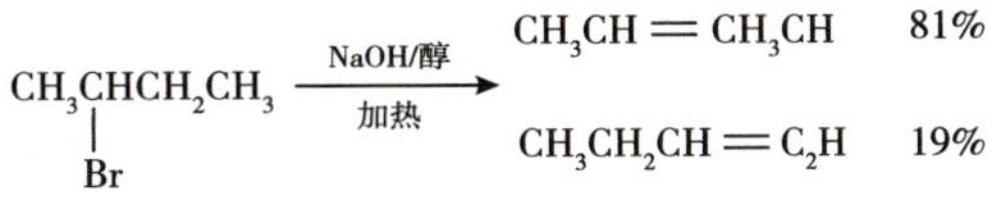

大量实验表明，仲、叔卤代烷消除卤代氢时，主要脱去含氢较少的β–碳上的氢原子，生成双键上含有较多烃基的烯烃。这一经验规律称为扎依采夫（Saytzeff）规则。

练一练 11－2

完成下列反应方程式。

1. $CH_3CH_2—X + NaOH \xrightarrow[\triangle]{水溶液}$
2. 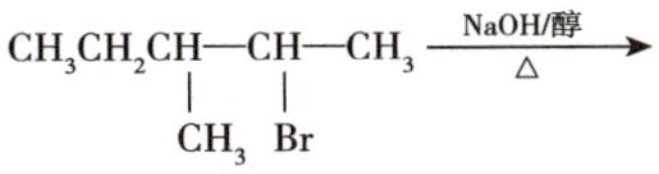

参考答案

（三）与金属镁反应（格氏试剂的生成）

卤代烷可以与某些金属（例如锂、镁等）反应，生成金属原子与碳原子直接相连的一类化合物，称为金属有机化合物。卤代烷与镁反应生成烷基卤化镁，该化合物被称为格林尼亚试剂（Grignard reagent），简称格氏试剂，一般用通式 RMgX 表示。

$$R—X + Mg \xrightarrow{无水乙醚} RMgX$$

格氏试剂生成反应的反应速率与卤代烷的结构及种类有关。

卤素相同的卤代烷，反应速率为：伯卤代烷 > 仲卤代烷 > 叔卤代烷。

烃基相同的卤代烃，反应速率为：碘代烷 > 溴代烷 > 氯代烷。

格氏试剂中有强极性的 C—Mg 共价键，碳原子带有部分负电荷，它的性质非常活泼，利用格氏试剂可以制备烷烃、醇、羧酸等许多有机物。

$$CH_2{=}CHCH_2Cl + RMgCl \longrightarrow CH_2{=}CHCH_2R + MgCl_2$$

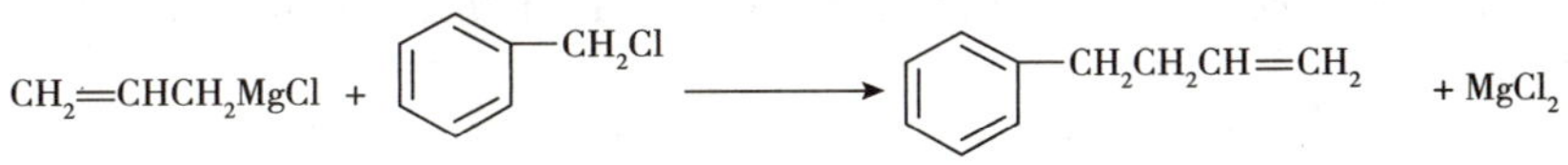

知识链接

卤代烃的毒性

卤代烃中有许多与食品污染有关的重要物质，如有机氯杀虫剂、含各种卤烃的除草剂、熏蒸剂、食品包装用塑料、某些霉菌毒素和工业三废中的有关物质如多氯联苯等。卤素有较强的吸电子效应，因而可使卤代烃分子极性增强，在体内易与酶结合，所以卤素是较强的毒性基。

卤代烃类化合物毒性按氟、氯、溴、碘的顺序而增强，卤素原子数目越多其毒性也越高。卤代烃的毒性普遍具有对皮肤、黏膜系统刺激及腐蚀作用，多数还有麻醉以及侵害神经系统的作用，对肝、肾及其他器官也有损害。

三、重要的卤代烃

（一）三氯甲烷

三氯甲烷（$CHCl_3$）俗称氯仿，是一种无色、有甜味的液体，沸点61.7℃，相对密度为1.489，不溶于水，不能燃烧，可溶解油脂和多种有机物质及高分子化合物，是良好的有机溶剂。早在1847年就用于外科手术的麻醉，因其对心脏、肝脏的毒性较大，目前临床已很少使用。

三氯甲烷在光照条件下，能逐渐被氧化成剧毒的光气。所以，三氯甲烷用棕色瓶盛装，并加入1%的乙醇破坏光气。

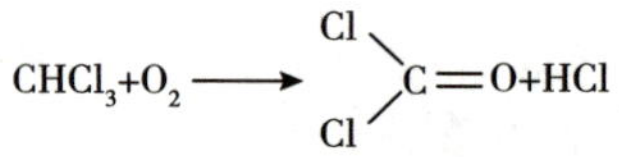

光气

（二）溴甲烷

溴甲烷（CH_3Br）常温下为无色有毒气体，沸点为3.5℃，相对密度为1.73，不溶于水，易溶于乙醇、乙醚、三氯甲烷等有机溶剂。

溴甲烷可以用作仓库粮食、种子和土壤的熏蒸剂以及果树的杀虫剂等。

（三）氟烷

氟烷（$CF_3CHClBr$）的化学名称是2-溴-2-氯-1,1,1-三氟乙烷，为无色液体，无刺激性，性质稳定，可以与氧气以任意比例混合，不燃不爆。其麻醉强度比乙醚大2~4倍，比三氯甲烷强1.5~2倍，对黏膜无刺激性，对肝、肾功能不会造成持久性的损害，目前是常用的吸入性全身麻醉药之一。

（四）四氯化碳

四氯化碳（CCl_4）是无色液体，沸点76.8℃，相对密度1.59，有特殊的气味。四氯化碳本身不能燃烧，容易挥发，可用作灭火剂。但是四氯化碳在500℃以上时可与水反应生成光气，因此用它灭火时，必须注意空气流通以防止中毒。

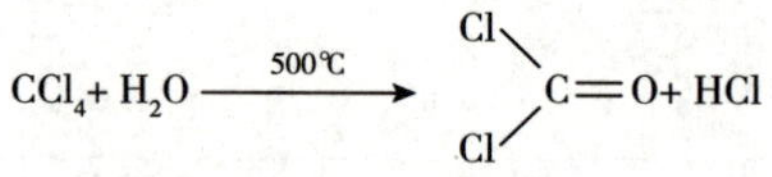

四氯化碳与金属钠在较高温度时能猛烈爆炸，所以当金属钠着火时不能用四氯化碳灭火。四氯化碳能溶解油脂、油漆、树脂、橡胶等有机物质，是实验室和化学工业上常用的溶剂。

（五）聚四氟乙烯

聚四氟乙烯[$\text{—}(CF_2\text{—}CF_2)_n\text{—}$]，简称PTFE，具有独特的耐腐蚀性和耐老化性，其化学稳定性优于各种合成聚合物以及玻璃、陶瓷、不锈钢、特种合金、贵金属等材料，甚至连能溶解金、铂的“王水”也难以腐蚀它，摩擦系数小，机械强度高，又有良好的电绝缘性，用该材料做成的制品放在室外，任凭日晒雨淋，二三十年都毫无损伤，因而被美誉为“塑料王”。近年来，随着原子能、超音速飞机、火箭、导弹等尖端技术发展的需要，聚四氟乙烯的需求在不断增加。

知识链接

特氟龙

特氟龙（Teflon）是美国杜邦公司对其研发的所有碳氢树脂的总称，包括聚四氟乙烯、聚全氟乙丙烯及各种共聚物。由于其独特优异的耐热（180～260℃）、耐低温（－200℃）、自润滑性及化学稳定性能等，而被称为“拒腐蚀、永不粘的特氟龙”。其最常见的应用就是不粘锅，其他如衣物、家居、医疗甚至宇航产品中也有广泛应用。2017 年 12 月 27 日，世界卫生组织国际癌症研究机构公布的致癌物清单初步整理参考中，聚四氟乙烯为三类致癌物。由于聚四氟乙烯加热至 415℃后开始缓慢分解，分解生成的气体有毒，所以在使用不粘锅时不能干烧，温度必须保持在 250℃以下才是安全的。

练习题

答案解析

一、选择题

1. 下列化合物中，既能发生水解反应，又能发生消去反应，且消去反应生成的烯烃不存在同分异构的是（　）。

A. CH_3Cl　　B. $Ar-CHClCH_3$

C. $(CH_3)_3CCH_2Cl$　　D. $CH_3CH_2CHClCH_3$

2. 下列说法中，正确的是（　）。

A. CH_3Cl、CH_2Cl_2、$CHCl_3$ 水解的最终产物都是 CH_3OH

B. 将溴苯加入到 $AgNO_3$ 溶液中会有淡黄色沉淀

C. 1,2-二溴乙烷在氢氧化钠水溶液共热一定产生乙炔

D. 卤代烃的密度有的比水大，有的比水小

3. 以 2-溴丙烷为原料，制成 1,2-丙二醇时，需要经过的过程是（　）。

A. 加成-消去-取代　　B. 消去-加成-取代

C. 取代-消去-加成　　D. 取代-加成-消去

4. 3-氯戊烷是一种有机合成中间体，下列说法正确的是（　）。

A. 3-氯戊烷分子式为 $C_5H_9Cl_3$　　B. 3-氯戊烷属于烷烃

C. 3-氯戊烷能发生取代反应　　D. 3-氯戊烷的同分异构体有 6 种

5. 下列物质的一氯代物只有一种的是（　）。

A. 新戊烷　　B. 2-甲基丙烷　　C. 邻二甲苯　　D. 对二甲苯

6. 下列室温条件下短时间就可以和 $AgNO_3$/醇溶液发生反应生成沉淀的物质是（　）。

A. $CH_3CH_2CH{=}CHBr$　　B. $CH_3CH_2CHBrCH_3$　　C. $CH_3CH{=}CHCH_2Br$　　D. CH_3Br

7. 卤代烃与醇钠作用生成醚的反应属于（　）。

A. 消除反应　　B. 酯化反应　　C. 水解反应　　D. 取代反应

8. 卤代烷与氢氧化钠的乙醇溶液共热，反应生成（　）。

A. 烯烃　　B. 醇　　C. 醚　　D. 醛

9. 仲卤烷和叔卤烷在消除脱 HX 生成烯烃时，遵循（　）。

A. 马氏规则　　B. 休克尔规则　　C. 次序规则　　D. 扎依采夫规则

10. 下列卤代烃与强碱共热时最容易发生消除反应的是（　）。

A. 伯卤代烃　　B. 仲卤代烃　　C. 叔卤代烃　　D. 乙烯型卤代烃

二、判断题

（　）1. 溴乙烷是纯净物。

（　）2. 卤代烃在碱性条件下进行水解，碱的作用是促进反应向水解方向进行。

（　）3. 1-溴丙烷滴入水中能发生分层现象，而滴入热的氢氧化钠溶液中分层现象逐渐消失。

（　）4. 1-氯丙烷和 2-氯丙烷分别在氢氧化钠的醇溶液中加热发生反应，生成的产物不同。

（　）5. 大量使用氟氯烃会破坏高空中的臭氧层。

三、命名下列化合物或写出结构式

1. 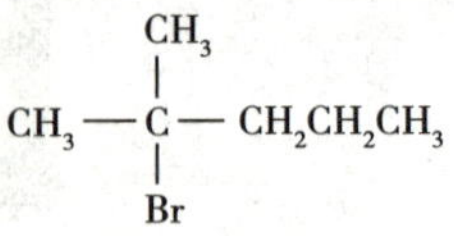

2. 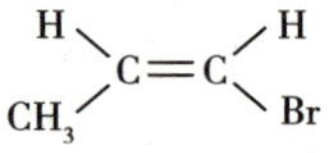

3. 1-苯-2-氯乙烷

4. 1-氯-3,5-二甲苯

四、完成下列方程式

1. 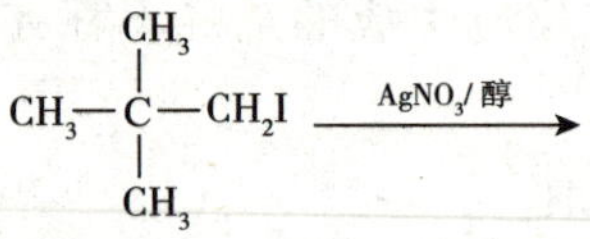

2. 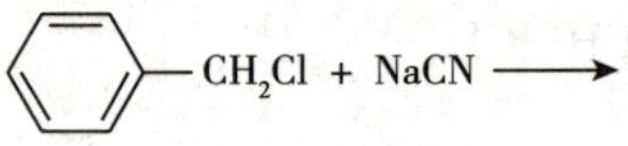

3. 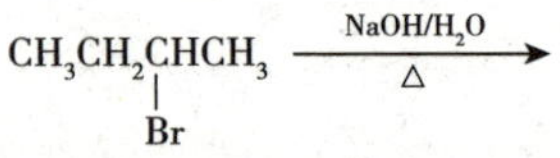

4. 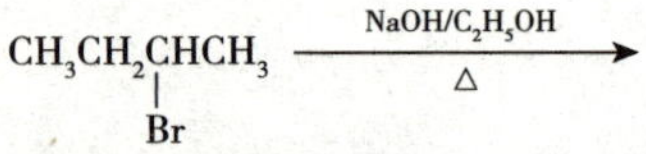

五、鉴别下列各组物质

1. 1-氯丁烷、1-碘丁烷、己烷、环己烯

2. 氯苄、对氯甲苯

（杨彩英）

书网融合……

本章小结　　本章小结（微课）　　微课　　题库

第十二章

醇、酚、醚

PPT

学习目标

知识目标

1. 掌握　醇、酚、醚的分类和命名；醇的取代反应、脱水反应、氧化反应，酚的弱酸性、与三氯化铁反应，醚的成盐反应、醚键的断裂等反应。

2. 熟悉　醇与活泼金属的反应活性与其酸性的关系。

3. 了解　醇的物理性质；与食品有关的醇、酚、醚。

能力目标

1. 能正确写出常见醇、酚、醚的名称。

2. 能利用简单化学性质鉴别伯仲叔醇、邻二醇和酚等化合物。

素质目标

通过本章学习，使学生认识到中国在食品工业中做出的巨大贡献，激发学生强烈的民族自豪感；能够体会醇、酚、醚类在食品工业上的重要作用；增强安全意识和健康意识。

情境导入 12-1

情景　乙醇俗称酒精，是白酒的主要成分。白酒的酿造多以含淀粉物质为原料，如高粱、玉米、小麦、大米等，其酿造过程大致分为两步：第一步是用米曲霉、黑曲霉、黄曲霉等将淀粉分解成糖类，称为糖化过程；第二步由酵母菌再将葡萄糖发酵产生酒精。白酒中的香味浓，主要是在发酵过程中还产生较多的酯类、挥发性酸、糠醛等。白酒的酒精含量一般在 60 度以上。

参考答案

问题　酒精含有什么特征官能团？

第一节　醇

一、醇的结构、分类和命名

（一）醇的结构

醇是烃的含氧衍生物，羟基是醇类化合物的官能团，其中的氧原子是 sp^3 杂化，见图 12-1，两对孤对电子分占两个 sp^3 杂化轨道，另外两个 sp^3 杂化轨道一个与氢原子形成 σ 键，另一个与碳原子的 sp^3 杂化轨道形成 σ 键。甲醇分子的键长及键角见图 12-2。

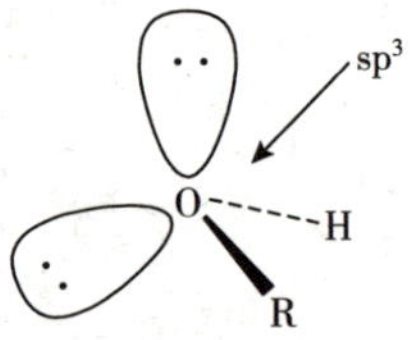

图 12-1　醇羟基的氧原子杂化状态

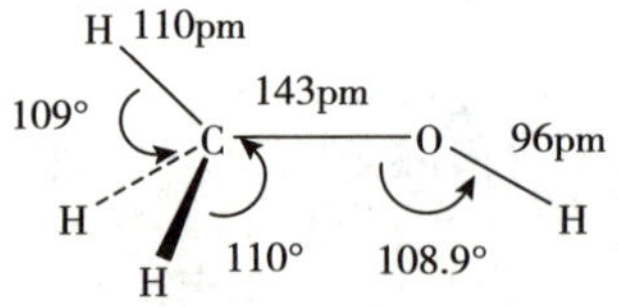

图 12-2　甲醇分子的键长及键角

(二) 醇的分类

根据分子中所含羟基的数目，可将醇分为一元醇、二元醇和多元醇。例如：

CH_3CH_2OH　一元醇

$\underset{\displaystyle OH}{\underset{|}{CH_2}}\underset{\displaystyle OH}{\underset{|}{CH_2}}$　二元醇

$\underset{\displaystyle OH}{\underset{|}{CH_2}}\underset{\displaystyle OH}{\underset{|}{CH}}\underset{\displaystyle OH}{\underset{|}{CH_2}}$　三元醇

根据与羟基相连烃基的种类，可将醇分为脂肪醇、脂环醇和芳香醇。例如：

CH_3CH_2OH　$CH_2=CHCH_2OH$

脂肪醇

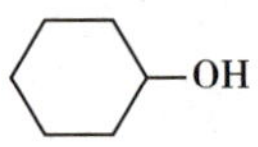

脂环醇

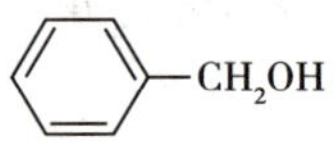

芳香醇

根据与羟基相连碳原子的类型，可将醇分为伯、仲、叔醇。例如：

$CH_3CH_2CH_2OH$　伯醇

$CH_3CH_2\underset{\displaystyle OH}{\underset{|}{CH}}CH_3$　仲醇

$(CH_3)_3C-OH$　叔醇

(三) 醇的命名

1. 普通命名法　结构比较简单的醇用普通命名法命名，命名时在“醇”的前面加上烃基的名称，称为某醇。例如：

CH_3CH_2OH　乙醇

$(CH_3)_2CH-OH$　异丙醇

$H_3C-\overset{\displaystyle CH_3}{\overset{|}{\underset{\displaystyle CH_3}{\underset{|}{C}}}}-OH$　叔丁醇

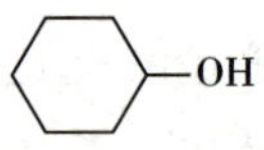

环己醇

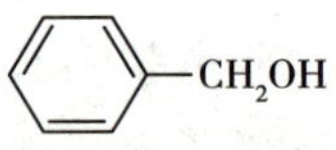

苯甲醇（苄醇）

2. 系统命名法　系统命名法主要适用于结构比较复杂的醇，命名遵循以下原则。①选择分子中最长的连续碳链作为主链，如有等长的碳链可选择时，则依次选择含有羟基、取代基数目最多的碳链作为主链。②若主链包含了羟基，则从靠近羟基的一端依次对主链碳原子编号，如有选择应兼顾使取代基的位次尽可能低（小）。③以羟基编号较小的数字表示羟基的位次并写在“醇”之前。④按取代基英文名称的字母顺序将取代基的位次、数目、名称写在醇名称的前面。例如：

$CH_3CH_2\underset{\displaystyle OH}{\underset{|}{CH}}CH_3$　丁-2-醇

$CH_3CH_2\overset{\displaystyle CH_3}{\overset{|}{CH}}\underset{\displaystyle OH}{\underset{|}{CH}}CH_3$　3-甲基戊-2-醇

$CH_3CH_2CH_2\overset{\displaystyle CH_2CH_3}{\overset{|}{CH}}CH_2CH_2OH$　3-乙基己-1-醇

芳香醇的命名，将芳香烃基作为取代基，以脂肪醇为母体。例如：

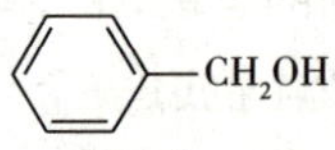

苯甲醇

不饱和醇的命名，要选择连有羟基碳原子和不饱和键在内的最长碳链为主链。从靠近羟基的一端开始编号，以醇为母体命名。不饱和键和羟基的位次分别标在“烯”（或炔）和“醇”字前面。

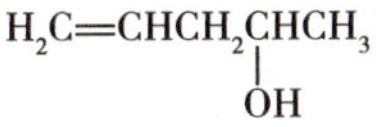

戊-4-烯-2-醇

$HC \equiv CCH_2CH_2CH_2OH$

戊-4-炔-1-醇

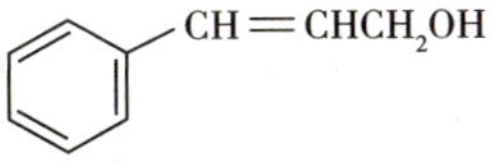

3-苯基丙-2-烯-1-醇（肉桂醇）

多元醇的命名，应尽可能选择包含多个羟基在内的最长碳链作为主链，并且在命名时标明羟基的位次和数目。例如：

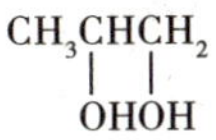

丙-1,2-二醇

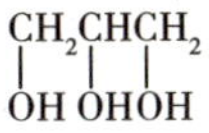

丙三醇

练一练 12-1

写出下列醇的结构简式。

1. 叔丁醇
2. 3-苯基丙-2-烯-1-醇
3. 丙-1,2-二醇

参考答案

二、醇的物理性质

在室温下，低级一元醇为具有特殊气味的液体，C_{11} 以上的醇为无色无臭的固体。

醇具有较高的沸点，低级醇的沸点比相对分子质量相近的烷烃要高得多。例如，正丁醇（相对分子量为 74）沸点 118℃，正戊烷（相对分子量为 72）沸点 36℃。这是因为醇含有极性较强的羟基，醇分子间可通过氢键而缔合，低级醇在液态时是以缔合体存在的。

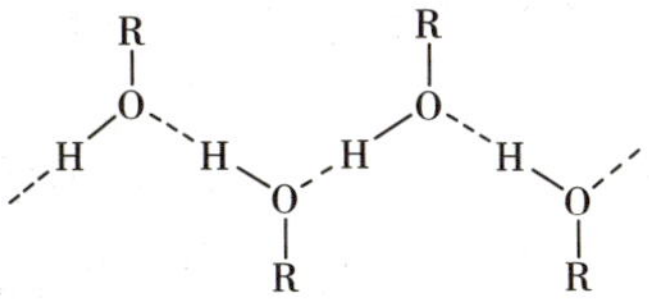

在醇的同分异构体中，直链饱和一元醇的沸点随碳原子数的增加而上升，相同碳原子数的醇，支链越多，沸点越低。这是因为烃基对羟基产生遮蔽作用，对醇分子间氢键的缔合起阻碍作用。

C_4 以下的醇能与水任意比混溶，因为醇分子与水分子之间也能形成氢键，促使醇分子在水中的溶解。

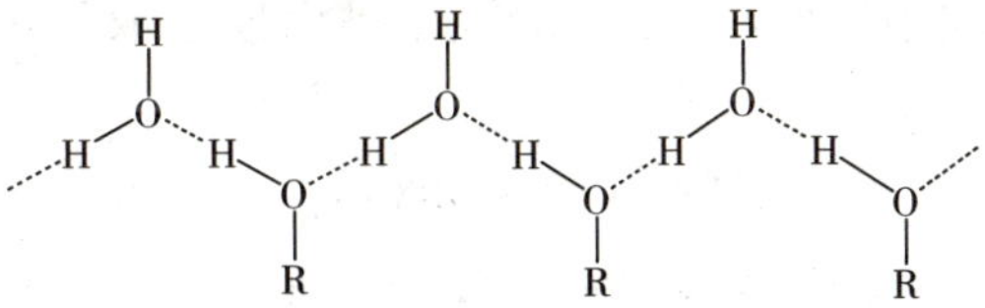

一些无机物，例如 $CaCl_2$、$MgCl_2$ 等可与低级醇形成 $CaCl_2 \cdot 4C_2H_5OH$、$MgCl_2 \cdot 6CH_3OH$ 的结晶醇化合物，故无水氯化钙等不能用作干燥剂除去醇中的水分。一些醇的物理常数见表 12-1。

表 12-1 常见醇的物理常数

化合物	熔点/℃	沸点/℃	相对密度
甲醇	-97	64.7	0.792
乙醇	-115	78.4	0.789
正丙醇	-126	97.2	0.804
正丁醇	-90	117.8	0.810
正戊醇	-79	138.0	0.817
正己醇	-52	155.8	0.820
正庚醇	-34	176	0.82
异丙醇	-88.5	82.3	0.786
异丁醇	-108	107.9	0.802
异戊醇	-117	131.5	0.812
丁-2-醇	-114	99.5	0.808
叔丁醇	26	82.5	0.789
烯丙醇	-129	97	0.855
苯甲醇	-15	205	1.046
乙二醇	-16	197	1.113
丙三醇	18	290	1.261

三、醇的化学性质

醇的化学性质主要由官能团羟基决定，从化学键来看，C—O 键和 O—H 键都是极性键。醇的化学反应主要包括涉及 C—O 键、O—H 键断裂的反应，还有由于 α-H 和 β-H 的活性引起的氧化反应、消除反应等。

（一）与活泼金属的反应

由于 O—H 键的极性，醇可以与活泼金属钠生成醇钠，并放出氢气。但比水与钠的反应要缓慢得多。

$$2ROH + 2Na \longrightarrow \underset{\text{醇钠}}{2RONa} + H_2\uparrow$$

醇分子中羟基的氢不如水分子中的氢活泼，也就是说醇的酸性比水弱，而醇与金属钠反应的产物 RONa（醇钠）的碱性则比 NaOH 要强。醇钠遇水甚至潮湿空气能分解为醇和氢氧化钠，所以醇钠需要特别保管。

$$RONa + H_2O \rightleftharpoons ROH + NaOH$$

不同类型的醇与金属钠反应速度不同，活性次序为：甲醇 > 伯醇 > 仲醇 > 叔醇。

（二）羟基的取代反应

1. 与氢卤酸反应 醇与氢卤酸反应，分子中的羟基被卤原子取代生成卤代烃，这是制备卤代烃的重要方法。

$$ROH + HX \longrightarrow RX + H_2O$$

醇与氢卤酸反应的快慢取决于醇的结构和氢卤酸的性质。氢卤酸的反应活性顺序为：HI > HBr > HCl；不同结构的醇的反应活性顺序为：烯丙醇 > 叔醇 > 仲醇 > 伯醇。

醇与浓盐酸的反应需用无水氯化锌作催化剂，由浓盐酸与无水氯化锌配成的溶液称为卢卡斯试剂（Lucas reagent）。C_6 以下的低级醇可与卢卡斯试剂反应，生成的卤代烃不溶于卢卡斯试剂，出现混浊现象后分层。叔醇在室温时立即反应，仲醇放置片刻发生反应，伯醇则要在加热下才能反应。因此可以利用卢卡斯试剂来区分 C_6 以下的伯、仲、叔醇。例如：

$$CH_3CH_2OH + HCl \xrightarrow[\triangle]{ZnCl_2} CH_3CH_2Cl + H_2O$$

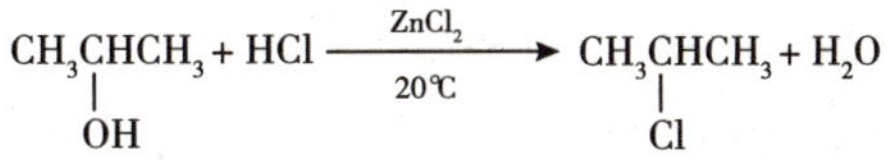

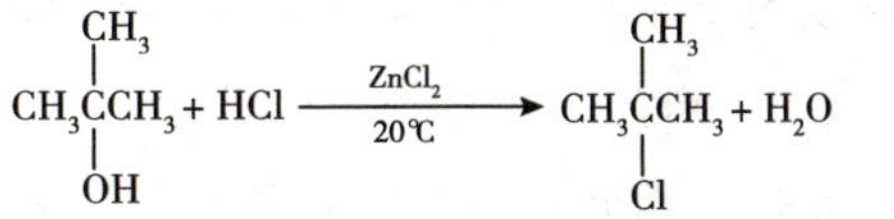

2. 与含氧无机酸反应　醇与含氧无机酸如硝酸、硫酸和磷酸等反应时，分子间脱水生成无机酸酯。例如：

$$ROH + HONO_2 \longrightarrow RONO_2 + H_2O$$

（三）脱水反应

醇在脱水剂浓硫酸、无水氧化铝等的作用下加热可发生脱水反应。醇的脱水反应存在分子内脱水和分子间脱水两种方式。

1. 分子内脱水　在较高温度下，醇分子内脱水生成烯烃。例如，乙醇与浓硫酸加热至 170℃（或与无水氧化铝加热至 360℃左右）经分子内脱水生成乙烯。

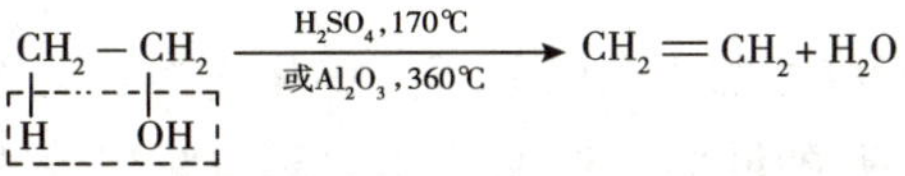

醇分子内脱水反应活性与醇的结构有关，活性大小顺序为：叔醇 > 仲醇 > 伯醇。仲醇、叔醇发生分子内脱水反应，加热温度稍低，主要产物为双键碳原子上连有较多烃基的烯烃，与卤代烃脱卤化氢反应相似，遵循扎依采夫规则。例如：

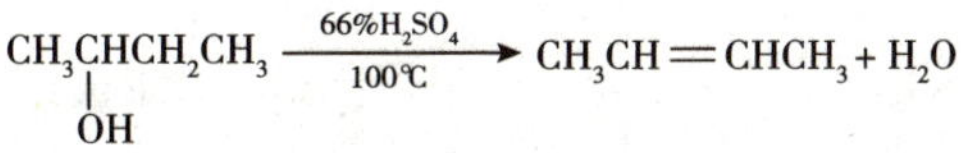

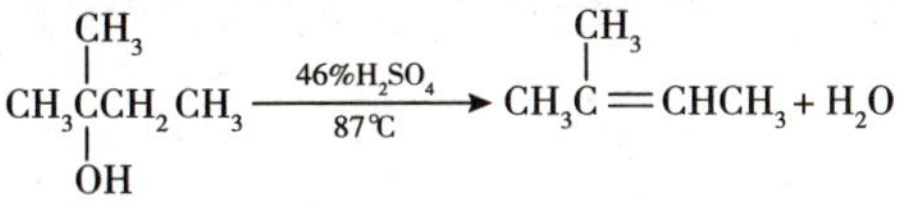

2. 分子间脱水　在较低温度下，醇分子间脱水生成醚。例如，乙醇在硫酸存在下加热至 140℃，可经分子间脱水生成乙醚。

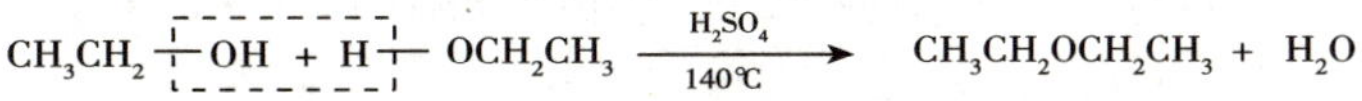

（四）氧化反应

1. 加氧氧化　醇分子中由于羟基的吸电子影响，α-H 比较活泼，含有 α-H 的伯醇、仲醇易被氧化，而没有 α-H 的叔醇难以被氧化。常用的氧化剂有高锰酸钾和重铬酸钾等。

伯醇首先被氧化生成醛，醛比醇更易被氧化，生成羧酸。

$$\underset{\text{伯醇}}{RCH_2OH} \xrightarrow[H^+]{K_2Cr_2O_7} \underset{\text{醛}}{RCHO} \xrightarrow[H^+]{K_2Cr_2O_7} \underset{\text{羧酸}}{RCOOH}$$

仲醇被氧化生成酮，酮比较稳定，不易继续被氧化，因此可用该方法来制备酮。

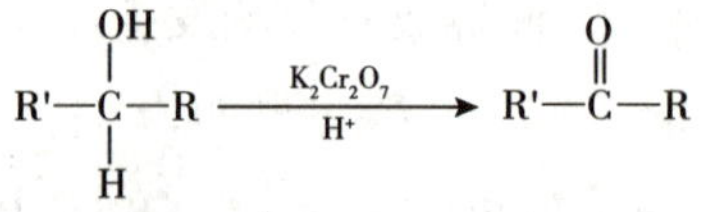

仲醇　　　　酮

例如：

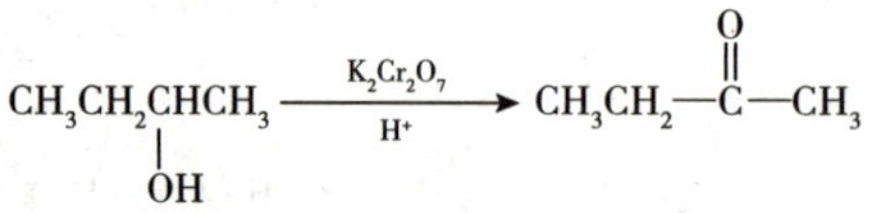

反应前后溶液的颜色有明显的变化，因此可用此法将伯、仲与叔醇区分开来。

2. 脱氢氧化　伯醇或仲醇的蒸气在高温及活性铜、银或镍等催化剂的作用下发生脱氢反应，分别被氧化生成醛或酮；而叔醇分子中没有 α-H，不能发生反应。例如：

$$CH_3CH_2OH \xrightarrow[250\sim350℃]{Cu} CH_3CHO + H_2$$

乙醛

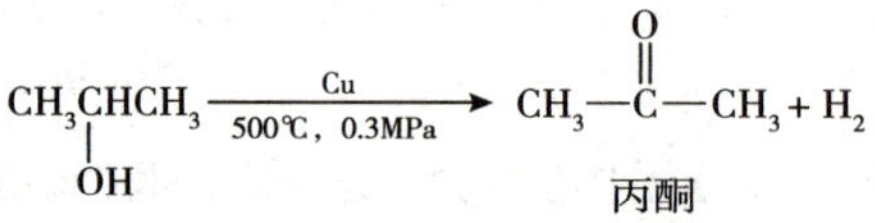

丙酮

（五）邻二醇的特性

1. 与氢氧化铜反应　两个羟基与相邻 2 个碳原子直接相连的二元醇称为邻二醇。邻二醇除了能够发生一元醇的反应外，还具有一些特殊的性质。例如，邻二醇与新制备的氢氧化铜溶液反应生成深蓝色的甘油铜配合物，此反应可用来鉴别含有邻二羟基结构的多元醇。

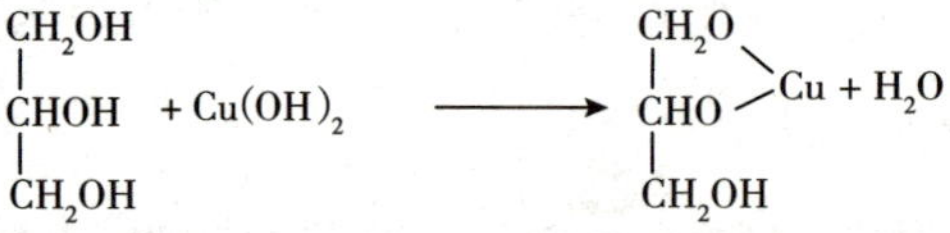

甘油　　　　甘油铜（深蓝色）

2. 氧化反应　用高碘酸或四醋酸铅氧化邻二醇使两个羟基之间的 C—C 键断裂，生成两分子羰基化合物。

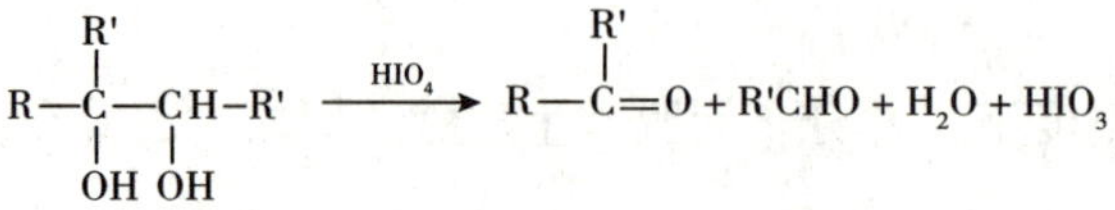

反应是定量进行的，根据消耗的 HIO_4 的物质的量和产物结构，可推测二元醇的结构。

练一练 12-2

完成下列方程式。

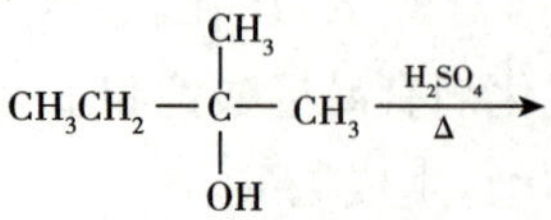

参考答案

四、重要的醇

（一）乙醇

乙醇俗称酒精，沸点78.3℃，密度0.789g/cm^3，能与水混溶。乙醇与水可形成恒沸混合物，沸点78.15℃，其中含乙醇95.6%、水4.4%，即为普通酒精。

乙醇是重要的有机溶剂，也是重要的有机合成原料。乙醇在医药上用作消毒防腐剂，体积分数为75%的乙醇杀菌能力最强，可用于皮肤和器械的消毒。

食用乙醇又称发酵性蒸馏酒，主要是利用薯类、谷物类、糖类作为原料经过蒸煮、糖化、发酵等处理而得的供食品工业使用含水乙醇。

（二）丙三醇

丙三醇俗称甘油，无色无臭有甜味的黏稠液体，熔点18℃，沸点290℃，密度1.260g/cm^3。丙三醇与水混溶，不溶于乙醚、三氯甲烷等有机溶剂。甘油以酯的形式存在于油脂中。

甘油在轻工业和化妆品中用作吸湿剂，50%的甘油用作轻泻剂。食品中加入甘油，通常是作为一种甜味剂和保湿物质，使食品爽滑可口。

（三）香叶醇

香叶醇的结构简式为 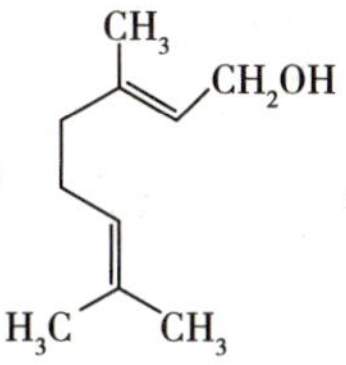

，化学名称为*E*-3,7-二甲基辛-2,6-二烯-1-醇。香叶醇为无色至黄色挥发性油状液体，熔点-15℃，沸点229~230℃，密度0.8894g/cm^3，溶于乙醇、乙醚、丙二醇、矿物油和动物油，微溶于水，不溶于甘油。

香叶醇具有温和、甜的玫瑰花气息，味有苦感。存在于玫瑰草油、香叶油、茉莉油等160多种植物精油中。工业上以月桂烯为原料制得，可用于调配樱桃、柠檬、浆果、菠萝、柑橘等食用香精。

知识链接

硫　醇

硫醇的通式是R—SH，—SH（巯基）是其官能团，硫醇可看作醇分子中的氧原子被硫原子代替后的化合物。

硫醇的命名与醇相似，在醇字前加一个“硫”字即可。例如：

CH_3SH	CH_3CH_2SH	$CH_3CH_2CH_2CH_2SH$
甲硫醇	乙硫醇	丁-1-硫醇

低级硫醇易挥发，具有特殊的臭味，即使量很少时气味也很明显。在燃气中加入少量低级硫醇能够在燃气泄漏时起报警作用。硫醇的沸点比同碳原子数的醇低，硫醇难溶于水，这是由于硫原子的电负性比氧弱，硫醇分子之间以及与水分子之间难以形成氢键。

硫醇的化学性质与醇相似，但也有差别。硫醇具有弱酸性，其酸性强于醇，能与氢氧化钠作用生成盐；还可与一些重金属离子如汞、铜、银、铅等形成不溶于水的硫醇盐，因此临床上常用二巯基丙醇、二巯基丁二酸钠、二巯基磺酸钠等作为重金属中毒的解毒剂，这是因为硫醇能与体内的重金属离子形成无毒的、稳定的配合物而排出体外，阻止了重金属离子与体内酶的巯基结合，或者夺取已与酶结合的重金属离子，而使酶恢复活性。

第二节　酚

一、酚的分类和命名

（一）酚的分类

根据酚羟基的数目可将酚分为一元酚和多元酚。

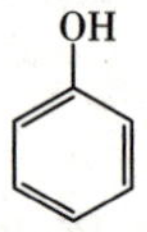

一元酚

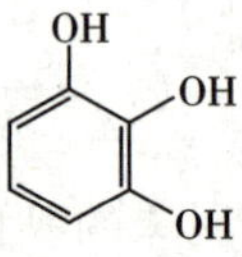

多元酚

根据与酚羟基相连的芳环种类可将酚分为苯酚、萘酚和菲酚等。

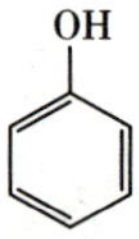

苯酚

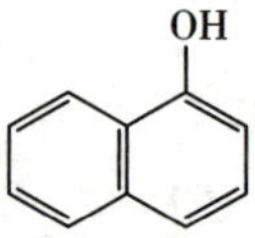

萘酚

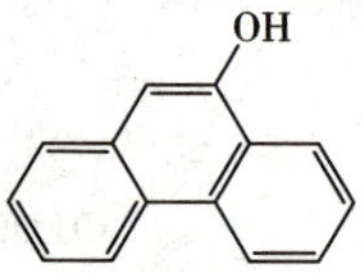

菲酚

（二）酚的命名

酚的命名一般是在芳环的名称后面加上酚字，常见的有苯酚和萘酚。当芳环上连有取代基时，以酚作为母体，将取代基的位次、数目和名称写在酚前面。结构比较复杂的酚也可以芳香烃作为母体来命名。例如：

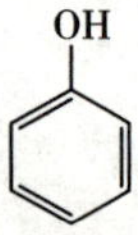

苯酚

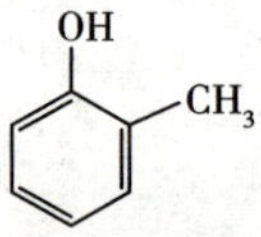

2-甲基苯酚

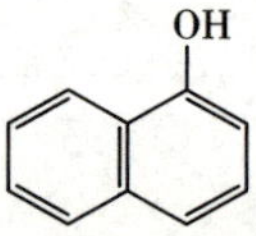

萘-1-酚

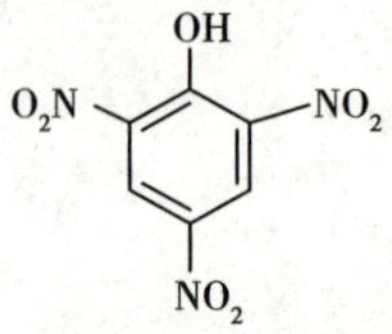

2,4,6-三硝基苯酚（苦味酸）

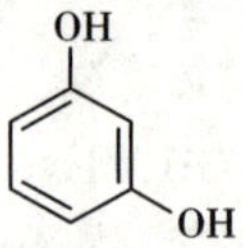

苯-1,3-二酚（雷琐酚）

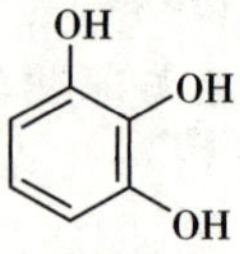

苯-1,2,3-三酚

二、酚的物理性质

绝大多数酚是无色结晶性固体，有特殊气味。因酚易在空气中氧化，故一般呈不同程度的黄色或红色。由于酚分子间能形成氢键，因此沸点、熔点比相对分子质量的芳烃要高。酚分子与水分子间也能形成氢键，在水中也有一定的溶解度。一元酚微溶于水，能溶于乙醇、乙醚等有机溶剂。多元酚随羟基数目增多，水溶性相应增大。

三、酚的化学性质

酚分子结构上含有酚羟基和芳环，酚的化学性质应具有羟基和芳环的化学性质。但由于在酚分子中羟基和芳环直接相连，二者相互影响，酚的化学性质相比醇或芳香烃具有一定的特殊性。苯酚是最简单的酚，下面主要讨论苯酚的化学性质。

（一）酚羟基的反应

1. 弱酸性 苯酚具有酸性，能与氢氧化钠水溶液反应生成易溶于水的苯酚钠。

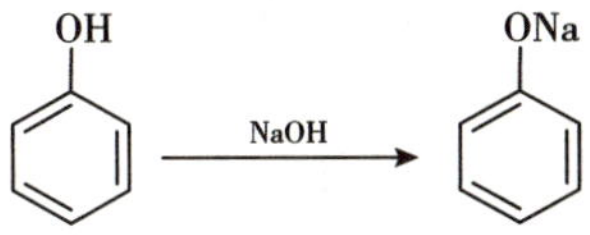

苯酚钠

苯酚的酸性比水、醇要强，但比碳酸要弱，往苯酚钠水溶液中通入二氧化碳，微溶于水的苯酚从碱溶液中游离析出。苯酚不溶于碳酸氢钠溶液。利用酚的酸性可分离和提纯酚类化合物。

对于取代酚，其酸性与环上取代基的位置、性质有关。一般来说，吸电子基（如硝基）使酸性增加，尤其是在邻、对位；而供电子基（如甲基）使酸性降低。这是因为邻、对位上的吸电子基可使苯氧负离子上的负电荷得到分散，稳定性增加，酸性增强；供电子基使苯氧负离子上的负电荷集中，苯氧负离子的稳定性减弱，酸性降低。

2. 酚酯的生成 苯酚能与酰卤或酸酐反应生成酯。例如：

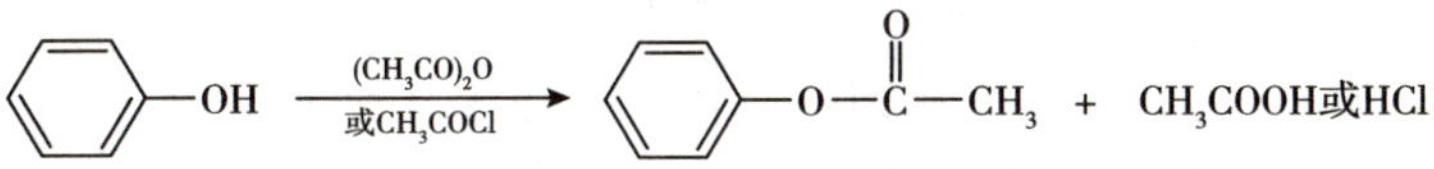

乙酸苯酯

3. 酚醚的生成 在酸性条件下，酚分子间的脱水反应很困难，一般需要条件较高。而酚在碱性条件下能与卤代烃作用成醚。例如：

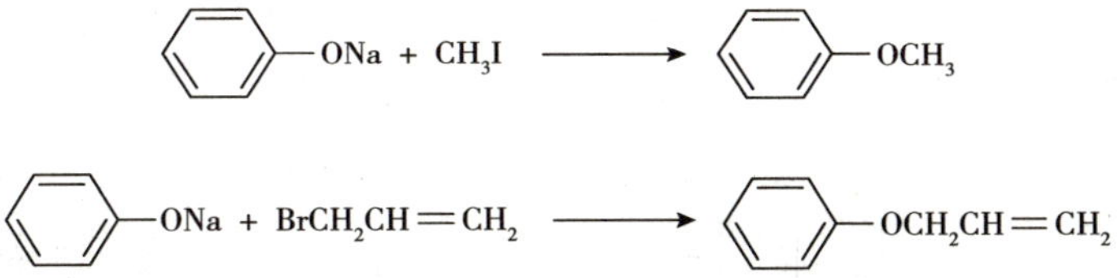

烯丙基苯基醚

4. 与三氯化铁的反应 多数含有酚羟基的化合物都能与三氯化铁发生显色反应。例如，苯酚、间苯二酚、苯-1,3,5-三酚呈紫色；对苯二酚、邻苯二酚呈绿色；苯-1,2,3-三酚呈红色。酚与三氯化铁的显色反应，一般认为是生成了有颜色的配合物。

$$6C_6H_5OH + Fe^{3+} \longrightarrow Fe(C_6H_5O)_6^{3-} + 6H^+$$

有色配合物

其他含有烯醇式（$-\overset{|}{C}=\overset{\overset{OH}{|}}{C}-$）结构的化合物都可以与三氯化铁发生同样的显色反应，这一显色反

应可以用来鉴别酚和具有烯醇式结构的化合物。

练一练 12-3

请用简便的化学方法鉴别 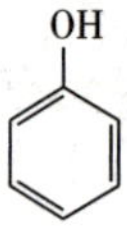 和 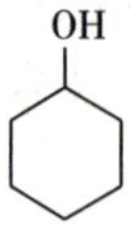。

参考答案

（二）苯环上的亲电取代反应

酚羟基与苯环形成的 p-π 共轭体系，使苯环上尤其是酚羟基的邻、对位上碳原子的电子云密度升高，因此，苯环易发生亲电取代反应。

1. 卤代反应 苯酚与溴水在常温下反应，立即生成2,4,6-三溴苯酚白色沉淀。

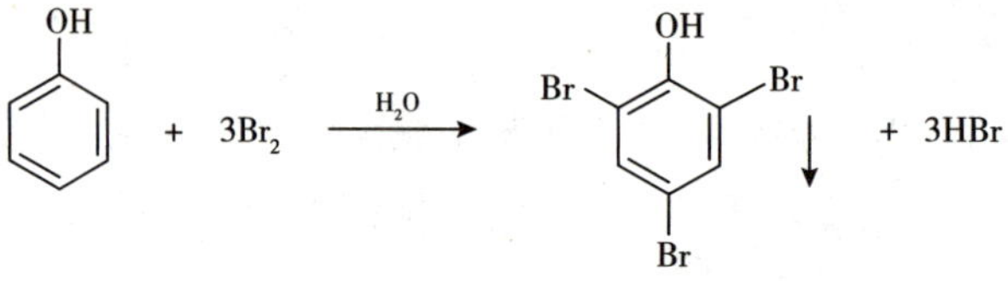

2,4,6-三溴苯酚

这类反应很灵敏，现象明显且定量进行，可用于酚类化合物的定性检验和定量测定。

2. 硝化反应 苯酚与稀硝酸在常温下反应，生成邻硝基苯酚和对硝基苯酚的混合物。

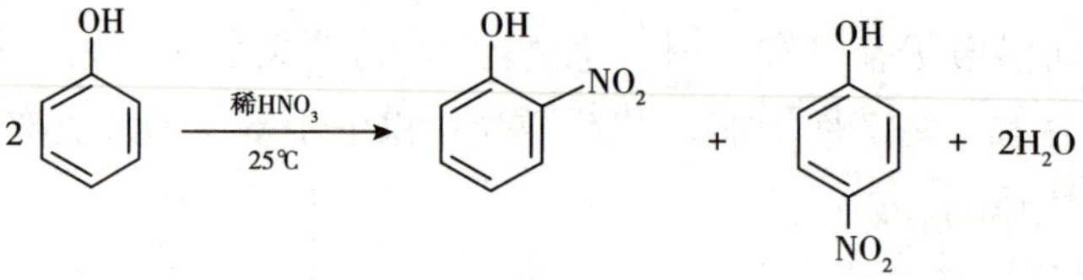

邻硝基苯酚 对硝基苯酚

对硝基苯酚与邻硝基苯酚可用水蒸气蒸馏法分离。对硝基苯酚通过分子间氢键形成缔合体，难挥发，不能随水蒸气蒸出；而邻硝基苯酚通过分子内氢键形成六元螯合环，易挥发，可随水蒸气蒸馏出来。

3. 磺化反应 苯酚与浓硫酸在低温（15～25℃）下很容易进行磺化反应，主要生成邻羟基苯磺酸；在高温（100℃）时则主要生成对羟基苯磺酸。

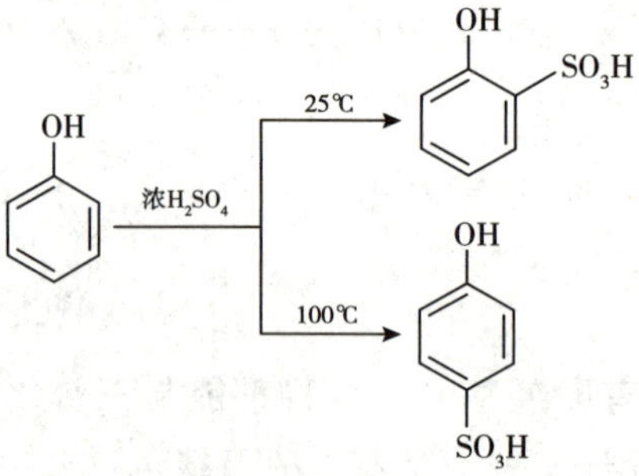

（三）氧化反应

酚类化合物很容易被氧化，不但能与重铬酸钾等强氧化剂发生氧化反应，而且与空气长时间接触，也可以被空气中的氧所氧化而颜色逐渐加深。例如：

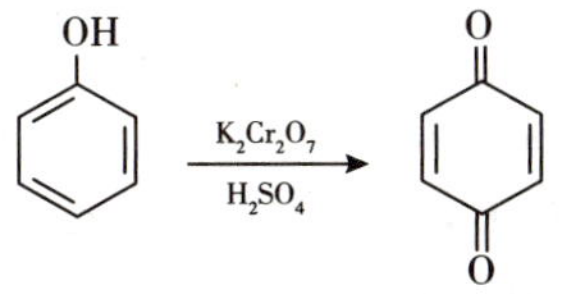

因为酚类化合物容易被氧化，可作为抗氧剂，保护其他物质不被氧化。

知识链接

天然抗氧化剂茶多酚

茶多酚亦称维多酚，是茶叶中的多酚类化合物，为淡黄色或浅绿色粉末，有茶叶味。易溶于水、乙醇、醋酸乙酯。茶多酚的主要成分包括儿茶素、黄酮、花青素、酚酸等4类化合物，其中儿茶素类化合物为茶多酚的主体成分，占茶多酚总量的65%～80%。

茶多酚具有很强的抗氧化作用，能够延长食品的贮存期，防止食品褪色，有效保护食品中各种营养成分。茶多酚与柠檬酸、苹果酸、酒石酸、抗坏血酸、生育酚等有良好的协同效应。茶多酚具有杀菌消炎、强心降压、增强人体血管抗压能力、促进人体维生素C积累等作用，还能减轻尼古丁、吗啡等有害生物碱对人体的毒害作用。

四、重要的酚

（一）苯酚

苯酚俗称石炭酸，苯酚主要存在于煤焦油中，无色针状结晶，熔点40.8℃，沸点181.8℃。微溶于水，68℃以上可以与水混溶。苯酚可溶于乙醇、乙醚等有机溶剂中。

苯酚能凝固蛋白，在天然食品中含有的某些苯酚类化合物对人体有一定的致癌性。苯酚少量存在于食品添加剂中，如防腐剂苯甲酸钠制作过程中使用的原料甲苯经过氧化和水解可能产生苯酚，苯酚有毒且有腐蚀性，因此检测苯甲酸钠中苯酚的含量对人体卫生安全具有重要意义。

（二）2-叔丁基苯-1,4-二酚

2-叔丁基苯-1,4-二酚的结构简式为 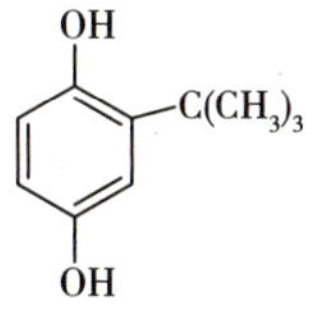

，英文名简称TBHQ，为白色或微红色结晶性粉末，有极淡的特殊香味，几乎不溶于水（约为5‰），溶于乙醇、乙酸乙酯、乙醚等有机溶剂及植物油、动物油脂等。沸点295℃，熔点126.5～128.5℃。

我国允许2-叔丁基苯-1,4-二酚作为食品抗氧化剂使用，其在高度不饱和油脂的抗氧化上比其他普通抗氧化剂有更好的性能。2-叔丁基苯-1,4-二酚能够防止胡萝卜素分解和稳定植物油中的生育酚；遇铁、铜不变色，但如有碱存在可转变为粉红色。2-叔丁基苯-1,4-二酚还具有抑菌作用，可有效抑制枯草芽孢杆菌、金黄色葡萄球菌、大肠埃希菌、产气短杆菌等细菌，以及黑曲菌、杂色曲霉、黄曲霉等微生物生长。

（三）香芹酚

香芹酚的结构简式为 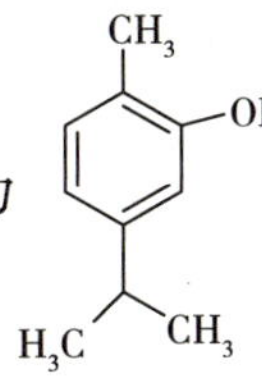

。香芹酚是具有麝香草酚气味的无色至淡黄色稠厚油状液体，沸点

237～238℃，熔点约0℃。易溶于醇和醚，几乎不溶于水，能随水蒸气挥发。

香芹酚天然存在于百里香油等精油中，尤以西班牙产的百里香油里香芹酚的含量较高。香芹酚主要用于配制莳萝、丁子香、薄荷和香草等香精，用于牙膏、牙粉、口腔用品、爽身粉、香皂等日用工业品，也用作食用香精。此外香芹酚可杀死细菌及肠内寄生虫，可用作消毒剂和杀菌剂。

第三节　醚 微课

一、醚的分类和命名

（一）醚的分类

根据醚分子中氧原子所连烃基是否相同分为简单醚和混合醚，两个烃基相同的为简单醚，两个烃基不同的为混合醚；此外，醚又可分为脂肪醚和芳香醚，两个烃基都是脂肪烃基的为脂肪醚，其中至少有一个芳香烃基的为芳香醚；具有环状结构的称为环醚。

（二）醚的命名

结构简单的醚采用普通命名法。命名时，在“醚”字前面加上烃基的名称，可省略“基”和“二”字。例如：

$C_2H_5OC_2H_5$

乙醚

$CH_2{=}CH{-}O{-}CH{=}CH_2$

乙烯醚

混合醚命名时，在“醚”字前面加上烃基的名称，不同烃基按照烃基英文首字母顺序先后排列。例如：

$CH_3OC_2H_5$

乙基甲基醚

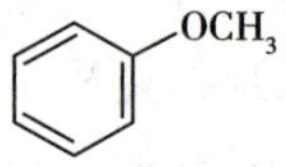

甲基苯基醚

环醚的命名可称为氧杂环某烷。例如：

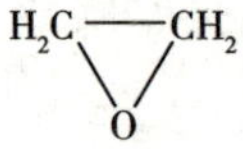

氧杂环丙烷

对于结构复杂的醚采用系统命名法，以烃或其他化合物为母体，以烷氧基（RO—）作为取代基。例如：

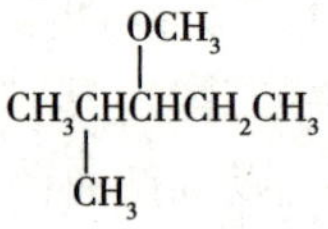

3-甲氧基-2-甲基戊烷

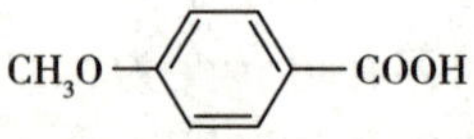

对甲氧基苯甲酸

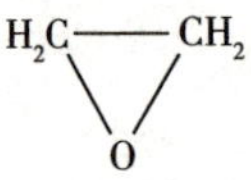

环氧乙烷

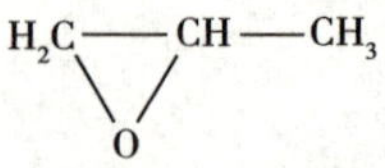

环氧-1,2-丙烷（甲基环氧乙烷）

二、醚的物理性质

大多数醚类化合物（除甲醚、环氧乙烷等）在常温下是液体有特殊气味。由于醚分子中的氧原子两边均与碳相连，没有活泼氢原子，不能形成分子间氢键，因此其沸点比分子量相近的醇低得多。例如正丁醇的沸点为117.8℃，乙醚的沸点为34.6℃。

醚可以与水分子形成分子间氢键，故在水中的溶解度与同碳数的醇相近。醚常作有机反应中的溶剂，但低级醚具有高度挥发性，容易着火，例如乙醚，不仅易着火，而且其蒸气与空气可形成爆炸性混合气体，一个电火花即会引起剧烈爆炸。因此，使用乙醚时要特别小心。

三、醚的化学性质

由于醚分子中氧原子与两个烃基相连，醚的极性很小，醚键稳定不易断裂。醚的化学性质不活泼，通常情况下不与氧化剂、还原剂及碱作用。但在一定条件下，醚遇到强酸等物质也可以发生一些特殊的化学反应。

（一）醚的成盐反应

醚分子中氧原子上有未共用电子对，能接受质子，可与浓盐酸、浓硫酸以配位键结合生成锌盐。

$$R-\ddot{O}-R' + HCl \longrightarrow [R-\overset{H}{\ddot{O}}-R']^{+}Cl^{-}$$

醚的锌盐不稳定，遇水分解为原来的醚。由于醚能溶于强酸中，而烷烃或卤代烃在强酸中不溶解，出现明显的分层现象。利用这一性质，可将醚从烷烃或卤代烃等混合物中分离、区别开来。

（二）醚键的断裂

高温下氢卤酸能使醚键断裂，生成卤代烃和醇（或酚），若氢卤酸过量则生成的醇进一步转变成卤代烃。例如：

$$CH_3CH_2OCH_2CH_3 + HI \xrightarrow{\triangle} CH_3CH_2I + CH_3CH_2OH$$

$$CH_3CH_2OH \xrightarrow{HI} CH_3CH_2I$$

脂肪混合醚与氢卤酸共热时，一般是较小的烃基生成卤代烃，较大的脂肪烃基生成醇。例如：

$$CH_3CH_2-O-CH_3 + HI \longrightarrow CH_3I + CH_3CH_2OH$$

芳基烷基醚断裂时，芳基生成酚，烷基生成卤代烃。例如：

（三）过氧化物的生成

醚与空气长期接触，逐渐生成过氧化物。

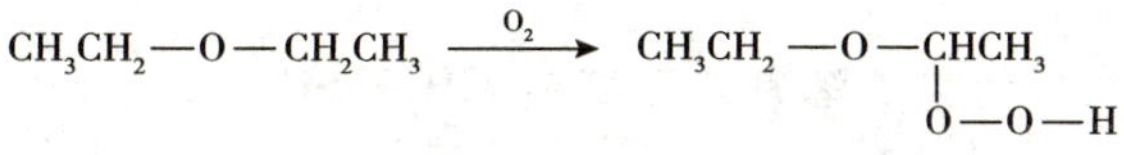

过氧化反应发生在α-碳氢键上，过氧化物沸点比醚高，不稳定，受热发生爆炸。醚类化合物应保存在密闭的棕色瓶中，并加入一些抗氧化剂。对久置的醚在使用前可用淀粉－碘化钾试纸或 $FeSO_4$、KCNS 混合液检查醚中是否含有过氧化物杂质。若存在过氧化物，可加入适量还原剂（如 $FeSO_4$ 或 Na_2SO_3 溶液）洗涤除去醚中的过氧化物。

四、重要的醚

（一）β-萘乙醚

β-萘乙醚亦称橙花素-Ⅱ，结构简式为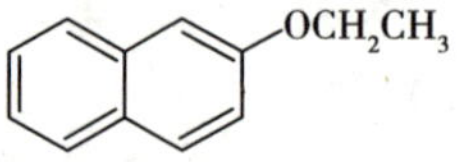。β-萘乙醚为白色片状结晶固体，熔点37℃，沸点282℃，不溶于水，溶于乙醇等有机溶剂。

β-萘乙醚具有粉香、花香、柑橘香以及葡萄、浆果的味道，可用于调配葡萄、香荚兰、樱桃等食用香精，在最终加香食品中浓度为0.12～3.6mg/kg。

（二）叔丁基对羟基茴香醚

叔丁基对羟基茴香醚结构简式为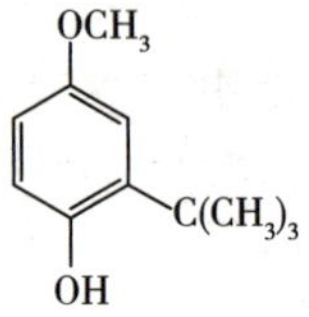和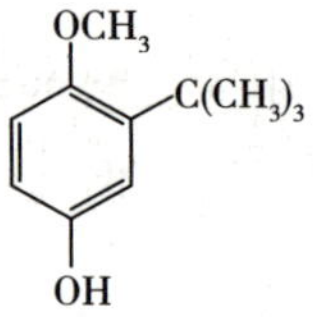，是两种成分的混合物，为白色或微黄色结晶状物，熔点48～63℃，沸点264～270℃（98kPa），高浓度时略有酚味，易溶于乙醇、丙二醇和油脂，不溶于水。

叔丁基对羟基茴香醚作为脂溶性抗氧化剂，可稳定食品中的色素和抑制酯类化合物的氧化，适宜用于油脂食品和富脂食品。由于其热稳定性好，因此可以在油煎或焙烤条件下使用。另外叔丁基对羟基茴香醚对动物性脂肪的抗氧化作用较强，而对不饱和植物脂肪的抗氧化作用较差。叔丁基对羟基茴香醚可与其他脂溶性抗氧化剂混合使用，其效果更好。动物实验表明，叔丁基对羟基茴香醚有一定的毒性，而且价格较贵，目前在我国消耗量很小，已逐渐被新型抗氧化剂取代。

知识链接

硫醚

醚分子中的氧原子被硫原子代替的化合物，称为硫醚，结构通式为(Ar)R—S—R′(Ar′)，官能团为硫醚键—S—。

硫醚的命名方法与醚相似，只是在“醚”字前面加一“硫”字，例如：

CH_3-S-CH_3　　甲硫醚

$CH_3-S-CH(CH_3)-CH_3$　　甲异丙硫醚

低级硫醚为无色液体，有臭味，不溶于水，但溶于醇或醚。

硫醚与醚相似，化学性质不活泼，在强烈的条件下（如高温下，用发烟硝酸或高锰酸钾）氧化生成砜。

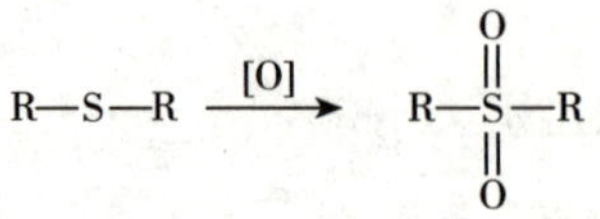

在工业上应用较广的良好的极性溶剂二甲亚砜 $CH_3—SO—CH_3$（俗称DMSO），是无色液体，沸点189℃。

练习题

答案解析

一、选择题

1. 下列醇属于仲醇的是（　）。
   A. 正丁醇　B. 异丙醇　C. 2-甲基丁-1-醇　D. 3-甲基丁-2-醇
2. 卢卡斯试剂的成分是（　）。
   A. 浓盐酸与浓硫酸　B. 浓盐酸与无水氯化锌
   C. 硝酸银氨溶液　D. 新制氢氧化铜
3. 下列化合物进行消除反应须遵循扎依采夫规则的是（　）。
   A. $CH_3CH_2CHOHCH_3$　B. $CH_3CHOHCH_3$　C. CH_3CH_2OH　D. $CH_3CH_2CH_2OH$
4. 误饮工业酒精会严重危及人的健康甚至生命，原因是其中含有（　）。
   A. 甲醇　B. 乙醇　C. 乙醚　D. 乙醛
5. 下列试剂中，可用于检验醚中的过氧化物的是（　）。
   A. 碘液　B. 淀粉碘化钾试液　C. 冷浓硫酸　D. 淀粉试纸
6. 与氢氧化铜反应生成深蓝色溶液的是（　）。
   A. 乙醇　B. 乙二酸　C. 甘油　D. 乙醚
7. 下列哪种化合物不可以作消毒液（　）。
   A. 乙醇　B. 甲烷　C. 高锰酸钾　D. 双氧水
8. 下列物质中酸性最强的是（　）。

A. 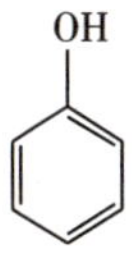

B. 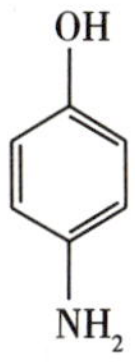

C. 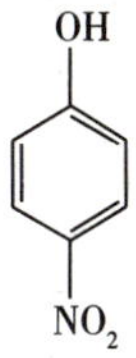

D. 

9. 下列关于酚的性质说法正确的是（　）。
   A. 醇具有弱酸性，可以和活泼金属 Na 生成醇钠，并放出氢气
   B. 可以与氢卤酸、卤化磷或亚硫酰氯生成卤代烷
   C. 与硫酸、硝酸或亚硝酸、磷酸等无机酸反应生成无机酸酯
   D. 与三氯化铁生成颜色反应
10. 下列化合物，遇 $FeCl_3$ 显紫色的是（　）。
   A. 甘油　B. 苯酚　C. 烯丙醇　D. 硝基苯

二、判断题

（　）1. 含有—OH 的化合物都是醇。
（　）2. 醇的脱水反应又称消除反应。
（　）3. 羟基可与水形成氢键，因此凡含有羟基的化合物均易溶于水。
（　）4. 甲醚和甲醇互为同分异构体。
（　）5. 实验室可用水蒸气蒸馏方法分离邻硝基苯酚和对硝基苯酚。
（　）6. 酚是羟基与芳环直接相连形成的化合物。
（　）7. 临床上常用浓度为 95% 的乙醇作消毒剂。

（ ）8. 醇酚醚在结构上的共同特点是分子中含有碳氧单键。

（ ）9. 伯醇的酸性比水的还弱，所以醇显碱性。

（ ）10. 乙醚易被空气氧化为过氧化物，过氧化物受热易爆炸，故蒸馏乙醚时不要蒸干，以免发生危险。

三、命名下列化合物或写出结构简式

1. 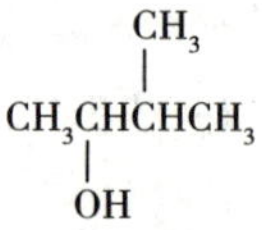

2. 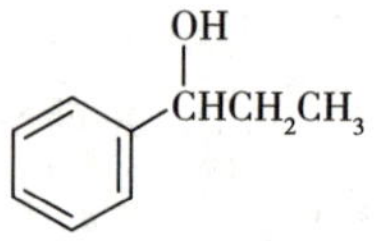

3. 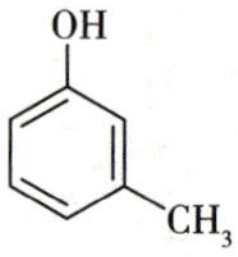

4. $CH_3CH_2OCH(CH_3)_2$

5. 叔丁醇

6. 戊-3-烯-2-醇

7. 2-硝基苯酚

8. 烯丙基苯基醚

四、完成反应式

1. 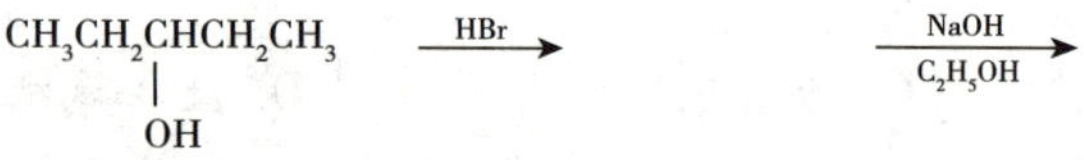

2. 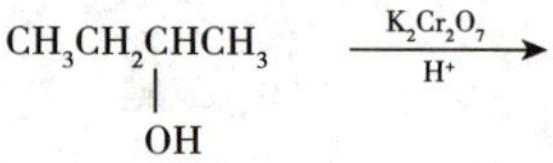

3. 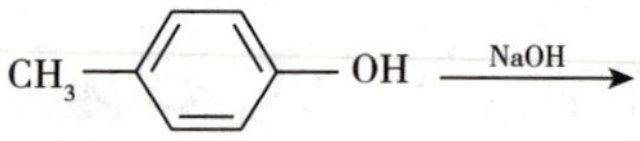

4. 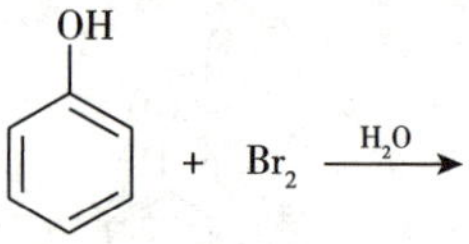

5. 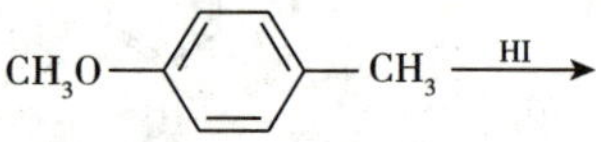

五、用化学方法区分下列各组化合物

1. 正丁醇、仲丁醇和叔丁醇
2. 苯甲醇和苯酚

（王　静）

书网融合……

本章小结　　本章小结（微课）　　微课　　题库

第十三章

醛、酮、醌

PPT

学习目标

知识目标

1. **掌握** 醛、酮的结构特点、命名和主要化学性质。
2. **熟悉** 醌的结构、命名和性质。
3. **了解** 醛、酮、醌的分类、物理性质和重要化合物。

能力目标

1. 能运用结构理论分析醛、酮的结构特征。
2. 能利用典型化学反应鉴别醛、酮的种类。
3. 能运用醛、酮的性质解释相关食品的特性。

素质目标

通过本章学习，提高学生的环保意识、安全意识、健康意识，树立“学以致用，学有所用，学用结合”学习理念。

第一节 醛和酮

微课

情境导入 13－1

情景 在国家标准《食品添加剂使用卫生标准》中，甲醛列入了食品工业用加工助剂推荐名单中，食品工业用加工助剂是指能使食品加工顺利进行的各种辅助物质，这些物质在后续的加工过程中大部分将被除去，不会对人体健康构成危害，如啤酒的生产中添加甲醛。除此之外甲醛是不允许添加到其他食品中，如“吊白块”（次硫酸氢钠甲醛）是我国法律明令禁止添加到任何食品中，是一种有毒化学物质，不法商贩将其添加在食品中使食品外观色泽亮丽、久煮不糊、提升口感、延长保质期。因此，我们在享受美食的过程中不要过分的追求食品的外观和口感，而忽视食品本身的健康问题。

参考答案

问题 1. 在食品中添加甲醛有什么作用？

2. 该化合物中含有什么特征官能团？

碳原子以双键和氧原子相连的基团称为羰基，醛和酮都是含有羰基的化合物，又称为羰基化合物。

一、醛、酮的结构、分类和命名

（一）醛、酮的结构

除甲醛外（甲醛中羰基碳原子与2个氢原子相连），羰基分别与烃基和氢原子相连的化合物称为醛，醛的通式为：$(Ar)R-\overset{O}{\overset{\|}{C}}-H$，$-\overset{O}{\overset{\|}{C}}-H$ 称为醛基，是醛的官能团，可简写为—CHO，位于碳链的一端。

羰基与2个烃基相连的化合物称为酮，酮的通式为 $(Ar)R-\overset{O}{\overset{\|}{C}}-R'(Ar')$，$-\overset{O}{\overset{\|}{C}}-$ 称为羰基，是酮的官能团，也称为酮基，简写为—CO—，位于碳链中间。

羰基中的碳原子为 sp^2 杂化，其中一个 sp^2 杂化轨道与氧原子的一个 p 轨道在键轴方向重叠构成碳氧 σ 键；碳原子未参与杂化的 p 轨道与氧原子的另一个 p 轨道平行重叠形成 π 键。因此，羰基碳氧双键是由一个 σ 键和一个 π 键组成的，见图 13－1。

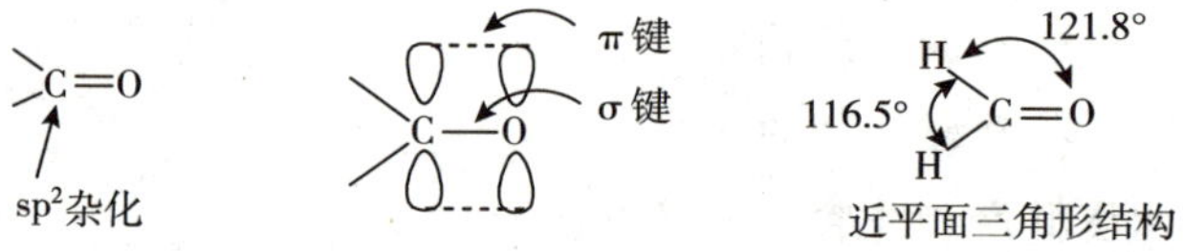

图 13－1　羰基的结构

羰基中氧原子电负性大于碳原子，使氧原子周围的电子云密度比碳原子周围的电子云密度大，导致氧原子带部分负电荷，碳原子带部分正电荷。带负电荷的氧原子容易发生亲核加成反应。

（二）醛、酮的分类

根据烃基结构的不同可分为脂肪醛、酮；芳香醛、酮；脂环醛、酮。例如：

$CH_3CH_2CH_2CHO$　脂肪醛　　$CH_3CH_2-\overset{O}{\overset{\|}{C}}-CH_3$　脂肪酮

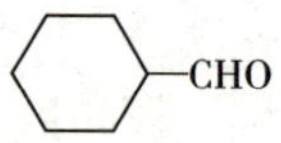

脂环醛

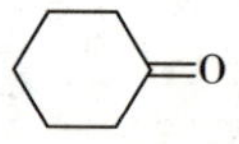

脂环酮

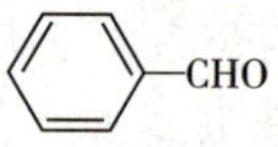

芳香醛

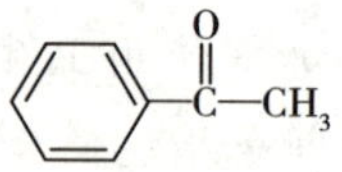

芳香酮

根据烃基的饱和程度可分为饱和醛、酮；不饱和醛、酮。例如：

$CH_3CH_2CH_2CHO$　饱和醛　　$CH_3CH_2-\overset{O}{\overset{\|}{C}}-CH_3$　饱和酮

$CH_3CH=CHCHO$　不饱和醛　　$CH_3CH=CH-\overset{O}{\overset{\|}{C}}-CH_3$

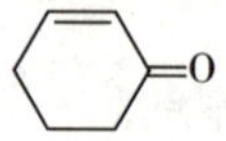

不饱和酮

练一练 13－1

指出下列醛所属类别。

$CH_3\underset{CH_3}{\underset{|}{C}}HCHO$

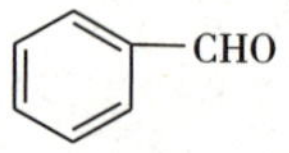

参考答案

（三）醛、酮的命名

1. 普通命名法 简单的脂肪醛按分子中的碳原子的数目，称为“某醛”。例如：

CH_3CHO

乙醛

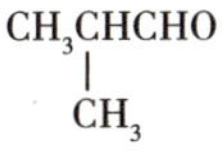

异丁醛

简单的酮按羰基所连接的两个烃基的名称命名，不同烃基按照烃基英文首字母顺序先后排列；芳香烃基在前，脂肪烃基在后。例如：

$CH_3CH_2COCH_2CH_3$

二乙酮

$CH_3COCH_2CH_3$

乙甲酮

2. 系统命名法 结构比较复杂的醛、酮采用系统命名法命名。

（1）饱和脂肪醛、酮的命名 ①选择分子中最长的连续碳链作为主链，如有等长的碳链可选择时，则依次选择含有羰基的、取代基数目最多的碳链作为主链。②若主链包含羰基，则从靠近羰基的一端依次对主链碳原子编号，如有选择应兼顾使取代基的位次尽可能低。③以羰基编号较小的数字表示羰基的位次并写在“醛或酮”之前，由于醛基一般在碳链的链端，故不必标明其位置，但酮基的位置必须标明；主链中碳原子的编号可以用阿拉伯数字，也可以用希腊字母表示，即把与羰基碳直接相连的碳原子用 α 表示，其他碳原子依次为 β，γ……。④命名时按取代基英文名称的字母顺序将取代基的位次、数目、名称写在醛或酮名称的前面。例如：

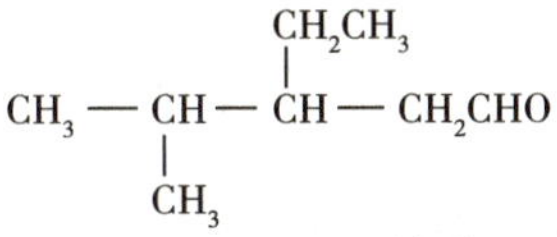

β-乙基-γ-甲基戊醛

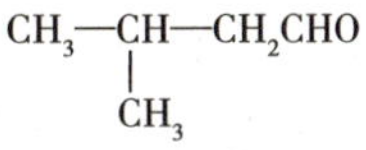

β-甲基丁醛

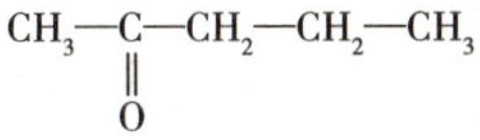

戊-2-酮

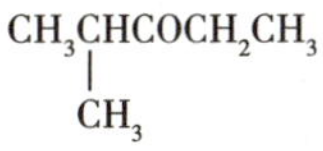

α-甲基戊-3-酮

（2）不饱和醛、酮的命名 需标出不饱和键和羰基的位置。

$CH_3CH{=}CHCHO$

丁-2-烯醛

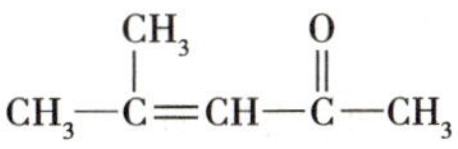

4-甲基戊-3-烯-2-酮

（3）芳香醛、酮的命名 是以脂肪醛、酮为母体，芳香烃基作为取代基。

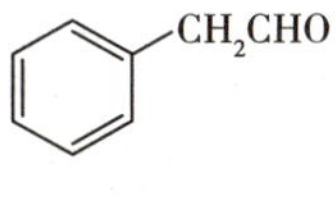

苯乙醛

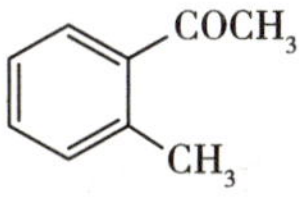

2-甲基苯乙酮

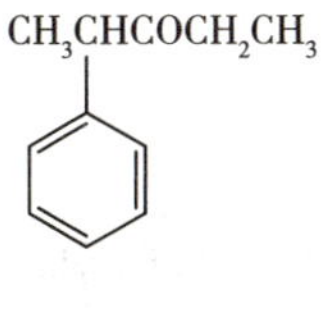

2-苯基戊-3-酮

二、醛、酮的物理性质

常温下，除甲醛是气体外，12 个碳原子以下的脂肪醛、酮都是液体，高级脂肪醛、酮和芳香酮多为固体。醛或酮的沸点比相应分子量相近的醇低，较相应的烷烃和醚高。

醛、酮羰基上的氧原子可以与水分子中的氢原子形成氢键，因而低级醛、酮（如甲醛、乙醛、丙酮等）易溶于水，但随着分子中碳原子数目的增加，它们的溶解度则迅速减小。醛和酮易溶于有机溶剂。常见醛、酮的物理常数见表 13－1。

表 13－1　常见醛、酮的物理常数

化合物	结构式	熔点（℃）	沸点（℃）	密度（g/cm³）	水溶解度（g/100ml H_2O）
甲醛	HCHO	－92.0	－19.5	0.185	55.0
乙醛	CH_3CHO	－123.0	20.8	0.781	溶
丙醛	CH_3CH_2CHO	－81.0	48.8	0.807	20.0
丁醛	$CH_3CH_2CH_2CHO$	－97.0	74.7	0.817	4.0
苯甲醛	C_6H_5CHO	－26.0	179.0	1.046	0.33
丙酮	CH_3COCH_3	－95.0	56.0	0.792	溶
丁酮	$CH_3COCH_2CH_3$	－86.0	79.6	0.805	35.3

三、醛、酮的化学性质

醛、酮的化学性质主要决定于羰基。由于醛、酮分子中的羰基具有极性，故能发生亲核加成反应。由于羰基吸电子诱导效应的影响，使 α－H 活泼故能发生缩合反应、卤代反应等。由于醛羰基的极性比酮羰基的极性大，空间阻碍也较小，因而在相同条件下，醛比酮活泼，有些反应醛可以发生，而酮则不能，如图 13－2 所示。

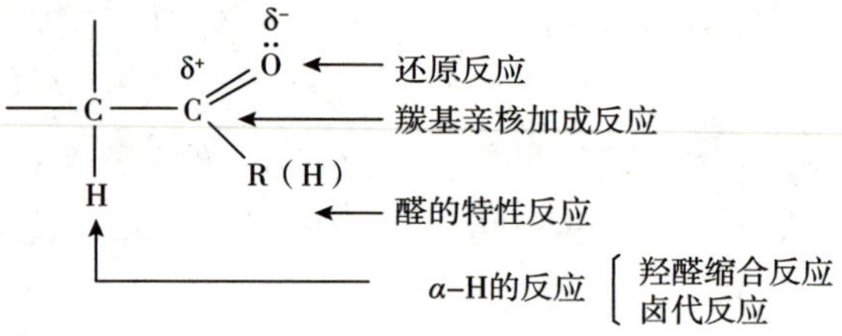

图 13－2　醛、酮发生化学反应的主要部位

（一）加成反应

1. 与氢氰酸加成　醛、脂肪族甲基酮和含 8 个碳以下的环酮都能与氢氰酸发生加成反应，生成的产物称为 α-羟（基）腈，又称 α-氰醇。

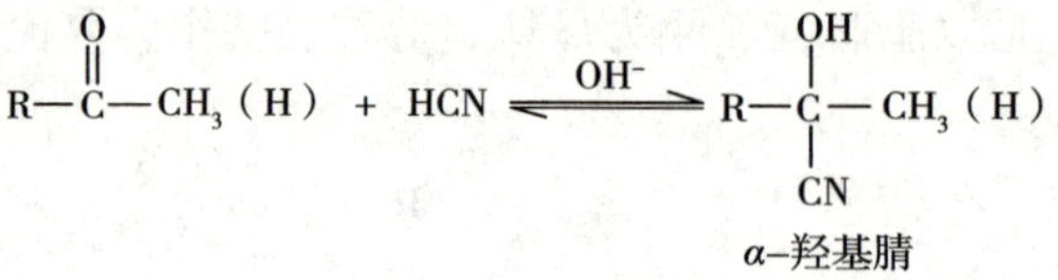

α-羟基腈

氢氰酸极易挥发并有剧毒，一般不直接用氢氰酸进行反应。在实验室中，为了操作安全，通常将醛、酮与氰化钾（钠）的水溶液混合，再滴入无机强酸以生成氢氰酸，操作要求在通风橱中进行。

α-羟基腈可进一步水解成 α-羟基酸。由于产物比反应物增加了一个碳原子，所以该反应也是有机合成中增加碳链的方法之一。

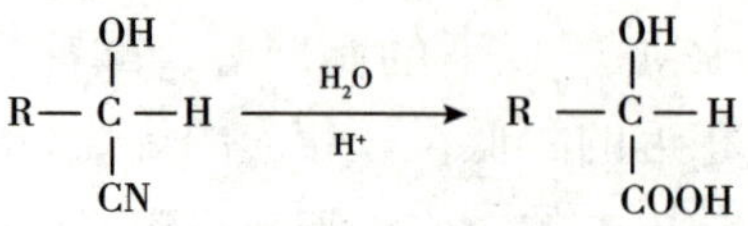

练一练 13-2

请说出醛与氢氰酸的反应属于加成反应中的哪一种。

参考答案

2. 加亚硫酸氢钠 醛、脂肪族甲基酮和含 8 个碳以下的环酮都能与过量的饱和亚硫酸氢钠溶液发生加成反应，生成 α-羟基磺酸钠，它不溶于饱和的亚硫酸氢钠溶液中而析出结晶。

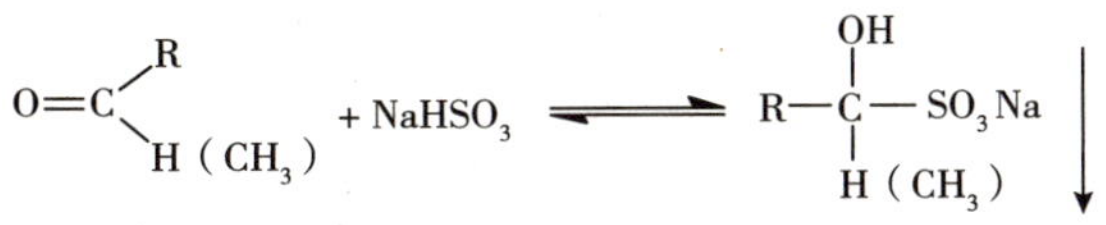

此反应可逆。α-羟基磺酸钠能被稀酸或稀碱分解成原来的醛或甲基酮，故常用这个反应来分离、精制醛或甲基酮。

3. 加醇 醛与醇在干燥氯化氢的催化下，发生加成反应，生成半缩醛。半缩醛羟基非常活泼，可以和另一分子醇进一步缩合，生成缩醛（acetal）。缩醛对碱、氧化剂和还原剂都很稳定，但在酸性溶液中则可以水解生成原来的醛和醇。在有机合成中，常利用缩醛的生成来保护活泼的醛基。

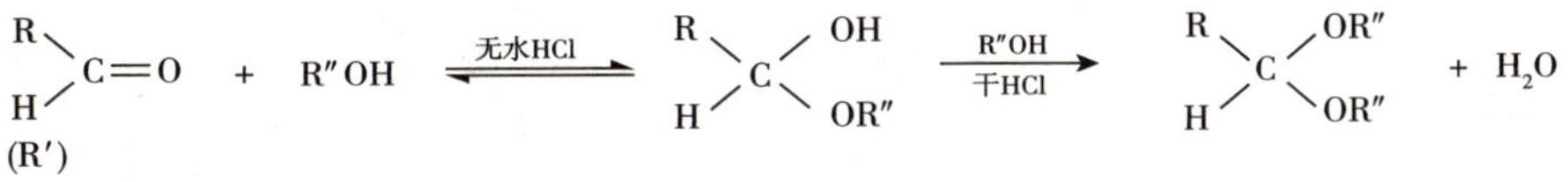

酮也可以与醇作用生成缩酮（ketal），但反应要慢得多，这是由于反应平衡倾向于反应物一边的缘故。

葡萄糖等糖类化合物分子中的 γ-或 δ-位的羟基容易和羰基发生缩合，形成五、六元环的环状半缩醛。糖类分子都具有这种稳定的环状半缩醛结构。半缩醛、缩醛的结构和性质是学习糖类的基础。

4. 与氨的衍生物的反应 氨的衍生物是指氨分子（NH_3）中的氢原子被其他基团取代后的产物（如羟胺、肼、苯肼、2,4-二硝基苯肼等），一般用 H_2N—G 表示。醛、酮与氨的衍生物发生缩合反应，得到含有碳氮双键（C=N）的化合物。表 13-2 列出了几种常见氨的衍生物及其与醛酮反应的产物。其反应通式为：

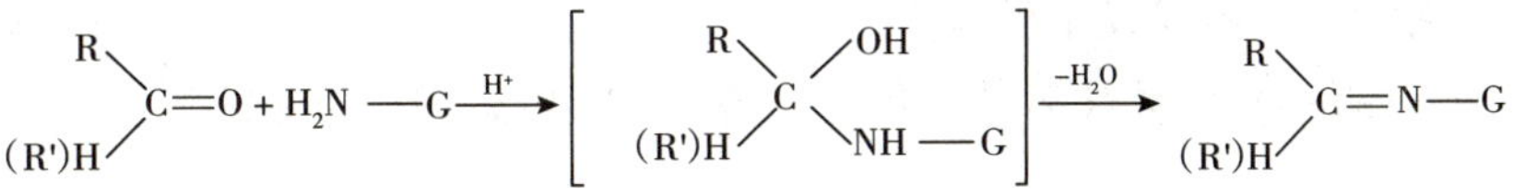

醛、酮与一些氨的衍生物的反应：

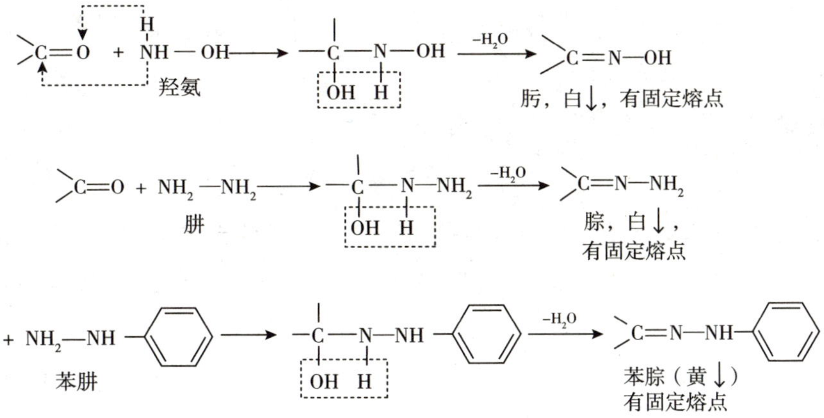

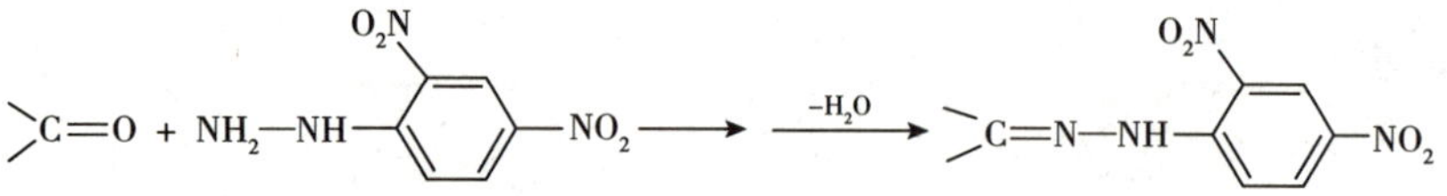

2,4-二硝基苯肼　　　　2,4-二硝基苯腙（黄↓）

表 13－2　氨的衍生物及其与醛、酮反应的产物

氨的衍生物	反应产物
$NH_2—OH$（羟胺）	$R(R')HC=N—OH$（肟）
$NH_2—NH_2$（肼）	$R(R')HC=N—NH_2$（腙）
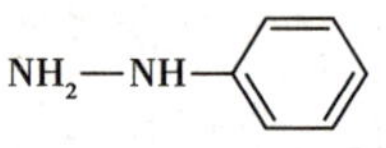（苯肼）	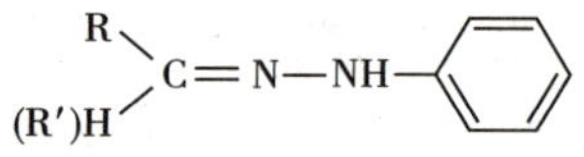（苯腙）
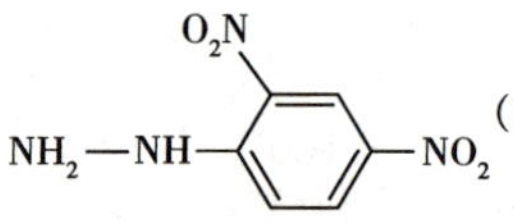（2,4-二硝基苯肼）	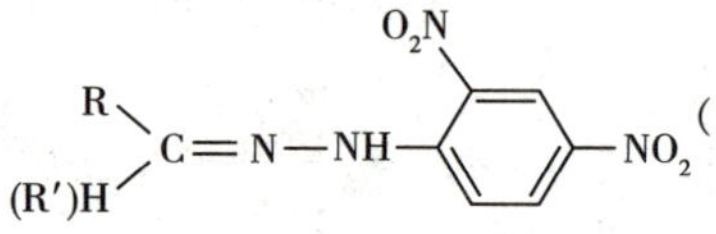（2,4-二硝基苯腙）
$NH_2—NH—C(=O)—NH_2$（氨基脲）	$R(R')HC=N—NH—C(=O)—NH_2$（缩氨脲）

上述反应的产物多数是固体，有固定的熔点，常用于醛、酮的鉴别。因此，把这些氨的衍生物称为羰基试剂（即检验羰基的试剂）。特别是2,4-二硝基苯肼几乎能与所有的醛、酮迅速反应，生成黄色结晶，常用来鉴别醛、酮。

（二）α-H 的反应

由于羰基的极化使α－碳原子上 C—H 键的极性增强，氢原子有成为质子离去的倾向，导致醛、酮α-碳原子上的氢变得活泼，很容易发生反应。

1. 卤代反应　醛或酮的α-H易被卤素取代，生成α-卤代醛或酮。例如：

$$H—\overset{O}{\overset{\|}{C}}—CH_2—R + Cl_2 \longrightarrow H—\overset{O}{\overset{\|}{C}}—CHCl—R + HCl$$

$$R—\overset{O}{\overset{\|}{C}}—CH_3 + Cl_2 \longrightarrow R—\overset{O}{\overset{\|}{C}}—CH_2X + HCl$$

知识链接

卤代醛和卤代酮

卤代醛或卤代酮都具有特殊的刺激性气味。三氯乙醛的水合物 $CCl_3CHO \cdot H_2O$，又称水合氯醛，具有镇静和催眠作用；溴丙酮具有催泪作用，对眼睛、上呼吸道有刺激作用。

2. 卤仿反应　在碱性催化下，α-碳原子上连有三个氢原子的醛酮（如乙醛和甲基酮），能与卤素的

碱性溶液作用，生成三卤代物。三卤代物在碱性溶液中不稳定，立即分解成三卤甲烷（卤仿）和羧酸盐，称为卤仿反应。如用碘的碱溶液，则生成碘仿（称为碘仿反应）。碘仿为淡黄色晶体，难溶于水，并具有特殊的气味，易于观察，可用来鉴别是否含有 $CH_3—\overset{O}{\overset{\|}{C}}—R(H)$ 构造的羰基化合物。

$$X_2 + 2NaOH \rightleftharpoons NaOX + NaX + H_2O$$

$$CH_3—\overset{O}{\overset{\|}{C}}—R(H) + 3NaOX \rightleftharpoons CX_3—\overset{O}{\overset{\|}{C}}—R(H) + 3NaOH$$

$$CX_3—\overset{O}{\overset{\|}{C}}—R(H) + NaOH \longrightarrow CHX_3 + (H)R—COONa \quad 或$$

$$CH_3—\overset{O}{\overset{\|}{C}}—R(H) + 3X_2 + 4NaOH \longrightarrow CHX_3 + (H)R—COONa + 3NaX + 3H_2O$$

次卤酸盐是一种氧化剂，可以使具有（ $CH_3—\overset{OH}{\overset{|}{C}H}—$ ）构造的醇先被氧化成乙醛或甲基酮，故也可发生卤仿反应。所以碘仿反应也能鉴别具有上述构造的醇类，如乙醇、异丙醇等。

练一练 13-3

请鉴别戊-2-酮和戊-3-酮。

参考答案

3. 羟醛缩合反应 在稀碱催化下，1 分子醛的 α-碳原子加到另 1 分子醛的羰基碳上，而 α-H 加到羰基氧原子上，生成 β-羟基醛，这类反应称为羟醛缩合反应又叫醇醛缩合。β-羟基醛在加热下很容易脱水生成 α,β-不饱和醛。例如：

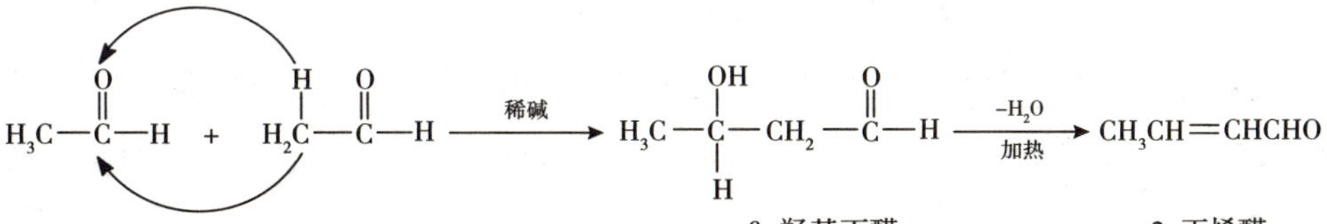

β-羟基丁醛　　2-丁烯醛

反应产物比原来主链多了 2 个碳原子，所以羟醛缩合反应是有机合成上增长碳链的一种方法。

（三）氧化反应

知识链接

酒精性脸红反应

酒精性脸红反应，是饮酒后出现的脸红现象，具体原因和酒精代谢有关。

酒精在体内的正常代谢途径是：首先酒精在乙醇脱氢酶的作用下，将乙醇转化为乙醛；其次乙醛脱氢酶将乙醛转化为乙酸；最后乙酸被分解为二氧化碳、水、脂肪，在体内储存，这也正是经常喝酒会引起啤酒肚、脂肪肝的原因。

因为乙醛脱氢酶的含量因人而异，所以乙醛在体内的代谢速率各不相同。乙醛具有使毛细血管扩张的功能，乙醛微量就会使人表现为各种醉酒的症状，如面红耳赤、头晕目眩，这也正是酒精性脸红反应的原因。乙醛蓄积会导致各种综合征，如呼吸困难、低血压、低血糖、意识障碍、休克等，严重者可出现呼吸衰竭、心肌梗死、甚至死亡。所以大家要理性饮酒，关注身体健康。

醛基上的氢原子比较活泼，容易被氧化。醛不仅能被高锰酸钾等强氧化剂氧化，也能被弱氧化剂托伦试剂、斐林试剂氧化，即醛具有较强的还原性。醛氧化时生成同碳数的羧酸，酮则不易被氧化。

1. 银镜反应 托伦（Tollens）试剂是由硝酸银碱溶液与氨水制得的银氨配合物的无色溶液。托伦试剂与醛共热，醛被氧化成羧酸，而弱氧化剂中的银被还原成金属银析出。由于析出的银附着在容器壁上形成银镜，因此这个反应叫作银镜反应。酮则不易被氧化。

$$(Ar)RCHO + 2[Ag(NH_3)_2]OH \xrightarrow[\triangle]{} (Ar)RCOONH_4 + 2Ag\downarrow + 3NH_3 + H_2O$$

利用托伦试剂可把醛与酮区别开来。

2. 斐林反应 斐林（Fehling）试剂包括甲、乙两种溶液，甲是硫酸铜溶液，乙是酒石钾钠和氢氧化钠溶液。使用时，将两者等体积混合，摇匀后即得氢氧化铜与酒石酸钾钠形成深蓝色的可溶性配合物。

斐林试剂能氧化脂肪醛，但不能氧化芳香醛，可用来区别脂肪醛和芳香醛。斐林试剂与脂肪醛共热时，醛被氧化成羧酸，而二价铜离子则被还原为砖红色的氧化亚铜沉淀。

$$RCHO + 2Cu(OH)_2 + NaOH \xrightarrow[\triangle]{} RCOONa + Cu_2O\downarrow + 3H_2O$$

甲醛还原能力较强，氧化亚铜可继续被甲醛还原为铜，生成“铜镜”。

（四）还原反应

1. 催化氢化还原 醛或酮经催化氢化可分别被还原为伯醇或仲醇。

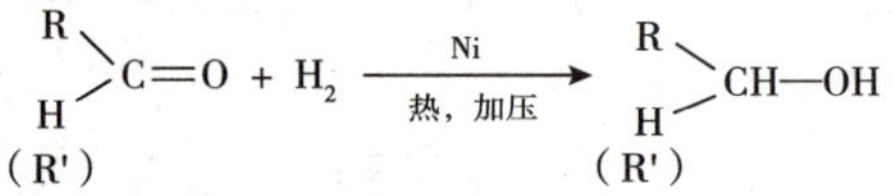

2. 金属氢化物还原 氢化铝锂（$LiAlH_4$）、硼氢化钠（$NaBH_4$）或异丙醇铝（$Al[OCH(CH_3)_2]_3$）等还原剂具有较高的选择性，只能还原羰基，不还原双键（$\gt C=C\lt$）或叁键（$-C\equiv C-$）。与醛、酮作用，生成相应的醇。

$$CH_3CH=CHCH_2CHO \xrightarrow[②H_3O^+]{①NaBH_4} CH_3CH=CHCH_2CH_2OH$$

（只还原 C=O）

（五）与希夫试剂的显色反应

醛与希夫（Schiff）试剂（品红亚硫酸试剂）反应生成紫红色物质，反应灵敏，而酮不发生此反应，可用来鉴别醛、酮。使用这种方法时，溶液中不能存在碱性物质和氧化剂，也不能加热，否则会消耗亚硫酸，溶液恢复品红的红色，出现假阳性反应。甲醛与希夫试剂反应生成紫红色物质，加入硫酸后紫红色不消失，而其他醛生成的紫红色物质加入硫酸后褪色，可用此方法区别甲醛和其他醛。

四、重要的醛、酮

（一）甲醛

甲醛又名蚁醛，是具有强烈刺激性的无色气体，易溶于水。甲醛能使蛋白质凝固，有杀菌和防腐能力。40% 的甲醛水溶液叫“福尔马林”，可使蛋白质变性，可用作消毒剂和生物标本的防腐剂。甲醛与氨作用，生成环六亚甲基四胺，商品名为乌洛托品。乌洛托品为白色结晶粉末，易溶于水，在医药上用作利尿剂及尿道消毒剂。

甲醛极容易发生聚合反应，如将甲醛的水溶液慢慢蒸发，就可以得到三聚甲醛或多聚甲醛的白色固体。福尔马林长期存放所生成的白色沉淀就是多聚甲醛。三聚甲醛加强酸或多聚甲醛加热即可解聚为甲醛。甲醛可作为合成酚醛树脂、氨基塑料的原料。

目前已确定甲醛是室内环境和食品的污染源之一，对人体健康有很大负面影响，世界卫生组织认定其为致癌和致畸形物质。

（二）丙酮

丙酮是无色易挥发易燃的液体，具有特殊的气味，丙酮极易溶于水，几乎能与一切有机溶剂混溶，故广泛用作溶剂。

糖尿病患者由于代谢功能紊乱，体内会产生过量的丙酮，并随呼吸和尿液排出。临床上可用碘仿反应检验患者尿液中是否含有丙酮；除碘仿反应外，也可用亚硝酰铁氰化钠[$Na_2Fe(CN)_5NO$]的碱溶液检验，若溶液呈鲜红色证明尿液中有丙酮存在。

（三）樟脑

樟脑学名2-莰酮，构造式为：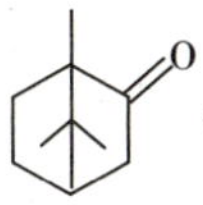。

樟脑是具有特异芳香气味的无色半透明晶体，味略苦而辛，有清凉感，易升华。不溶于水，能溶于醇等。樟脑在医学上用途很广，如作呼吸循环兴奋药的樟脑油注射剂（10%樟脑的植物油溶液）和樟脑磺酸钠注射剂（10%樟脑磺酸钠的水溶液）；用作治疗冻疮、局部炎症的樟脑醑（10%樟脑乙醇溶液）；成药清凉油、十滴水和消炎镇痛膏等均含有樟脑。樟脑也可用于驱虫防蛀。

（四）麝香酮

麝香酮（3-甲基环十五酮）其构造式为：

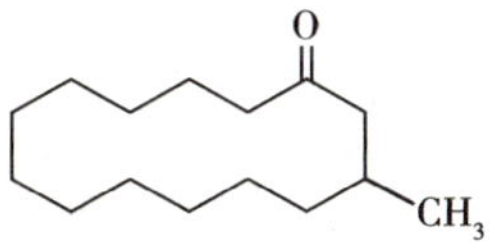

具有麝香香味，为油状液体，是麝香的主要香气成分。微溶于水，能与乙醇互溶。香料中加入极少量的麝香酮可增强香味，因此许多贵重香料常用它作为定香剂。

麝香是非常名贵的中药，麝香酮具有扩张冠状动脉及增加其血流量的作用，对心绞痛有一定疗效。人工合成的麝香广泛应用于制药工业。

知识链接

甲醛的危害和清除方法

甲醛作为室内空气污染物主要来源，对人体健康有极大危害。长期工作、生活在甲醛含量超标的环境中，会产生一系列的病症，如：嗓子发干、呼吸困难、头晕、乏力、恶心，甚至会引起白血病、肿瘤等严重疾病，孕妇长期吸入可能导致胎儿畸形，甚至死亡。

去除装修后的甲醛可以使用以下方法。①通风换气法：要保证每天不间断地通风，是去除室内甲醛最简便、有效的方法。也可用空气净化器更换室内空气。②生物吸收法：利用植物进行光合作用吸收甲醛，常用的植物有：吊兰、绿萝、薄荷等。此方法只适合于去除低浓度甲醛。③吸附法：常用的以碳质为主要成分的吸附剂（如活性炭等）、多孔金属和非金属氧化物吸附剂（如硅胶等）、以及各种树脂吸附剂。此法具有效率高、富集功能强、无二次污染的特点。④光催化氧化法：通过光照和光催化剂的共同作用，将甲醛气体氧化成 CO_2 和 H_2O，从而达到降低室内甲醛浓度的目的。常采用光触媒方法（触媒，即催化剂）。

第二节 醌

情境导入 13-2

情景 吡咯喹啉醌（pyrroloquinoline quinone，简称 PQQ）是一种新辅基，被称为第十四种维生素。2022 年 3 月 1 日，国家正式发布公告将吡咯喹啉醌二钠盐列为新食品原料。吡咯喹啉醌二钠盐存在于多种食物中，如牛奶、鸡蛋、菠菜等。研究发现，吡咯喹啉醌二钠盐对维持动物机体正常生理功能有至关重要的作用，其中促生长、抗糖尿病、抗氧化、保护神经、抑制炎症和调节机体免疫力等功能已受到广泛关注。PQQ 体内合成量远不能满足机体需求，摄取途径主要通过饮食供给。因此，吡咯喹啉醌二钠盐成为一种新型食品原料，在食品中有着广泛的应用前景。

参考答案

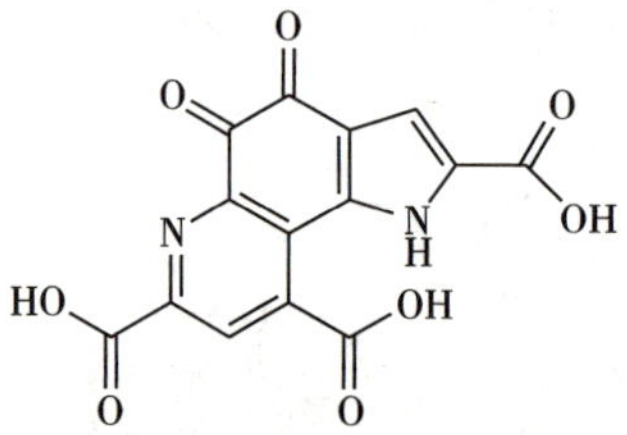

吡咯喹啉醌

问题 根据结构中羰基的位置判断 PQQ 属于醌类化合中的哪一种？

一、醌的结构和命名

醌是含有共轭环己二烯二酮基本结构的一类化合物，有对位和邻位两种结构。

醌类化合物是以苯醌、萘醌、蒽醌等为母体来命名的。两个羰基的位置可用阿拉伯数字标明，或用邻、对、远或 α、β 等标明写在醌名字前。母体上如有取代基，可将取代基的位置、数目、名称写在前面。例如：

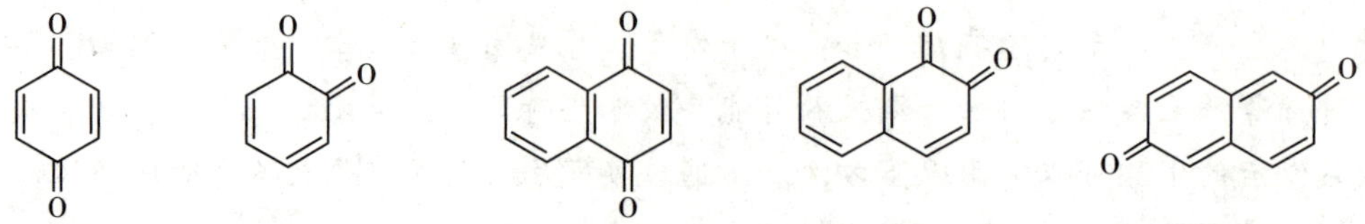

1,4-苯醌（对苯醌）　1,2-苯醌（邻苯醌）　1,4-萘醌（α-萘醌）　1,2-萘醌（β-萘醌）　2,6-萘醌（远萘醌）

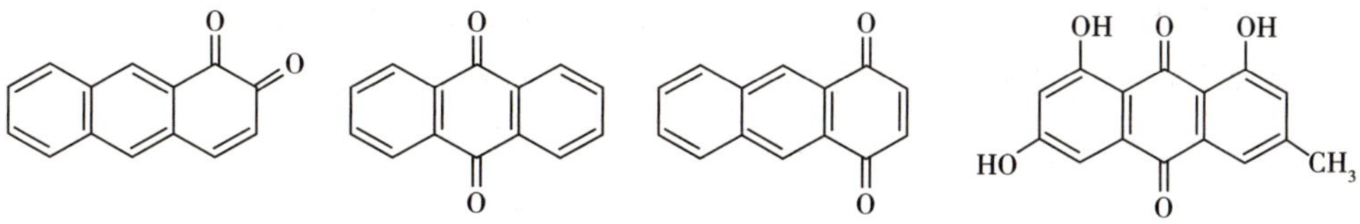

1,2-蒽醌　　9,10-蒽醌　　1,4-蒽醌　　大黄素

二、醌的性质

（一）物理性质

醌类化合物通常具有颜色。对位的醌多呈现黄色，邻位的醌多呈现红色或橙色，所以它是许多染料和指示剂的母体。

对位醌具有刺激性气味，可随水蒸气汽化，邻位醌没有气味，不随水蒸气汽化。

（二）化学性质

从醌的构造来看。其分子中既有羰基，又有碳碳双键和共轭双键，因此可以发生羰基加成、碳碳双键加成以及共轭双键的1,4-加成反应。

1. 羰基的加成反应　苯醌可与羰基试剂发生加成反应。如对苯醌与羟胺反应，先生成对苯醌单肟，再生成对苯醌二肟。

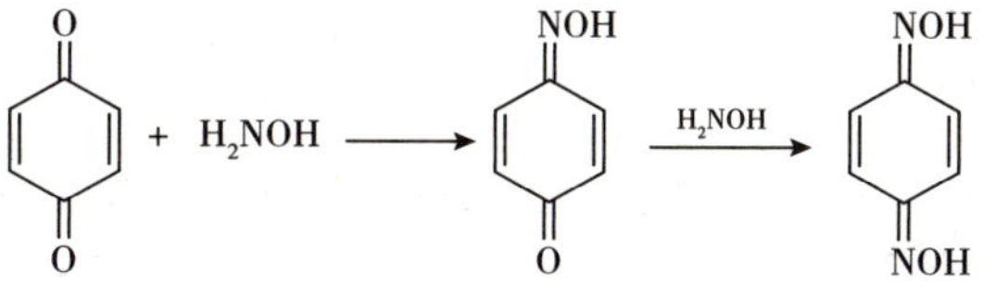

2. 烯键的加成反应　醌中的碳碳双键可以与卤素、卤化氢等亲电试剂加成。例如：

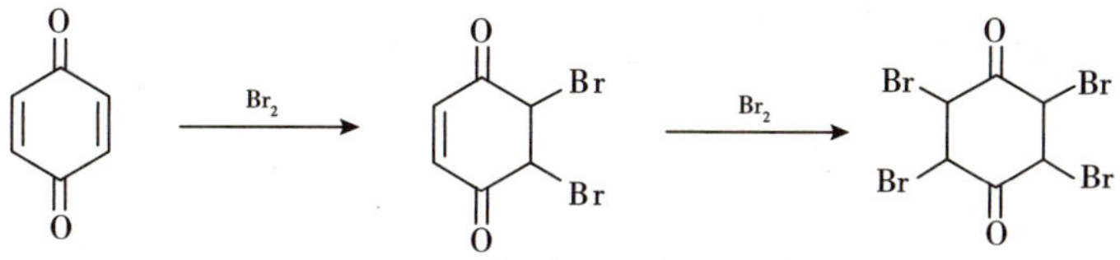

3. 共轭双键的1,4-加成反应　醌分子中含有共轭双键，可与亲核试剂发生1,4-加成。如维生素K_3（2-甲基-1,4-萘醌）与亚硫酸氢钠的加成，先产生烯醇结构，然后互变成酮式结构。加成的总结果相当于2-甲基-1,4-萘醌的2,3位双键进行加成，生成亚硫酸氢钠甲醌萘。

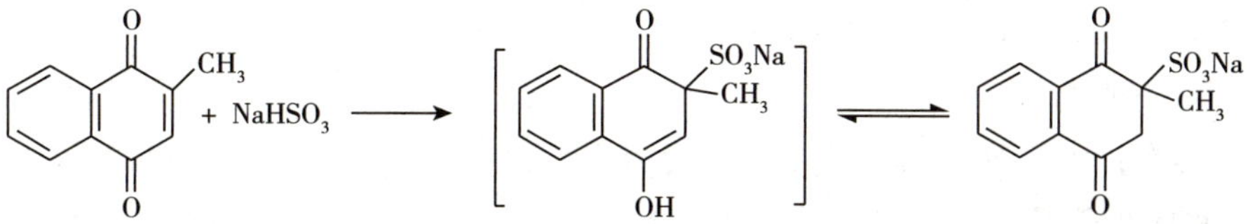

三、重要的醌类化合物

（一）对苯醌

对苯醌是黄色晶体，熔点115.7℃，能随水蒸气蒸出，具有刺激性臭味，有毒，能腐蚀皮肤，能溶

于醇和醚中。如将对苯醌的乙醇溶液和无色的对苯二酚的乙醇溶液混合，溶液颜色变为棕色，并有深绿色的晶体析出，这是一分子对苯醌和另一分子对苯二酚结合而成的分子配合物，叫作醌氢醌。

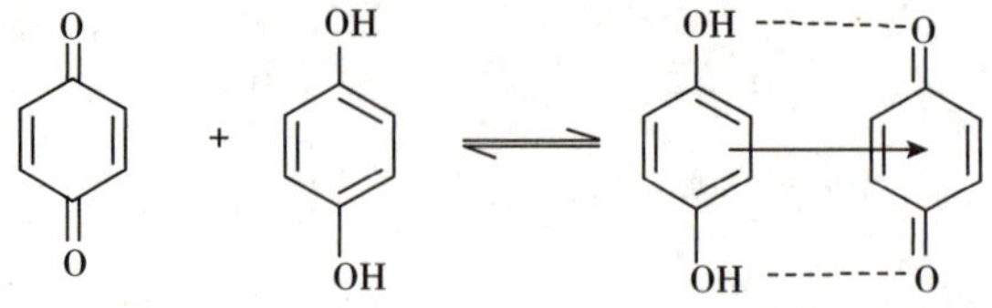

醌氢醌
电荷转移络合物

（二）α-萘醌和维生素 K

α-萘醌又叫1,4-萘醌，是黄色晶体，熔点125℃，可升华，微溶于水，溶于乙醇和醚中，具有刺鼻气味。

许多天然产物的色素含α-萘醌构造，如维生素 K_1 和维生素 K_2 都是萘醌的衍生物。维生素 K_1 和 K_2 的差别只在于侧链有所不同，维生素 K_1 为黄色油状液体，维生素 K_2 为黄色晶体。维生素 K_1 和 K_2 广泛存在于自然界中，绿色植物（如苜蓿、菠菜等）、蛋黄、肝脏等含量丰富。维生素 K_1 和 K_2 的主要作用是能促进血液的凝固，所以可用作止血剂。

在研究维生素 K_1 和 K_2 及其衍生物的化学构造与凝血作用的关系时，发现2-甲基-1,4-萘醌具有更强的凝血能力，称为维生素 K_3，可由合成方法制得。维生素 K_3 为黄色晶体，熔点105～107℃，难溶于水，可溶于植物油或其他有机溶剂。由于维生素 K_3 是油溶性维生素，医药上常用其亚硫酸氢钠的加成物，以增加其溶解性。

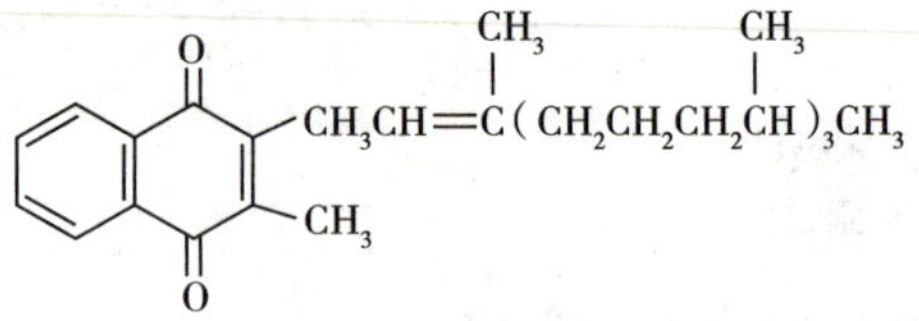

维生素K_1

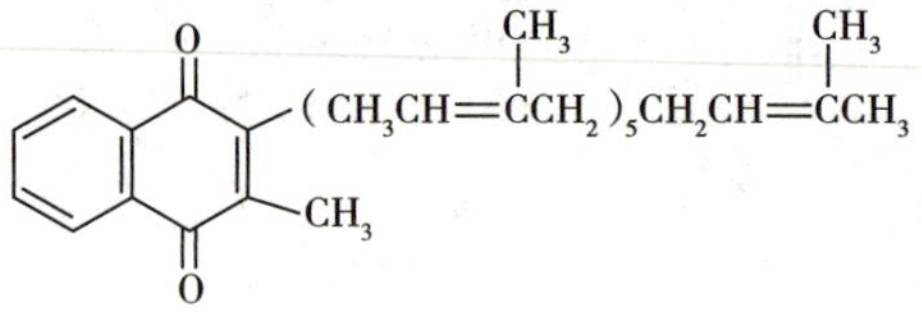

维生素K_2

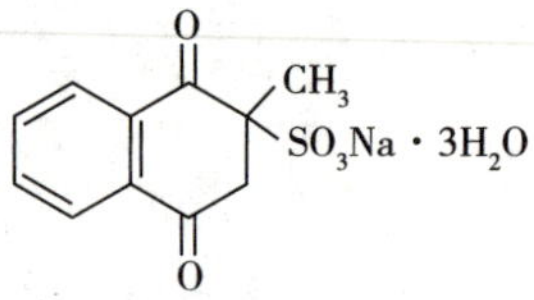

维生素K_3

知识链接

辅酶 Q10

辅酶Q10又名泛醌10，是一类脂溶性的苯醌类化合物，广泛存在于自然界，是生物体内氧化还原过程中极为重要的物质。它通过分子中的苯醌和对苯二酚间的可逆的氧化还原过程在生物体内完成转移电子的作用。

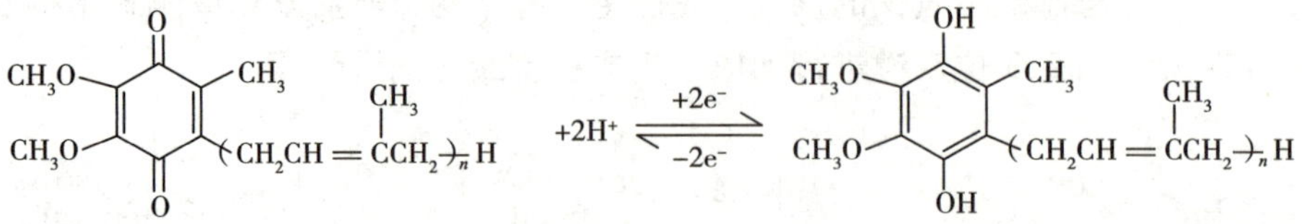

辅酶Q10具有抗氧化性、抗肿瘤作用及免疫调节作用，抗皮肤皱纹和延缓皮肤衰老。辅酶Q10渗透进入皮肤生长层可以减弱光子的氧化反应，防止DNA的氧化损伤，抑制紫外线照射下人皮肤成纤维母细胞胶原蛋白酶的表达，保护皮肤免于损伤。提高体内SOD等酶活性，抑制氧化应激反应诱导的细胞凋亡，具有显著的抗氧化、延缓衰老的作用。

练习题

答案解析

一、选择题

1. 醛和醇在（　）催化下反应生成缩醛。

A. 盐酸　　B. 氢氧化钠　　C. 干燥氯化氢　　D. 高锰酸钾

2. 下列各组化合物，能用银氨溶液区分开的是（　）。

A. 醇和酚　　B. 醛和酮　　C. 烷烃和烯烃　　D. 脂肪醛和芳香醛

3. 醛与肼反应，生成的是（　）。

A. 腙　　B. 肟　　C. 胺　　D. 肼

4. 常用作生物标本防腐剂的福尔马林是（　）。

A. 40% 甲醛溶液　　B. 40% 甲醇溶液　　C. 40% 丙酮溶液　　D. 40% 甲酸溶液

5. 下列物质中，属于芳香醛的是（　）。

A. 甲醛　　B. 乙醛　　C. 丙醛　　D. 苯甲醛

6. 下列物质中，能与斐林试剂反应形成铜镜的是（　）。

A. 甲醛　　B. 丙酮　　C. 甲醇　　D. 丙酸

7. 下列物质中，（　）是室内装潢的主要化学污染物。

A. 甲醇　　B. 甲醛　　C. 甲酸　　D. 甲烷

8. 下列化合物中，属于二元醛的是（　）。

A. 甲醇　　B. 甲醛　　C. 丙酮　　D. 戊二醛

9. 脂肪酮的通式用（　）表示

A. RCOR′　　B. RCOOR′　　C. ROR′　　D. RCHO

10. 用来鉴别醛和酮的羟胺、肼等氨的衍生物被称为（　）。

A. 托伦试剂　　B. 羰基试剂　　C. 希夫试剂　　D. 斐林试剂

二、判断题

（　）1. 含有羰基的化合物是醛。

（　）2. 醛和酮都含有羰基。

（　）3. 芳香醛是指结构中既含有醛基又含有苯基的化合物。

（　）4. 醛和酮的还原性较强，都可被弱氧化剂氧化。

（　）5. 命名醛时不必标出醛基位置。

（　）6. 命名酮时不必标出酮基位置。

（　）7. 醛与醇在干燥氯化氢催化下，可以直接生成缩醛。

（　）8. 氨的衍生物是指氨分子中的氢原子被其他基团取代后的产物，用 H_2N-G 表示。

（　）9. 乙醇可以发生碘仿反应。

（　）10. 托伦试剂可以区分脂肪醛和芳香醛。

三、命名或写出结构简式

1. $CH_2{=}CH-\underset{\displaystyle |}{\overset{CH_3}{CH}}-CHO$ （注：CH_3 连在第三个碳上：$CH_2{=}CH-CH(CH_3)-CHO$）

2. $CH_3-\overset{O}{\overset{\|}{C}}-CH_2-\overset{O}{\overset{\|}{C}}-CH_3$

3. 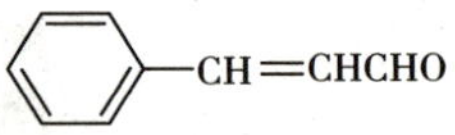

4. 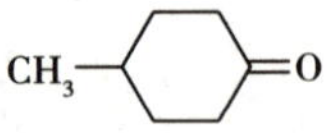

5. 正丁醛

6. 乙醛

7. 丙酮

8. 邻苯醌

四、写出下列各反应的主要产物

1. $CH_3CHO + HCN \longrightarrow$

2. $CH_3CH_2-\overset{\overset{\large O}{\|}}{C}-H + HOCH_2CH_3 \xrightarrow{干燥HCl}$

3. $CH_3-\overset{\overset{\large O}{\|}}{C}-CH_3 \xrightarrow[NaOH]{I_2}$

4. $CH_3CHO + H_2N-OH \longrightarrow$

5. 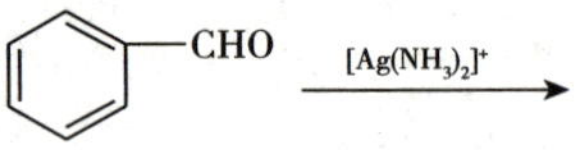

6. $CH_3CH=CHCHO \xrightarrow{LiAlH_4}$

五、用化学方法鉴别下列各组化合物

1. 甲醛、乙醛、苯甲醛

2. 丙醛、丙酮、丙醇

（吕　佳）

书网融合……

本章小结　本章小结（微课）　微课　题库

第十四章

羧酸和取代羧酸

PPT

学习目标

知识目标

1. 掌握　羧酸和取代羧酸的结构、命名和主要的化学性质。
2. 熟悉　羧酸和取代羧酸的分类和物理性质。
3. 了解　一般常见的羧酸和取代羧酸。

能力目标

1. 能够正确写出常见羧酸和取代羧酸的名称和反应方程式。
2. 能够运用简单化学性质鉴别典型的羧酸和取代羧酸。

素质目标

通过本章学习，使学生更加关注生活中常见的食品，提高学生学习化学知识的兴趣，培养其自主学习能力，提升学生勤于思考及善于探究的能力。

情境导入

情景　酸奶是以新鲜的牛奶为原料，经杀菌后再向牛奶中添加有益菌发酵，然后冷却灌装的一种乳制品。酸奶除保留了牛奶的全部营养外，还含有大量的乳酸及易于人体肠道健康的活性乳酸菌。酸奶可促进人体消化吸收，提高人的免疫力，特别是对乳糖消化不良的人群，喝酸奶后不会发生腹胀、腹泻现象。并且酸奶中的乳酸，可有效地提高钙、磷在人体中的利用率，更容易被人体吸收。因此酸奶已被越来越多的人所青睐。

参考答案

问题　乳酸含有什么特征官能团？

第一节　羧　酸

微课

分子中含有羧基（ $-\overset{\displaystyle O}{\overset{\|}{C}}-OH$ ）的有机化合物称为羧酸，羧基是羧酸的官能团。

一、羧酸的结构、分类和命名

（一）羧酸的结构

羧酸分子中，羧基碳原子是 sp^2 杂化，3 个 sp^2 杂化轨道分别与相邻的碳原子或氢原子及两个氧原子形成 3 个 σ 键，这 3 个 σ 键是在同一平面上，剩余的一个 p 轨道与羰基氧原子的一个 p 轨道形成 π 键，另外，羧羟基氧原子的 p 轨道上有一对未共用电子，可与羰基 π 键形成 p-π 共轭体系，见图 14-1。

由于 p-π 共轭效应，羟基氧上的电子云向羰基偏移，氧原子上电子云密度降低，使得羟基中 O—H 键的极性增强，因此羧酸的酸性比醇强，同时羧基中的羰基失去了羰基典型的化学性质。

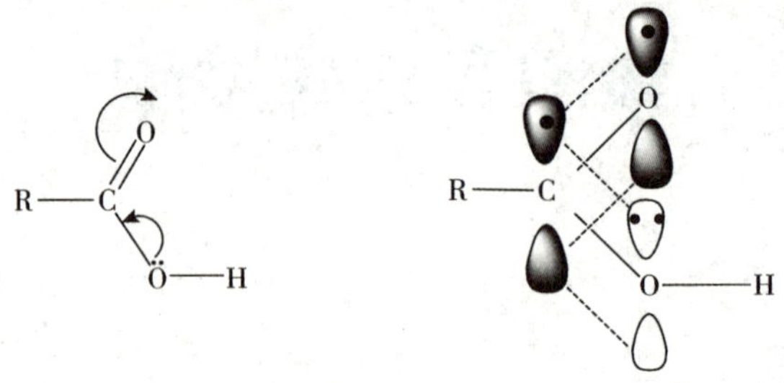

图 14-1 羧酸分子结构示意图

（二）羧酸的分类

根据分子中所含羧基的数目，可将羧酸分为一元酸、二元酸和多元酸。

CH_3COOH 一元酸

HOOC—COOH 二元酸

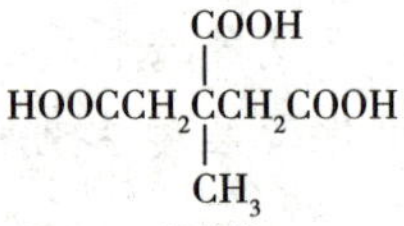

三元酸

根据与羧基相连烃基的不同，可将羧酸分为脂肪羧酸和芳香羧酸。例如：

CH_3CH_2COOH　　$CH_3CH{=}CHCOOH$

脂肪羧酸

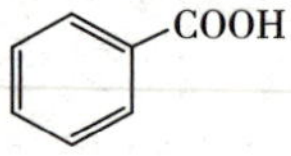

芳香羧酸

（三）羧酸的命名

羧酸常用俗名和系统命名，俗名通常根据来源而得。例如，甲酸最初是由蒸馏蚂蚁而得到，所以也称为蚁酸。

羧酸的系统命名原则与醛相同，选择分子中最长的碳链作为主链，从羧基开始编号，根据主链上碳原子的数目称为某酸。例如：

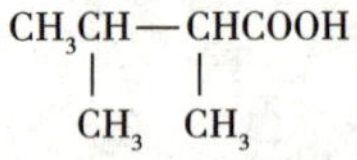

2,3-二甲基丁酸

$CH_3CH{=}CHCOOH$

丁-2-烯酸

芳香羧酸以芳环作为取代基来命名。例如：

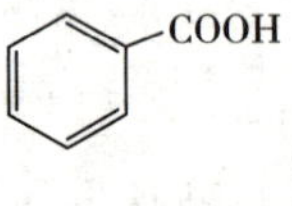

苯甲酸（安息香酸）

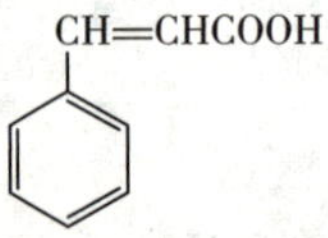

3-苯基丙烯酸（肉桂酸）

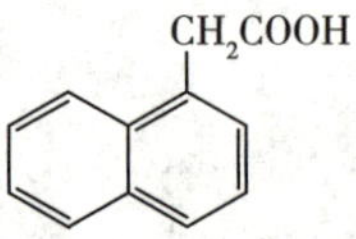

α-萘乙酸

二元羧酸命名时，选择包含两个羧基的最长碳链为主链，根据主链碳原子的数目称为“某二酸”。例如：

HOOC—COOH

乙二酸（草酸）

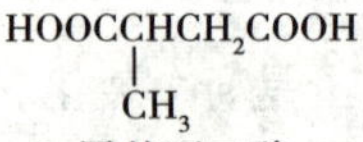

2-甲基丁二酸

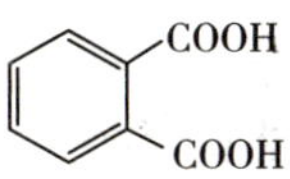

邻苯二甲酸

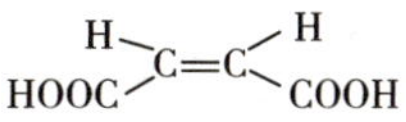

顺丁烯二酸（马来酸）

练一练 14－1

命名下列化合物或写出结构简式。

COOH
1. $CH_3CH_2\overset{|}{C}HCOOH$　　2. $CH_2=CHCH_2COOH$　　3. 3-苯基丁酸

参考答案

二、羧酸的物理性质

饱和一元羧酸中，$C_1 \sim C_3$ 的羧酸是有强烈刺激性气味的无色透明液体，$C_4 \sim C_9$ 的羧酸是具有腐败恶臭气味的油状液体，C_{10} 以上的高级脂肪酸是无味的蜡状固体。脂肪族二元羧酸和芳香羧酸都是结晶固体。

羧酸分子中羧基是亲水基，可与水形成氢键。低级脂肪羧酸如甲酸、乙酸、丙酸和丁酸能与水混溶，随着羧酸分子中碳原子数的增多，憎水基团烃基增大，羧酸的水溶性降低。高级脂肪酸和芳香酸都不溶于水，而溶于有机溶剂。

饱和一元羧酸的沸点比相对分子质量相近的醇的沸点高。例如，相对分子质量相同的甲酸与乙醇相比较，甲酸沸点比乙醇沸点高。这是由于羧酸分子间可以形成两个氢键，缔合成较稳定的二聚体。

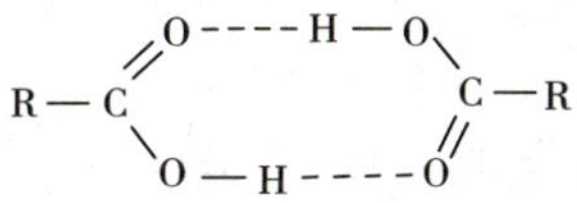

直链饱和一元羧酸的熔点随分子中碳原子数目的增加呈锯齿状变化，即偶数碳原子羧酸的熔点比相邻两个奇数碳原子羧酸的熔点高。这是由于在含偶数碳原子链中，链端甲基和羧基分布在链的两边，具有较高的对称性，可使羧酸的晶格排列更紧密，从而具有较高的熔点。常见羧酸的物理常数见表 14－1。

表 14－1　常见羧酸的物理常数

名称	沸点（℃）	熔点（℃）	pK_a（25℃）		溶解度 g/100g 水
甲酸	100.7	8.4	3.75		∞
乙酸	117.9	16.6	4.75		∞
丙酸	141	－20.8	4.87		∞
丁酸	166.5	－4.5	4.81		∞
戊酸	187	－34.5	4.82		3.7
己酸	205	－2	4.84		1.08
庚酸	223	－7.5	4.89		0.24
辛酸	239.3	16.5	4.89		0.068
壬酸	255	12.2	4.96		
癸酸	270	31.5			
苯甲酸	249	121.7	4.19		0.34
乙二酸	157（升华）	187（无水）	1.23*	4.19**	8.6
丙二酸	140（升华）	135.5	2.83*	5.69**	74.5
丁二酸		188	4.19*	5.45**	5.8

续表

名称	沸点（℃）	熔点（℃）	pK_a（25℃）		溶解度 g/100g 水
戊二酸		99	4.34 *	5.42 **	63.9
己二酸	330.5（分解）	151	4.42 *	5.41 **	1.5

* pK_{a_1}为一级解离常数，* * pK_{a_2}为二级解离常数。

三、羧酸的化学性质

（一）羧酸的酸性

羧酸在水溶液中能够解离出质子和较稳定的羧酸根负离子显酸性。

$$RCOOH + H_2O \rightleftharpoons RCOO^- + H_3O^+$$

大多数的羧酸是弱酸，pK_a 值一般在3.5～5，其酸性较无机酸（pK_a 为1～2）弱，但比碳酸（pK_a 为6.38）强，因此羧酸不仅能与氢氧化钠反应，也能与碳酸钠、碳酸氢钠反应。

$$RCOOH + NaHCO_3 \longrightarrow RCOONa + H_2O + CO_2\uparrow$$

羧酸和其他有关化合物的酸性强弱顺序为：盐酸 > 羧酸 > 碳酸 > 苯酚 > 水 > 醇。

结构不同的羧酸表现出的酸性各不相同。从结构上讲，羧酸的酸性与羧酸根负离子的稳定性有关，影响其稳定性的主要因素是诱导效应和共轭效应。

在羧酸分子中，当烃基上氢原子被吸电子基取代后，由于吸电子诱导效应，增强酸根负离子的稳定程度，酸性增强；反之，供电子基会使酸性减弱。例如：

YCH_2COOH

Y =	—CH_3	—H	—F	—Cl	—Br	—I	—OH	—NO_2
pK_a	4.78	4.76	2.57	2.86	2.94	3.18	3.83	1.08

苯甲酸 pK_a 值为4.2，酸性比一般饱和脂肪酸（除甲酸外）的酸性强，这是由于该酸解离产生的酸根负离子与苯环发生共轭，使负电荷向苯环分散，增加了它的稳定性。

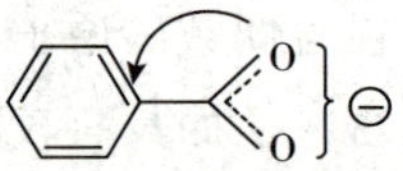

对于取代苯甲酸，其酸性与环上取代基的位置、性质有关。一些取代苯甲酸的 pK_a 值见表14－2。

表14－2　一些取代苯甲酸的 pK_a 值

基团	邻位	间位	对位
H	4.20	4.20	4.20
CH_3	3.91	4.27	4.38
F	3.27	3.86	4.14
Cl	2.92	3.83	3.97
Br	2.85	3.81	3.97
I	2.86	3.85	4.02
OH	2.98	4.08	4.57
OCH_3	4.09	4.09	4.47
NO_2	2.21	3.49	3.42

从取代苯甲酸的 pK_a 值可以看到，邻位取代苯甲酸的酸性，不管是供电子基或吸电子基，酸性均较间位与对位的强。

（二）羧酸中羟基的取代反应

羧基中的羟基可以被卤素、酰氧基、烷氧基及氨基取代，分别生成酰卤、酸酐、酯和酰胺，这些产物统称为羧酸衍生物。

1. 生成酰卤 羧基中的羟基被卤素取代后生成的产物称为酰卤，其中以酰氯最为重要，可由羧酸与三氯化磷、五氯化磷或亚硫酰氯（氯化亚砜）反应制得。

$$R-\overset{O}{\overset{\|}{C}}-OH + PCl_3 \longrightarrow R-\overset{O}{\overset{\|}{C}}-Cl + H_3PO_3$$

$$R-\overset{O}{\overset{\|}{C}}-OH + PCl_5 \longrightarrow R-\overset{O}{\overset{\|}{C}}-Cl + POCl_3 + HCl$$

$$R-\overset{O}{\overset{\|}{C}}-OH + SOCl_2 \longrightarrow R-\overset{O}{\overset{\|}{C}}-Cl + SO_2 + HCl$$

2. 生成酸酐 羧酸（除甲酸外）在脱水剂（如五氧化二磷、乙酸酐等）的作用下加热，两分子羧酸间脱去一分子水，生成酸酐。

$$R-\overset{O}{\overset{\|}{C}}-OH + HO-\overset{O}{\overset{\|}{C}}-R \xrightarrow[\Delta]{P_2O_5} R-\overset{O}{\overset{\|}{C}}-O-\overset{O}{\overset{\|}{C}}-R + H_2O$$

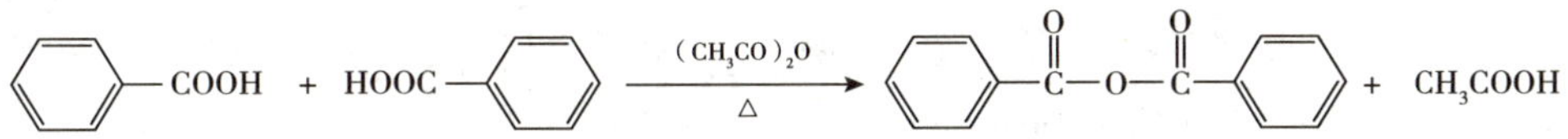

3. 酯化反应 在无机酸的催化作用下，羧酸与醇脱水生成酯的反应称为酯化反应。酯化反应是可逆的，在同样条件下酯和水可作用生成羧酸和醇，称为酯水解反应。

$$RCOOH + HOR' \overset{H^+}{\rightleftharpoons} RCOOR' + H_2O$$

为提高酯的产率，常采用加入过量的价廉原料，或在反应中不断蒸出生成的酯和水，使平衡向生成物方向移动。例如：

$$CH_3COOH + HOCH_2CH_3\ （过量）\underset{\Delta}{\overset{H^+}{\rightleftharpoons}} CH_3COOCH_2CH_3 + H_2O$$

4. 生成酰胺 羧酸与氨或胺作用生成羧酸铵盐，然后加热脱水生成酰胺。

$$RCOOH \xrightarrow{NH_3} RCOONH_4 \underset{\Delta}{\overset{-H_2O}{\rightleftharpoons}} R-\overset{O}{\overset{\|}{C}}-NH_2 + H_2O$$

羧酸铵盐高温分解是可逆反应，通常在反应过程中移去生成的水，使平衡向右进行，提高反应产率。例如：

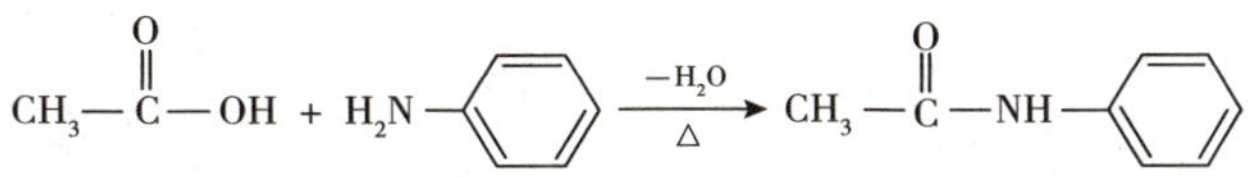

（三）还原反应

羧酸中的羰基受羟基的影响活性降低，难以被一般还原剂还原，但在强还原剂氢化锂铝（$LiAlH_4$）作用下能顺利地还原成伯醇。例如：

$$RCOOH \xrightarrow[(2)\ H_3O^+]{(1)\ LiAlH_4，干醚} RCH_2OH$$

氢化锂铝是一个选择性还原剂，不饱和羧酸分子中的碳碳双键、叁键不会被还原。例如：

$$CH_2{=}CHCH_2COOH \xrightarrow[(2)\ H_3O^+]{(1)\ LiAlH_4，干醚} CH_2{=}CHCH_2CH_2OH$$

（四）脱羧反应

羧酸分子中脱去羧基并放出二氧化碳的反应称为脱羧反应。脂肪羧酸一般很难发生脱羧反应，但当一元羧酸的 α-碳原子上连有强吸电子基时，羧基变得不稳定，容易发生脱羧反应。

$$Cl_3CCOOH \xrightarrow{\triangle} CHCl_3 + CO_2\uparrow$$

芳香酸的脱羧反应较脂肪酸容易，尤其是邻、对位上连有吸电子基的羧酸。例如：

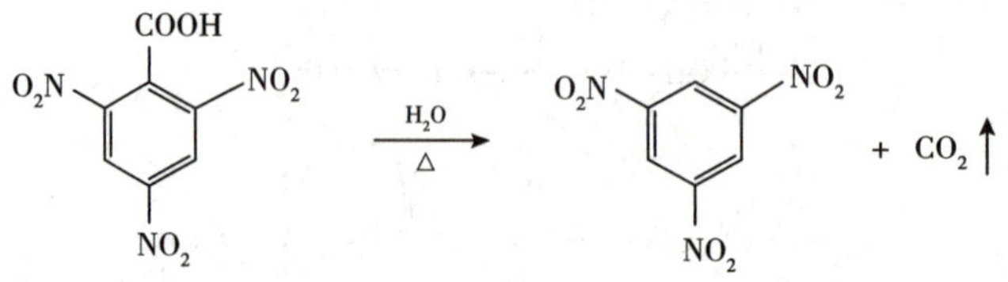

（五）二元羧酸的特性

二元羧酸对热较敏感，不同结构的二元羧酸在受热条件下表现出不同的反应。两个羧基直接相连或只间隔一个碳原子的二元酸，受热后易脱羧生成一元酸。

$$HOOCCH_2COOH \xrightarrow{140\sim160℃} CH_3COOH + CO_2$$

两个羧基间隔两个或三个碳原子的二元酸，受热后易脱水，生成环状酸酐。

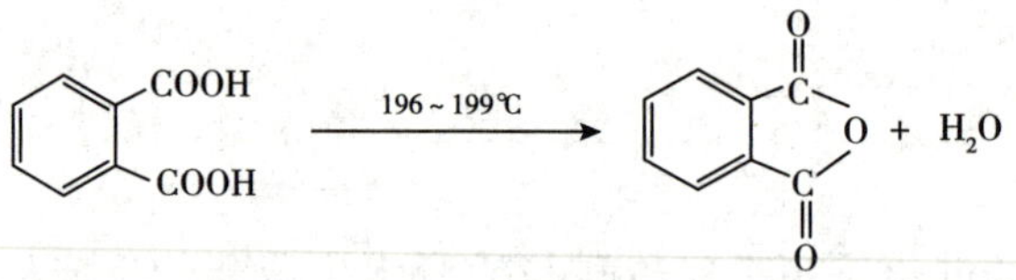

两个羧基间隔四个或五个碳原子的二元酸，受热发生脱水脱羧反应，生成环酮。

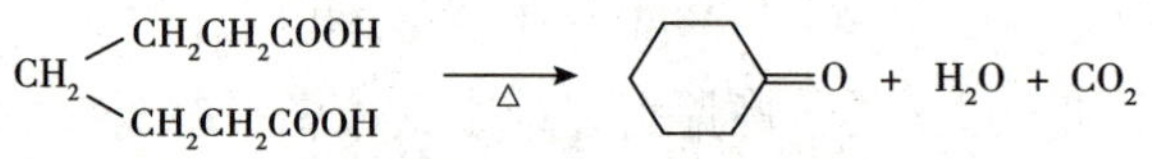

两个羧基间隔五个以上碳原子的二元酸，在高温时发生分子间脱水作用，形成高分子化合物的聚酸酐，一般不形成大于六元环的环酮。

练一练 14-2

写出下列反应的主要产物。

1. 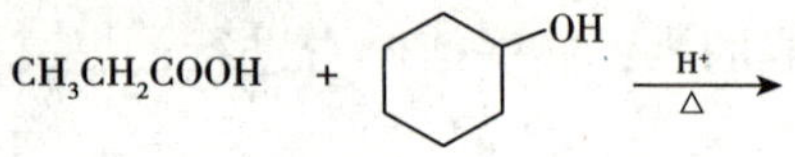

2. 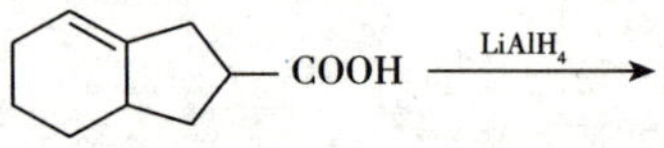

3. 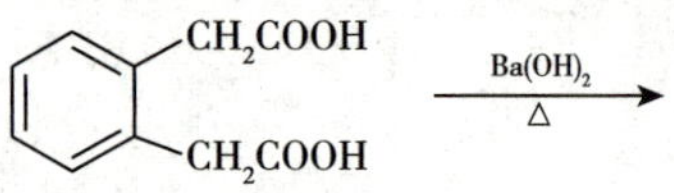

参考答案

四、重要的羧酸

（一）甲酸

甲酸（HCOOH）俗名蚁酸，是无色有刺激性气味的液体，沸点 100.7℃，易溶于水，有很强的腐蚀性。

甲酸既有羧基的结构，又有醛基的结构。甲酸结构上的特点使它具有羧酸的通性，又表现出醛的性质。甲酸是同系列中唯一有还原性的酸，它能与托伦试剂和斐林试剂反应，也能使高锰酸钾溶液褪色，这些反应常用于甲酸的定性鉴定。

天然甲酸可作为香料增效剂用于香料的配制，更多的用于天然甲酸酯类香料的制备。

(二) 乙酸

乙酸（CH_3COOH）为无色有刺激性气味的液体，沸点 117.9℃，熔点 16.6℃。低于熔点温度时，纯乙酸凝结成冰状固体，故常把无水乙酸称为冰乙酸。冰乙酸易吸湿，须密闭保存。乙酸可与水、乙醇、乙醚混溶。木材干馏或粮食发酵都能得到乙酸。

乙酸俗名醋酸，是食醋的主要成分。一般食醋中含 6% ~8% 的乙酸。乙酸广泛存在于自然界，它常以盐的形式存在于植物果实和液汁中。乙酸是人类最早使用的食品调料，在食品添加剂列表中，乙酸是一种酸度调节剂，还可作为食品增香剂、防腐剂、色素稀释剂使用。

(三) 苯甲酸

苯甲酸（C_6H_5COOH）和苄醇以酯的形式存在于安息香胶天然树脂内，所以俗名安息香酸。苯甲酸是无色结晶，熔点 121.7℃，受热易升华，微溶于热水、乙醇和乙醚中。

苯甲酸是重要的酸型食品防腐剂。在酸性条件下，对霉菌和细菌均有抑制作用，但对产酸菌作用较弱。抑菌的 pH 为 2.5 ~4.0。在使用时，因苯甲酸易随水蒸气挥发，故常用其钠盐。1g 钠盐相当于 0.847g 苯甲酸。苯甲酸具有定香保香的作用，可作为膏香用入薰香香精。还可用于巧克力、柠檬、坚果、蜜饯等的食用香精及烟用香精中。

(四) 乙二酸

乙二酸（HOOC—COOH）俗名草酸，是无色结晶，含两分子结晶水，加热到 100℃就失去结晶水而得无水草酸。草酸易溶于水，而不溶于乙醚等有机溶剂。

草酸是饱和二元羧酸中酸性最强的，具有羧酸的通性，此外还具有还原性，易被氧化。例如，草酸能还原高锰酸钾。此反应是定量完成的，在分析化学上常用草酸钠来标定高锰酸钾溶液的浓度。由于草酸钙溶解度很小，所以可用草酸作钙离子的定性和定量测定。

$$5\begin{matrix}COOH\\|\\COOH\end{matrix} + 2KMnO_4 + 3H_2SO_4 \longrightarrow K_2SO_4 + 2MnSO_4 + 10CO_2 + 8H_2O$$

很多食品中都存在少量草酸，如可可的果实中草酸含量比较高，绿色蔬菜、花生、茶中也有较多的草酸。草酸在人体内不容易被氧化分解，经代谢作用后形成的酸性物质，可使人体的酸碱度失去平衡，草酸还影响人体对钙和锌的吸收，摄入过多可能引起中毒。

第二节　取代羧酸

羧酸分子中烃基上的氢原子被其他原子或基团取代后生成的化合物称为取代羧酸。

根据取代基的种类不同，取代酸可分为卤代酸、羟基酸、羰基酸和氨基酸等。本节主要介绍羟基酸和羰基酸。

一、羟基酸

根据官能团的结合状况不同，羟基酸可分为醇酸和酚酸。例如：

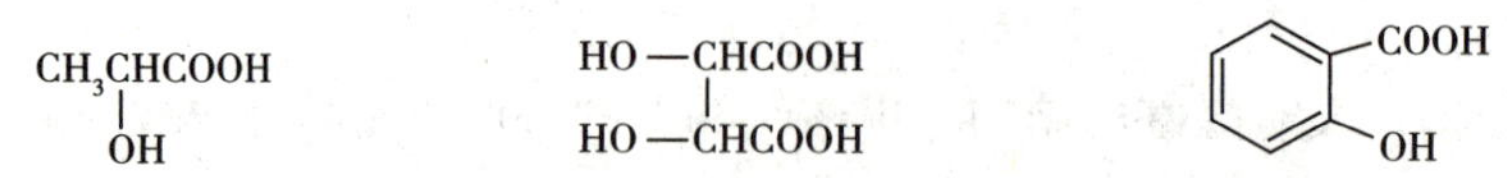

2-羟基丙酸（乳酸）　2,3-二羟基丁二酸（酒石酸）　邻羟基苯甲酸（水杨酸）

醇酸既含有醇羟基又含有羧基，加热易脱水，产物随羟基与羧基的相对位置不同而异。α-羟基酸加热发生两分子间交叉脱水，形成交酯。例如：

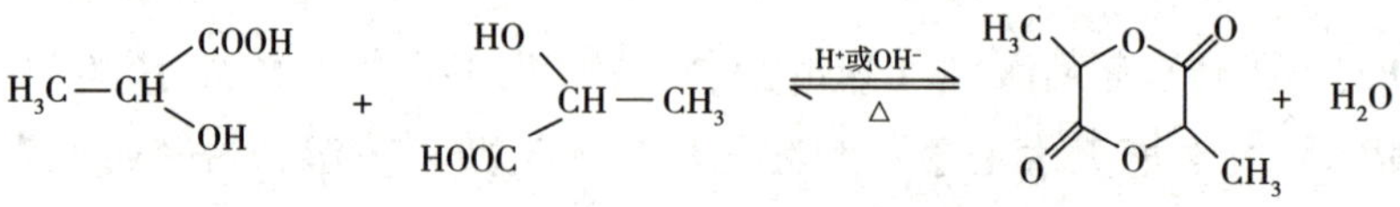

α-羟基丙酸　丙交酯

交酯与其他酯一样，与酸或碱的水溶液共热易水解成原来的α-羟基酸。

β-羟基酸受热时，易脱去α-碳上的氢和β-碳上的羟基即脱去一分子的水生成α,β-不饱和酸，形成了一个稳定的共轭体系。

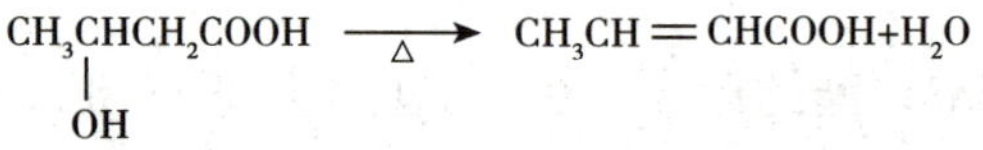

γ-羟基酸分子中的羟基和羧基在常温下即可脱水生成五元环的γ-内酯。

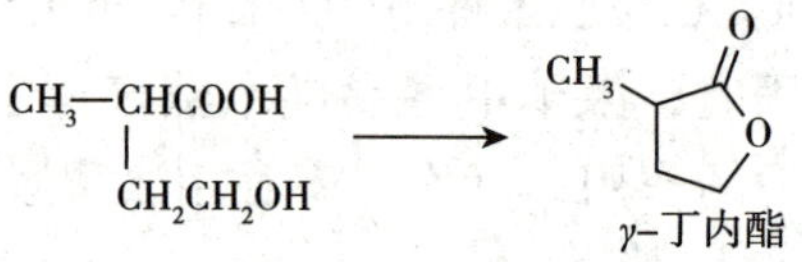

γ-丁内酯

γ-内酯是稳定的中性化合物，但遇热的碱溶液也能水解开环。

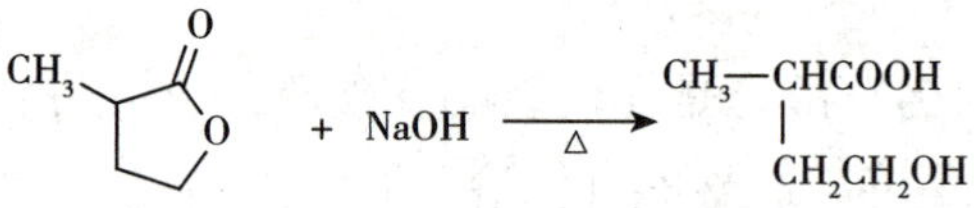

δ-羟基酸脱水成六元环的δ-内酯，但比γ-内酯较难生成，并且生成的δ-内酯在室温即被水解开环而显酸性。

酚酸具有芳酸和酚的典型反应，羧基和酚羟基能分别成酯、成盐等。例如：

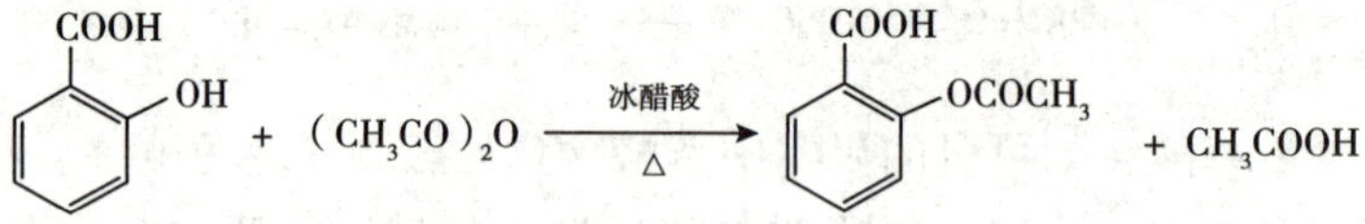

阿司匹林

阿司匹林是白色结晶，熔点135℃，微带酸味。难溶于水，易溶于醇、醚、三氯甲烷等有机溶剂。阿司匹林具有解热、镇痛、抗风湿作用，是常用的解热镇痛药。对胃有刺激性，但比水杨酸小。现在还可用于防治冠状和脑血栓塞的形成，预防急性心肌梗死。

二、羰基酸

常见的羰基酸有：

丙酮酸　β-丁酮酸

α-羰基酸受热易发生分解反应。如丙酮酸与稀硫酸共热发生脱羧反应，与浓硫酸共热则发生脱羰反应。

$$CH_3\overset{\overset{\displaystyle O}{\|}}{C}COOH \xrightarrow[\triangle]{\text{稀硫酸}} CH_3CHO + CO_2$$

$$CH_3\overset{\overset{\displaystyle O}{\|}}{C}COOH \xrightarrow[\triangle]{\text{浓硫酸}} CH_3COOH + CO$$

β-丁酮酸受热容易发生脱羧反应生成酮。

$$\underset{\beta\text{-羰基酸}}{CH_3\overset{\overset{\displaystyle O}{\|}}{C}CH_2COOH} \xrightarrow[\triangle]{} \underset{\text{丙酮}}{CH_3\overset{\overset{\displaystyle O}{\|}}{C}CH_3} + CO_2$$

知识链接

β-丁酮酸

β-丁酮酸又称为乙酰乙酸，在生物体内经脱羧生成丙酮，在还原酶的作用下被还原成β-羟基丁酮。

$$\underset{\beta\text{-羟基丁酸}}{CH_3\overset{\overset{\displaystyle OH}{|}}{C}HCH_2COOH} \xleftarrow{\text{还原酶}} \underset{\beta\text{-丁酮酸}}{CH_3\overset{\overset{\displaystyle O}{\|}}{C}CH_2COOH} \xrightarrow{\text{脱羧酶}} \underset{\text{丙酮}}{CH_3\overset{\overset{\displaystyle O}{\|}}{C}CH_3}$$

β-丁酮酸、β-羟基丁酸和丙酮总称为酮体。正常情况下，酮体能进一步氧化成二氧化碳和水，所以血液中酮体的含量一般低于10mg/L，糖尿病患者由于机体代谢的问题，其血液中酮体的含量为3～4g/L或更高，同时酮体会从尿液中排出，称为酮尿。由于β-丁酮酸和β-羟基丁酸均含有酸性，所以酮体含量较高的糖尿病患者易发生酮症酸中毒。

练一练 14-3

写出下列反应的主要产物。

1. $CH_3\underset{\underset{\displaystyle OH}{|}}{C}HCOOH \xrightarrow[\triangle]{}$

2. $CH_3CH_2CH_2\overset{\overset{\displaystyle O}{\|}}{C}COOH \xrightarrow[\triangle]{\text{稀}H_2SO_4}$

参考答案

三、重要的取代羧酸

（一）乳酸

乳酸最初发现于酸奶中，熔点为18℃，溶于水、乙醇、丙酮、乙醚等，但不溶于三氯甲烷和油脂。工业上用葡萄糖经乳酸杆菌发酵制得。乳酸具有较强的抑菌保鲜功效，可用在饮料及糕点制作、蔬菜腌制以及罐头加工、粮食加工、水果贮藏等方面；乳酸酸味温和，可作为调配饮料、乳制品等的首选酸味剂；在酿造啤酒时，加入适量乳酸既能调整pH促进糖化，有利于酵母发酵，提高啤酒质量，又能增加啤酒风味，延长保质期。

（二）柠檬酸

柠檬酸的结构简式为 $HOOCCH_2\underset{|\atop OH}{\overset{COOH \atop |}{C}}CH_2COOH$。柠檬酸又名枸橼酸，无色晶体，易溶于水。因为柠檬酸有温和爽快的酸味，能改善食品的感官性状，作为一种优良的酸味调节剂普遍应用于食品中。无水柠檬酸主要用于固体饮料的制作；带一分子结晶水的柠檬酸主要用作清凉饮料、果酱、水果糖和罐头等的制作，也可作为抗氧化剂添加到食用油中。柠檬酸的盐类如柠檬酸钙和柠檬酸铁，是某些食品中需要添加钙离子和铁离子的强化剂。柠檬酸的酯类如柠檬酸三乙酯可作无毒增塑剂，制造食品包装用塑料薄膜。

（三）酒石酸

酒石酸为无色半透明结晶，溶于水和乙醇，微溶于乙醚而难溶于苯。酒石酸存在于多种植物中，如葡萄和罗望子，也是葡萄酒中主要的有机酸之一。酒石酸酸味较强，可以增加食物的酸味，主要与柠檬酸、苹果酸等复配使用，可用于饮料、罐头、果酱、糖果等的制作中；酒石酸还广泛应用于多种食品添加剂及营养添加剂的合成与制备。

练习题

答案解析

一、选择题

1. 含有—COOH 的官能团的化合物是（ ）。

A. 醇　B. 醛　C. 羧酸　D. 酮

2. 下列酸不属于羧酸的是（ ）。

A. 草酸　B. 醋酸　C. 石炭酸　D. 安息香酸

3. 下列物质中酸性最弱的是（ ）。

A. 乙酸　B. 苯酚　C. 乙醇　D. 水

4. 既能溶于氢氧化钠又能溶于碳酸氢钠的是（ ）。

A. 苯甲酸　B. 苯酚　C. 苯甲醇　D. 苯甲醚

5. α-酮酸与浓硫酸共热时，可生成（ ）。

A. 羧酸和醛　B. 羧酸和二氧化碳　C. 羧酸和一氧化碳　D. 羧酸和酮

6. 己二酸加热后所得到的产物是（ ）。

A. 二元酸　B. 环酮　C. 酸酐　D. 酮酸

7. 能使 $KMnO_4$ 褪色和蓝色石蕊试纸变红的是（ ）。

A. 苯酚　B. 苯乙烯　C. 丙烯酸　D. 丙酸

8. 能与托伦试剂产生银镜的是（ ）。

A. 丙醇　B. 丙酮　C. 甲酸　D. 丙酸

9. 下列物质中酸性最弱的是（ ）。

A. 乙酸　B. 苯酚　C. 乙醇　D. 水

10. 下列各组有机物属于同分异构体的是（ ）。

A. 丙酸和乳酸　B. 丙酸和丙酮酸

C. 乳酸和 3-羟基丙酸　D. 氯乙酸和丙酸

二、判断题

( ) 1. 所有的羧酸都能溶于水。

( ) 2. 苯甲酸的酸性比一般饱和脂肪酸（除甲酸外）的酸性强。

( ) 3. 丙烯酸能使 $KMnO_4$ 褪色和蓝色石蕊试纸变红。

( ) 4. 甲酸能与托伦试剂反应生成银镜。

三、命名下列化合物或写出结构简式

1. 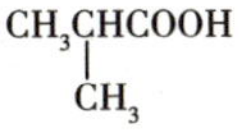

2. 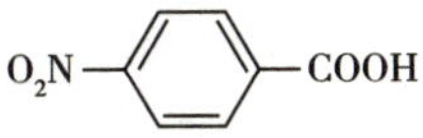

3. 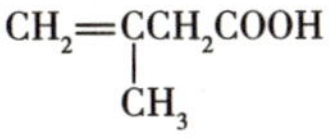

4. 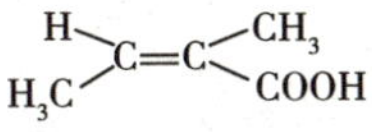

5. 3-苯基丁酸

6. 丁-2-烯酸

7. 2-氯丁二酸

四、完成下列反应方程式

1. 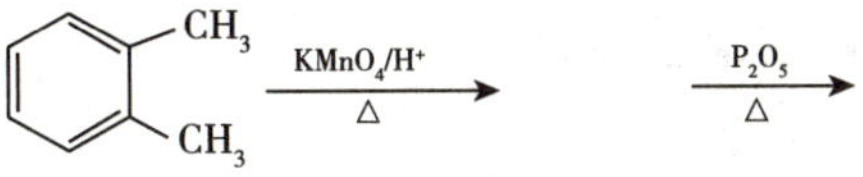

2. 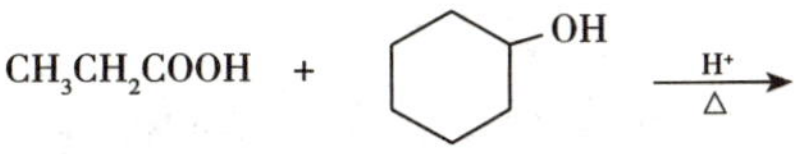

3. $CH_2{=}CHCH_2COOH \xrightarrow[(2)H_3O^+]{(1)LiAlH_4,\text{干醚}}$

4. 

5. 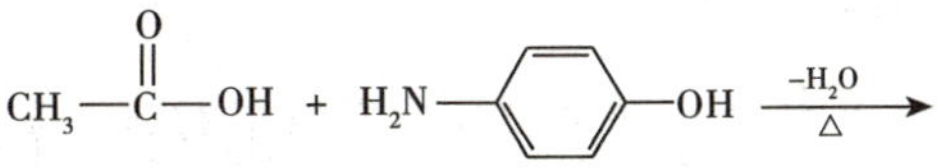

6. 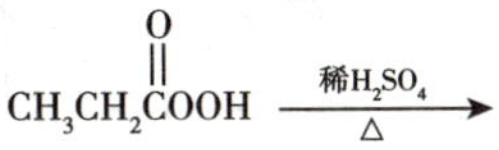

五、用化学方法鉴别下列各组化合物

1. 甲酸、乙酸和乙二酸

2. 水杨酸、苯甲酸和石炭酸

（王 静）

书网融合……

本章小结　本章小结（微课）　微课　题库

第十五章

酯和类脂

PPT

学习目标

知识目标

1. **掌握** 酯类、油脂的结构特征和典型化合物的命名。
2. **熟悉** 磷脂和甾体化合物结构基本特征。
3. **了解** 重要的磷脂甾族化合物的用途。

能力目标

1. 能够正确写出常见酯类的名称，并能根据结构特征判断其性质。
2. 能够应用酯类和油脂的性质做出相应结构的鉴别和推断。

素质目标

通过本章学习，使学生能认识到酯和类脂在生产和生活上的重要作用；在生活中均衡饮食，关注自己和他人的身心健康，增强健康意识。

情境导入

情景 最近李大爷经常感觉头晕犯困，医院检查发现胆固醇过高，胆固醇过高会引起动脉粥样硬化，它是心脑血管疾病的常见诱因。医生为李大爷制定了治疗方案，并叮嘱李大爷一定注意合理膳食。

问题 胆固醇属于哪类化合物？

参考答案

第一节 酯

酯是酸（羧酸或无机含氧酸）与醇起反应生成的一类有机化合物，是羧酸衍生物的一种。几种高级的酯是脂肪的主要成分。分子通式为 RCOOR′（R 可以是烃基，也可以是氢原子，R′不能为氢原子，否则就是羧酸），酯的官能团是$-\overset{O}{\overset{\|}{C}}-OR'$，饱和一元酯的通式为 $C_nH_{2n}O_2$($n\geq2$，n 为正整数)，酯的基本结构可以写成：

$$R-\overset{O}{\overset{\|}{C}}-OR'$$

一、酯的分类和命名

酯是由酰基和烃氧基连接而成的，由形成它的羧酸和醇加以命名。由一元醇和羧酸形成的酯，羧酸的名称在前，醇的名称在后，但须将“醇”改为“酯”，称为某酸某酯。例如：

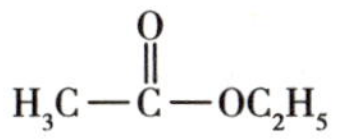

乙酸乙酯

$CH_3COOCH_2C_6H_5$

乙酸苄酯

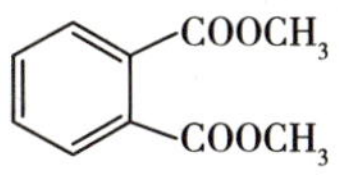

邻苯二甲酸二甲酯

由多元醇和羧酸形成的酯，命名时则醇的名称在前，羧酸的名称在后，称为某醇某酸酯。例如：

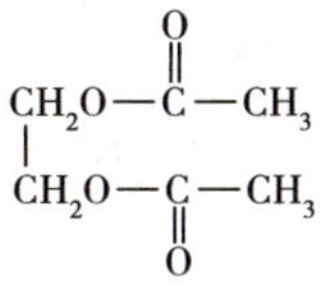

乙二醇二乙酸酯

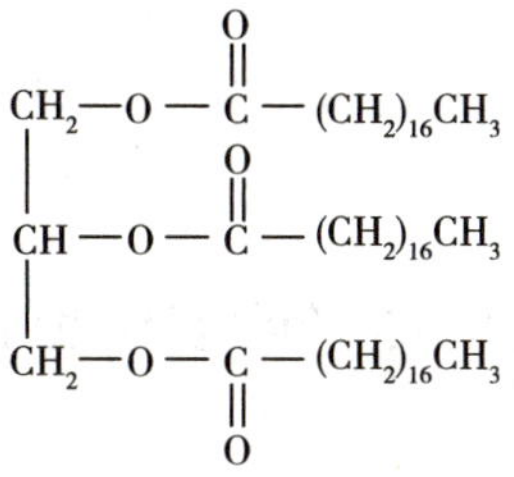

丙三醇三硬脂酸酯

二、酯的性质

低级的酯是有香气的挥发性液体，许多水果或花草的香味是由酯引起的，高级的酯是蜡状固体或很稠的液体。酯在水中的溶解度很小，它的沸点比相应的羧酸或醇低。

酯的化学性质主要表现为带部分正电荷的羰基碳易受亲核试剂的进攻，发生水解、醇解、氨解反应；受羰基的影响，能发生 $\alpha-H$ 的反应。

（一）水解反应

在有酸或有碱存在的条件下，酯能发生水解反应生成相应的酸或醇。

酸性条件下，酯的水解不完全，碱性条件下酯的水解趋于完全，这是因为反应生成的羧酸盐，破坏了平衡。

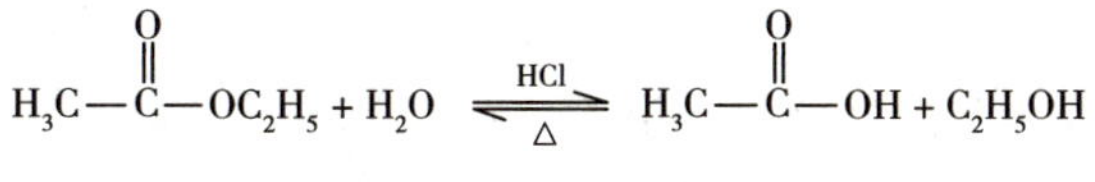

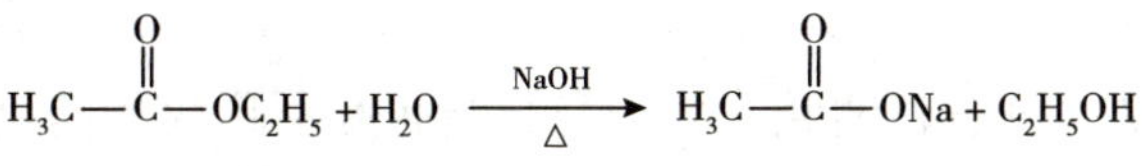

（二）醇解反应

酯发生醇解反应，主要产物是酯，因此也称为酯交换反应。

知识链接

醇解反应在药物合成上的应用

利用酯交换反应可以制备一些高级的酯或一般难以直接用酯化反应合成的酯，也常用于药物及中间体的合成。例如，局部麻醉药盐酸普鲁卡因的合成。

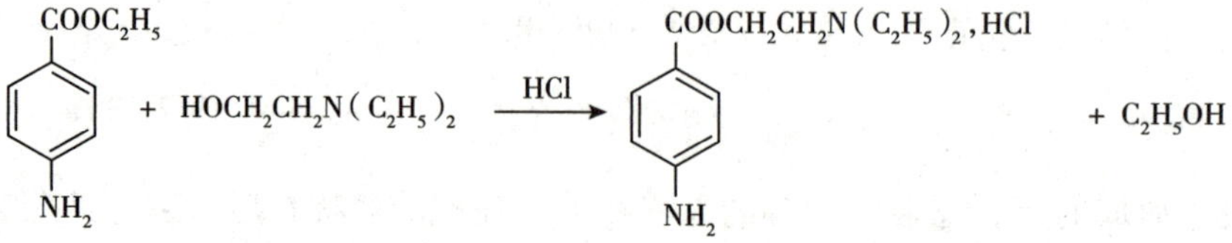

盐酸普鲁卡因

（三）氨解反应

酯氨解反应的主要产物是酰胺。氨解反应也可以看成氨分子中氢原子被酰基取代，因此又称为酰化反应。

（四）异羟肟酸铁反应

酯能与羟胺发生反应生成异羟肟酸，异羟肟酸与三氯化铁作用，得到红紫色的异羟肟酸铁。

异羟肟酸

第二节 油 脂

微课

油脂是油和脂肪的总称，一般将常温下呈液态的称为油，呈固态的称为脂肪。油脂分布十分广泛，各种植物的种子、动物的组织和器官中都有一定量的油脂，特别是油料作物的种子和动物皮下的脂肪组织，油脂含量丰富。人体内的脂肪占体重的 10%～20%。贮存能量和供给能量是脂肪最重要的生理功能。油脂还是维生素 A、维生素 D、维生素 E 和维生素 K 等许多油性物质的良好溶剂。

一、油脂的组成和命名

（一）油脂的组成

从化学构造来看，油脂是一分子甘油和三分子高级脂肪酸所形成的高级脂肪酸甘油酯，其通式为：

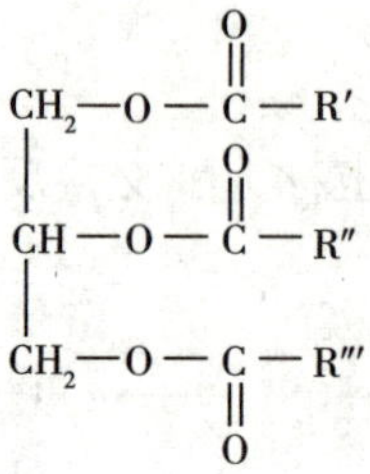

其中若 R′、R″、R‴相同，称为单甘油酯，R′、R″、R‴不同，则称为混甘油酯。组成油脂的高级脂肪酸有 50 多种，其共同特点如下。

（1）大多数为含有偶数碳原子的直链高级脂肪酸，较为常见的为含有十六或十八个碳原子的高级脂肪酸。

（2）高级脂肪酸包括饱和脂肪酸和不饱和脂肪酸，其中以 C_{18}不饱和酸为主。

（3）几乎所有的不饱和脂肪酸都是顺式结构。

（4）脂肪酸的不饱和程度越大，其熔点越低。

含较多不饱和脂肪酸成分的甘油酯，在常温下一般呈液态；含较多饱和脂肪酸成分的甘油酯，在常温下一般呈固态。油脂中常见的脂肪酸见表 15－1。

表 15－1　油脂中常见脂肪酸

习惯名称	系统名称	结构式
月桂酸	十二碳酸	$CH_3(CH_2)_{10}COOH$
软脂酸	十六碳酸	$CH_3(CH_2)_{14}COOH$
硬脂酸	十八碳酸	$CH_3(CH_2)_{16}COOH$
油酸	顺-十八-9-碳烯酸	$CH_3(CH_2)_7CH=CH(CH_2)_7COOH$
亚油酸*	顺,顺-十八-9,12-碳烯二酸*	$CH_3(CH_2)_4(CH=CHCH_2)_2(CH_2)_6COOH$
亚麻酸*	顺,顺,顺-十八-9,12,15-碳烯三酸*	$CH_3CH_2(CH=CHCH_2)_3(CH_2)_6COOH$
花生四烯酸*	顺,顺,顺,顺-二十-5,8,11,14-碳烯四酸*	$CH_3(CH_2)_4(CH=CHCH_2)_4(CH_2)_2COOH$

（二）油脂的命名

1. 单甘油酯的命名　一般称为“三某酰甘油”或“甘油三某脂肪酸酯”。例如：

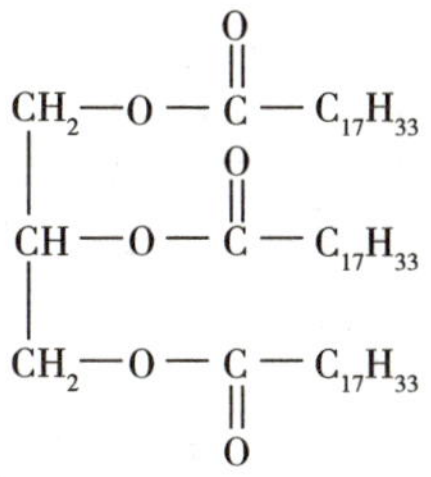

三油酰甘油（甘油三油酸酯）

2. 混甘油酯的命名　用 α、β、α'表明脂肪酸的位次。如：

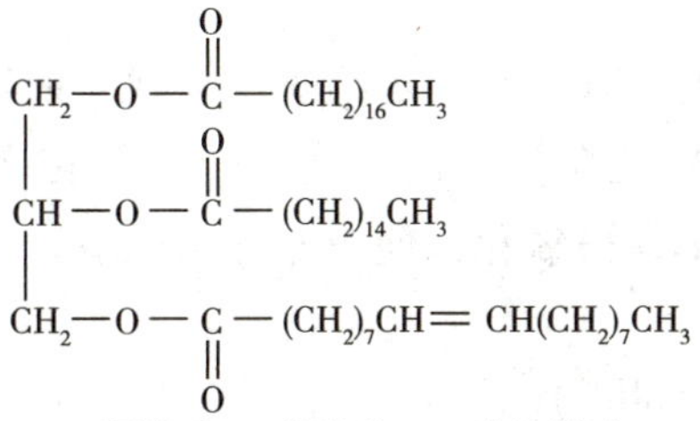

α-硬脂酰-β-软脂酰-α'-油酰甘油

（甘油-α-硬脂酰-β-软脂酰-α'-油脂酸酯）

二、油脂的物理性质

纯净的油脂是无色、无味、无臭的，但天然油脂因含有色素和维生素等而呈现不同的颜色和气味，如芝麻油呈红黄色，有香味。油脂的相对密度小于 1，难溶于水，易溶于乙醚、三氯甲烷、丙酮和苯等有机溶剂。天然油脂是混合物，没有恒定的熔点和沸点，只有一定的熔点范围。

三、油脂的化学性质

（一）水解

油脂在酸、碱或酶的作用下，可水解生成一分子甘油和三分子脂肪酸。

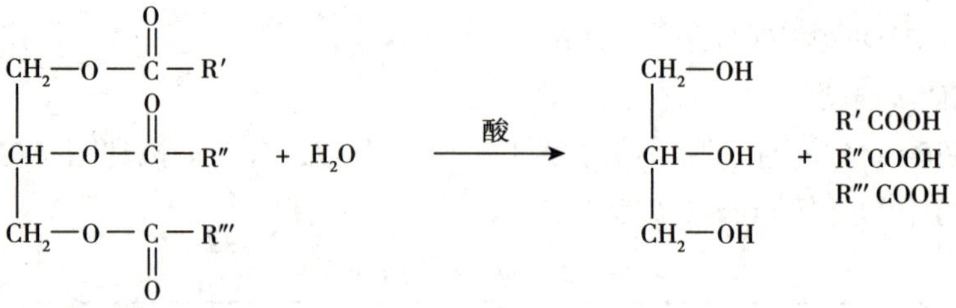

油脂在不完全水解时，可生成脂肪酸、单酰甘油或二酰甘油。

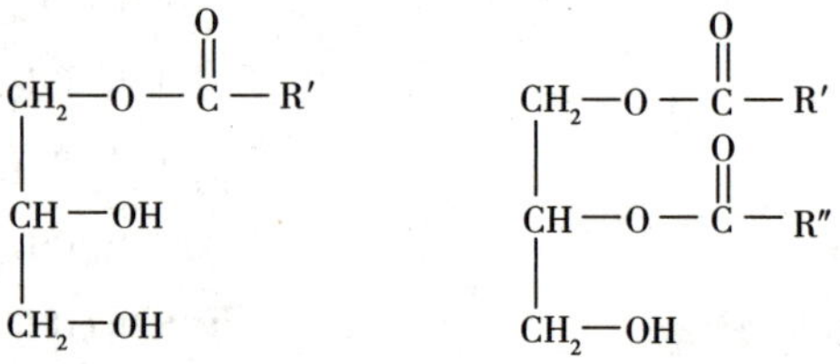

单酰甘油　　二酰甘油

油脂水解生成的甘油、脂肪酸、单酰甘油、二酰甘油在体内均可被吸收利用。

油脂在碱性（NaOH 或 KOH）条件下可完全水解，得到高级脂肪酸的钠盐或钾盐，该反应称为皂化反应。

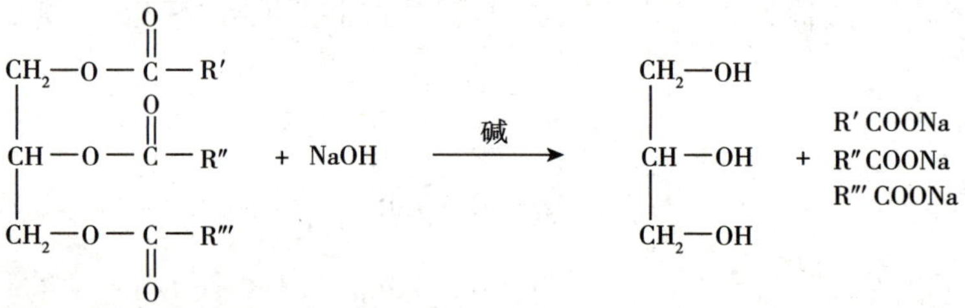

1 克油脂完全皂化所需的 KOH 的毫克数称为皂化值。根据皂化值的大小，可以判断油脂的平均分子量。皂化值越大，油脂的平均分子量越小。

（二）加成

甘油三酯分子中不饱和脂肪酸的碳碳双键，可与氢、卤素、碘发生加成反应。

1. 加氢 油脂加氢后，饱和脂肪酸含量增高，液态的油可转变成半固态或固态，所以，油脂的氢化又称油脂的硬化。氢化后的油脂不易被氧化，便于储存和运输。

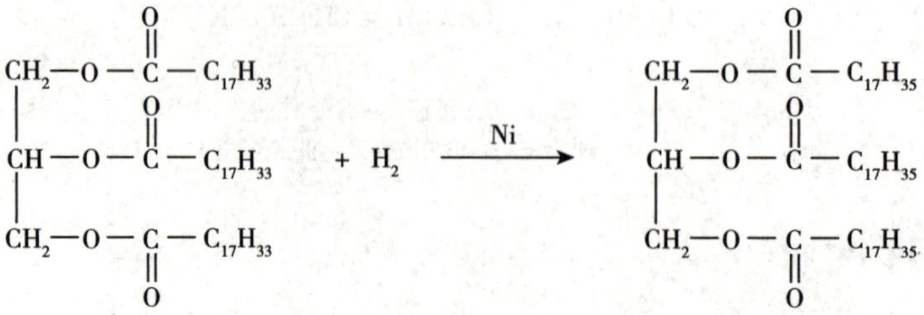

三油酸甘油酯　　三硬脂酸甘油酯

知识链接

地中海饮食

地中海饮食是指地中海沿岸居民以橄榄油、蔬菜、水果、鱼类、五谷杂粮及豆类为主的饮食状态。地中海地区包括南欧、北非、西非、中东等地中海周边国家，其中以西班牙、法国、希腊和意大利等南欧国家为主。

地中海饮食是世界公认的最健康的饮食。研究发现，地中海沿岸国家的心血管疾病和癌症的发病率明显低于世界其他地区，美国心脏学会的研究发现，希腊尤其克里特岛的心血管疾病死亡率最低，而美国和芬兰最高。膳食中最明显的差别是各国居民摄取的脂肪类别不同。

法国人饮食中的饱和脂肪酸摄取量为美国人的2倍，吸烟的比例也比美国人高，但心血管疾病发病率不到美国人的50%，癌症的发病率也较低。

研究发现这与他们经常食用橄榄油、深海鱼、番茄、洋葱等有关。地中海饮食的特色之一是橄榄油。橄榄油富含单不饱和脂肪酸（MuFA），不仅可降低血浆总胆固醇、三酰甘油及低密度脂蛋白，同时升高高密度脂蛋白，降低肝脏中脂肪含量，提高机体抗氧化酶如谷胱甘肽过氧化物酶和超氧化物歧化酶的活性，延缓动脉粥样硬化的形成，能预防冠心病。

地中海地区饮食的另一特色是猪肉等红肉食用得少，膳食蛋白质来源是低脂肪的海鲜及豆类。深海鱼中所含的n-3不饱和脂肪酸（PuFAs）主要指EPA和DHA，具有降低血脂、抑制血小板凝集、防治动脉粥样硬化、降低心血管疾病的发病率和死亡率的作用。

2. 加碘 油脂分子中不饱和脂肪酸的碳碳双键也可与碘发生加成。100克油脂所能吸收碘的克数称为碘值。根据碘值，可以判断油脂的不饱和程度。碘值越大，油脂分子中所含碳碳双键数目越多，油脂的不饱和程度就越高；碘值越小，油脂的不饱和程度就越低。

（三）酸败

油脂储存过久会发生变质，颜色变深，产生异味、臭味，这种现象称为油脂的酸败。酸败的原因是油脂受到氧、水分、微生物的作用，使油脂中不饱和脂肪酸的双键部分被氧化成过氧化物，此过氧化物再继续分解或氧化产生有臭味的小分子醛、酮和羧酸等混合物。

油脂的酸败程度可用酸值来表示。酸值是指中和1g油脂所需要的氢氧化钾的质量（mg）。酸值越大，酸败程度越高。酸败的油脂有毒性和刺激性，通常酸值大于6.0的油脂不可食用。

油脂的皂化值、碘值和酸值是评价油脂质量的重要指标，我国对不同油脂的这三个指标有一定的要求，符合国家标准的油脂才可药用和食用。

第三节　类　脂

一、磷脂

磷脂是含磷的类脂化合物，存在于绝大多数的细胞中，特别是动物的脑、神经组织、肝脏以及植物的种子。磷脂可分为甘油磷脂和鞘磷脂（又称神经磷脂），由甘油构成的磷脂称为甘油磷脂，由鞘氨醇构成的磷脂称为鞘磷脂。

磷脂与油脂的结构相似，是由一分子甘油和二分子高级脂肪酸、一分子磷酸通过酯键结合而成的化合物，故又称为磷脂酸，其结构通式如下：

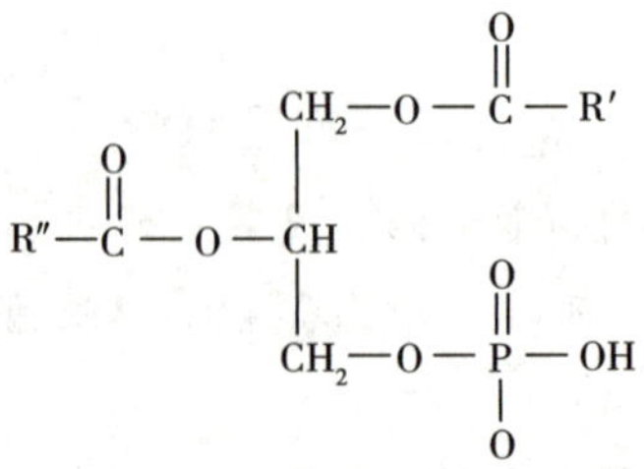

其中脂肪酸常常是软脂酸、硬脂酸、油酸、亚油酸、亚麻酸和花生四烯酸等。天然磷脂酸都属于L–型，游离态的磷脂酸在自然界很少，在机体中多以甘油磷脂形式存在。若磷酸部分的羟基再与胆碱、胆胺、肌醇等结合时，则可得各种甘油磷脂，最常见的是卵磷脂和脑磷脂。

（一）卵磷脂

卵磷脂又称胆碱磷酸甘油酯或磷脂酰胆碱，是磷脂酸与胆碱通过酯键结合而成的化合物，其结构式如下：

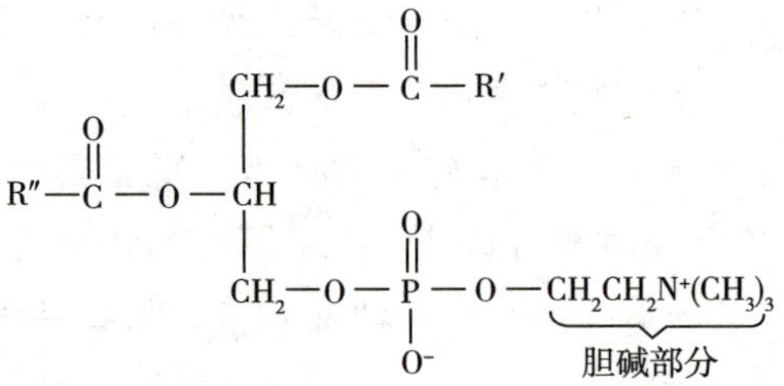

卵磷脂完全水解可得到甘油、脂肪酸、磷酸和胆碱四种产物。天然的卵磷脂是几种不同脂肪酸形成的卵磷脂的混合物，各种卵磷脂的区别在于脂肪酸的不同。卵磷脂存在于脑组织、肝、肾上腺、红细胞中，尤其在蛋黄中含量较为丰富。卵磷脂是白色蜡状固体，不溶于水，易溶于乙醚、乙醇及三氯甲烷。卵磷脂不稳定，在空气中易被氧化变为黄色或棕色。卵磷脂及其合成原料能促进三酰甘油向肝外组织转运，常用作抗脂肪肝的药物。

（二）脑磷脂

脑磷脂又称为乙醇胺磷酸甘油酯或磷脂酰胆胺，因脑组织中含量最多而得名。其结构式如下：

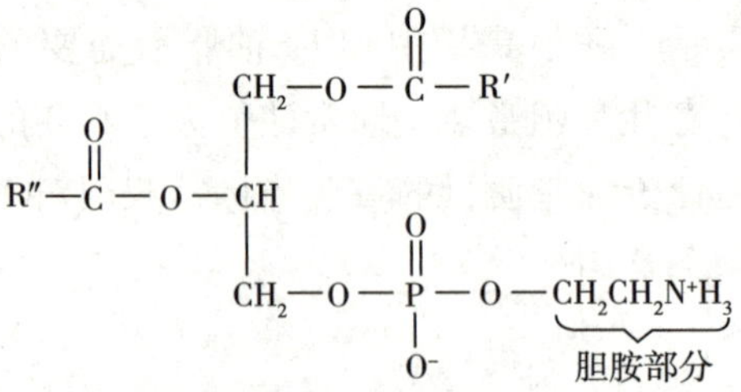

脑磷脂是磷脂酸与胆胺的羟基通过酯键结合而成的化合物，因此完全水解可得到甘油、脂肪酸、磷酸和胆胺。脑磷脂与卵磷脂共存于脑、神经组织和许多组织器官中，其结构与理化性质和卵磷脂相似。脑磷脂能溶于乙醚，难溶于乙醇，据此可以将脑磷脂与卵磷脂分离。脑磷脂在空气中也易被氧化成棕黑色。脑磷脂与血液的凝固有关，在血小板内，能促使血液凝固的凝血激酶就是由脑磷脂与蛋白质所组成的。

在生理环境中，甘油磷脂中的磷酸残基为亲水基团，而两个脂肪酸的烃基则为疏水基团，所以磷脂类化合物是具有生理活性的表面活性剂和良好的乳化剂；它既是生物膜的组分，又参与脂蛋白的组成与转运，在机体中有重要的生理作用。

二、甾族化合物

甾族化合物是广泛存在于生物体内的一类重要天然有机物，具有一定的生理活性，对动植物的生命活动起着重要的作用，与医药有密切的联系。

（一）甾族化合物的基本结构

“甾”字很形象地表达了甾族化合物的特征。甾族化合物分子中都含有一个环戊烷并多氢菲（也称甾烷）的碳环骨架，“田”表示四个环稠合，“巛”表示环上的三个侧链。四个环一般用A、B、C、D标记，环上的碳原子有固定的编号顺序。大多数甾族化合物在C_{10}、C_{13}上各连有一个甲基，常称为角甲基，在C_{17}上连有一个碳原子数目不同的烃基或含氧烃基。其基本结构如下：

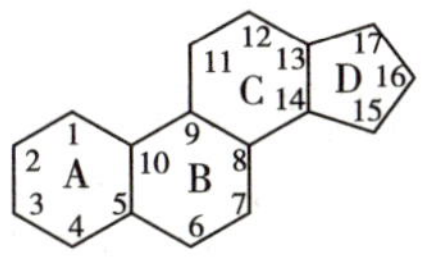

环戊烷并多氢菲

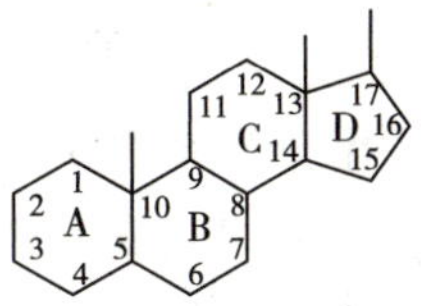

甾族化合物的基本结构

（二）重要的甾族化合物

甾族化合物种类较多，一般根据其天然来源和生理功能，大致可以分为甾醇、胆甾酸、甾体激素、强心苷等。

1. 甾醇 又称固醇，它们是一些饱和或不饱和的甾体仲醇，多为固体。根据其来源可分为动物甾醇和植物甾醇，并以酯和苷的形式存在，广泛存在于动植物体内。

（1）胆固醇 又称胆甾醇，因最初从胆结石中获得而得名。在人体内常和脂肪酸以酯的形式存在，人体血液中胆固醇正常值为2.59～6.47mmol/L。其结构特征是C_3上有一个羟基，C_5～C_6之间有一个双键，C_{17}连有一条含有八个碳原子的烃基。结构式如下：

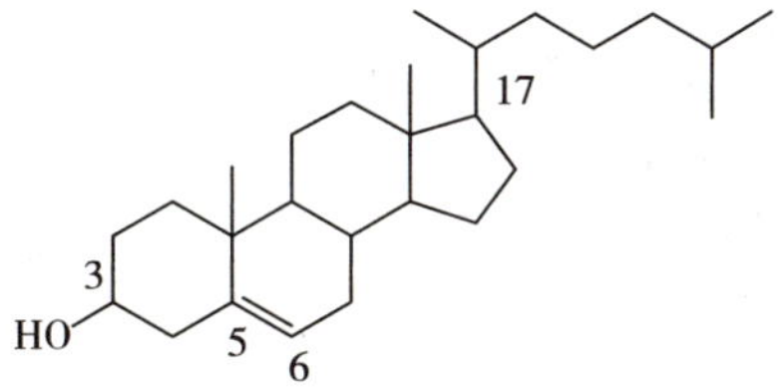

胆固醇广泛存在于人和动物各组织中，尤其在肝、肾、脑、神经组织和血液中含量较高，是细胞膜的重要组分，也是合成胆甾酸和甾体激素等的前体，在制药工业中用于合成维生素D_3。胆固醇为无色或略带黄色的结晶，熔点148℃，难溶于水，易溶于有机溶剂。它在人体内含量过高可引起胆结石和动脉粥样硬化。

知识链接

胆固醇的作用

1. 形成胆酸 胆汁产于肝脏而储存于胆囊内，经释放进入小肠与被消化的脂肪混合。胆汁的功能是将大颗粒的脂肪变成小颗粒，使其易于与小肠中的酶作用。在小肠尾部，85%～95%的胆汁被重新吸收入血，肝脏重新吸收胆酸使之不断循环，剩余的胆汁（5%～15%）随粪便排出体外。肝脏需产生新的胆酸来弥补这5%～15%的损失，此时就需要胆固醇。

2. 构成细胞膜 胆固醇是构成细胞膜的重要组成成分，细胞膜包围在人体每一细胞外，胆固醇为它的基本组成成分，占质膜脂类的20%以上。有人曾发现给动物喂食缺乏胆固醇的食物，结果这些动物的红细胞脆性增加，容易引起细胞的破裂。研究表明，温度高时，胆固醇能阻止双分子层的无序化；温度低时又可干扰其有序化，阻止液晶的形成，保持其流动性。因此，可以想象要是没有胆固醇，细胞就无法维持正常的生理功能，生命也将终止。

3. 合成激素 激素是协调多细胞机体中不同细胞代谢作用的化学信使，参与机体内各种物质的代谢，包括糖、蛋白质、脂肪、水、电解质和矿物质等的代谢，对维持人体正常的生理功能十分重要。人体的肾上腺皮质和性腺所释放的各种激素，如皮质醇、醛固酮、睾丸酮、雌二醇以及维生素D都属于类固醇激素，其前体物质就是胆固醇。

（2）7-脱氢胆固醇 机体中由胆固醇转变而来，再由血液输送到皮肤组织，受紫外线照射时可发生开环反应而转化成维生素 D_3。在结构上与胆固醇的不同之处在于 $C_7 \sim C_8$ 之间为双键。

7-脱氢胆固醇　　　　维生素 D_3

（3）麦角甾醇 是存在于酵母和某些植物中的植物甾醇。麦角甾醇的分子结构中，在 C_{24} 上比7-脱氢胆固醇多一个甲基，在 $C_{22} \sim C_{23}$ 间为双键。经紫外线照射后生成维生素 D_2。

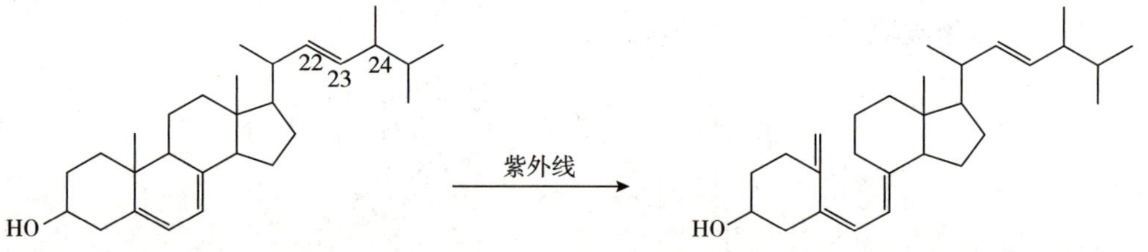

麦角甾醇　　　　维生素 D_2

知识链接

维生素D

维生素D属于甾醇的开环衍生物，是一类抗佝偻病维生素的总称。维生素D最为人所熟知的作用就是促进钙吸收。现在随着研究的深入，医学界发现其实它还有很多作用，比如，降低乳腺癌、肺癌、结肠癌等常见癌症的发生率，防治自身免疫性疾病、高血压和感染性疾病等。

人体里的维生素D主要有两种，即维生素 D_2 和维生素 D_3，前者来源于植物，后者来源于动物。无论是植物还是动物，都需要通过日光照射才能合成维生素D。以人类为例，人类皮肤中存在维生素D的前体——7-脱氢胆固醇，经过日光的作用就会变成维生素 D_3，但是这种维生素 D_3 还不是活性成分，它还需要经过血液运输到肝脏、肾脏，进行两次活化后才变成活性维生素D。我们吃进去的维生素 D_2 或 D_3，经过肠道吸收后，同样也要经肝肾的活化，最终才能为身体利用。

2. 胆甾酸 是存在于人和动物胆汁中的一类甾体化合物，在胆汁中它们一般不以游离态存在，而是以其羧基与谷氨酸或牛磺酸成酰胺的钾盐或者钠盐形式存在。胆甾酸包括胆酸、脱氧胆酸、鹅胆酸和石胆酸等，在人体内以胆固醇为原料可直接合成，其中重要的是胆酸和脱氧胆酸。胆酸的结构特征是分子中无双键，C_3、C_7和C_{12}上各有一个羟基，C_{10}、C_{13}上各有一个角甲基，C_{17}上连有含五个碳原子的侧链，链端是羧基。胆酸、7-脱氧胆酸结构式如下：

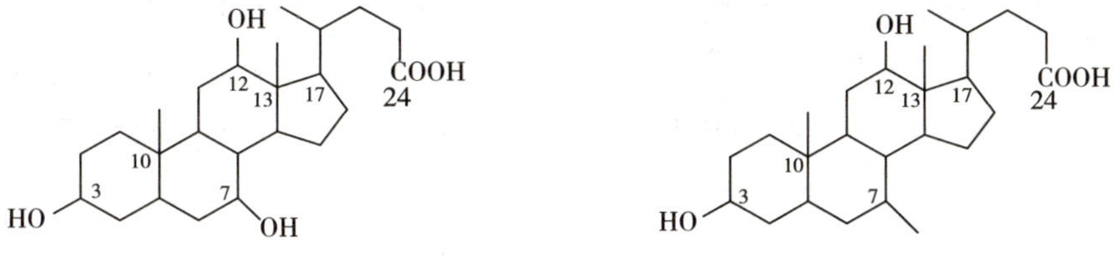

胆酸　　　　7-脱氧胆酸

3. 甾体激素 激素又称荷尔蒙，是生物体内存在的一类具有重要生理活性的特殊化学物质，在生物体内数量少，但生理作用十分强烈，对生物的生长、发育和繁殖起着重要的调节左右。根据化学结构可分为含氮激素（肾上腺素、甲状腺素）和甾体激素（又称类固醇激素）两大类；根据来源和生理功能的不同，甾体激素分为肾上腺皮质激素和性激素两类。

（1）肾上腺皮质激素　该激素是由肾上腺皮质分泌的，其结构特征是在甾环 C_3 上有酮基，$C_4 \sim C_5$ 之间为双键，C_{17}上连有一个2-羟基乙酰基。例如：

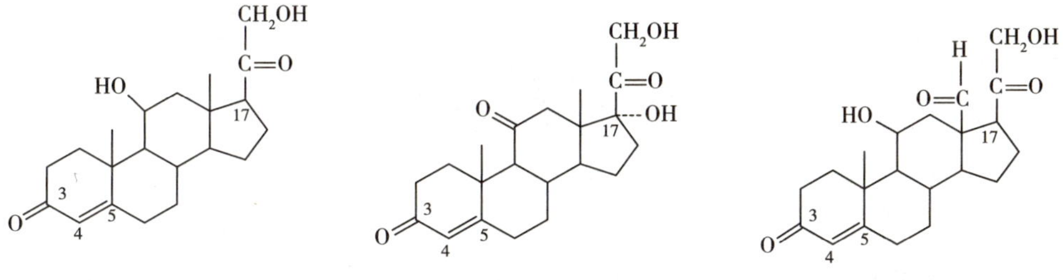

皮质酮　　　　可的松　　　　醛固酮

（2）性激素　是由动物的性腺分泌的，其主要作用是促进动物性征和性器官的发育，维持正常的生育功能。按其生理功能分为雄性激素、孕激素和雌性激素。雄性激素由睾丸间质细胞分泌，具有促进雄性器官的形成、发育及第二性征的发生及维持，并具有一定程度的促蛋白同化作用，雄性激素中活性最大的是睾丸酮。孕激素由排卵后形成的黄体产生，具有抑制排卵、促进受精卵在子宫中发育的功能，具有保胎作用。雌性激素由成熟的卵细胞产生，具有维持性征及性器官功能的作用，β-雌二醇是自然界活性最强的雌激素。

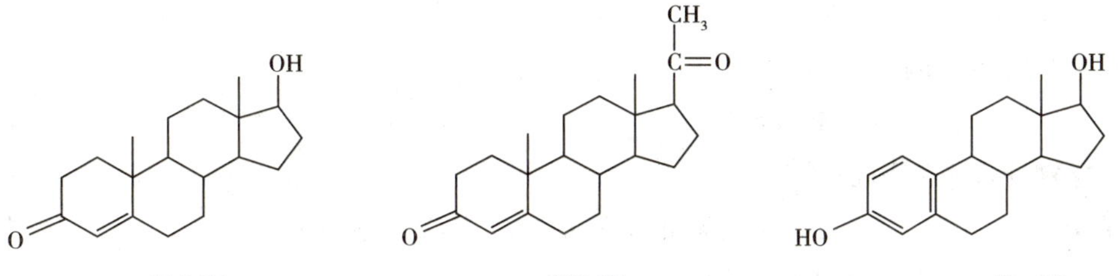

睾丸酮　　　　黄体酮　　　　β-雌二醇

知识链接

强心苷

强心苷是植物中存在的一类对心肌有兴奋作用，具有强心的生理活性的甾体苷类化合物，由强心苷元和糖缩合而成。临床上主要用于心力衰竭和心律紊乱的治疗，常用的有洋地黄苷，地高辛、去乙酰毛花苷丙和毒毛旋花子苷 K。从自然界得到的强心苷有千余种，但有相似的化学结构，分子中都有一个 C_{17} 位被不饱和内酯环所取代的甾体母核，若不饱和内酯环为五元环，则称为甲型强心苷基（又称强心甾）；若不饱和内酯环为六元环，则称为乙型强心苷基（又称海葱甾或蟾酥甾）。

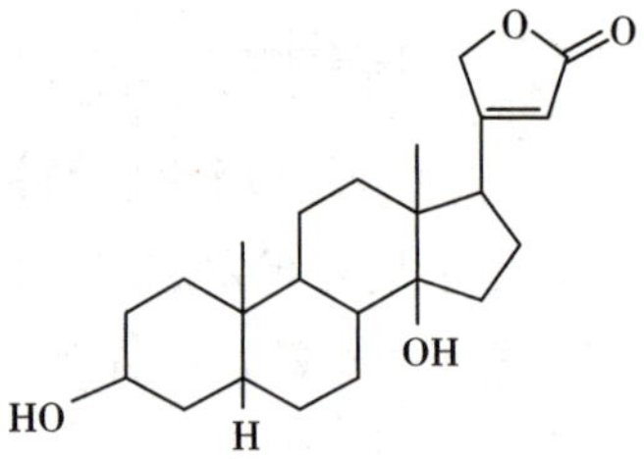

强心甾

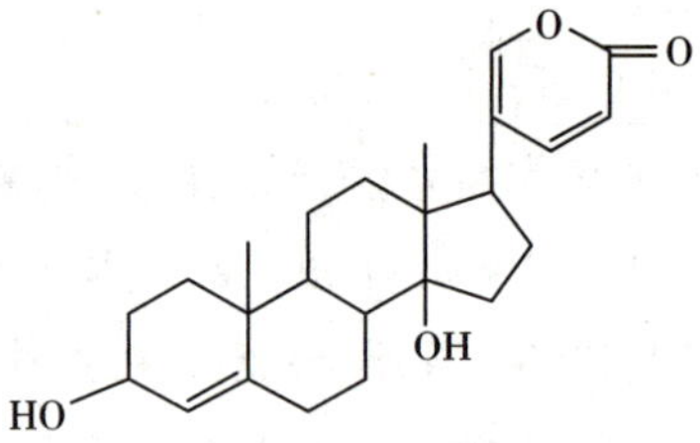

海葱甾

答案解析

练习题

一、选择题

1. 下列化合物为酯的是（　）。

A. CH_3COCl　　B. $CH_3COOCOCH_3$　　C. $CH_3COOCH_2CH_3$　　D. CH_3CONH_2

2. $CH_3CH_2CH_2COOCH_3$ 的名称是（　）。

A. 甲酸乙酯　　B. 乙酸乙酯　　C. 丙酸乙酯　　D. 丁酸甲酯

3. $CH_3COOCH_2CH_3$ 的水解产物是（　）。

A. 乙酸和乙醇　　B. 甲酸和乙醇　　C. 两分子乙酸　　D. 两分子乙醇

4. 油脂在碱液中的水解反应称为皂化，碱液是指（　）。

A. 氯化氢　　B. 乙醇

C. 氢氧化钠或者氢氧化钾　　D. 氨水

5. 油脂酸败的主要原因是（　）。

A. 加氢　　B. 加碘　　C. 氧化　　D. 硬化

6. 甾体化合物的基本结构是（　）。

A. 环戊烷　　B. 环戊烷并多氢菲　　C. 全氢菲　　D. 苯并菲

7. 下列化合物中不属于甾体化合物的是（　）。

A. 胆酸　　B. 龙脑　　C. 胆固醇　　D. 可的松

二、判断题

（　）1. 酯在碱性条件下水解可生成羧酸盐和醇。

(　) 2. $CH_3CH_2CH_2OCOCH_3$ 的名称是乙酸正丙酯 。

(　) 3. 油脂皂化属于水解反应。

(　) 4. 油脂的不饱和程度可以通过碘值大小来判断。

(　) 5. 油脂的酸败程度可以用酸值来表示。

(　) 6. 麦角甾醇经紫外线照射后，能转变成维生素 D_3。

三、命名或写出结构简式

1. 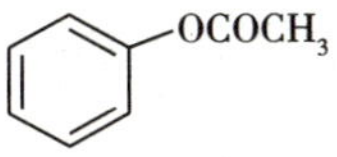

2. 乙酸乙酯

3. 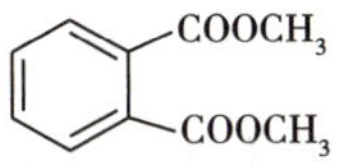

4. 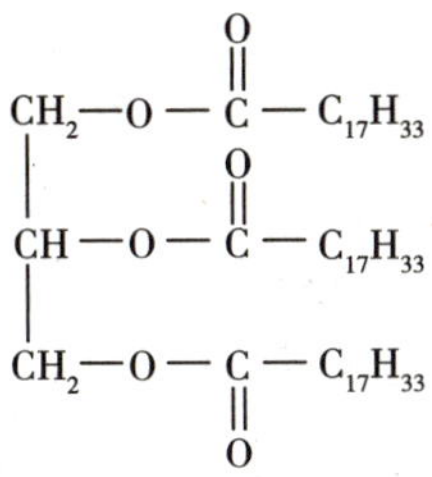

四、完成反应方程式

1. $CH_3-\overset{O}{\overset{\|}{C}}-OCH_2CH_3 + NaOH \longrightarrow$

2. 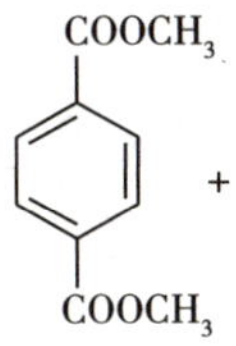 $+\ 2HOCH_2CH_2OH \longrightarrow$

（王　静）

书网融合……

本章小结　　本章小结（微课）　　微课　　题库

第十六章

立体异构

PPT

学习目标

知识目标

1. 掌握 产生顺反异构的条件和顺、反的标示方法；手性碳原子和手性分子的判断、D/L、*R/S* 构型的判断方法。

2. 熟悉 *Z*、*E* 命名法和脂环烃的顺反异构；费歇尔投影式的书写规律；分子的对称因素；顺反异构体、旋光异构体、手性碳原子、内消旋体、外消旋体等概念。

3. 了解 立体异构的特性。

能力目标

1. 能运用产生顺反异构的条件对有机化合物进行顺反异构判断。

2. 具备正确标示出有机立体结构顺、反，D/L，*R/S* 构型的能力。

素质目标

通过本章学习，帮助学生建立起立体概念，培养学生从微观到宏观的科学方法，尊重科学，严谨认真的态度以及分析问题、解决问题的能力。

同分异构现象是有机化合物普遍存在的现象，同分异构一般分为两大类：构造异构和立体异构。构造异构是指有机化合物中各原子相互排列顺序和连接方式不同而产生的异构现象；立体异构是指有机化合物分子具有相同的构造式，只是分子中原子或基团的伸展方向不同而引起的同分异构现象。

- 同分异构
  - 构造异构
    - 骨架异构
    - 官能团位置异构
    - 官能团异构
  - 立体异构
    - 构型异构
      - 顺反异构
      - 对映异构
    - 构象异构

自然界中特别是生物体内的很多物质都存在立体异构。比如脂肪酸、己烯雌酚、葡萄糖、氨基酸、酶等都存在立体异构，化合物的立体结构不同，其生理活性也不一样。本章主要讨论顺反异构和对映异构。

第一节 顺反异构

情境导入 16－1

情景 反式脂肪酸被称为“餐桌上的定时炸弹”，其主要来源是氢化的植物油。过多摄入脂肪酸会增加血液中低密度脂蛋白胆固醇含量，同时还会减少可预防心脏病的高密度脂蛋白胆固醇含量，增加患冠心病的概率，从而增加心血管疾病发生的风险。我国于 2011 年发布了《国家标准预包装食品营养标签通则》，其中规定“每天摄入反式脂肪酸不应超过 2.2g，过多摄入有害健康。反式脂肪酸摄入量应少于每日总能量的 1%。”

参考答案

问题 1. 反式脂肪酸为什么被称为“反式”？

2. 该化合物中含有什么特征官能团？

一、碳碳双键化合物的顺反异构

烯烃的构造异构比烷烃复杂，除与烷烃一样存在碳链异构外，还存在因双键在碳链中的位置不同所引起的位置异构。例如丁烷只有正丁烷和异丁烷两个异构体，而丁烯却有三个异构体。

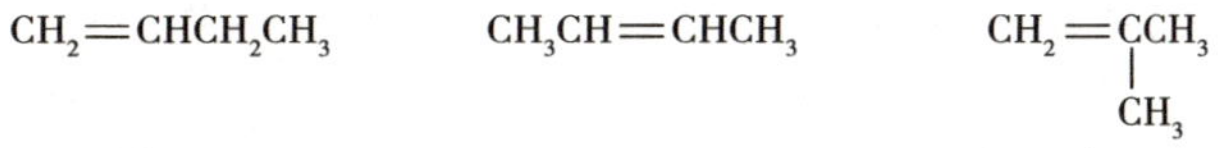

丁-1-烯　　丁-2-烯　　2-甲基丙烯

碳碳双键中的 π 键限制了 C—C σ 键的“自由旋转”，使得与双键碳原子相连的原子或基团在空间具有固定的排列方式，当每个双键碳原子连有不同的原子或基团时，产生顺反异构。例如：

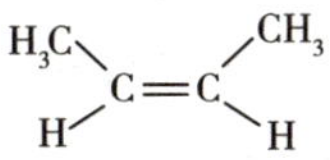

顺-丁-2-烯

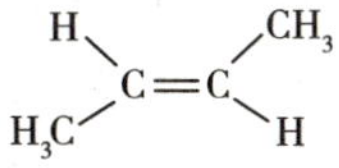

反-丁-2-烯

（一）产生顺反异构的条件

含有碳碳双键的化合物并非都有顺反异构体。产生顺反异构体必要条件为：

（1）分子中存在着限制共价键自由基旋转的因素，如碳碳双键、脂环等。

（2）不能自由旋转的双键碳原子上，必须各自连接两个不同的原子或基团。

判断化合物是否存在顺反异构的通式如下：

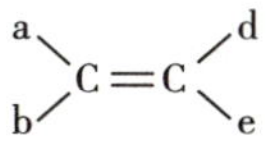

只有 a≠b；d≠e 都不相等时，该烯烃才存在顺反异构。例如：

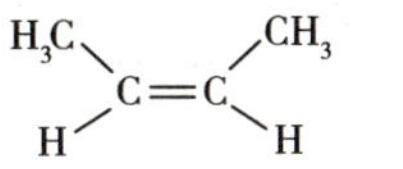

有顺反异构（$—CH_3≠H$）

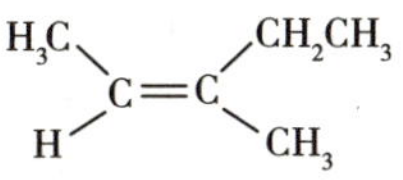

有顺反异构（$—CH_3≠H$；$—CH_2CH_3≠—CH_3$）

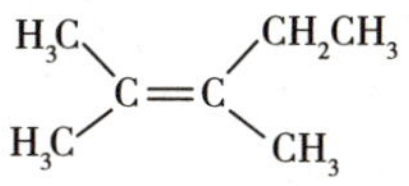

无顺反异构（第一个碳原子连有两个相同的甲基）

练一练 16-1

判断下列化合物是否存在顺反异构体，如有请写出顺式和反式。

1-苯基丙烯、2,3-二甲基丁-2-烯、1,2-二氯乙烷、3-甲基戊-2-烯

参考答案

（二）顺反异构体的命名

顺反异构体的命名，通常有顺、反命名法和 *Z*、*E* 命名法。

1. 顺反命名法 两个相同原子或基团在双键同侧的称为顺式，命名时在其名称前冠以“顺”字（或 cis－）；在两侧的称为反式，命名时在其名称前冠以“反”字（或 trans－）。例如：

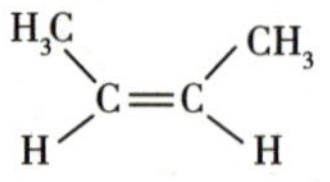
顺－丁－2－烯

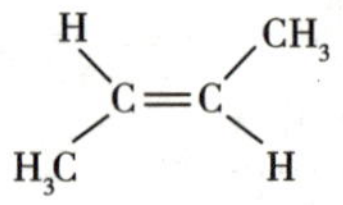
反－丁－2－烯

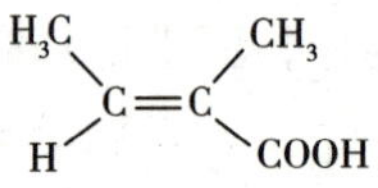
顺－2－甲基丁－2－烯酸

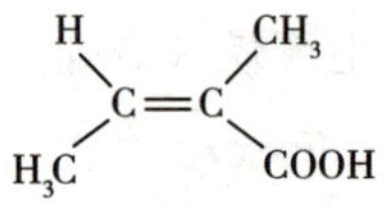
反－2－甲基丁－2－烯酸

2. *Z*、*E* 命名法 当两个双键碳原子相连接的四个原子或基团都不相同时，采用 *Z*、*E* 命名法。*Z*、*E*命名法的内容为：①按“次序规则”分别确定双键碳原子各自相连的原子或基团的优先次序；②两个优先原子或基团在双键同侧的构型为 *Z*，在两侧的构型为 *E*。

“次序规则”的主要内容为：

（1）原子序数大的优于小的。例如：I＞Br＞Cl＞S＞P＞O＞N＞C（“＞”表示“优于”）。

（2）原子质量高的优于低的。例如：D＞H。

（3）如与双键碳原子相连的取代基是基团时，则首先比较与双键直接相连的原子的原子序数，若相同，为了确定它们的优先次序可将两个基团中连接的原子排列成分层级的导向图或称树状图。然后比较第二层级上元素的优先次序，如此继续直到得出结论。例如：

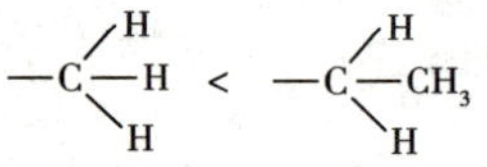
（C，H，H＞H，H，H）

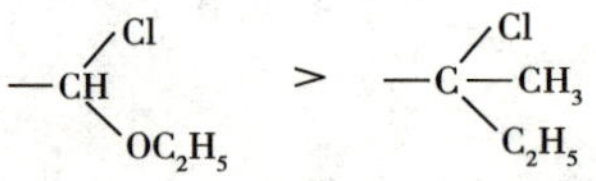
（Cl，O，H＞Cl，C，C）

（4）含有双键或叁键的基团，则重复计算双键或叁键原子。例如：

$-\underset{1}{HC}=\underset{2}{CH_2}$ 相当于 C_1（C，C，H），C_2（C，H，H）

$-\underset{1}{C}\equiv\underset{2}{CH}$ 相当于 C_1（C，C，C），C_2（C，C，H）

因而 $-C\equiv CH > -HC=CH_2$

例如：

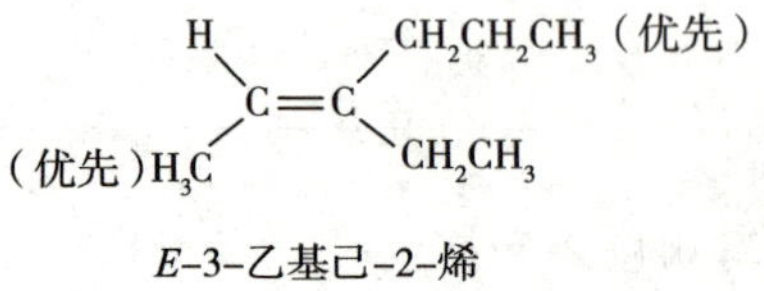
E－3－乙基己－2－烯

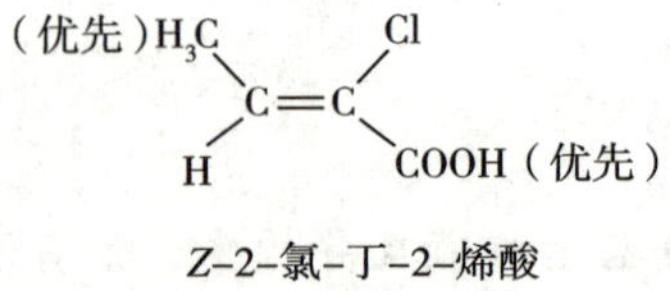
Z－2－氯－丁－2－烯酸

顺、反命名法和 *Z*、*E* 命名法是两种不同的命名方法，不能简单地将顺式和 *Z* 构型或反式和 *E* 构型等同。例如：

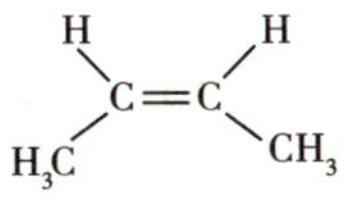

顺-丁-2-烯（Z-丁-2-烯）

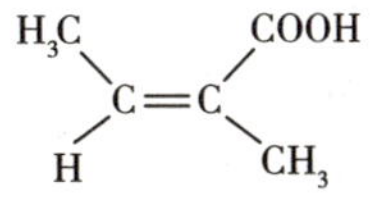

反-2-甲基-丁-2-烯酸（Z-2-甲基-丁-2-烯酸）

练一练 16-2

顺、反命名法和 Z、E 命名法是两种完全不同的命名方法，两者之间没有对应关系。请用这两种命名方法，分别命名下列化合物，从它们不同的名称中能得到什么启示？

参考答案

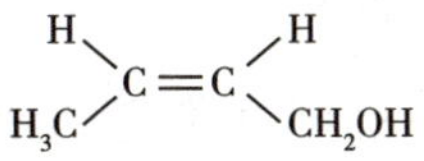

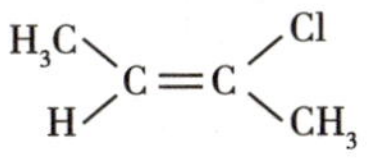

（三）顺反异构体的理化性质

顺反异构体的化学性质相似，但其物理性质有些不同，并表现出某些规律性。其中比较显著的是，顺式异构体的熔点、相对密度较反式异构体低，在水中的溶解度、燃烧热等较反式的大。一些顺反异构体的物理常数见表 16-1。

表 16-1　一些顺反异构体的物理常数

名称	熔点（℃）	溶解度（g/100g 水）	相对密度（d_4^{20}）
顺-丁烯二酸	130	78.8	1.5900
反-丁烯二酸	300	0.7	1.6350
顺丁-2-烯酸	15	40.0	1.0180
反丁-2-烯酸	72	8.3	1.0312

顺反异构体不但物理性质不同，而且生理活性相差较大。例如：反-十八-9-碳烯酸（反式脂肪酸）能升高低密度脂蛋白胆固醇，降低高密度脂蛋白胆固醇，因此增加冠心病的危险性。此外，反式脂肪酸还与乳腺癌的发病有关，而顺-十八-9-碳烯酸则无此效果；顺巴豆酸味辛辣，而反巴豆酸味甜。

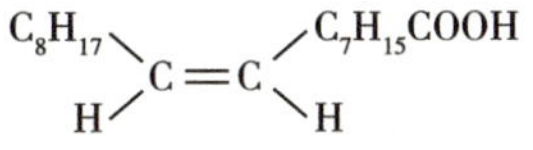

顺-十八-9-碳烯酸

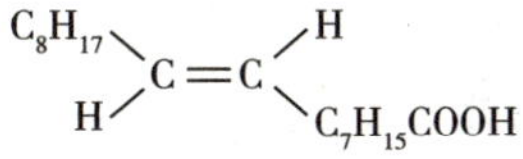

反-十八-9-碳烯酸

知识链接

顺反异构的应用

顺反异构体在理化性质、生理活性方面存在的差异，对化工、医药、食品行业和我们的生活都具有深远意义。例如，采用齐格勒-纳塔和锂系等新型催化剂合成的顺式聚丁-1,4-二烯树脂，即我们常说的顺丁橡胶具有优越的弹性，而且特别耐寒，与天然橡胶性能相近，是制造轮胎、运输带、胶管等橡胶制品的好材料；而反式聚丁-1,4-二烯橡胶的物理机械性能较差，实用价值不大。又如，维生素 A 分子中的双键全部为反式构型；具有降血脂作用的花生四烯酸分子中的双键则全部为顺式构型。若改变以上物质的构型，将导致其生理活性降低甚至丧失。

二、脂环烃及其衍生物的顺反异构

由于脂环的存在，环烷烃中的 C—C 键不能像烷烃那样自由旋转，所以二取代或多取代环烷烃会因取代基在空间的排布不同而存在顺反异构体。

例如：1,4-二甲基环己烷分子中，若将六元环看作一个平面，两个甲基在环平面同侧的称为顺式异构体；在环平面两侧的称为反式异构体。

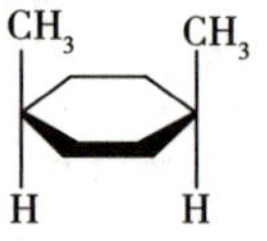

顺式

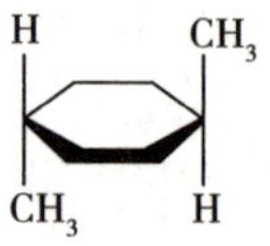

反式

	顺式	反式
熔点：	-87.4℃	-37.1℃
沸点：	124.3℃	119.4℃

上述两个异构体在室温下不能实现相互转变。若转变将引起共价键的断裂，需要较高的能量，因此，它们是顺反异构体。

第二节 对映异构

微课

情境导入 16-2

情景 苹果酸口感接近天然苹果的酸味，广泛用于高档饮料、食品等行业，成为继柠檬酸、乳酸之后用量排第三位的食品酸味剂。用 L-苹果酸配制的饮料更加酸甜可口，接近天然果汁的风味。苹果酸与柠檬酸配合使用，可以模拟天然果实的酸味特征，使口感更自然、协调、丰满。清凉饮料、粉末饮料、乳酸饮料、乳饮料、果汁饮料中均可添加苹果酸改善其口感和风味。

参考答案

问题 1. 苹果酸是一种什么样的物质，它的结构是怎么样的？

2. L-苹果酸是如何判断的？具有怎样的性质？

一、对映异构现象

对映异构现象是指化学式、构造式都相同，构型不同，互成镜像对映关系的立体异构现象。具有对映异构现象的化合物互称为对映异构体。例如，乳酸分子存在一对对映异构体，如图 16-1 所示。

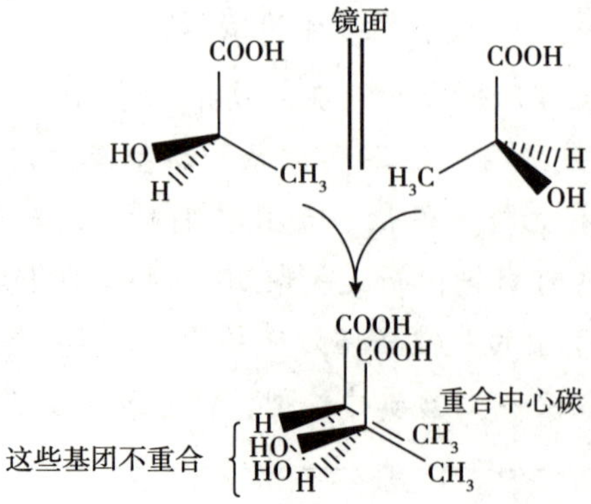

图 16-1 乳酸分子模型及其模型的重叠操作

知识链接

对映异构现象的发现

1848 年，法国微生物学家、化学家路易·巴斯德（Louis Pasteur）在研究酒石酸盐时，发现无旋光性的酒石酸盐有两种不同结晶物，其中有些晶体较长的晶面在左边，另外一些则在右边，就像左手和右手。当他把所有较长的晶面在左边的晶体挑出、溶解，然后将溶液通过极化光，即产生左旋现象；而若将所有较长的晶面在右边的晶体挑出、溶解，然后将溶液通过极化光后，即产生右旋现象，这两种物质的其他性质都是一样的。

由于旋光度的差异是在溶液中观察到的，巴斯德推断这不是晶体的特性而是分子的特性。他认为，构成两种晶体的分子是互为镜像的，存在这样的异构体，它们结构的不同仅仅是在于分子中的原子在空间排列互为镜像，性质的不同也仅仅是由旋光方向的不同所导致的。巴斯德这一观点为对映异构现象的研究奠定了理论基础。

二、手性分子与旋光性

（一）平面偏振光和物质的旋光性

1. 平面偏振光 光是一种电磁波，其振动的方向与其前进的方向互相垂直。普通光的光波在所有与其传播方向垂直的平面上振动，如图 16－2 所示。

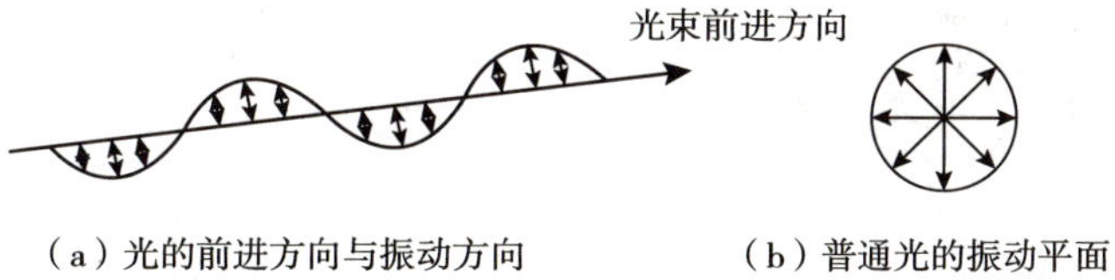

图 16－2 光的传播

当普通光通过一个具有特殊光学性质的尼可尔（Nicol）棱镜（由方解石制成，其作用像一个栅栏）的晶体时，只有与尼可尔棱镜晶轴平行的光才能通过，其他光线将被阻挡不能通过。这种只在某一平面上振动的光叫作平面偏振光，简称偏振光，如图 16－3 所示。

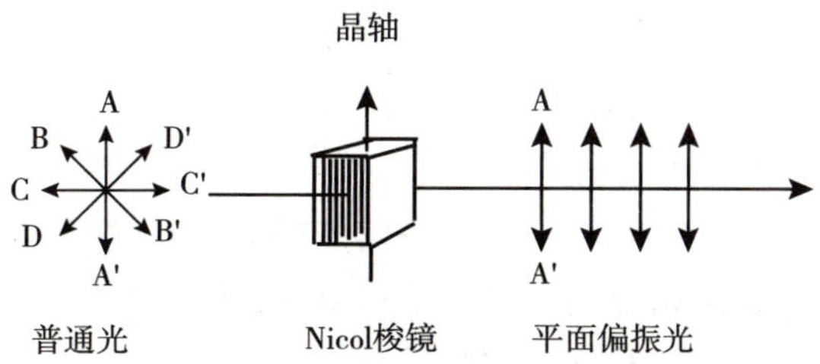

图 16－3 平面偏振光的产生

2. 物质的旋光性 如果将偏振光通过某些物质或它的溶液，会发生两种不同的情况。有些物质如乙醇、丙酸不能使偏振光的振动面发生偏转；另外一些物质如乳酸、天然葡萄糖等则能使偏振光的振动面转动一个角度，如图 16－4 所示。

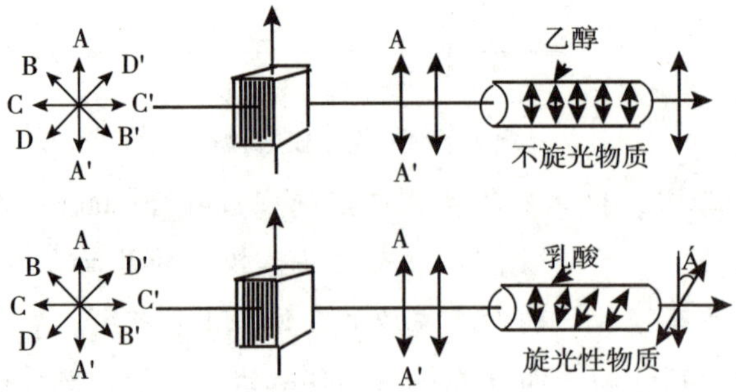

图 16－4　偏振光通过不同溶液的情况

物质能使平面偏振光的振动平面旋转的性质称为物质的旋光性，具有旋光性的物质称为旋光性物质（也称为光活性物质）。没有旋光性的物质称为非旋光性物质（也称为非光活性物质）。

（二）旋光仪和比旋光度

1. 旋光仪　旋光性物质对偏振光的影响从以下两个方面体现：一个是偏振光的旋转角度，偏振光通过旋光性物质时，偏振光的振动平面旋转的角度称旋光度，用“α”表示；另一个是偏振光的旋转方向，顺时针旋转的为“右旋”，用符号“＋”表示，逆时针旋转的为“左旋”，用符号“－”表示。旋转方向和旋转角度都可以用旋光仪测定，旋光仪的构造如图 16－5 所示。

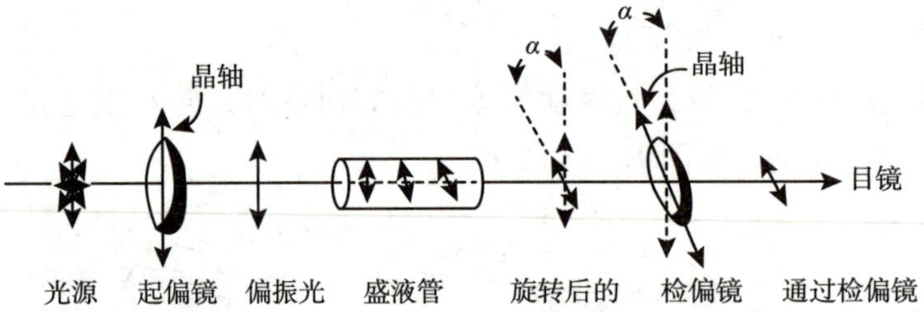

图 16－5　旋光仪的构造

旋光度不仅和旋光性物质本身的性质有关，而且和偏振光所通过的旋光性物质的量、偏振光的波长（λ）及测定时的温度（t）有关，因此同一种物质浓度不同旋光度也不一样，旋光度相同的物质也不一定是同一种物质。

2. 比旋光度　比旋光度是指在一定温度下，一定波长的入射光，通过一定长度装满一定浓度的旋光性物质的旋光度。比旋光度和旋光度之间关系式表示：

$$[\alpha]_{\lambda}^{t} = \frac{\alpha}{LC}$$

式中，$[\alpha]$ 为比旋光度；t 为测定温度；λ 为波长（钠光 D）；C 为溶液的浓度（g/ml）；L 为盛液长度（分米，dm）；α 为旋光度（旋光仪上的读数）。

比旋光度像物质的熔点、沸点或密度等一样，是旋光性物质的特征的物理常数。构造相同的左旋物质和右旋物质，除了比旋光度的数值相等符号相反外，其他的物理性质几乎相同。例如，在 20℃时用钠光灯作光源，测得葡萄糖的水溶液是右旋的，其比旋光度是＋52.5°，则表示为：

$$[\alpha]_{D}^{20} = +52.5°$$

练一练 16－3

在温度为 20℃，以钠光灯为光源，将浓度为 24g/L 的葡萄糖溶液放在 20cm 长的盛液管中，测得旋光度为＋2.53°，试计算葡萄糖的比旋光度。

参考答案

（三）旋光性和分子结构

1. 手性碳原子 手性碳原子就是连有四个完全不同的原子或基团碳原子，又称为不对称碳原子，常用“ * ”来表示。手性碳是分子具有旋光性的必要条件。例如乳酸（$CH_3CHOHCOOH$）含有一个手性碳原子，酒石酸[HOOCCH(OH)CH(OH)COOH] 含有两个手性碳原子，薄荷醇含有三个手性碳原子。

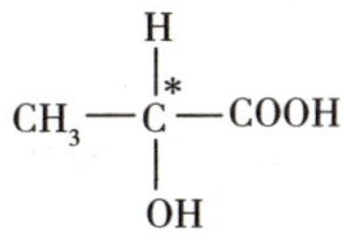

乳酸

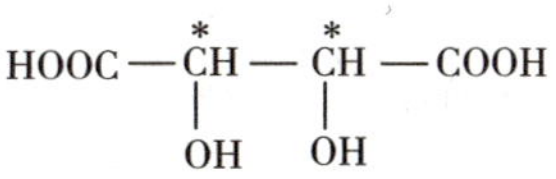

酒石酸

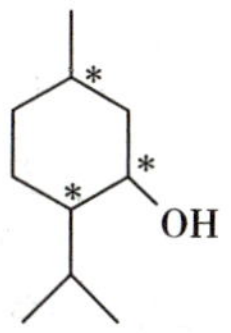

2. 手性分子 任何物质都有它的镜像，一个有机分子的镜像也同人照镜子一样，在镜子里会出现相应的镜像。

如果借助小球棒制作某一化合物及其镜像的模型，如图 16－6 所示乳酸分子有两种不同的构型。

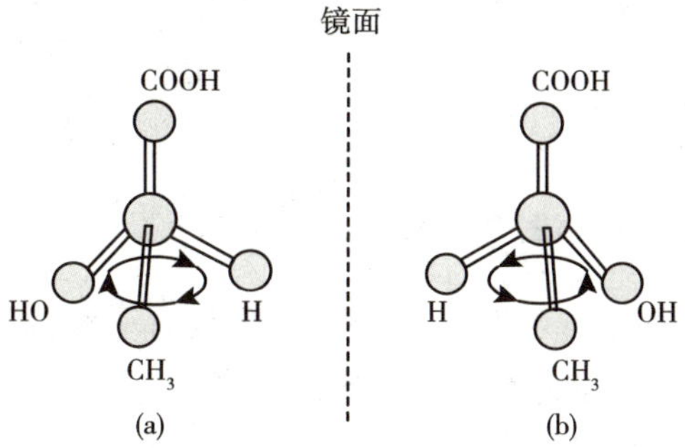

图 16－6 乳酸分子的两种构型

这两个分子模型具有对映而又不能重合的关系。像这种互为实物与镜像而又不能重叠的关系称为对映异构体，或称为旋光异构体，又称光学异构体，简称为对映体。有对映异构体的分子被称为手性分子，或称为分子具有手性，因为这一对对映异构体就像人的左、右手一样，是对映又不能重合的，如图 16－7 和图 16－8 所示。

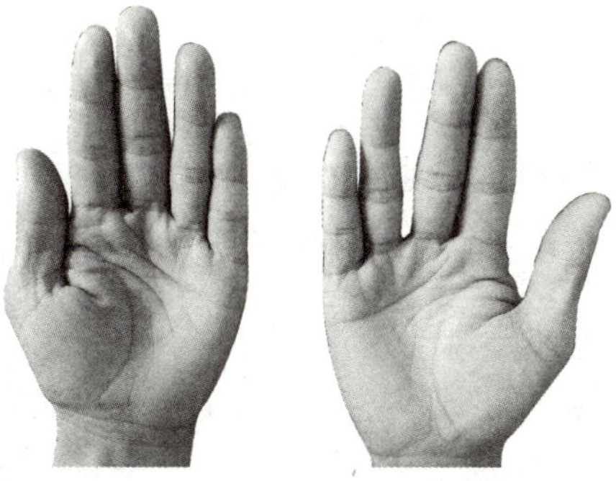

图 16－7 左手与右手互为镜像关系

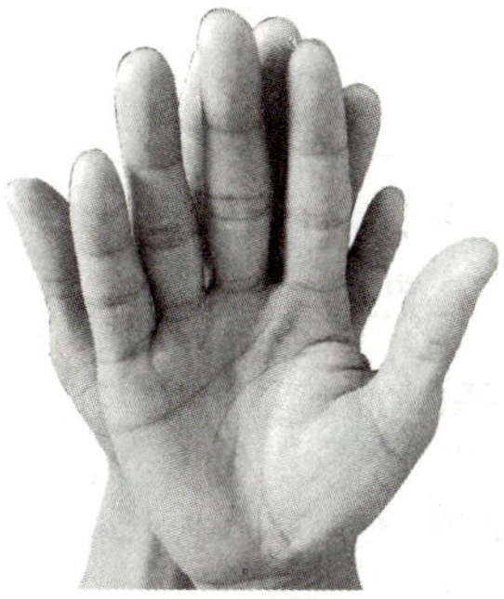

图 16－8 左右手不能重合

3. 分子的对称因素 判断化合物分子是否具有手性，除考虑分子含有手性碳原子外，还要考虑分子是否有对称因素。

对称因素包括对称面、对称中心和对称轴，其中前两种应用较多。

假如一个平面能把分子分成两半且这两半互为实物与镜像的关系，这个平面就称分子的对称面，常用 σ 表示。

若分子中有一点 P，通过 P 点画任何直线，如果在离 P 点等距离的直线两端有相同的原子或原子团，则 P 为分子的对称中心。

具有对称面或对称中心的分子均为非手性分子，无旋光性。例如，1,1-二氯乙烷、反-1,2 二氯乙烯有一个对称面如图 16－9 所示，反-1,3 环丁烷二羧酸、反-1,3 二氟环己烷有一个对称中心如图 16－10 所示，因此它们都不是手性分子，无旋光性。

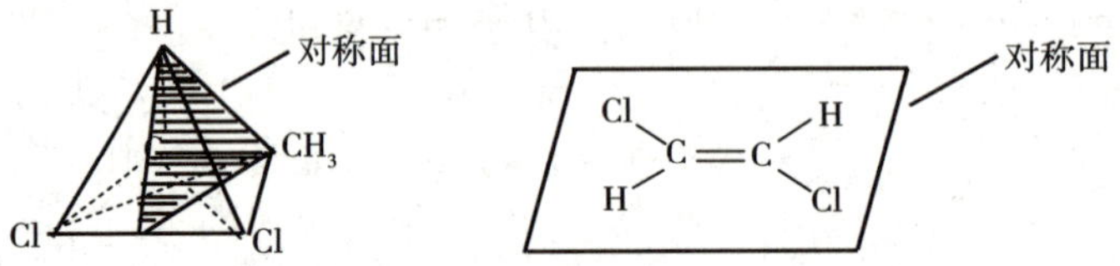

图 16－9　分子的对称面

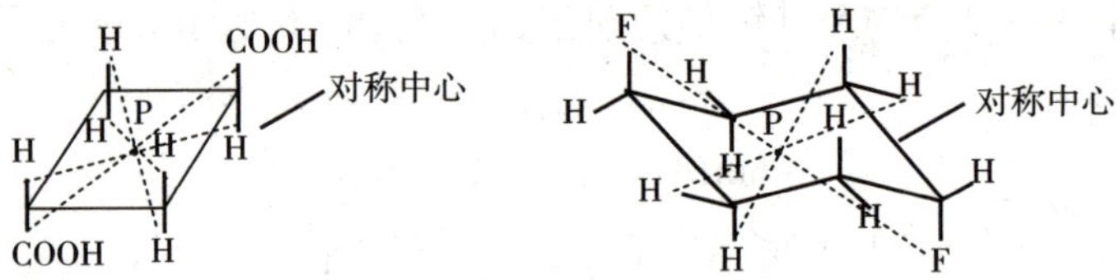

图 16－10　分子的对称中心

4. 手性碳原子和分子手性的关系　手性碳原子是分子具有手性的一个非常重要的条件。含有一个手性碳原子的分子一定具有手性，但是含有多个手性碳原子的分子不一定都具有手性，手性分子也不一定都含有手性碳原子。例如酒石酸分子：

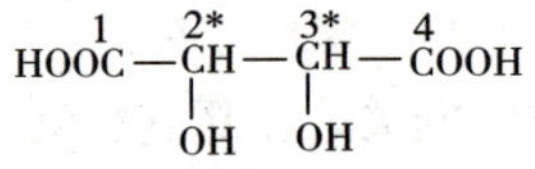

虽然该化合物 C_2 和 C_3 都是手性碳原子，由于存在一个对称面，所以该分子没有手性。再如戊-2,3-二烯：

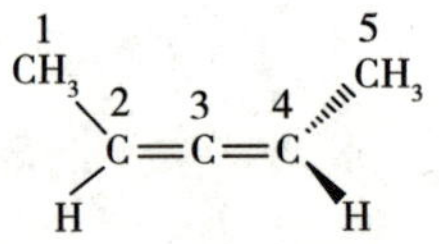

虽然该化合物不含手性碳原子，但是由于 C_3 采取 sp 杂化，导致 C_1、C_2、C_3 和 C_2 上的氢原子所在的平面与 C_3、C_4、C_5和 C_4 上的氢原子所在的平面相互垂直，整个分子不存在对称因素，因此具有手性。

练一练 16－4

判断下列化合物中有无手性碳原子，若有请写出其结构简式并用“＊”表示出来。

2,3-二甲基戊烷，2-氯丁烷，丁-1-醇，丁-2-醇，丁-2,3-二醇

参考答案

知识链接

手性分子的特性

手性分子的一对对映异构体在手性环境中其反应活性、生理作用表现出的巨大差异，使人类

认识到立体化学知识对人类健康生存的重要性。生命过程本身包含着复杂的立体化学问题，生物体在新陈代谢过程中所产生的化学物质具有高度的立体专一性，一切具有生物活性物质的功能都与其立体结构紧密相关。功能性食品的构型与受体之间的构效关系、生物反应过程中的立体选择性都需用立体化学知识来解释。由此可知，立体化学知识对功能性食品行业以及人们的日常生活具有重要的意义。

三、对映异构体的表示法

（一）费歇尔（Fischer）投影式

1. 费歇尔（Fischer）投影式的涵义及原则 对映异构体的构型常用费歇尔（Fischer）投影式表示。费歇尔投影式是由德国化学家费歇尔提出对手性分子用平面投影式来代替立体结构的式子，如图16－11所示。由于费歇尔投影式表示比较简单，因此现在已被广泛采用。

费歇尔投影式的投影原则为：

（1）将手性碳原子放在纸平面上，以十字交叉线的交叉点表示手性碳原子。

（2）将主碳链投影在竖线上，并把命名时编号最小的碳原子放在竖线上端。

（3）横线上相连的两个原子或基团指向纸平面的前面，竖线上相连的两个原子或基团表示指向纸平面的后面。

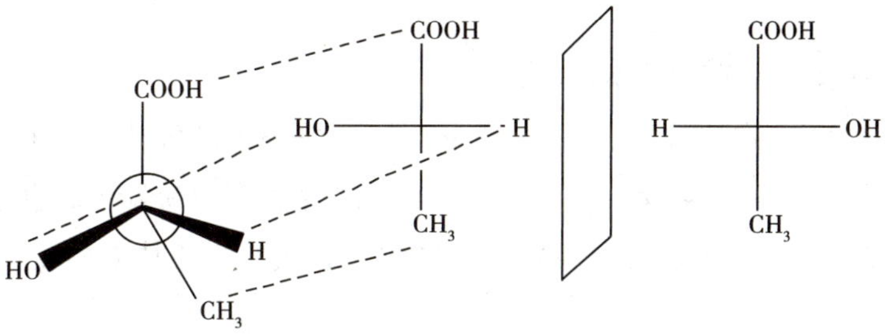

图16－11 乳酸对映体的费歇尔投影式

费歇尔投影式不能离开平面翻转，否则就改变了手性碳原子连接的原子或基团的空间方向，导致构型发生改变。例如：

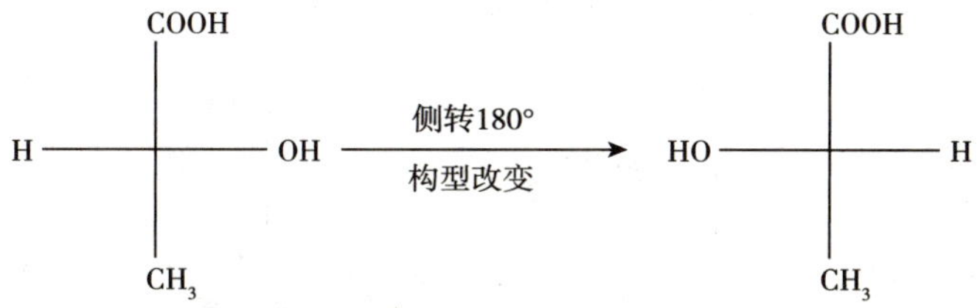

由于在一般情况下，可以随意指定与手性碳原子连接的四个不同基团中的两个处于水平或垂直方向，因此同一分子就会得到几个费歇尔投影式，那么我们怎样判断所给的费歇尔投影式之间是什么关系呢？

2. 判断不同投影式是否同一构型的方法

（1）将投影式在纸平面上旋转 180°，仍为原构型；旋转 90°则为对映异构体。

（2）任意固定一个基团不动，依次顺时针或反时针调换另三个基团的位置，不会改变原构型。

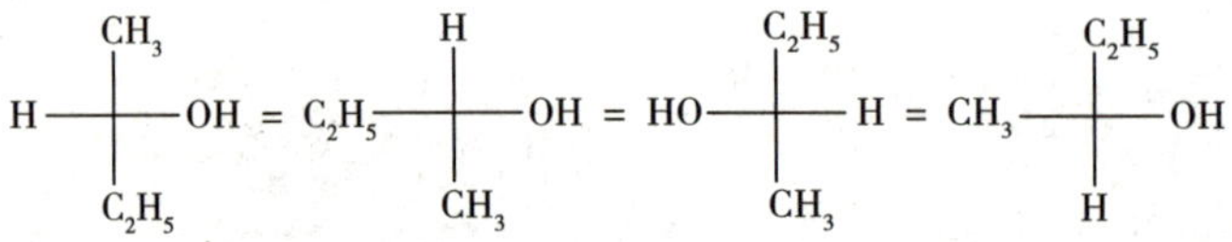

（3）对调任意两个基团的位置，对调偶数次构型不变，对调奇数次则为原构型的对映体。例如：

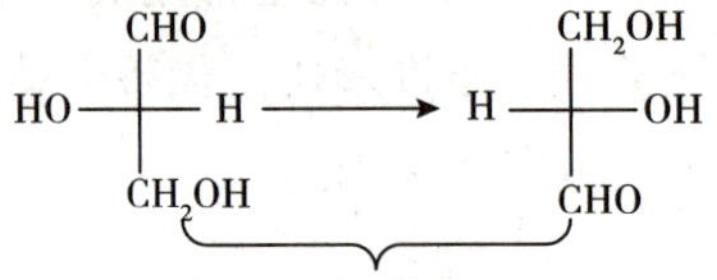

同一构型

OH与H对调一次

CHO与CH_2OH对调一次

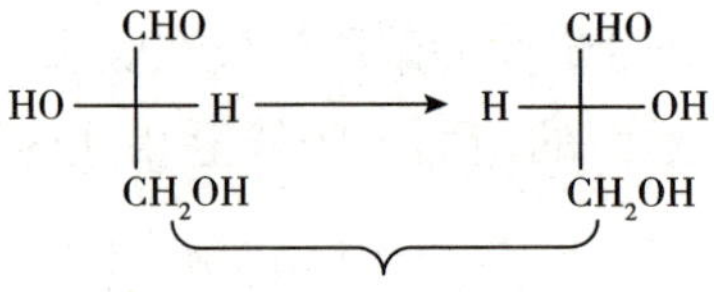

对映体

OH与H对调一次

（二）含有一个手性碳原子的构型标示法

1. D、L 构型标示法 20 世纪初期，还没有实验方法测定分子的构型，因此无法用费歇尔投影式判断对映异构体的构型。1906 年，卢森诺夫（Rosanoff）选定甘油醛作为标准，并且规定：羟基投影到费歇尔投影式右边的甘油醛为 D-构型，羟基投影到费歇尔投影式左边的甘油醛为 L-构型。

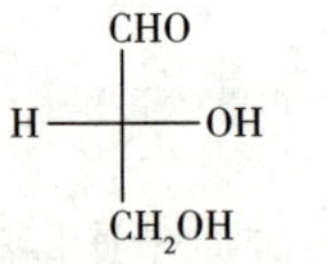

D-(+)-甘油醛

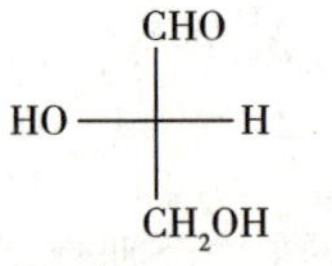

L-(-)-甘油醛

其他手性分子的构型，可以根据同甘油醛的反应关系来确定。比如：

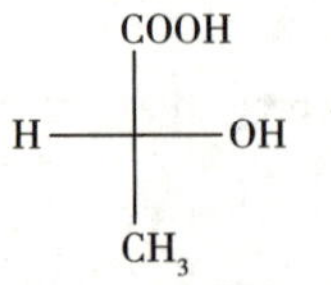

D-乳酸

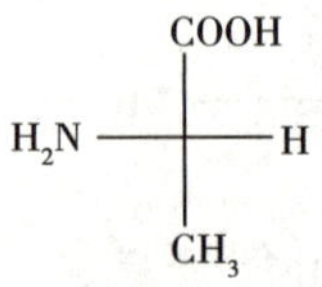

L-丙氨酸

但是由于这种人为指定的构型与真实构型并不完全一致，所以本构型方法又称相对构型方法。由于在依靠化合物之间的衍生关系确定旋光性物质的构型时，不容易界定，具有一定的局限性。但是 D、L 标示法目前在氨基酸和糖类化合物中仍然在广泛应用。

2. *R*、*S* 构型标示法 *R*、*S* 构型法是 1970 年由国际纯粹和应用化学联合会建议采用的，它是基于手性碳原子的实际构型进行标示的，因此是绝对构型。其方法是：将手性碳原子上连接的四个不同原子或基团按顺序规则由大到小排列为 a→b→c→d，然后将最小的 d 摆在离观察者最远的位置，最后绕 a→b→c 划圆，若是顺时针方向，则其构型为 *R*（*R* 是拉丁文 Rectus 的字头，是右的意思），若是逆时针方向，则构型为 *S*（*S* 是拉丁文 Sinister，左的意思），如图 16－12 所示。

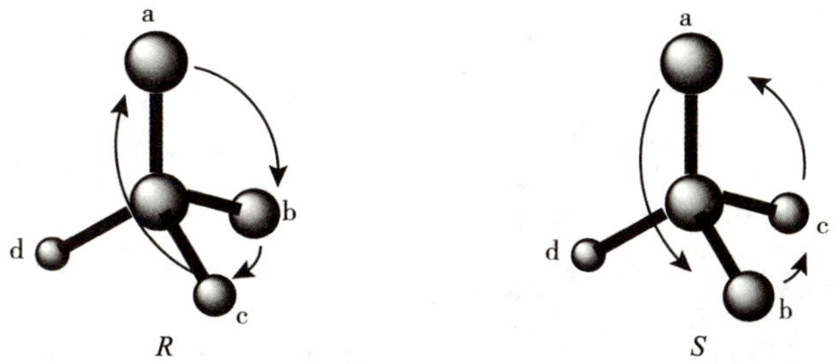

图 16－12　*R*、*S* 构型

例如：

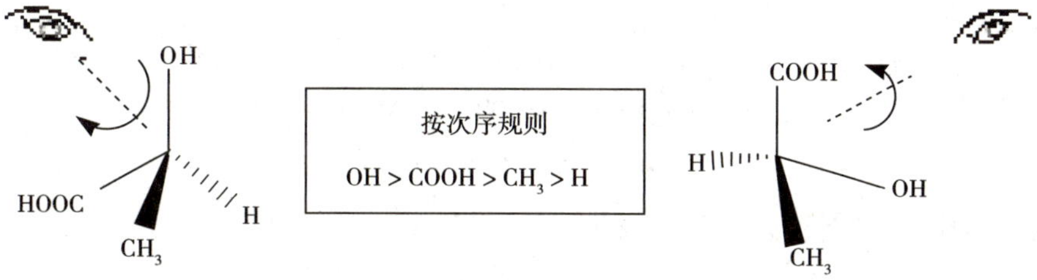

顺时针排列　*R*型　　　　逆时针排列　*S*型

为了准确地确定分子或某一手性碳的 *R* 或 *S* 构型，最简单而可靠的方法是借助于分子模型，但是我们经常遇到的是手性分子的费歇尔投影式，因此对于用费歇尔投影式表示的对映异构体，可按下列方法判断其构型。

（1）当最小基团位于横线时，若其余三个基团由大→中→小为顺时针方向，则此投影式的构型为 *S*，反之为 *R*。

（2）当最小基团位于竖线时，若其余三个基团由大→中→小为顺时针方向，则此投影式的构型为 *R*，反之为 *S*。

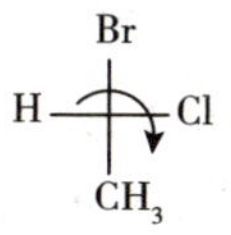

S-构型

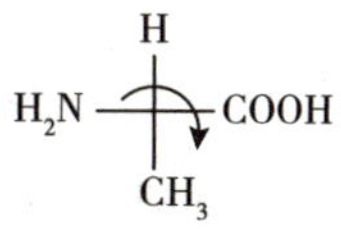

R-构型

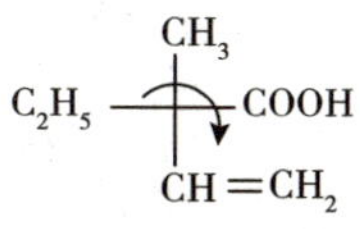

R-构型

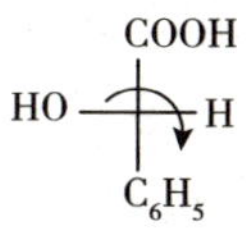

S-构型

D、L 和 *R*、*S* 只表示构型，不表示旋光方向。D、L 和 *R*、*S* 构型是两种不同的标示方法，D 可能是 *R* 构型，也可以是 *S* 构型。(+)、(−)表示手性分子的旋光方向，(+)表示右旋，(−)表示左旋。*R* 可能是右旋，也可能是左旋。

练一练 16-5

用 *R*、*S* 标示下列化合物中手性碳原子的构型。

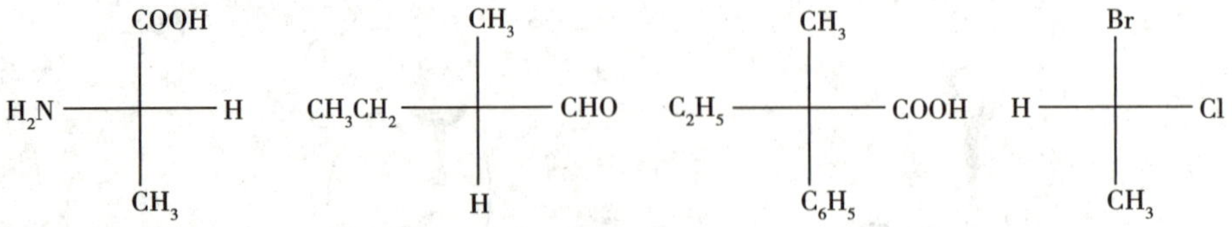

参考答案

（三）含有两个手性碳原子的化合物的对映异构

分子中含有手性碳原子的数目越多，对映异构体也越多。含有两个手性碳原子时，可能会有两种不同的情况，一种是两个手性碳原子是不同的，另一种是两个手性碳原子是相同的。

1. 含有两个不同手性碳原子的化合物 分子中含有两个不同的手性碳原子时，与它们相连接的原子或基团有四种不同的空间排列形式，即存在四种对映异构体。例如，2,3,4-三羟基丁醛有两个不同的手性碳原子。

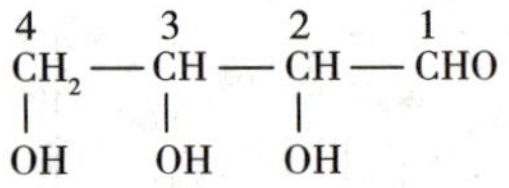

具有四个对映异构体，其费歇尔投影式如下：

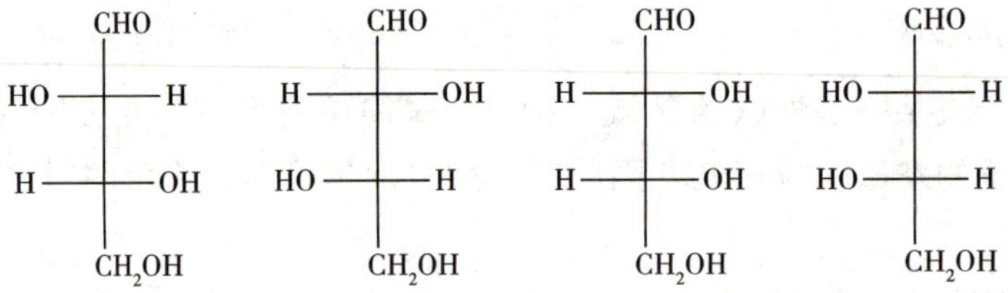

2*S*，3*R* | 2*R*，3*S* | 2*R*，3*R* | 2*S*，3*S*

A | B | C | D

以上四个对映异构体，（A）和（B）、（C）和（D）均存在实物与镜像关系，各构成一对对映体，（A）和（C）或（D），（B）和（C）或（D）都不是实物与镜像的关系，称非对映异构体，简称为非对映体。

对映体旋光度相同，旋光方向相反，等量混合则组成外消旋体，常用“±或 *dl*”表示；外消旋体没有旋光性，是一种混合物。非对映体的旋光度不同，其物理性质如熔点、沸点、溶解度也不相同。

含有两个手性碳原子的化合物的构型，除了用 *R*、*S* 标示外，还可以用赤型与苏型来标示。含两个手性碳的分子，在 Fischer 投影式中，两个相同的原子或基团在同一侧，称为“赤型”；在不同侧，称为“苏型”。例如：

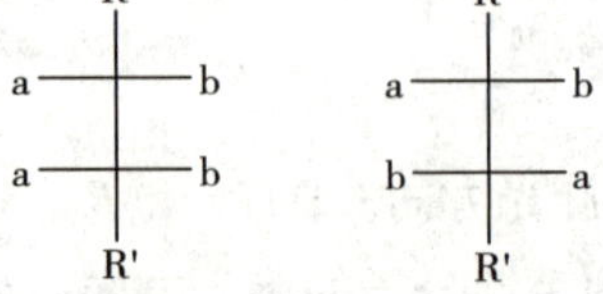

赤型 苏型

含有一个手性碳原子的化合物有两个对映异构体，含有两个不同手性碳原子的化合物有四个对映异构体。以此类推，含有 *n* 个不同手性碳原子的化合物应有对映异构体的数目为 2^n 个。

2. 含有两个相同手性碳原子的化合物 分子中含有两个相同的手性碳原子的化合物，如酒石酸分子：

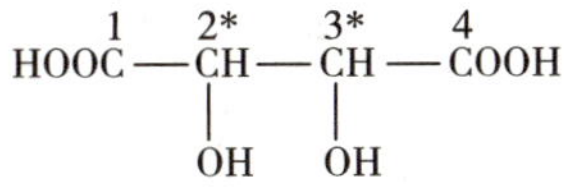

它的费歇尔投影式如下：

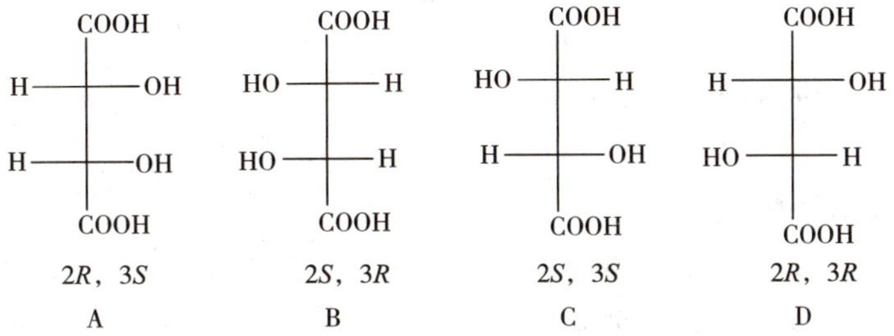

(A)和(B)为同一化合物，(C)和(D)为对映体。由于(B)也可以标示为(2*R*，3*S*)，因此(A)和(B)两个结构式都可以看成是(2*R*,3*S*)-二羟基丁二酸投影的费歇尔投影式。(A)分子中 C_2 和 C_3 之间有一个对称面，可以把整个分子平分为二，其上下两部分互为实物与镜像关系，两个手性碳原子的旋光度一样，旋光方向相反，正好相互抵消而失去旋光性。这种化合物称为“内消旋体”，常用“meso”表示。

内消旋体和外消旋体虽然都没有旋光性，但它们却有本质上的差别。前者是一个化合物，不能拆分成两部分。后者是一种混合物，可以用特殊的方法拆分成两个对映异构体。

四、对映异构体的性质

对映异构体及非对映异构体的化学性质几乎完全相同，对映体之间，除旋光方向相反外，其他物理性质如熔点、沸点、溶解度以及旋光度等均相同，非对映体的物理性质差别较大。对映异构体之间极为重要的区别是它们的生理作用不同。比如：对映异构体中，两种异构体的营养效果不同。例如 L-糖具有同 D-糖一样的口感，对细菌引起的腐败、腐烂具有免疫力，降低发生龋齿的可能，因此作为 D-糖的替代品，不需另加填充剂在水溶液里稳定，热处理食品加工中稳定，能发生美拉德褐变，用于焙烤食品中，适于糖尿病或其他糖代谢紊乱患者。

知识链接

外消旋体的拆分

自然界或者人工合成得到的手性化合物，多数是以外消旋体形式存在。但在功能性食品中，往往不同的构型效果不同，因此必须对外消旋体进行分开。但对映体除旋光方向相反外，其他物理化学性质基本上相同，因此不能用一般的物理化学方法（蒸馏、重结晶等）把一对对映体分离。必须用特殊的方法才能分离。把外消旋体分离为两种旋光体的过程叫作拆分。

拆分方法层出不穷，但从原理上分，主要有：

（1）利用物理性质的差异所建立的方法，例如结晶法、层析法等。

（2）利用反应速度差异的动力学拆分法。

（3）利用酶的高度特异性催化反应的酶拆分法（微生物拆分法）等。

练习题

答案解析

一、选择题

1. 下列化合物存在顺反异构体的是（　）。

A. 丙烯　B. 丁-1-烯　C. 丁-2-烯　D. 2-甲基丁烷

2. 下列化合物中含有手性碳原子的是（　）。

A. 丙酸　B. 乳酸　C. 草酸　D. 丁酸

3. 下列化合物为手性分子的是（　）。

A. 2-甲基戊烷　B. 3-甲基戊烷　C. 丁-1-醇　D. 丁-2-醇

4. 下列哪个化合物是 *R*-1-溴-1-氯乙烷（　）。

A. 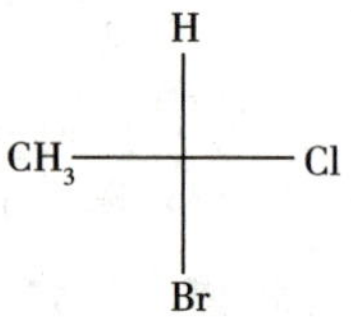
B. 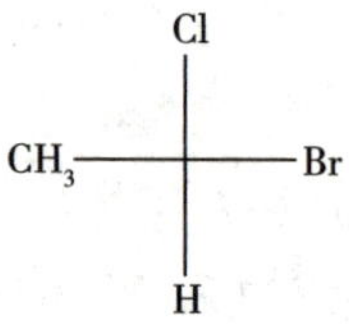
C. 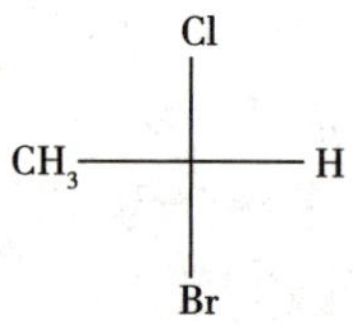
D. 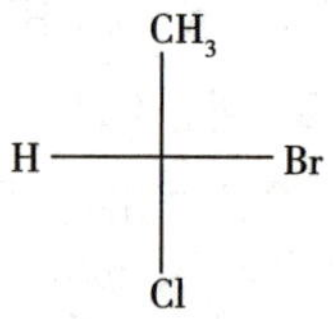

5. 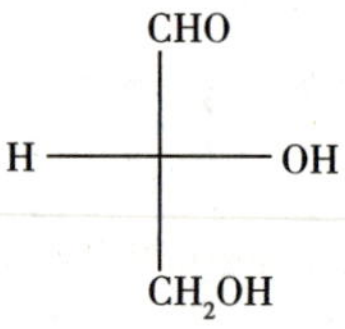 和 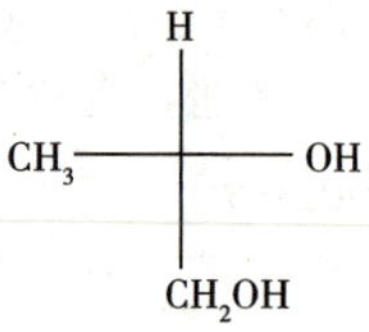 的相互关系为（　）。

A. 同一种化合物　B. 对映体　C. 非对映体　D. 构造异构体

6. 下列化合物为顺式的是（　）。

A. 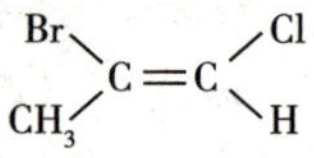
B. 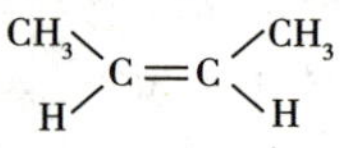
C. 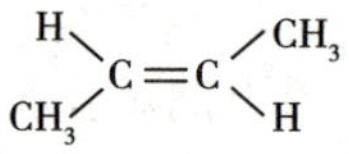
D. 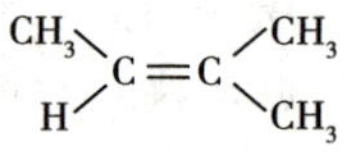

7. 手性分子必然有（　）。

A. 手性碳原子　B. 对称中心

C. 对称面　D. 与镜像不能完全重叠

8. 下列化合物中，旋光异构体几乎相同的是（　）。

A. 物理性质　B. 化学性质　C. 毒性　D. 生理活性

9. 对映异构体绝对构型的表示方法是（　）。

A. D/L　B. *R*/*S*　C. *Z*/*E*　D. 顺/反

10. 分子中含有 4 个不相同的手性碳原子，其有多少对对映异构体（　）。

A. 4　B. 8　C. 16　D. 7

二、判断题

（　）1. 凡含有双键的化合物都具有顺反异构体。

（　）2. 炔烃同烯烃一样也有顺反异构体。

（　）3. 含有一个手性碳原子的分子一定是手性分子。

（　）4. *R*-构型代表右旋体，*S*-构型代表左旋体。

（　）5. 含有一个手性碳原子的两种化合物不是对映体就是同一种化合物。

(　) 6. 内消旋体和外消旋体一样都没有旋光性，都能拆分成一对对映体。

(　) 7. 凡是手性分子都有旋光性。

(　) 8. 比旋光度和旋光性物质的浓度无关。

(　) 9. 含有两个手性碳原子的分子一定是手性分子。

(　) 10. 丙烯存在顺反异构体。

三、用顺、反或 *Z*、*E* 或 *R*、*S* 标明下列化合物的构型。

1. 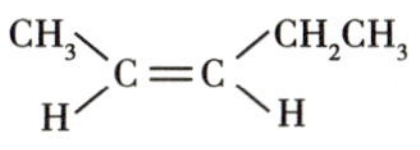

2. 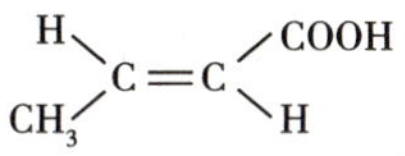

3. 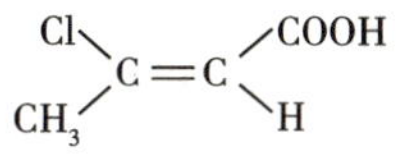

4. 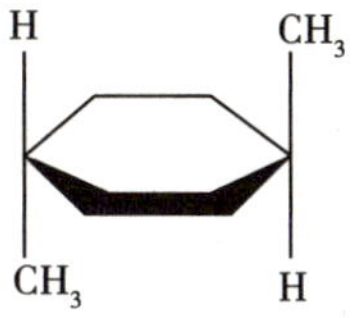

5. 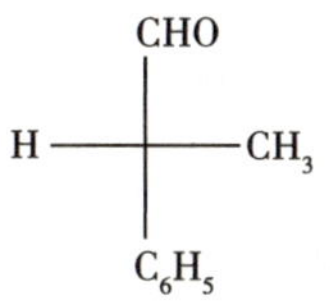

6. 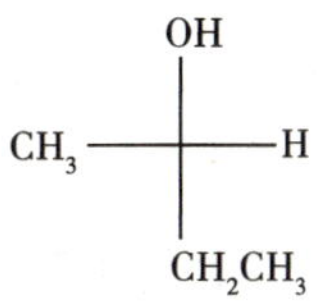

7. 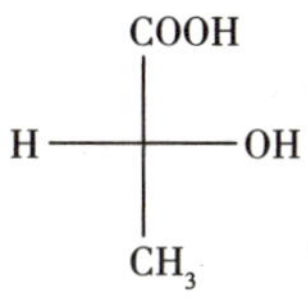

8. 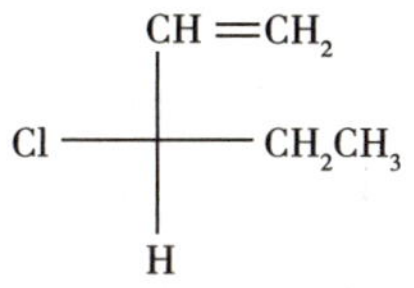

四、计算题

已知在20℃时的葡萄糖的比旋光度为 +52.7°，某葡萄糖溶液在20℃及20cm长的盛液管中测得的旋光度为 +2.108°，求该葡萄糖溶液的浓度。

五、结构命名

分子式是 $C_5H_{10}O_2$ 的羧酸，有旋光性，写出它的一对对映体的费歇尔投影式，并用 *R*、*S* 标示法命名。

（王广珠）

书网融合……

本章小结　　本章小结（微课）　　微课　　题库

第十七章

有机含氮化合物

PPT

学习目标

知识目标

1. **掌握** 有机含氮化合物的结构和命名方法、化学性质。
2. **熟悉** 有机含氮化合物的官能团和分类。
3. **了解** 有机含氮化合物的物理性质及应用规律。

能力目标

1. 能判断有机含氮化合物的特征官能团，进行命名。
2. 具备正确书写有机含氮化合物反应方程式的能力。

素质目标

通过本章学习，帮助学生树立实事求是、严谨认真的工匠精神；通过某些含氮毒品的认识，培养学生尊重生命、尊重事实的态度以及树立正确的人生观和价值观。

有机含氮化合物是指分子中含有碳氮键的有机化合物，在自然界中种类众多且分布广泛，其中很多与生命活动和人类的日常生活密切相关。本章主要介绍硝基化合物、胺、酰胺、杂环化合物和生物碱。

第一节 硝基化合物

情境导入 17－1

情景 在现代生活中人们修建道路、桥梁都需要用到炸药，大家熟悉的黄色炸药俗称 TNT，它是一种比较安全、综合性能较好的炸药，现在与爆炸有关的能量释放常用“公斤 TNT 炸药”或“吨 TNT 炸药”为单位。

问题 TNT 的结构是什么，请给其命名。

参考答案

一、硝基化合物的分类和命名

烃分子中的氢原子被硝基取代的化合物称为硝基化合物，它的官能团是硝基（$—NO_2$）。

（一）硝基化合物的分类

1. 根据硝基所连烃基的不同 可分为脂肪族硝基化合物和芳香族硝基化合物。如：

CH_3NO_2

硝基甲烷（脂肪族硝基化合物）

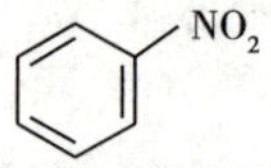

硝基苯（芳香族硝基化合物）

2. 根据硝基数目的不同 可分为一硝基化合物和多硝基化合物。如：

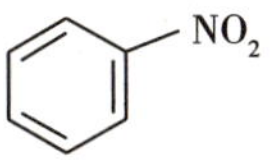

硝基苯（一硝基化合物）

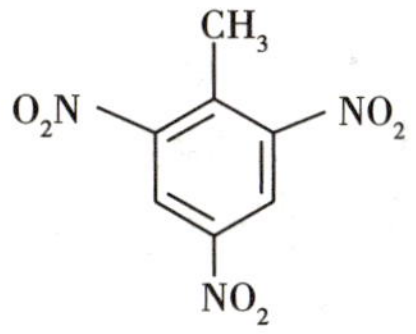

2,4,6-三硝基甲苯（多硝基化合物）

（二）硝基化合物的命名

以烃为母体，硝基为取代基命名。如：

$CH_3CH_2NO_2$

1-硝基乙烷

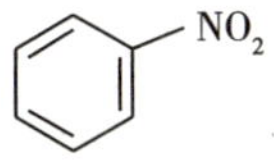

硝基苯

二、硝基化合物的物理性质

硝基化合物多数难溶于水，比水重，密度大于 1 的油状液体，难溶于水，易溶于有机溶剂。芳香族的多硝基化合物为淡黄色固体，具有爆炸性，可用作炸药。还有的硝基化合物具有麝香味，可作香料。硝基化合物有毒，应避免直接接触或吸入。

三、硝基化合物的化学性质

（一）还原反应

硝基化合物容易被还原，在一定条件下催化加氢可以使硝基苯还原成苯胺。

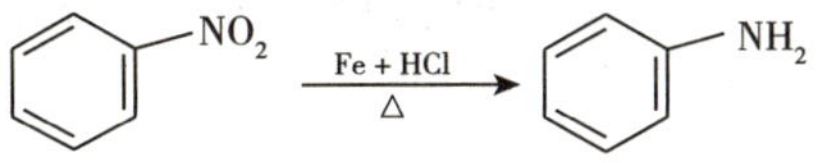

（二）苯环上的取代反应

硝基是间位定位基，使苯环钝化，使苯环的亲电取代反应主要发生在间位，且反应速度比苯慢。如：

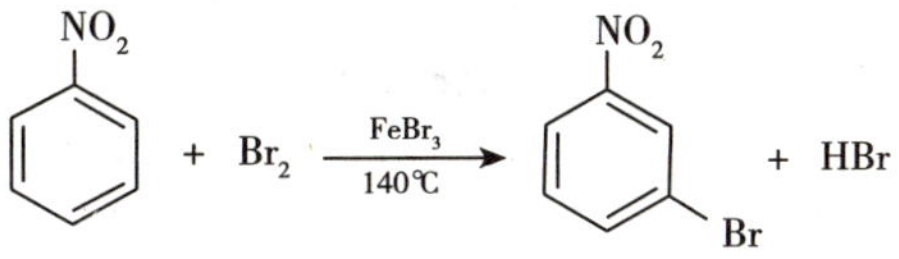

四、重要的硝基化合物

（一）硝基苯

硝基苯是淡黄色油状液体，具有苦杏仁气味，不溶于水，可溶于乙醇、苯等有机溶剂，沸点为 210℃，比水重，有毒。硝基苯是重要的化工原料，主要用于制备染料、药物等。

（二）2,4,6-三硝基苯酚

2,4,6-三硝基苯酚俗称苦味酸，是片状黄色晶体，熔点 122℃，不溶于冷水，溶于热水、乙醇和乙醚，有毒，能凝固蛋白质，具有杀菌功能，苦味酸是强酸，能与有机碱形成复盐，可作为生物碱的沉淀剂。苦味酸是多硝基化合物，具有强烈爆炸性。

（三）2,4,6-三硝基甲苯

2,4,6-三硝基甲苯俗称 TNT，是黄色晶体，熔点为 80℃，不溶于水，溶于苯、丙酮，不腐蚀金属，受震也相当稳定，但是在起暴剂（雷汞）引发下可发生猛烈爆炸，所以是一种优良的炸药。原子弹、氢弹的的爆炸威力常用 TNT 的万吨级来表示。

练一练 17－1

写出下列化合物的结构式

（1）对硝基甲苯　　　（2）间二硝基苯

参考答案

第二节　胺 微课

情境导入 17－2

情景　鱼发出一种特殊的腥味，称为鱼腥味。鱼腥味主要是鱼肉代谢和腐败产生的三甲胺的味道，三甲胺易溶于水，有毒，所以我们在做鱼时可以用酒或者沸水氽一下，去除鱼腥味。

问题　1. 三甲胺的结构式是怎样的？

2. 三甲胺属于伯胺、仲胺还是叔胺？

参考答案

胺属于氨的烃基衍生物，即氨(NH_3)分子中氢原子部分或全部被烃基取代，形成胺类化合物，简称胺。胺类化合物具有多种生理作用，在医药领域及食品工业中具有广泛的应用。

一、胺的结构、分类和命名

（一）胺的结构

与氨分子的空间结构相似，胺类化合物分子中氮原子与周围三个原子或原子团构成三棱锥型结构。氨和胺分子中氮原子的外层五个电子，分布在四个 sp^3 不等性杂化轨道上，其中三个 sp^3 杂化轨道分别与三个氢原子或碳原子形成三个 σ 键，另一个 sp^3 杂化轨道被氮原子上的未共用电子对占据，类似一个“基团”，见图 17－1。

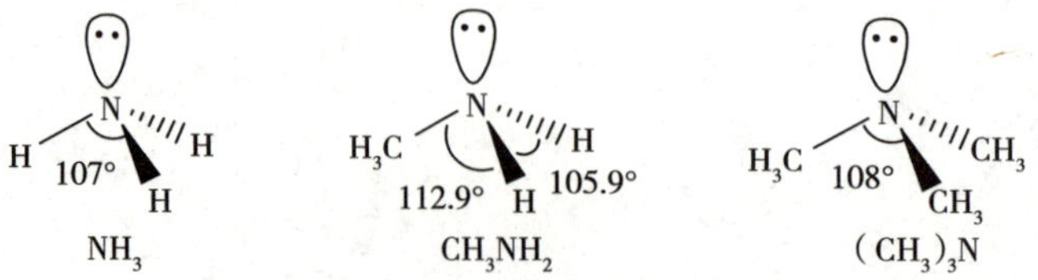

图 17－1　氨、甲胺、三甲胺的结构

胺分子中，氮原子上具有未共用电子对，使胺具有供电子能力，使其呈弱碱性。

芳香胺中，氮原子上的未共用电子所在的轨道与苯环上的 π 电子轨道重叠，形成 p-π 共轭体系，使原来属于氮原子的一对未共用电子分布在该共轭体系中，见图 17－2。这种共轭体系的形成，使芳香胺与脂肪胺在性质上表现出较大的不同。

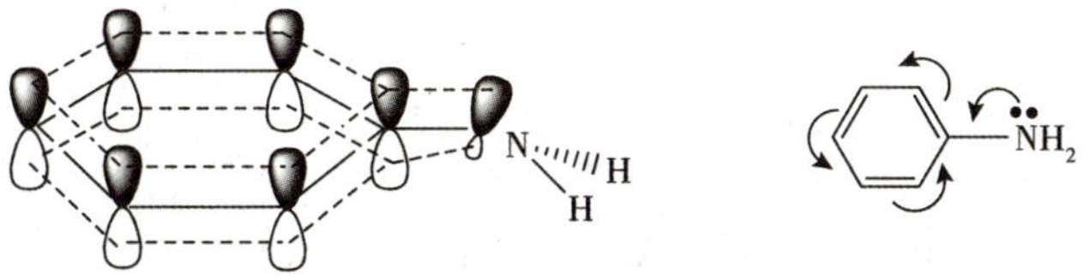

图 17－2　苯胺的结构

（二）胺的分类和命名

1. 胺的分类　根据氮原子上所连烃基的类型不同，可分为脂肪胺和芳香胺。

胺分子中，氮原子直接且仅与脂肪烃基相连的胺称为脂肪胺。例如：

CH_3NH_2　甲胺

$CH_3CH_2NH_2$　乙胺

$NH_2CH_2CH_2CH_2CH_2NH_2$　丁-1,4-二胺

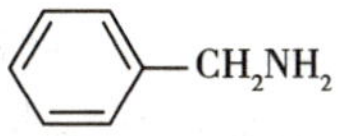

苯甲胺

氮原子直接与芳香烃基芳环碳原子相连的胺称为芳香胺，简称芳胺。例如：

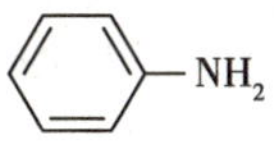

苯胺

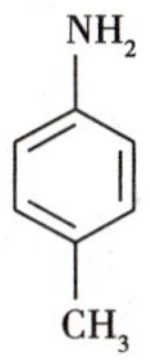

对甲基苯胺

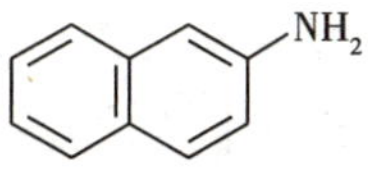

萘-2-胺

根据胺分子中与氮原子相连的烃基的数目不同，可分为伯胺（1°胺）、仲胺（2°胺）和叔胺（3°胺）及季铵化合物。

氮原子上仅连有一个烃基的胺称为伯胺，伯胺含有氨基（$—NH_2$），结构形式为 RNH_2 和 $ArNH_2$。例如：

CH_3NH_2

甲胺，脂肪族伯胺

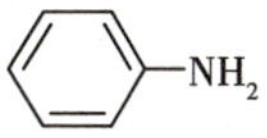

苯胺，芳香族伯胺

氮原子上连有两个烃基的胺称为仲胺，仲胺含有氨叉基（叉氨基）（—NH—），结构形式为 R_2NH 和 ArNHR 或 Ar_2NH。例如：

$(CH_3)_2NH$

二甲胺，脂肪族仲胺

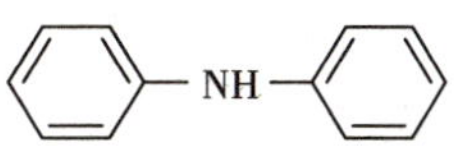

二苯胺，芳香族仲胺

氮原子上连有三个烃基的胺称为叔胺，叔胺含有氨叔基（氨爪基）（—N(—)—），结构形式为 R_3N 和 Ar_3N 或 Ar_2NR 或 $ArNR_2$。例如：

$(CH_3)_3N$

三甲胺，脂肪族叔胺

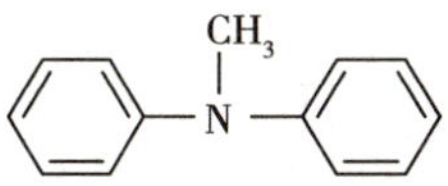

N-甲基-*N*-苯基苯胺，芳香族叔胺

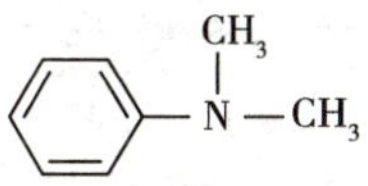

N,*N*-二甲基苯胺，芳香族叔胺

注意胺和醇类化合物在分类时，伯、仲、叔醇与伯、仲、叔胺的不同含义。

结构类似 NH_4^+ 的季铵离子（R_4N^+）与卤素 X^- 或其他负离子一起就形成季铵盐 $[R_4N]^+X^-$，与 OH^-

则形成季铵碱$[R_4N]^+OH^-$。季铵盐及季铵碱的季铵离子中，四个烃基 R 可以相同也可不同，R 可为脂肪烃基或芳香烃基。

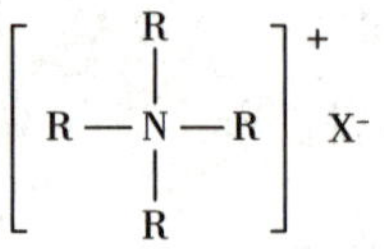
季铵盐

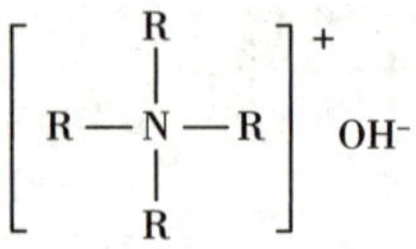
季铵碱

根据胺分子中氨基的数目不同可分为一元胺、二元胺和多元胺等。例如：

$CH_3CH_2—NH_2$
乙胺，一元胺

$H_2N—CH_2CH_2—NH_2$
乙二胺，二元胺

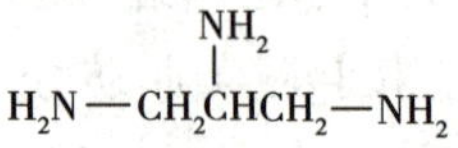
丙-1,2,3-三胺，多元胺

2. 胺的命名 结构简单的胺，根据氮原子上所连的烃基的数目，只要把氮原子上的烃基按英文名称字母顺序书写后加上“胺”字即可。如：

CH_3NH_2	$CH_3CH_2—NH_2$	$(CH_3)_3N$	$CH_3NHC_2H_5$
甲胺	乙胺	三甲胺	乙基甲基胺

氮原子上同时连有芳香基和脂肪烃基的仲胺或叔胺，命名时通常把芳香胺作为母体，脂肪烃基为取代基。并将氮原子上的烃基用字母“*N*”标记出来，表明该烃基是连在氮上而不是连在芳环上。胺类化合物命名时，N 原子上的几个相同的烃基可合并书写，在合并的烃名称前用“二”或者“三”表示其数目，若烃基不同时，则按英文名称首字母顺序依此写出其名称，例如：

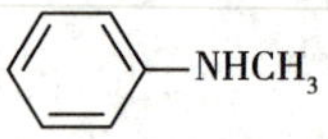
N-甲基苯胺

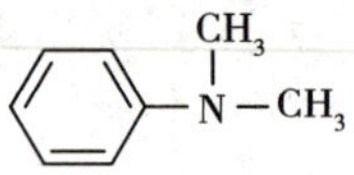
N,*N*-二甲基苯胺

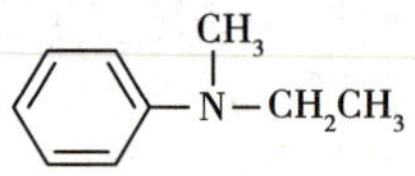
N-乙基-*N*-甲基苯胺

结构比较复杂的胺的命名，以烃为母体，氨基作为取代基。例如：

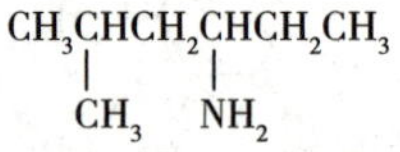
4-氨基-2-甲基己烷

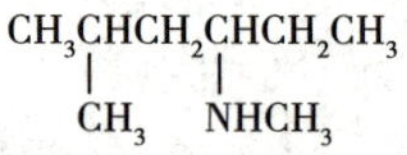
2-甲基-4-甲氨基己烷

季铵盐或季铵碱可以看作铵盐的衍生物来命名。如果四个烃基 R 相同，其命名与卤化铵和氢氧化铵相似，称为“卤化四某铵”和“氢氧化四某铵”。如果四个烃基不同，烃基名称按英文名称首字母顺序依次排列。例如：

$(CH_3)_4N^+Cl^-$
氯化四甲铵

$(CH_3)_4N^+OH^-$
氢氧化四甲铵

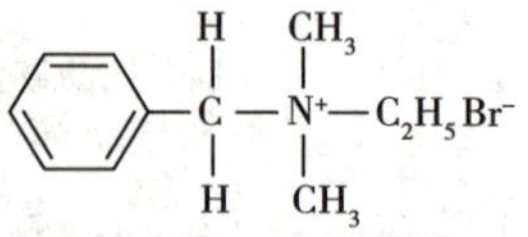
溴化苄基乙基二甲基铵

二、胺的物理性质

常温下，脂肪胺中的甲胺、二甲胺、三甲胺和乙胺为无色气体，其他胺为液体或固体。低级胺易挥发，有类似氨的气味，三甲胺有鱼腥气味，丁二胺和戊二胺等有动物尸体腐败的气味。高级胺为固体，不易挥发，一般没有气味。芳香胺为高沸点的液体或低熔点的固体，具有特殊气味，且毒性较大。胺的沸点比与其相对分子质量相近的烃和醚要高，但比醇低。

伯、仲、叔胺都能与水形成氢键，低级胺易溶于水，如甲胺、二甲胺、乙胺和二乙胺等可与水混溶。随着相对分子质量的增加，胺的溶解度随之降低，所以中级胺、高级胺及芳香胺微溶或难溶于水，可溶于乙醇、三氯甲烷、苯等有机溶剂。一些常见胺的物理常数见表 17－1。

表 17－1 一些胺的物理常数

名称	结构简式	熔点/℃	沸点/℃	溶解度
甲胺	CH_3NH_2	−93.5	−6.3	易溶
二甲胺	$(CH_3)_2NH$	−96	−7.4	易溶
三甲胺	$(CH_3)_3N$	−117	3.0	91g/100g 水
乙胺	$C_2H_5NH_2$	−81	16.6	易溶
二乙胺	$(C_2H_5)_2NH$	−48	56.3	易溶
三乙胺	$(C_2H_5)_3N$	−115	89.3	14g/100g 水
乙二胺	$H_2NCH_2CH_2NH_2$	8.5	117	易溶
苯胺	$C_6H_5NH_2$	−6.3	184	3.7g/100g 水
二苯胺	$(C_6H_5)_2NH$	53	302	不溶
N-甲基苯胺	$C_6H_5NHCH_3$	−57	196	微溶
N,*N*-二甲基苯胺	$C_6H_5N(CH_3)_2$	3	194	1.4g/100g 水

三、胺的化学性质

胺的主要化学性质取决于氮原子上的未共用电子对。胺的氮原子上含有的未共用电子对能接受质子形成铵根正离子而显碱性；胺（特别是芳香胺）还能与酰化剂、亚硝酸和氧化剂等反应；芳香胺的芳环上还容易发生亲电取代反应。

（一）碱性

胺和氨相似，在水溶液中呈碱性，能与大多数酸作用生成铵盐。

$$R—NH_2 + H_2O \rightleftharpoons R—NH_3^+ + OH^-$$

$$R—NH_2 + HCl \rightleftharpoons R—\overset{+}{N}H_3\overset{-}{Cl}$$

胺的结构不同，其水溶液的碱性强弱也不同。氮原子上的电子云密度越大，其接受质子的能力越强，胺的碱性就越强。胺类的碱性强弱，可用 K_b 或 pK_b 表示，K_b 值愈大，则 pK_b 值愈小，其碱性就愈强。

$$R—NH_2 + H_2O \rightleftharpoons R—NH_3^+ - OH^-$$

$$K_b = \frac{[R—NH_3^+][OH^-]}{[R—NH_2]}$$

$$pK_b = -\lg K_b$$

胺的碱性强弱实质上是胺分子中氮原子上的未共用电子对与质子结合能力的大小，它主要受电子效应、空间效应和溶剂化效应这三种因素的影响。

对于脂肪胺，从电子效应考虑，具有供电子效应的烷基能使脂肪胺的氮原子上的电子云密度增大，接受质子的能力（亦即碱性）增强，因而脂肪胺的碱性都大于氨气。在水溶液中，碱性的强弱主要取决于电子效应，也受溶剂化效应、空间效应的影响。胺的水溶液碱性强弱顺序为：仲胺最强，伯胺和叔胺次之。

	$(CH_3)_2NH$ >	CH_3NH_2 >	$(CH_3)_3N$ >	NH_3
pK_b	3.27	3.36	4.24	4.75

芳香胺分子中氮原子上的未共用电子对能与苯基等芳环上的环状大 π 键相互作用，形成 p-π 共轭体系。p-π 共轭的结果使氨基氮原子上的电子云密度降低，接受质子的能力减弱，使得芳香胺的碱性都小于氨。例如：

	NH_3	$PhNH_2$	Ph_2NH	Ph_3N
pK_b	4.75	9.38	13.21	中性

取代芳胺的苯环上连供电子基（如—OH、—CH_3 等）时，碱性会增强；连有吸电子基（如—NO_2）时，则碱性降低。季铵碱是强碱，易溶于水，其碱性与氢氧化钠相当。

胺的碱性强弱的一般规律：脂肪胺 > 氨 > 芳香胺。

练一练 17-2

请将下列化合物按碱性强弱从强到弱排列

(1) 二甲胺　(2) 三甲胺　(3) 甲胺

(4) 苯胺　(5) 氨　(6) 季铵碱

参考答案

（二）胺的酰化

胺分子中氨基上的氢原子被酰基取代，生成酰胺，称为酰化反应。伯胺和仲胺可以与酰卤、酸酐等酰化剂反应。叔胺的氮原子上没有氢原子，不能进行酰化反应。

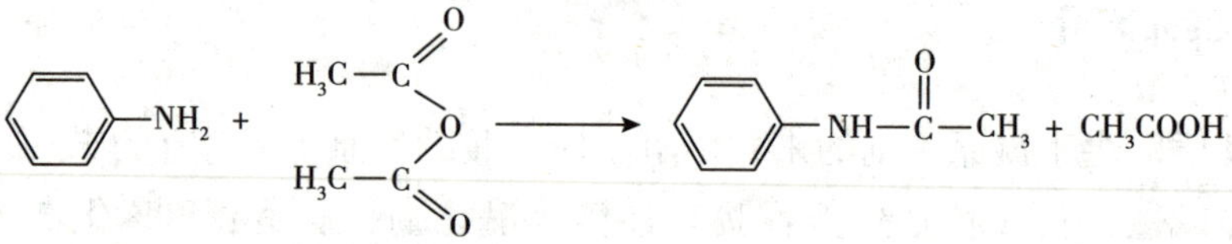

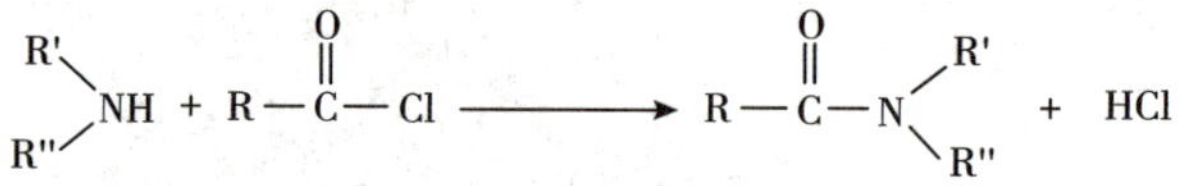

（三）胺的磺酰化

在氢氧化钠存在下，伯、仲胺能与苯磺酰氯反应生成苯磺酰胺。伯胺发生磺酰化生成的苯磺酰伯胺分子中，氮原子上的氢原子由于受到苯磺酰基强吸电子的影响而呈酸性，可溶于氢氧化钠溶液，生成水溶性的苯磺酰伯胺钠盐，溶液透明。苯磺酰仲胺分子中氮原子上由于没有氢原子，不显酸性，不溶于氢氧化钠，常呈悬浊固体析出。

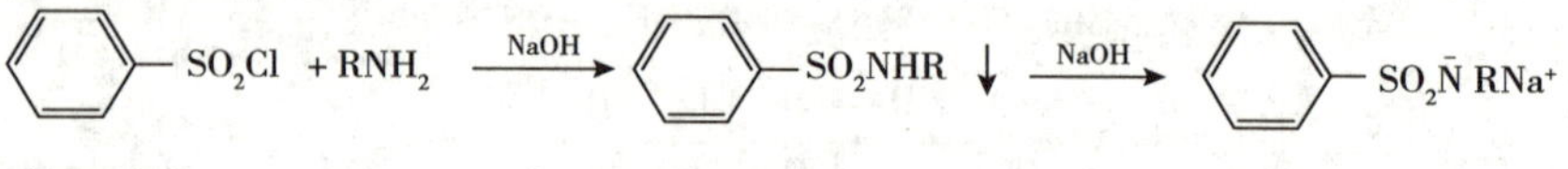

苯磺酰氯　伯胺　苯磺酰伯胺　苯磺酰伯胺钠盐

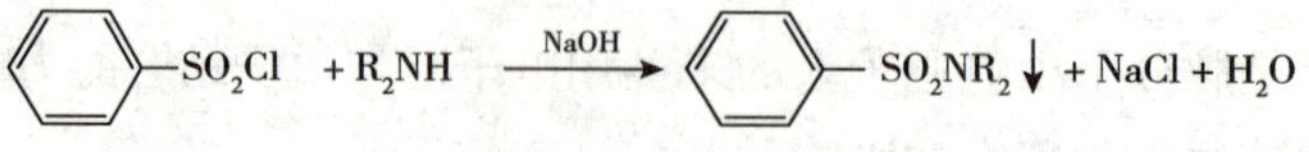

苯磺酰氯　仲胺　苯磺酰仲胺

叔胺分子中氮原子上无氢原子，不能发生磺酰化反应，也不溶于氢氧化钠溶液，而是出现分层现象。胺的磺酰化反应又称兴斯堡（Hinsberg）反应，可用于鉴别、分离脂肪族伯、仲、叔胺。

（四）胺与亚硝酸的反应

由于亚硝酸不稳定，在反应中实际使用的是亚硝酸钠与盐酸的混合物。不同的胺与亚硝酸反应，产物各不相同。

1. 伯胺 室温下，脂肪伯胺与亚硝酸反应，放出的氮气是定量的，用于分子中氨基的定量测定。

$$R—NH_2 + NaNO_2 \xrightarrow{HCl} N_2\uparrow + \text{醇、烯、卤代烃等}$$

低温下芳香伯胺能与亚硝酸发生重氮化反应，生成低温时较稳定的重氮盐。

例如：

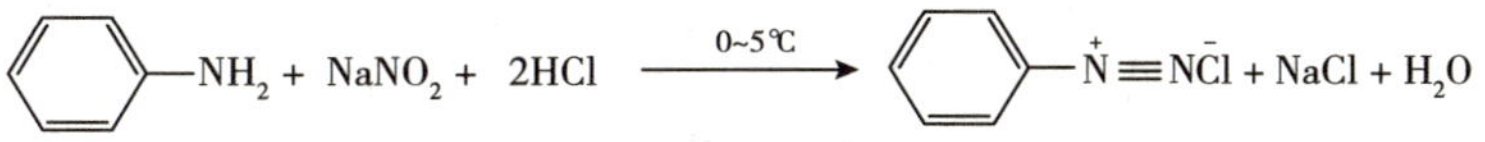

芳香族重氮盐在低温时稳定，加热至室温时能分解放出氮气并生成苯酚。

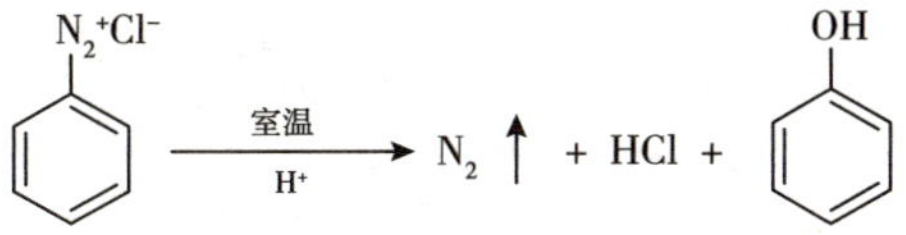

2. 仲胺 脂肪仲胺和芳香族仲胺与亚硝酸反应，生成 *N*-亚硝基胺(亚硝基连接在氮原子上的化合物)。

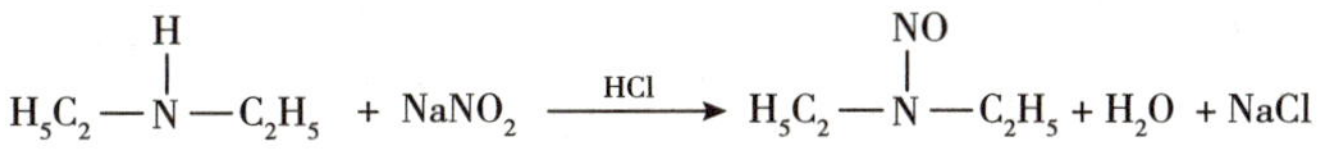

二乙胺 *N*-亚硝基二乙胺

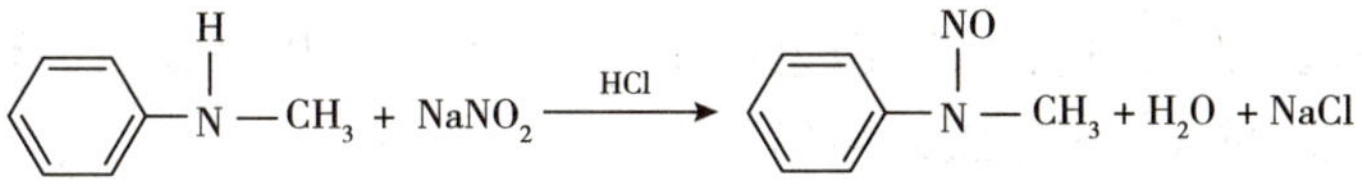

N-甲基苯胺 *N*-甲基-*N*-亚硝基苯胺

N-亚硝基胺为不溶于水的黄色油状液体或固体，与稀酸共热，可分解为原来的胺，可用来鉴别或分离提纯仲胺。

知识链接

N-亚硝基胺的毒性

N-亚硝基胺是一类强致癌物。在罐头食品、火腿及腌肉中常加入亚硝酸钠作为防腐剂，亚硝酸盐进入人体后与胃酸作用生成亚硝酸，再与体内代谢产生的仲胺反应生成*N*-亚硝基胺，危害人体健康。所以在食品加工中对亚硝酸钠作了限量规定。

3. 叔胺 脂肪族叔胺因氮原子上没有氢原子，不能发生亚硝化反应，只能与亚硝酸形成不稳定的盐。

$$R_3N + NaNO_2 \xrightarrow{HCl} R_3NH^+NO_2^- + NaCl$$

$$R_3NH^+NO_2^- \xrightarrow{NaOH} R_3N + NaNO_2 + H_2O$$

芳香叔胺与亚硝酸反应，在芳环上发生亲电取代反应引入亚硝基，生成对亚硝基胺。

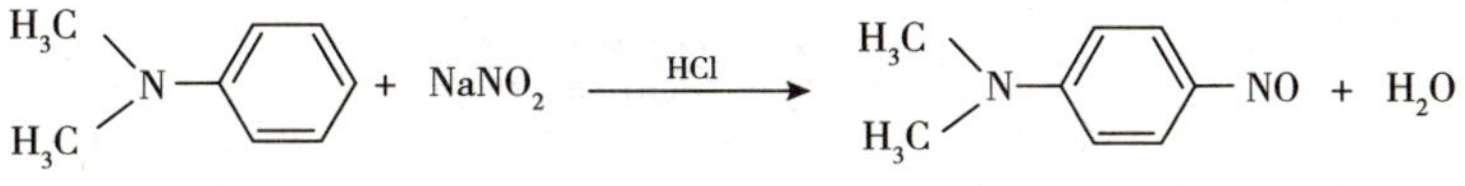

N, *N*-二甲基苯胺 *N*, *N*-二甲基对亚硝基苯胺

N,*N*-二甲基对亚硝基苯胺在酸性条件下显橘黄色，用碱中和后显翠绿色。

由于脂肪族和芳香族的胺与亚硝酸反应的现象不同，因此可以用来鉴别脂肪族或芳香族伯、仲、叔胺。

（五）芳胺芳环上的亲电取代反应

由于芳胺氮原子上的未共用电子对与芳环发生 p-π 共轭效应，使芳环电子云密度增加，特别是氨基的邻、对位电子云密度增加更为显著，因此芳环上的氨基（或—NHR、—NR_2）会使苯环活化，芳胺易发生亲电取代反应。例如，苯胺和溴水在常温下即快速生成2,4,6-三溴代苯胺白色沉淀。

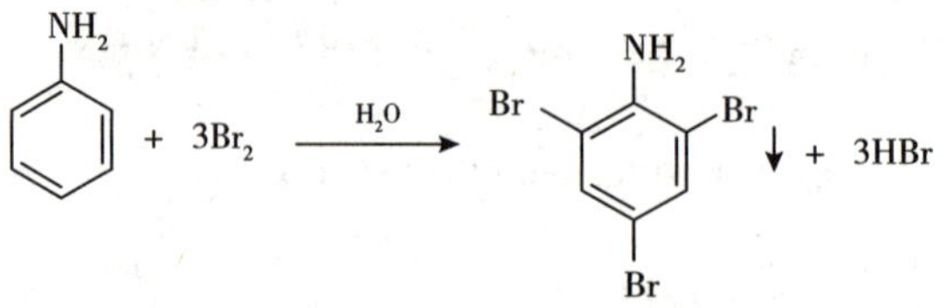

白色沉淀

（六）胺的氧化反应

胺易被氧化，尤其是芳香胺易被多种氧化剂氧化，产物较为复杂。芳香胺长期暴露在空气中存放，易被空气氧化，生成黄、红、棕色的复杂氧化物，其中含有醌类、偶氮化合物等。

四、重要的胺类化合物

（一）胆碱

胆碱是一种季铵碱，最初是在胆汁中发现的，且具有碱性，故命名为胆碱。是卵磷脂和鞘磷脂的重要组成部分，在脑组织和蛋黄中含量较高。白色结晶，味辛而苦，极易吸湿，易溶于水和醇，在酸性溶液中对热稳定，在空气中易吸收二氧化碳，遇热分解。

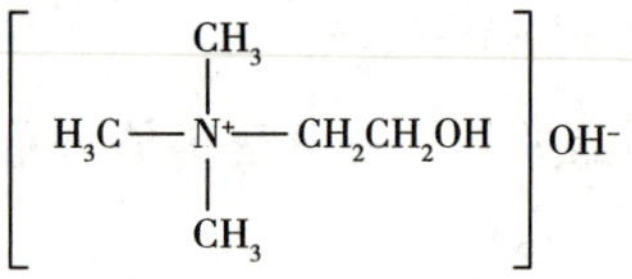

胆碱

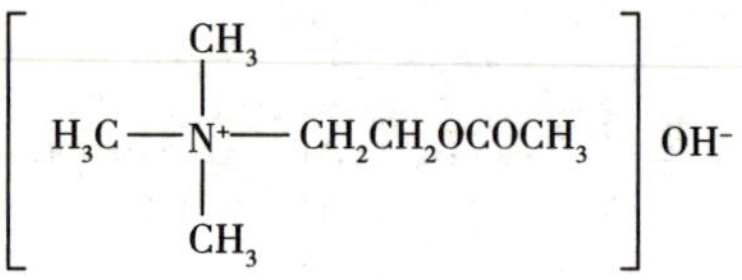

乙酰胆碱

乙酰胆碱是中枢及周边神经系统中常见的神经传导物质。食物中的卵磷脂经人体消化吸收可得到乙酰胆碱，它可随血液循环至大脑，其作用广泛。

（二）腐胺和尸胺

腐胺和尸胺通常被称为尸毒，是动物死亡后尸体腐烂时，一些氨基酸在脱羧酶的作用下生成的。腐胺的化学名称为丁-1,4-二胺，分子式为 $NH_2(CH_2)_4NH_2$，尸胺的化学名称为戊-1,5-二胺，分子式为 $NH_2(CH_2)_5NH_2$。两者均有毒性，通常在腐坏的肉类食品中含有腐胺和尸胺，故不要食用变质腐坏的肉类食品，以免引起中毒。

第三节 酰 胺

情境导入 17-3

情景 人和哺乳动物的尿液散发出一种特殊的味道，这是因为尿液中含有尿素，它是蛋白质在体内代谢的最终产物，可以用于制作化肥，也可以制作成药物。

问题 尿素的结构式是什么样的？

参考答案

一、酰胺的结构和命名

（一）结构

酰胺是氨(NH_3)或胺(RNH_2、R_2NH)分子中氮原子上的氢原子被酰基（—COR）取代后的产物，在结构上可看作是酰基和氨基(—NH_2)或烃氨基(—NHR、—NR_2)结合而成的化合物，同时酰胺也属于羧酸的衍生物。通式为：

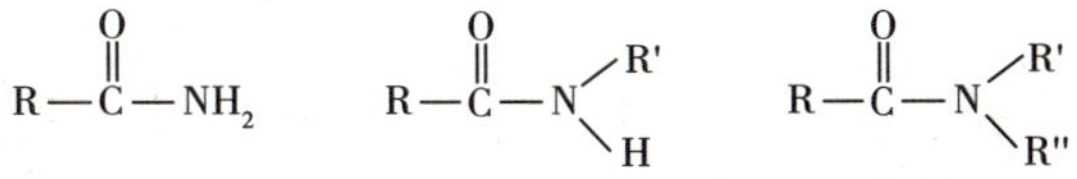

（二）命名

氮原子上没有烃基的简单酰胺，根据氨基（—NH_2）所连的酰基名称来命名，称为某酰胺；氮原子上连有烃基的酰胺，则将烃基的名称写在某酰胺之前，并在烃基名称前冠以“*N*－”或“*N*,*N*－”，以表示该烃基是与氮原子相连接的。例如：

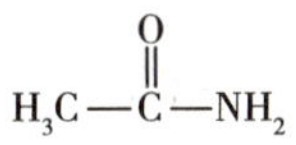

乙酰胺

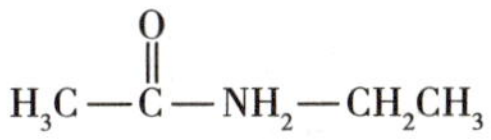

N-乙基乙酰胺

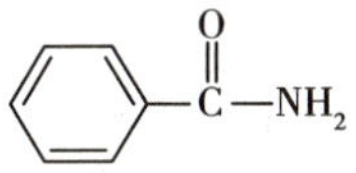

苯甲酰胺

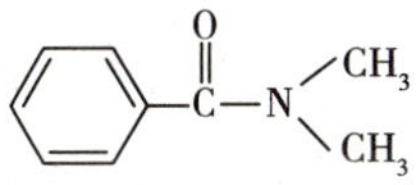

N,*N*-二甲基苯甲酰胺

二、酰胺的性质

（一）物理性质

常温下，除甲酰胺为液体，其他酰胺多为白色晶体。酰胺分子之间可通过氮原子上的氢形成氢键而发生缔合，导致其沸点和熔点均比相应的羧酸高。当酰胺分子中氮原子上的氢被烷基取代后，缔合程度减小，熔点和沸点则降低，脂肪族*N*-烷基取代酰胺一般为液体。

低级酰胺易溶于水，随着相对分子质量的增大，溶解度逐渐减小。液体酰胺是良好的溶剂。

（二）化学性质

1. 酸碱性 在酰胺分子中，氮原子上的未共用电子对与羰基中的 π 电子形成了 p-π 共轭，导致氮原子上的电子云密度降低，因而减弱了它接受质子的能力，即氨基的碱性减弱。因此，酰胺一般是中性或近中性的，它不能使石蕊变色。

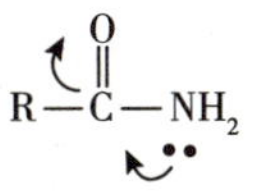

酰胺虽然是中性或近中性的，但酰亚胺却表现出明显的弱酸性。

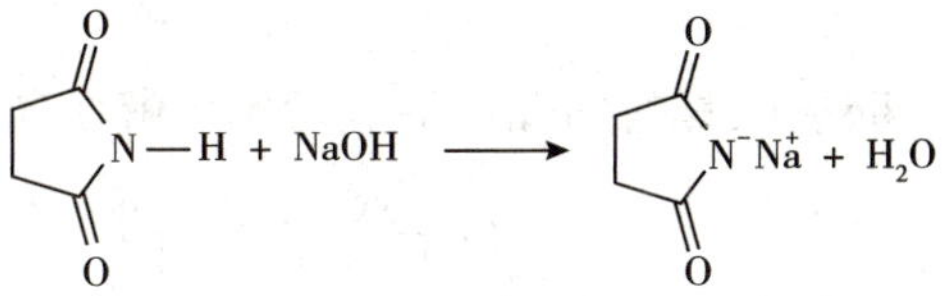

在酰亚胺分子中，$-\overset{O}{\overset{\|}{C}}-NH-\overset{O}{\overset{\|}{C}}-$氮原子上的未共用电子对同时与两个羰基发生了供电子性的 p-π 共轭，使氮原子电子云显著降低，氮氢键极性明显增强，氢易解离成质子而显酸性。它能与氢氧化钠水溶

液成盐。

2. 水解 酰胺在酸或碱催化下的水解反应产物不同，酸催化水解产物是羧酸和铵盐，碱催化水解产物是羧酸盐和氨或胺。例如：

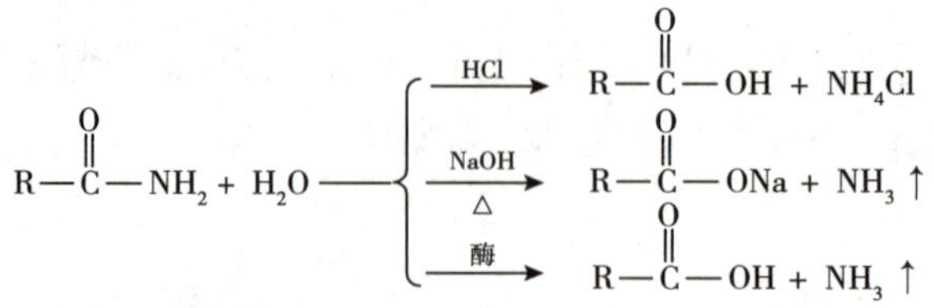

3. 异羟肟酸铁反应 酰胺与羟胺在碱性条件下反应，先生成异羟肟酸，异羟肟酸在酸性条件下再与三氯化铁反应生成紫红色或红色的异羟肟酸铁，称为异羟肟酸铁反应，羧酸衍生物除酰氯外都可以发生异羟肟酸铁反应，因此该反应是鉴别酰胺类化合物的一种常用方法。

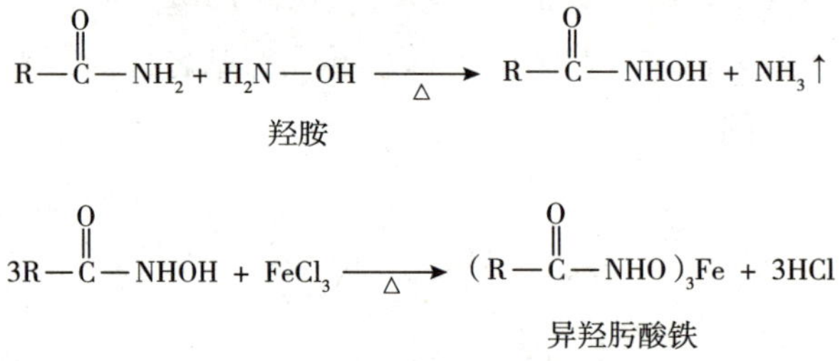

三、尿素

尿素简称脲，是碳酸中两个羟基被两个氨基取代形成的二酰胺，又叫碳酰二胺，其结构式为：

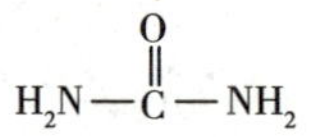

尿素为无色长棱形结晶，熔点为133℃，易溶于水及乙醇，难溶于乙醚。尿素存在于人和哺乳动物的尿中，是蛋白质在人或哺乳动物体内代谢的最终产物，成人每天排出25～30g尿素。尿素在农业上用作氮肥，在医药和农药制备中作为中间体原料；临床上尿素注射液对降低颅内压和眼内压有显著疗效，可用于治疗急性青光眼和脑外伤引起的脑水肿。尿素软膏临床常用于防治皮肤皲裂。

（一）弱碱性

尿素中有两个氨基，具有弱碱性，能与强酸作用生成盐。例如尿素的水溶液中加入浓硝酸，可析出硝酸脲白色沉淀。

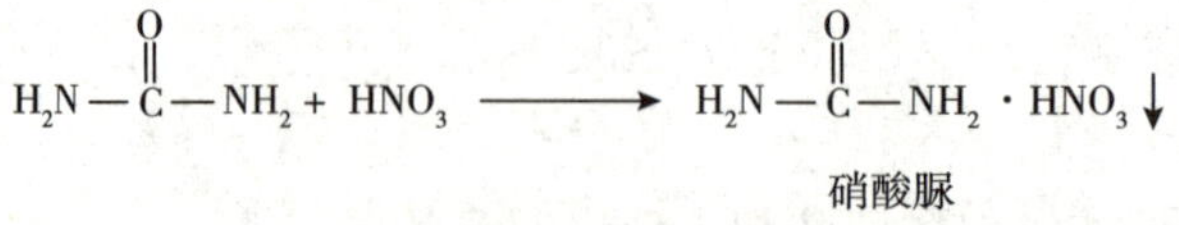

（二）水解

尿素也是酰胺化合物，在酸、碱或尿素酶的催化下能发生水解反应放出氨气。

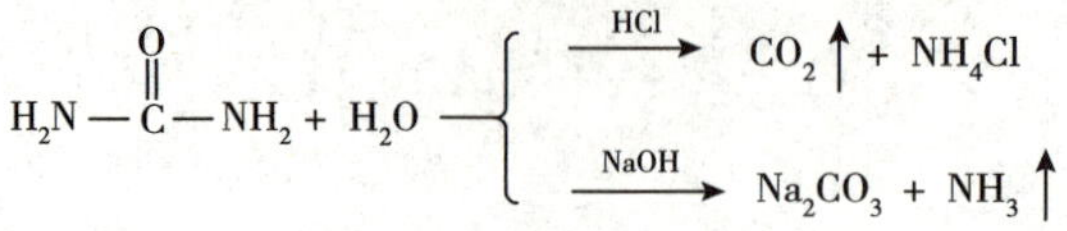

（三）与亚硝酸反应

尿素与亚硝酸反应能定量放出氮气，同时生产碳酸。一般具有—NH_2 的化合物都可与亚硝酸反应，放出氮气。

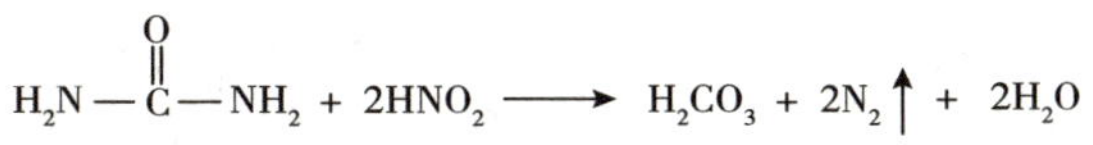

（四）缩二脲反应

将固体尿素加热至熔点（133℃）以上约 160℃左右时，两分子的尿素之间失去一分子氨，生成的产物就是缩二脲。

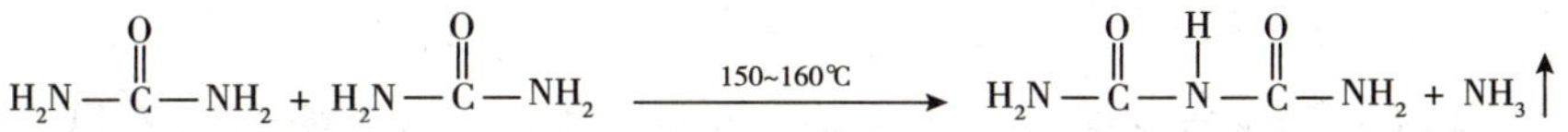

缩二脲为白色针状结晶，难溶于水，易溶于碱溶液。在缩二脲碱性溶液中加入微量硫酸铜即显紫红色或紫色，这种颜色反应称缩二脲反应。

凡分子结构中含两个或两个以上酰胺键$-\overset{O}{\overset{\|}{C}}-NH-$（蛋白质结构中又称肽键）的化合物均可发生类似缩二脲反应，因此可用缩二脲反应鉴别多肽和蛋白质。

四、其他重要的酰胺类化合物

（一）丙烯酰胺

无色片状结晶体。熔点 84.5℃，沸点 125℃。易溶于水、丙酮、乙醇，不溶于苯。放阴暗处较稳定，在熔点或紫外光照射下易聚合。易燃，遇明火能燃烧。受高热分解放出腐蚀性气体。有毒，对中枢神经有危害，可致癌。含碳水化合物的食物（如淀粉、薯条、土豆等）在经油炸之后，都会产生丙烯酰胺。

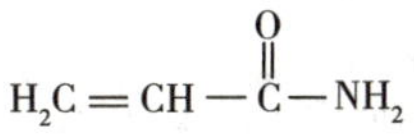

丙烯酰胺

（二）烟酰胺

烟酰胺与烟酸统称为维生素 PP，烟酸在动物体内是以烟酰胺的形式参与代谢过程的，两者具有共同的维生素活性。烟酰胺为白色结晶性粉末，无臭或几乎无臭，味苦；熔点为 128 ~ 131℃；易溶于水或乙醇，溶于甘油；具有微弱的吸湿性。自然界主要存在于谷类外皮、酵母菌、花生、肉类、动物器官内脏、奶类和绿叶蔬菜中，人体内可以由色氨酸合成，但效率极低。肠道内的大肠埃希菌等可合成烟酸，再转化为烟酰胺。烟酰胺可防治糙皮病、暴露部位对称性皮炎、口炎、舌炎等。

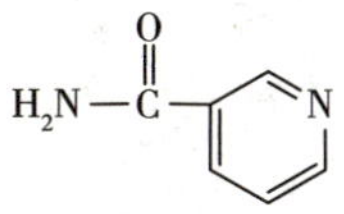

烟酰胺

第四节 杂环化合物

情境导入 17－4

情景 人类的血液为什么是红色？因为人体血液中的血红蛋白是红色的。血红蛋白是蛋白质与 Fe 元素结合形成的，其中 4 个吡咯形成的卟吩环与 Fe 元素通过配位键形成螯合物。

问题 吡咯的结构式是什么样的？

参考答案

完全由碳原子构成环状骨架的化合物称为碳环化合物，而由碳原子及非碳原子构成环状骨架的化合物，称为杂环化合物。其中，环上的非碳原子称为杂原子，最常见的杂原子有氧、硫、氮等。虽然内酯、环状酸酐、内酰胺等化合物也属于杂环化合物，但由于它们性质不稳定，易开环变成链状化合物，且性质与链状化合物相似，因此，一般不将它们列入杂环化合物。

一、杂环化合物的分类和命名

（一）杂环化合物的分类

杂环化合物种类繁多，根据分子中环数目的不同，可以分为单杂环和稠杂环两大类。单杂环根据构成环的原子数目的不同，又可分为五元杂环和六元杂环；稠杂环则可分为由苯环和单杂环稠合而成的苯稠杂环和由单杂环相互稠合而成的杂稠杂环等。另外，杂环中的杂原子可以是一个或多个，杂原子可以相同或不同。常见母体杂环化合物的结构、分类、名称及编号见表 17－2。

表 17－2 常见杂环化合物的结构、分类、名称及编号

杂环的分类		常见的杂环					
单杂环	五元杂环	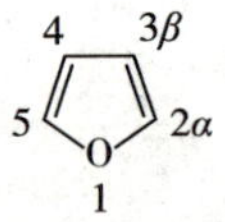 呋喃	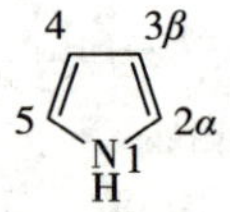 吡咯	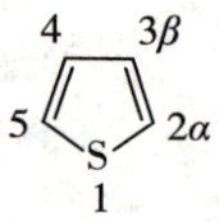 噻吩	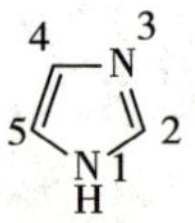 咪唑	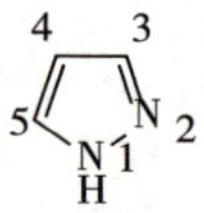 吡唑	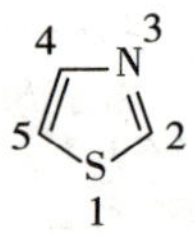 噻唑
	六元杂环	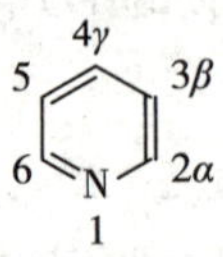 吡啶	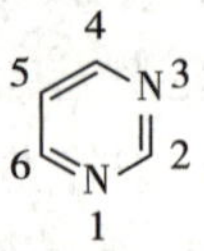 嘧啶	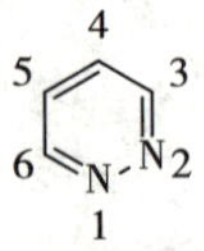 哒嗪	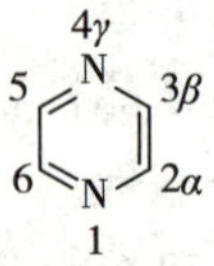 吡嗪		
稠杂环	苯稠杂环	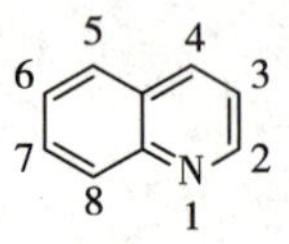 喹啉	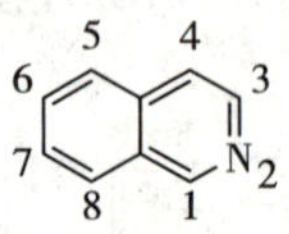 异喹啉	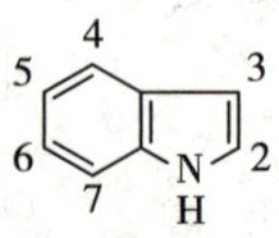 吲哚			
	稠杂环	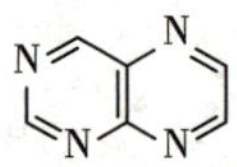 喋啶	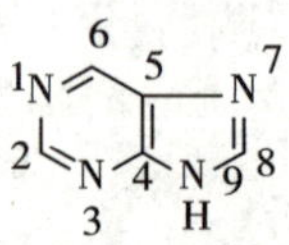 嘌呤				

（二）杂环化合物的命名

1. 杂环母环的命名和编号 杂环化合物母核的命名目前通用的是音译法，即根据国际通用英文名称音译成同音汉字，并加上“口”字旁作为杂环名称。例如，呋喃（furan）、噻吩（thiophene）等，该命名方法比较简单，但不能反应其结构特点（表 17－2）。对杂环母环进行编号时，须遵循以下原则。

（1）含一个杂原子的杂环 从杂原子开始，依次用阿拉伯数字 1、2、3 等对杂环上的原子进行编号；或从与杂原子相连的碳原子开，用希腊字母 α、β、γ 等进行编号。同时还应满足杂环上取代基位置编号最小原则。例如：

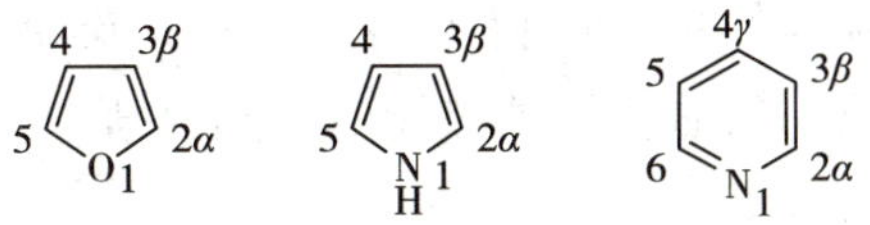

（2）含两个杂原子的杂环 当所含杂原子相同时，按“最低（小）位次组”原则编号；当所含杂原子不同时，则按 O、S、NH、N 的先后顺序进行编号。例如：

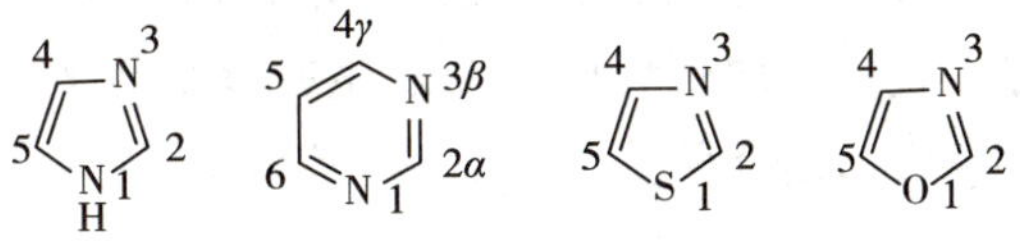

（3）稠杂环按其固有的编号顺序 例如：

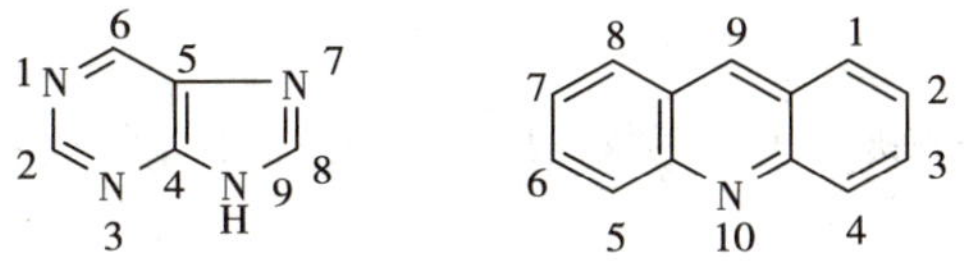

2. 取代杂环化合物的命名 连有取代基的杂环化合物的命名，以杂环为母体，将取代基的位次、数目及名称写在母体名称前。例如：

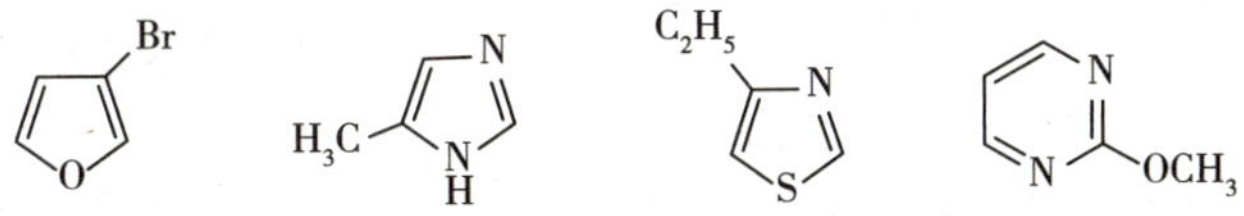

3-溴呋喃 β-溴呋喃　　5-甲基咪唑　　4-乙基噻唑　　2-甲氧基嘧啶

当环上有—COOH、—SO_3H、—$CONH_2$、—CHO 等基团时，以羧酸、磺酸、酰胺、醛等为母体，杂环为取代基。例如：

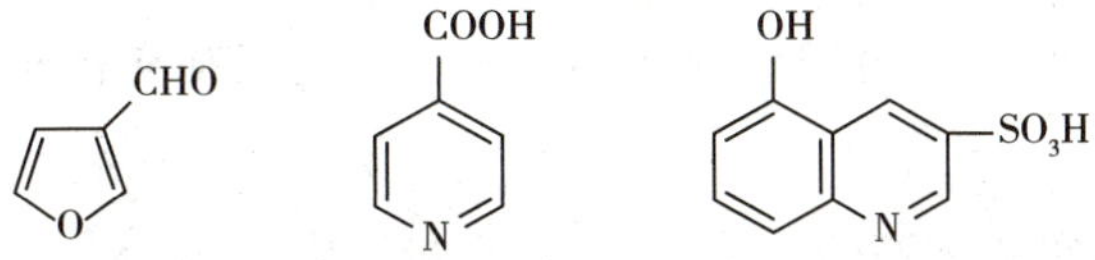

3-呋喃甲醛 β-呋喃甲醛　　4-吡啶甲酸 γ-吡啶甲酸　　5-羟基-3-喹啉磺酸

二、重要的含氮杂环化合物及其衍生物

（一）吡咯及其衍生物

1. 吡咯的结构 吡咯是最简单的五元含氮杂环化合物。近代物理分析研究证明，吡咯是平面五元环状结构，构成环的四个碳原子和氮原子均以 sp^2 杂化轨道彼此以 σ 键相连，每个原子都有一个垂直于

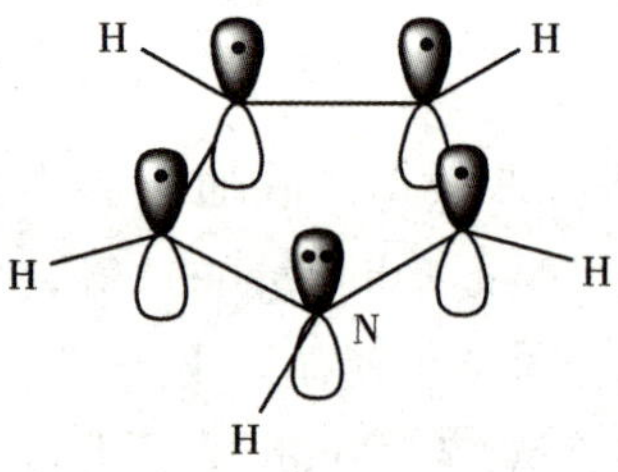

图 17-3 吡咯的结构

该平面的未杂化的 p 轨道，每个碳原子的 p 轨道含有一个单电子，杂原子氮原子 p 轨道上含有一对未共用的电子对。这五个 p 轨道相互侧面重叠，形成闭合的 π 电子共轭体系，因而具有一定的芳香性，见图 17-3。

2. 吡咯的性质 吡咯是具有六 π 电子的五元芳杂环，由于氮原子上的未共用电子对参与共轭，大大减弱了与水形成氢键的能力，故吡咯在水中溶解度不大，但易溶于有机溶剂。

（1）吡咯的酸碱性 吡咯氮原子上的未共用电子对由于参与了环的共轭，使氮原子的电子云密度降低，难与质子结合，所以吡咯的碱性极弱（$pK_b = 13.6$），不能与酸形成稳定的盐。但是由于这种共轭效应的作用，使得吡咯的 N—H 键极性增加，使其表现出很弱的酸性（$pK_a = 17.5$），如在无水条件下吡咯与氢氧化钾共热能生成其钾盐。

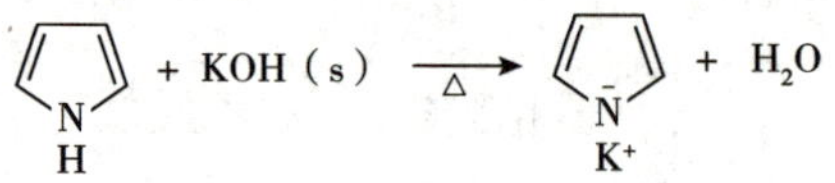

（2）亲电取代反应 吡咯是六 π 电子的五元芳杂环，使得吡咯环上的电子云密度比苯环大，因此吡咯较苯容易发生亲电取代反应，且亲电取代反应主要发生在吡咯环的 α-位。吡咯的活性与苯胺相似，其卤代反应即使在低温下也容易生成多卤代物。

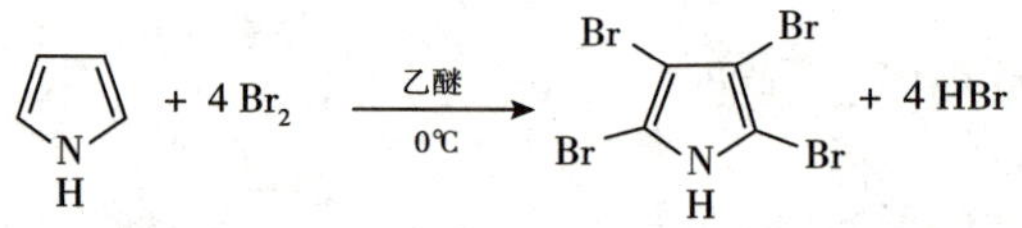

此外，吡咯遇到强酸会导致吡咯环大 π 键被破坏。所以吡咯的硝化和磺化反应不能在强酸条件下进行，需选用较温和的非质子试剂。

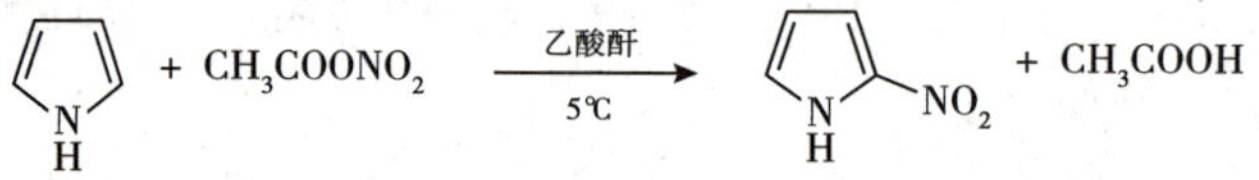

α-硝基吡咯

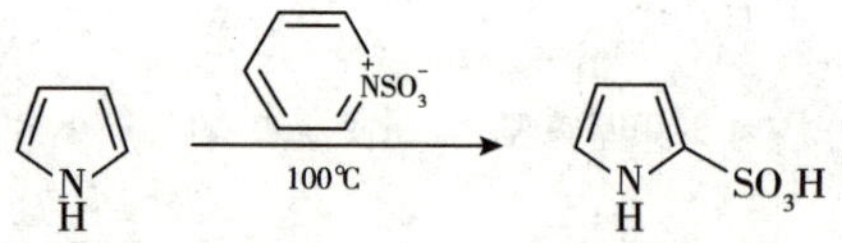

α-吡咯磺酸

3. 吡咯的衍生物 吡咯的衍生物广泛存在于自然界，如叶绿素、血红素及维生素 B_{12} 等，在结构上都含有卟吩环的基本骨架。卟吩环是由四个吡咯环与四个甲基亚基交替连接而成的。

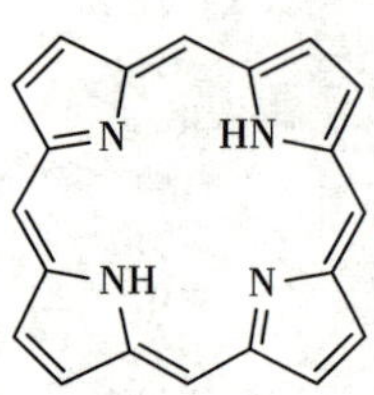

卟吩

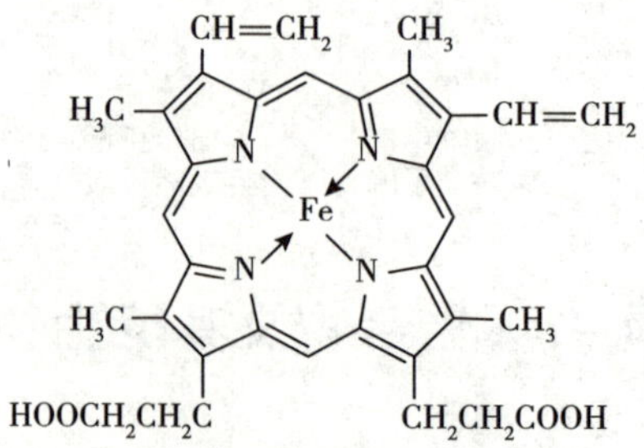

血红素

叶绿素是植物进行光合作用的催化剂。血红素是高等动物体内输送氧的物质，与蛋白质结合成血红蛋白而存在于红细胞中。叶绿素和血红素都是含有卟吩环的配合物，血红素中的金属离子是 Fe^{2+}，叶绿

素中是 Mg^{2+}。

（二）吡啶

1. 吡啶的结构 吡啶是六元含氮杂环化合物，其结构与苯相似，可以看作是苯分子中一个碳原子被氮原子取代所得到的化合物。

吡啶分子中的五个碳原子和氮原子都以 sp^2 杂化轨道互相重叠，形成以 σ 键相连的环平面。环上每个原子未参与杂化的 p 轨道均垂直于环平面，彼此相互平行并重叠形成一个闭合的 π 电子共轭体系，具有芳香性。每个 p 轨道上有一个单电子，此外，氮原子的 sp^2 杂化轨道中有一对未共用电子对，未参与形成共轭体系，见图 17－4。

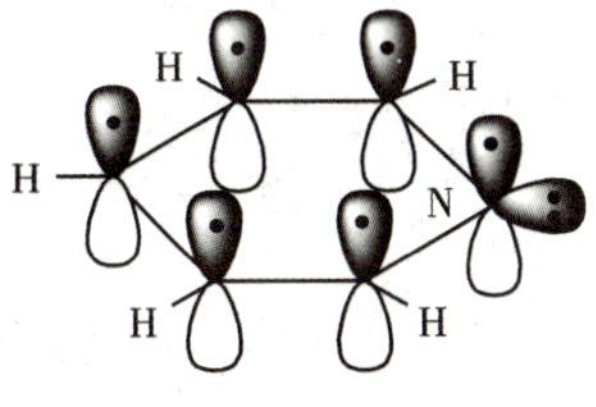

图 17－4 吡啶的结构

2. 吡啶的性质 吡啶是无色有特殊臭味的液体，沸点 115.3℃。吡啶分子中氮原子上的未共用电子对未参与形成共轭体系，能与水分子形成分子间氢键，故其水溶性较好。吡啶能溶解多数有机化合物，甚至可以溶解一些无机盐，是一种良好的溶剂。

（1）碱性 由于吡啶氮原子上的未共用电子对不在 p 轨道上，没有受到共轭效应的影响，能与质子结合，具有弱碱性（$pK_b=8.8$），其碱性较苯胺（$pK_b=9.3$）强，但比氨和脂肪胺弱。吡啶能与无机酸生成盐。例如：

（2）亲电取代反应 吡啶环上的氮原子通过吸电子诱导效应与吸电子共轭效应使吡啶环上碳原子的电子云密度比苯低，因此吡啶的亲电取代反应要比苯难得多，与硝基苯相似。吡啶的亲电取代反应主要发生在β-位上，且收率较低。例如：

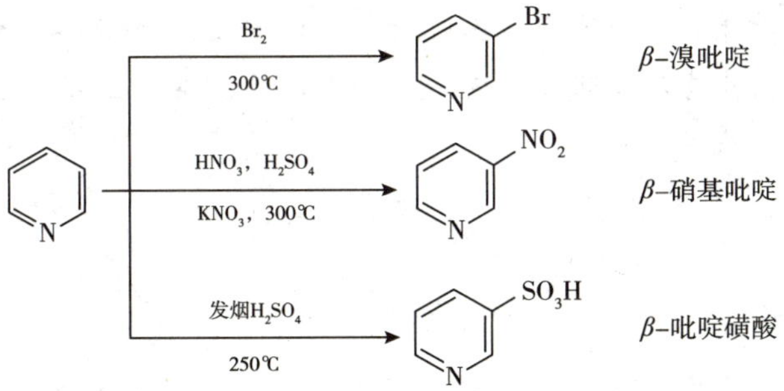

（3）氧化反应 吡啶环上电子云密度低，不易失去电子，所以很难被氧化。但当吡啶环上连有烷基侧链时，侧链则可被氧化成羧酸。

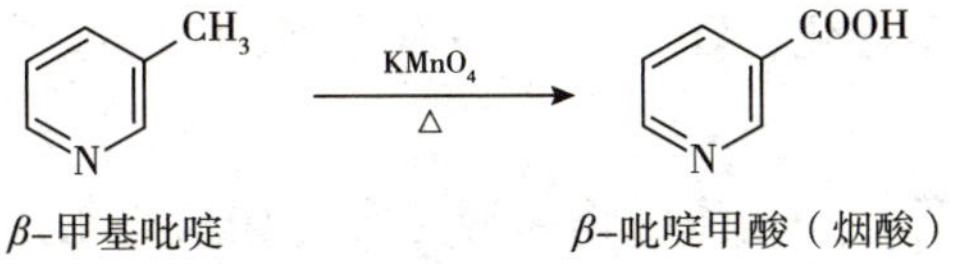

（4）吡啶的还原反应 吡啶若遇还原剂，比苯更容易被还原。如在金属钠和乙醇或催化氢化条件下，即可使吡啶还原成六氢吡啶。

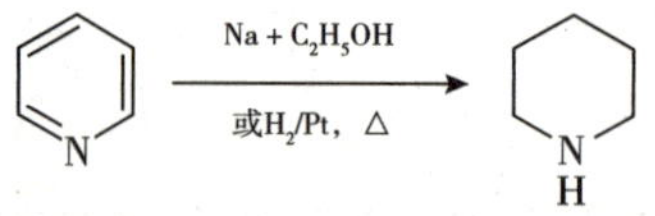

六氢吡啶（哌啶）

3. 吡啶的衍生物　吡啶的衍生物广泛存在于自然界中，其中较为重要的是烟酸及其衍生物，其结构如下：

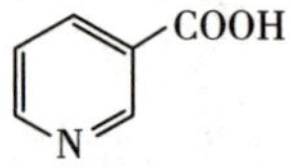

β-吡啶甲酸
（烟酸）

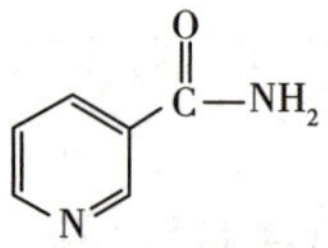

β-吡啶甲酰胺
（烟酰胺）

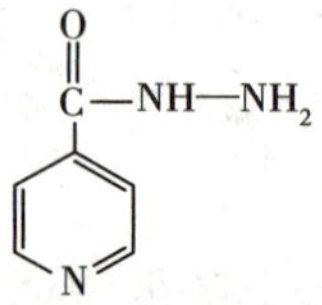

γ-吡啶甲酰肼
（异烟肼）

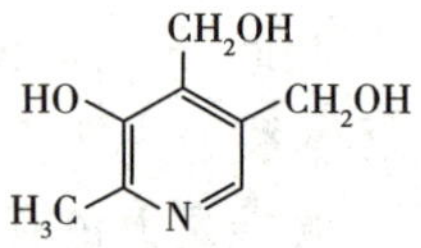

吡哆醇
（维生素B_6）

烟酸又名β-吡啶甲酸。β-吡啶甲酸（烟酸）及其衍生物β-吡啶甲酰胺（烟酰胺）合称维生素 PP，主要存在于肉类、肝、肾、花生、米糠、酵母中。维生素 PP 是组成体内脱氢酶的辅酶，参与体内葡萄糖的降解、脂类代谢、丙酮酸代谢等。缺乏维生素 PP 可引起癞皮病，故又称抗癞皮病维生素。此外，维生素 B_6 和异烟肼也含有吡啶环的结构。维生素 B_6 在蔬菜、鱼、肉、谷物、蛋黄中含量丰富。

第五节　生物碱

情境导入 17-5

情景　中国人民有着悠久的喝茶历史，随着人们对茶叶营养保健功效的认识逐渐加深，茶叶饮品在世界范围也越来越流行，现代年轻人更是奶茶的拥趸。我们喝了茶以后感觉缓解疲劳、提神醒脑，是因为茶叶中含有咖啡因，它是一种具有强烈生理活性的生物碱。

问题　茶叶中只有咖啡因吗？

参考答案

一、生物碱的概念

生物碱是一类存在于生物体内，具有显著生理活性的含氮有机化合物，呈碱性。它们大多数存在于植物中，故又称植物碱，一种植物中通常含有多种结构相近的一系列生物碱。在植物体内生物碱多数以与酸结合成盐的形式存在，少数以游离碱、酯或苷的形式存在。

大多数生物碱是结构复杂的多环化合物，分子中有含氮的杂环。它在植物中常与有机酸如柠檬酸、苹果酸、草酸等结合成盐而存在。

生物碱的分类方法通常有两种，一是按植物来源分类，如长春花生物碱、夹竹桃生物碱、秋水仙碱等；另一种是按生物碱的杂环母核结构分类，如喹啉类、异喹啉类、吲哚类、嘌呤类生物碱等。

二、生物碱的性质

多数生物碱是无色或白色的结晶性固体，只有少数是液体或有颜色，如烟碱、毒芹碱为液体，小檗碱呈黄色。生物碱及其盐一般都有苦味，有些则极苦而辛辣。游离的生物碱一般不溶或难溶于水，溶于有机溶剂，如乙醚、丙酮、三氯甲烷、苯等，而生物碱与酸所成的盐多数溶于水而不溶于有机溶剂。

（一）碱性

生物碱分子中由于氮原子上有一对未共用的电子对，能与质子结合，所以大多数生物碱有碱性，能与酸作用成盐。生物碱盐易溶于水而难溶于有机溶剂，遇到强碱，生物碱又能从其盐中游离析出，因此利用这一性质可以提取和精制天然药物中游离的生物碱。

（二）沉淀反应

大多数生物碱能与生物碱沉淀试剂反应，生成有色沉淀。生物碱沉淀试剂通常包括重金属盐类、分子量较大的复盐以及特殊的无机酸或有机酸。如生物碱遇鞣酸溶液生成棕黄色沉淀、遇苦味酸溶液生成黄色沉淀、遇氯化汞溶液生成白色沉淀、遇碘化铋钾溶液生成红棕色沉淀、遇碘化汞钾试液生成黄色沉淀、遇磷钨酸试剂生成黄色沉淀、遇磷钼酸试剂在硫酸溶液中生成黄褐色沉淀。

利用此类反应可以初步判定生物碱的存在，也可以精制和分离生物碱。

（三）显色反应

通常生物碱及其盐都能和某些试剂反应显现不同的颜色，此类反应称为生物碱的显色反应，这类试剂称为生物碱显色剂。常用的生物碱显色剂有硝酸、甲醛、钼酸钠、钒酸铵、重铬酸钾和高锰酸钾等的浓硫酸溶液，如10g/L钒酸铵的浓硫酸溶液遇阿托品显红色、遇吗啡显棕绿色、遇可待因显蓝色。利用生物碱的显色反应可以检测和鉴别生物碱。

（四）旋光性

生物碱结构复杂，分子中往往含有一个或几个手性碳原子，因而大多数生物碱具有旋光性，一般具有生理活性的是左旋体。自然界中的生物碱多为左旋体。左旋体和右旋体的生理活性往往差别很大。

三、常见的生物碱

（一）麻黄碱

麻黄碱是存在于中药麻黄中的一种生物碱，又称麻黄素。麻黄碱分子中有两个不相同的手性碳原子，有两对对映异构体，其中一对叫麻黄碱，另一对叫伪麻黄碱。天然存在的是（-）-麻黄碱和（+）-伪麻黄碱，前者的生理作用较强。麻黄碱为无色晶体，熔点34℃，味苦，易溶于水，也能溶于三氯甲烷、乙醇、苯等有机溶剂。

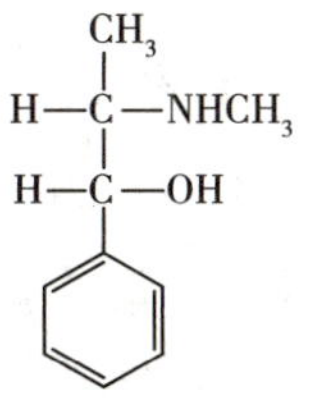

（-）-麻黄碱

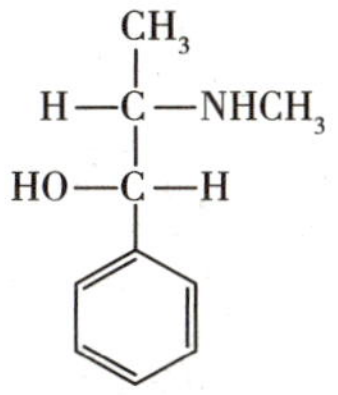

（+）-伪麻黄碱

（二）尼古丁

尼古丁又名烟碱，存在于烟叶中，为无色油状液体，沸点246℃，露置空气中逐渐变棕色，臭似吡啶，味辛辣，易溶于水、乙醇、三氯甲烷，有旋光性。天然存在的尼古丁是左旋体。尼古丁有剧毒，少量对中枢神经有兴奋作用，大量则抑制中枢神经，出现恶心、呕吐，使心脏停搏以致死亡。烟草、香烟中含有尼古丁，长期吸烟会引起慢性中毒。

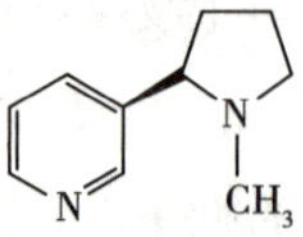

烟碱

（三）吗啡

吗啡属异喹啉类衍生物，是阿片最重要、含量最多的有效成分。纯吗啡为白色晶体，熔点 254～256℃，露置于空气中颜色加深，味苦，难溶于水、醚、三氯甲烷，易溶于三氯甲烷和醇的混合溶液。吗啡是强效镇痛药，其镇痛作用持续时间久，还能镇咳，但易成瘾，所以严格限制使用，一般用于缓解晚期癌症患者的疼痛。

可待因是吗啡的酚羟基甲基化产物，能作用于中枢性神经系统，具有镇咳及镇痛的作用，临床上常用其磷酸盐作为镇咳药，但不宜长期使用，否则易产生成瘾性。

海洛因是吗啡的衍生物，是通过回流加热乙酸酐和吗啡而提取出来的半生物碱混合物。海洛因曾用作麻醉性镇痛药，其镇痛效力为吗啡的 4～8 倍，但不良的副作用则超过其医疗价值，因而在医学上早已被禁用。海洛因是对人类危害最大的毒品之一，因此严禁药用。

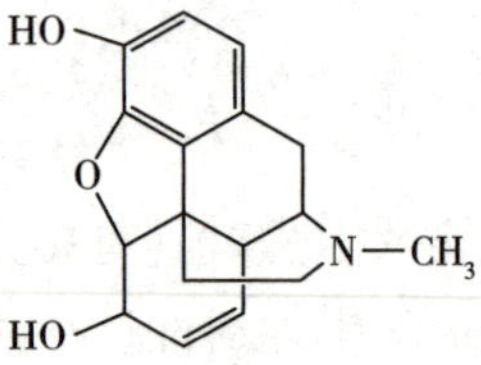

吗啡

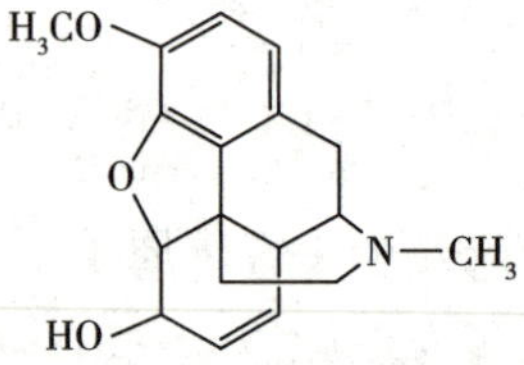

可待因

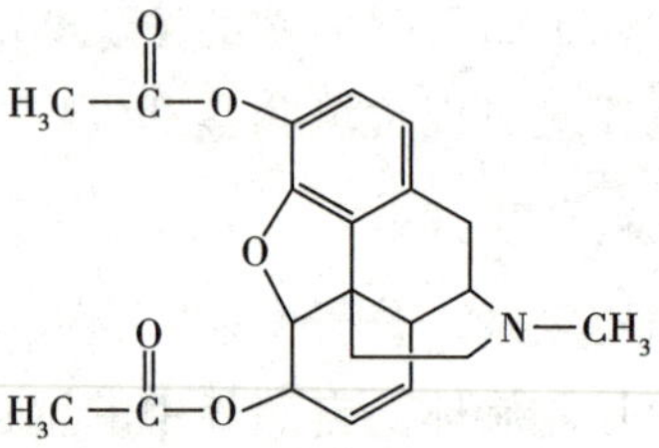

海洛因

（四）咖啡因和茶碱

咖啡因和茶碱主要存在于咖啡果和茶叶中，属于嘌呤族生物碱化合物。

咖啡因又名咖啡碱，是白色针状结晶，味苦，熔点 237℃，可溶于热水、乙醇和三氯甲烷中，难溶于苯和石油醚中，易升华。茶碱是白色结晶性粉末，无臭味苦，熔点 272℃，在水、乙醇和三氯甲烷中都易溶，在乙醚中则不溶。

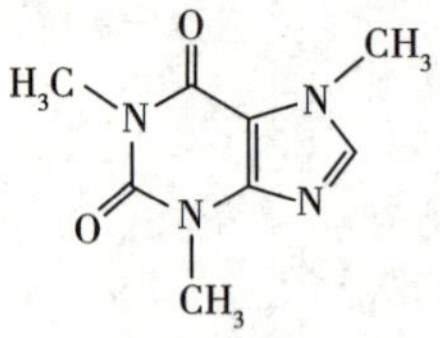

咖啡因

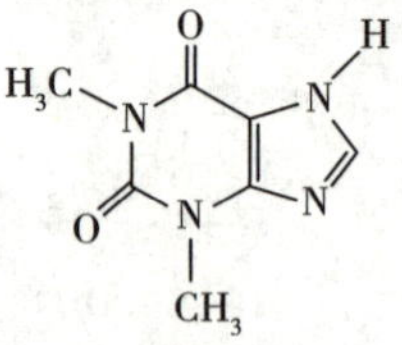

茶碱

练习题

答案解析

一、选择题

1. 下列化合物中，碱性最强的是（　）。

A. 苯胺　　B. 氨　　C. 乙胺　　D. 乙酰胺

2\. 对苯胺的叙述不正确的是（　）。

A. 有毒　　B. 是合成磺胺类药物的原料

C. 可与 NaOH 成盐　　D. 可发生取代反应

3\. 下列化合物属于伯胺的是（　）。

A. 乙胺　　B. 甲乙胺　　C. 二乙胺　　D. *N*–乙基苯胺

4\. 下列化合物属于脂肪胺的是（　）。

A. 对甲苯胺　　B. 苯甲胺　　C. *N*–甲基苯胺　　D. 苯胺

5\. 下列关于硝基化合物叙述错误的是（　）。

A. 有较高的熔点　　B. 大多难溶于水　　C. 有毒　　D. 密度比水小

6\. 下列含有两个氮原子的杂环化合物是（　）。

A. 呋喃　　B. 嘧啶　　C. 吡啶　　D. 吡咯

7\. 芳环硝基化合物的亲电取代反应发生在（　）。

A. 邻位　　B. 对位　　C. 邻对位　　D. 间位

8\. 下列化合物不属于杂环化合物的是（　）。

A. 吡咯　　B. 吡啶　　C. 噻吩　　D. 环氧乙烷

9\. 下列化合物在低温下和亚硝酸反应能得到重氮盐的是（　）。

A. 脂肪族伯胺　　B. 脂肪族仲胺　　C. 脂肪族叔胺　　D. 芳香族伯胺

10\. 下列关于生物碱表示错误的是（　）。

A. 易溶于水　　B. 一般显碱性

C. 分子中都含有氮原子　　D. 分子中多含有氮原子

二、判断题

（　）1. 吗啡、海洛因等生物碱是杂环化合物异喹啉的衍生物。

（　）2. 苯胺能与亚硝酸反应生成黄色油状物。

（　）3. 胺都能与酰卤、酸酐等酰化试剂反应生成酰胺。

（　）4. 季铵碱是强碱，与氢氧化钠的碱性相近。

（　）5. 六氢吡啶属于脂肪胺。

（　）6. 酰胺中含有氨基，因此一般显碱性。

（　）7. 由于硝基是强斥电子基，导致 α–碳连有氢的伯、仲脂肪族硝基化合物显酸性。

（　）8. 生物碱的旋光性都是左旋的。

（　）9. 噻吩不具有芳香性。

（　）10. 吡啶具有芳香性，其环上的亲电取代反应比苯更容易发生。

三、命名或写出下列化合物的结构式

1\. 

2\. 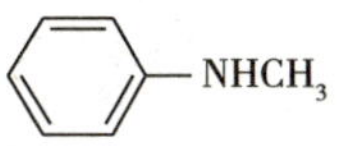

3\. 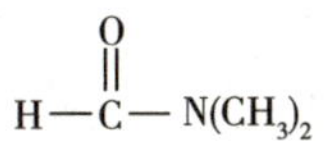

4\. 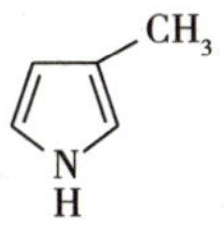

5\. 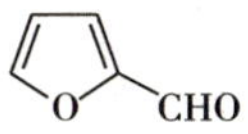

6\. 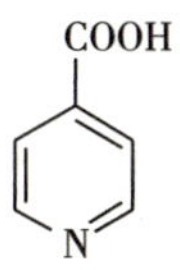

7. 硝基苯　　8. 4-甲基嘧啶　　9. 苯甲酰胺

10. 戊-2-胺

四、完成下列方程式

1. 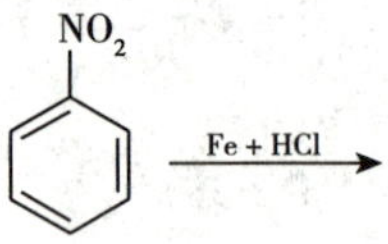

2. 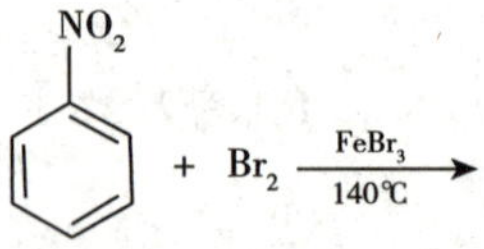

3. 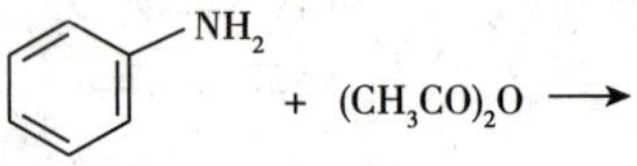

4. 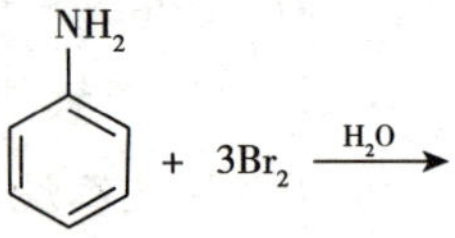

5. $CH_3NH_2 + HCl \longrightarrow$

6. 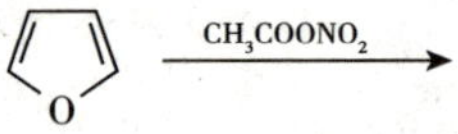

7. 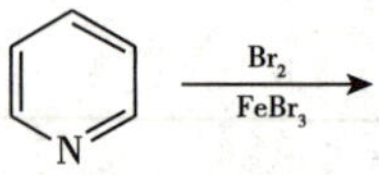

8. 

五、用化学方法鉴别下列化合物

1. 甲胺、二甲胺和三甲胺
2. 对甲苯胺和 *N*-甲基苯胺
3. 硝基苯和苯胺

（崔霖芸）

书网融合……

本章小结　　本章小结（微课）　　微课　　题库

第十八章

糖　类

PPT

学习目标

知识目标

1. 掌握　单糖的结构，单糖的重要化学性质。
2. 熟悉　糖类化合物的分类，二糖的结构和性质。
3. 了解　重要的单糖，多糖的结构和作用。

能力目标

1. 能运用单糖链环转化条件对单糖 α、β 哈沃斯式的判断。
2. 具备正确鉴别醛糖和酮糖；单糖、二糖和多糖的能力。

素质目标

通过本章学习，使学生理解科学探究的意义，学会科学探究的基本方法，体验科学探究的乐趣，通过对糖类在人类生活中的应用，认识糖对人类健康的重要意义，培养学生健康饮食的习惯和艰苦朴素的生活作风。

糖类又称碳水化合物，是自然界存在最广泛的一类有机化合物，是一切生物维持生命活动所需能量的主要来源，是生物体的重要组成部分。糖类是植物光合作用的产物，是一类最丰富的天然化合物。糖类在生命活动中起着非常重要的作用，是体内合成脂肪、蛋白质和核酸的基本原料。有些糖还具有特殊生理功能，如糖蛋白是细胞间或生物大分子间识别信息的分子，肝素具有抗凝血作用，核糖是组成遗传物质核酸的重要物质。

知识链接

碳水化合物的由来

早在 18 世纪，人们就发现葡萄糖（$C_6H_{12}O_6$）、果糖（$C_6H_{12}O_6$）等糖类分子是由 C、H、O 三种元素组成，且可用通式 $C_n(H_2O)_m$ 表示，这也是碳水化合物名称的由来。尽管以后的研究已经证实糖类的组成并不总是符合该比例，如脱氧核糖、氨基葡萄糖等，但碳水化合物的名称却一直沿用至今。

糖是多羟基醛或多羟基酮，以及水解后能生成多羟基醛或多羟基酮的一类有机化合物。根据水解情况上看，可将糖分为单糖、低聚糖和多糖。单糖是简单的糖，它不能再被水解成更小的糖分子，如葡萄糖、果糖等；低聚糖是由 2～10 个单糖分子脱水缩聚而成，其中以二糖最为重要，如麦芽糖、乳糖、蔗糖等；多糖又称为高聚糖，是指含有 10 个以上甚至几百个、几千个单糖单位的碳水化合物，如淀粉、纤维素、糖原等。

第一节 单 糖 微课

情境导入 18-1

情景 人体血液中的葡萄糖称为血糖，是人体新陈代谢不可缺少的重要营养物质，为人的生命活动提供能量。体内每克葡萄糖被氧化可释放出 17.1kJ 热量，人和动物所需要的能量的 50% 来自葡萄糖。

参考答案

问题 1. 葡萄糖的结构是什么？

2. 葡萄糖是怎样为生命活动提供能量的？

单糖是不能水解的多羟基醛或多羟基酮，如葡萄糖、果糖、核糖等。单糖按其结构分为醛糖和酮糖；按分子中所含碳原子的数目又可分为丙糖、丁糖、戊糖和己糖等。在实际应用时通常把这两种分类方法联用而称为某醛糖或某酮糖，例如葡萄糖是含有六个碳原子的醛糖，称为己醛糖；果糖是含有六个碳原子的酮糖，称为己酮糖。有些糖的羟基被氢原子或氨基取代后，分别称为去氧糖（2-脱氧核糖）和氨基糖（2-氨基葡萄糖），它们也是生物体内重要的糖类。

单糖是构成低聚糖和多糖的基本单位，了解单糖的结构是研究糖类化学的基础。自然界中最为常见的单糖是戊糖和己糖，其中与食品及药品密切相关的己糖是葡萄糖和果糖，戊糖是核糖和脱氧核糖。从结构和性质来看，葡萄糖和果糖可作为单糖的代表，因此下面就以这两种己糖为例来讨论单糖的结构。

一、单糖的结构

（一）葡萄糖的结构

1. 葡萄糖的链状结构和构型 葡萄糖是自然界分布最广的单糖，在葡萄中含量较多，因而得名，其甜度约为蔗糖的 70%。葡萄糖是一种重要的营养物质，是人体所需能量的主要来源。人和动物血液中的葡萄糖称为血糖。

葡萄糖的分子式为 $C_6H_{12}O_6$，具有五羟基己醛的基本结构，属于己醛糖。己醛糖的直链结构式为：

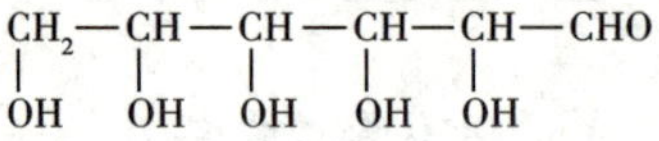

该结构中含有四个不同的手性碳原子（C_2、C_3、C_4、C_5），应有 $2^4=16$ 个旋光异构体，自然界中的葡萄糖只是十六个己醛糖之一。其分子的空间构型用费歇尔（Fischer）投影式表示，还可以有两种更简便的书写方式表示。

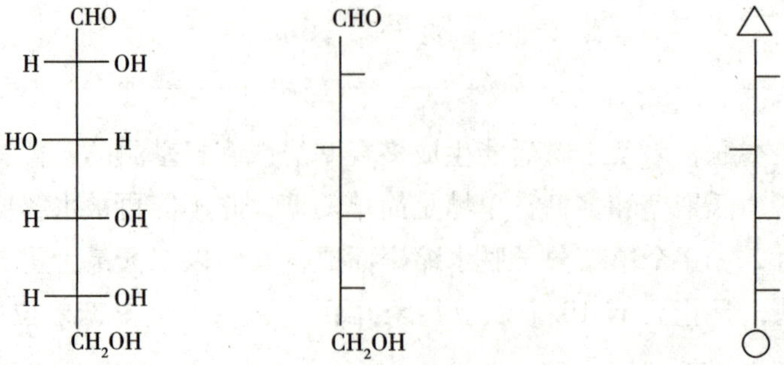

单糖一般采用 D、L 标记法表示其不同构型，不论糖含有几个手性碳原子，只考虑编号最大的手性

碳原子的构型，编号最大的手性碳原子上的羟基在碳链右边的构型称为 D-型，在碳链左边的则为 L-型。在己醛糖的十六个旋光异构体中，有八个是 D-型的，八个是 L-型的，形成八对对映体。在 16 种己醛糖中，其中 D-(+)-葡萄糖、D-(+)-半乳糖和 D-(+)-甘露糖为天然产物，其余 13 种可以通过人工合成的方法得到。本章所述单糖未标明构型的均为 D-型糖。

2. 葡萄糖的环状结构　葡萄糖能被氧化、还原，能形成肟、酯等，这些性质与链状结构是一致的。但是葡萄糖的部分性质无法用链状结构解释。例如，葡萄糖不能与亚硫酸氢钠加成；醛在干燥 HCl 作用下可与两分子醇作用生成缩醛，而葡萄糖则只能与一分子醇作用，生成无还原性的稳定产物（性质类似于缩醛）。葡萄糖有两种比旋光度不同的晶体，一种是从冷乙醇中结晶出来的称为 α-型，其新配制的水溶液比旋光度为 +112°；另一种是从热的吡啶中结晶出来的，称为 β-型，其新配制的水溶液比旋光度为 +18.7°。上述两种水溶液的比旋光度都会逐渐变化，并且都在达到 +52.7°时保持稳定不再改变。某些旋光性化合物溶液的旋光度自行改变逐渐达到一个定值的现象称为变旋现象。

（1）葡萄糖的氧环式结构　基于上述事实，同时受醛可以与醇加成生成半缩醛这一反应的启示，化学家们推测单糖分子中的醛基和羟基应能发生分子内的加成反应，形成环状半缩醛，这种环状结构已经得到实验证实。开链葡萄糖分子中 C_5 上的羟基与 C_1 羰基加成形成六元含氧环，具有这种六元氧环（与吡喃环相似）的单糖称为吡喃糖。葡萄糖的链状结构与氧环式结构转化如下。

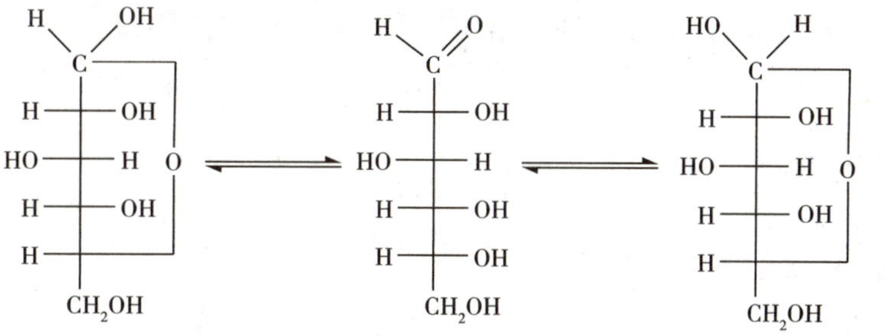

α-D-(+)-葡萄糖　　D-(+)-葡萄糖　　β-D-(+)-+葡萄糖

单糖成环时，醛基碳原子 C_1 变成了一个新的手性碳原子，新形成的 C_1-羟基称为半缩醛羟基或苷羟基，半缩醛羟基在空间上有两种取向，存在两种异构体。半缩醛羟基与决定 D-构型的碳原子上的羟基（右侧）在同侧的为 α-异构体，异侧的为 β-异构体。它们仅仅是顶端碳原子构型不同，故称为端基异构体或异头物，属于非对映异构体。葡萄糖的两种端基异构体分别为 α-D-(+)-吡喃葡萄糖（可从葡萄糖的冷乙醇溶液中结晶析出）、β-D-(+)-吡喃葡萄糖（可从葡萄糖的热吡啶溶液中结晶析出）。

由于葡萄糖的 α-异构体和 β-异构体的比旋光度不一样，而在水溶液中两种环状结构中的任何一种均可通过开链结构相互转变，在趋向平衡的过程中，α-异构体和 β-异构体的相对含量不断改变，溶液的比旋光度也随之发生改变，当这种互变达到平衡时，比旋光度也就不再改变，这就是葡萄糖产生变旋现象的原因。

凡是分子中有环状结构的单糖在溶液中都有变旋光现象，例如 D-果糖、D-甘露糖等均有变旋光现象。

由于在水溶液中葡萄糖的环状结构占绝对优势，开链结构浓度极低，因此不能像普通醛基那样与二分子醇作用生成缩醛，只能与一分子醇作用生成具有缩醛结构的稳定产物；也不能与亚硫酸氢钠发生加成反应。

（2）葡萄糖的哈沃斯式　葡萄糖的环状结构如果用直立费歇尔投影式表示，其中碳链直线排列以及过长而又弯曲的氧桥键显然不合理。为了接近真实并形象地表达葡萄糖的氧环结构，英国化学家哈沃斯采用了吡喃环来表示葡萄糖的环状结构，即哈沃斯式。葡萄糖的哈沃斯式可看作由费歇尔投影式改写而成，一般写法如下。

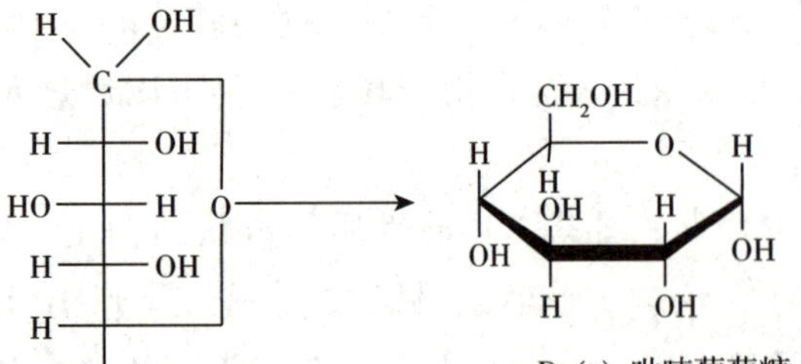

α-D-(+)-吡喃葡萄糖

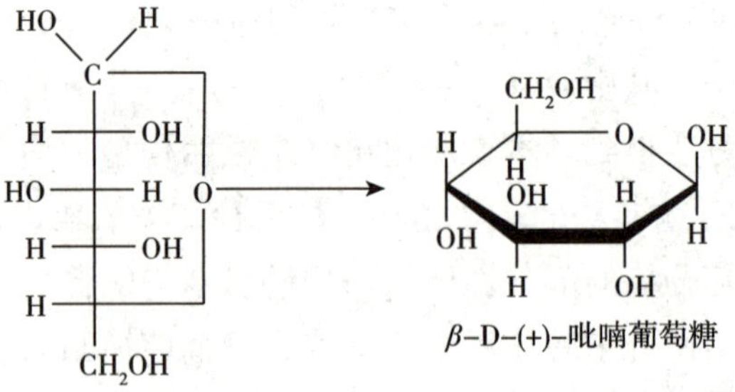

β-D-(+)-吡喃葡萄糖

将吡喃环改写成垂直于纸平面的平面六边形，其中粗线表示的键在纸平面前方，细线表示的键在纸平面后方，C_1 和 C_4 在纸平面上；C_5所连的羟甲基和氢原子分别在环平面上、下方；环上其他碳原子所连的基团，原来在投影式左边的，处于环平面的上方；原来在投影式右边的，处于环平面下方（即“左上右下”）。苷羟基在环平面下方者是α-异构体，在上方者是β-异构体，其他D-型糖亦如此。

（二）果糖的结构

D-果糖是最甜的一种天然糖，以游离状态存在于水果和蜂蜜中，以结合态存在于蔗糖中。果糖的分子式为 $C_6H_{12}O_6$，与葡萄糖互为同分异构体，所不同的是二者羰基的位置，果糖的羰基在 C_2 上，属于己酮糖，果糖中有三个手性碳原子，理论上有八个对映异构体，自然界中存在的是 D-(-)-果糖。与葡萄糖相似，D-果糖既有链状结构，又存在环状结构，果糖的开链式结构如下。

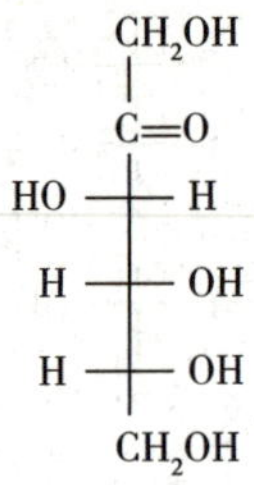

果糖分子中的羰基由于受到相邻原子上的羟基影响活性较高，能与 C_5或 C_6 上的羟基加成，分别形成呋喃环或吡喃环两种环状结构。实验证明，自然界中以游离态存在的果糖主要是吡喃型，而以结合态存在的果糖（如蔗糖中的果糖）主要是呋喃型。无论是呋喃果糖还是吡喃果糖又都有各自的α-异构体和β-异构体。在水溶液中，D-果糖也可以由一种环状结构通过链状结构转变成其他各种环状结构，因此果糖也有变旋现象，各种异构体达到互变平衡时，其比旋光度为 -92°。

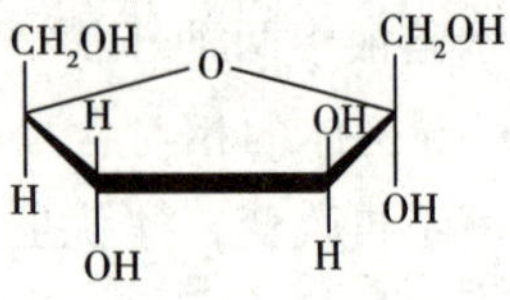

α-D-(-)-呋喃果糖

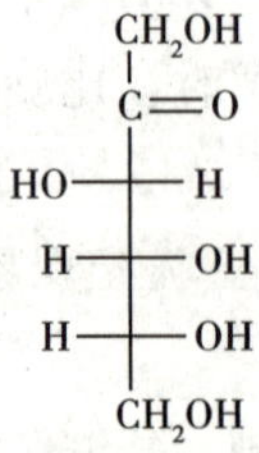

D-(-)-果糖

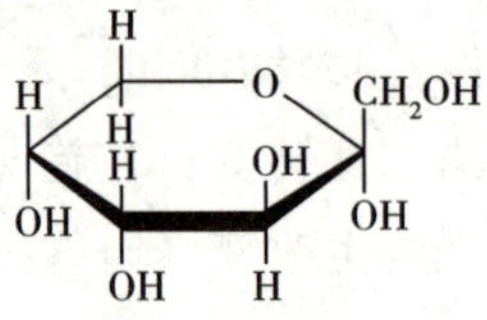

α-D-(-)-吡喃果糖

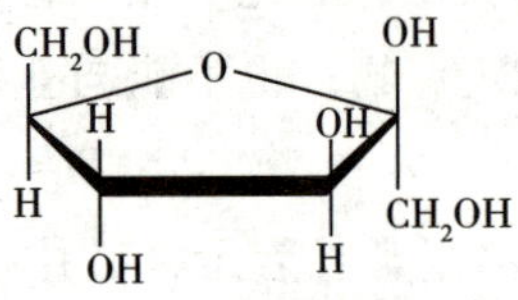

β-D-(-)-呋喃果糖

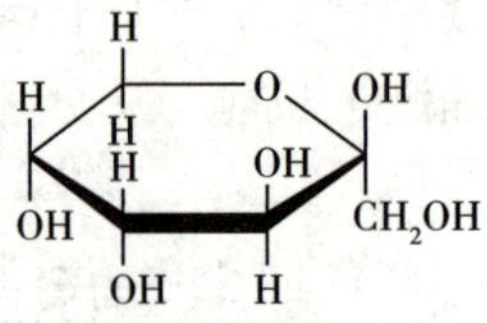

β-D-(-)-吡喃果糖

二、单糖的性质

单糖都是无色晶体，具有吸湿性，易溶于水（尤其在热水中溶解度很大），难溶于有机溶剂，糖的水溶液浓缩时易形成黏稠的过饱和溶液——糖浆。多个羟基的存在使分子间氢键缔合很强，所以单糖有很高的沸点。单糖都有甜味，但甜度各不相同。单糖一般有旋光性，并有变旋现象。

单糖分子中既有羟基又有羰基，因而具有羟基和羰基的一般性质，此外，分子内多个官能团相互影响，又表现出某些特殊性质。

（一）差向异构化

含有多个手性碳原子的旋光异构体若只有一个手性碳原子的构型不同，它们互称为差向异构体。例如D-葡萄糖和D-甘露糖只是手性碳原子 C_2 的构型不同，其他手性碳原子的构型完全相同，所以它们互为差向异构体，称为 C_2-差向异构体。

用稀碱溶液处理D-葡萄糖、D-甘露糖和D-果糖中的任何一种，都可得到这三种单糖的互变平衡混合物，这是因为糖在稀碱作用下可形成烯二醇式中间体，烯二醇式中间体很不稳定，能可逆地进行不同方式的互变异构化，从而实现三种单糖之间的相互转变。生物体内，在酶的催化下，也能发生类似转化。

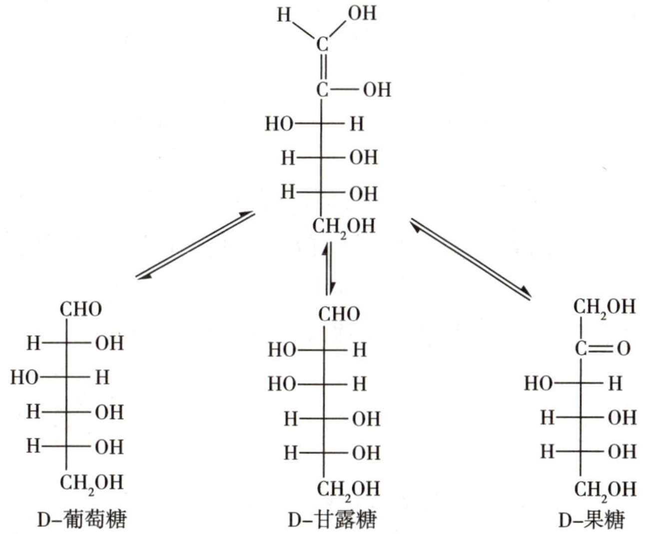

在上述互变异构化反应中既有醛糖和酮糖（D-葡萄糖、D-甘露糖与D-果糖）之间的互变异构化，也有差向异构体（D-葡萄糖和D-甘露糖）之间的互变异构化，其中差向异构体之间的互变异构化称为差向异构化。

在碱性条件下，酮糖能显示某些醛糖的性质（如还原性），就是因为此时酮糖可异构化为醛糖。

（二）氧化反应

1. 与弱氧化剂反应 单糖无论是醛糖或酮糖都可与碱性弱氧化剂发生氧化反应。常用的碱性弱氧化剂有托伦（Tollens）试剂、斐林（Fehling）试剂和班氏（Benedict）试剂。单糖被托伦试剂氧化产生银镜，与班氏试剂和斐林试剂反应生成砖红色的 Cu_2O 沉淀。

$$\text{单糖} + Ag^+(\text{配离子}) \xrightarrow{OH^-} \text{糖酸(混合物)} + Ag\downarrow$$

$$\text{单糖} + Cu^{2+}(\text{配离子}) \xrightarrow{OH^-} \text{糖酸(混合物)} + Cu_2O\downarrow$$

酮糖能发生上述反应是因为在碱性条件下能异构化为醛糖。

凡能与托伦试剂、班氏试剂、斐林试剂反应的糖称为还原糖，不能反应的糖称为非还原糖，单糖都是还原糖。托伦试剂、班氏试剂、斐林试剂常用于单糖的定性或定量测定，但不能用来区分醛糖和酮糖。临床上常用班氏试剂检验尿液中是否含有葡萄糖，并根据生成氧化亚铜沉淀的颜色深浅及量的多少来判断尿糖（尿液中的葡萄糖称为尿糖）的含量。

2. 与溴水反应 溴水是一种弱氧化剂，在酸性或中性条件下能把醛糖氧化成为醛糖酸，而酮糖则无此反应。醛糖溶液中加溴水，稍微加热后，溴水的红棕色即可褪去，因此该反应可用于区别醛糖和酮糖。

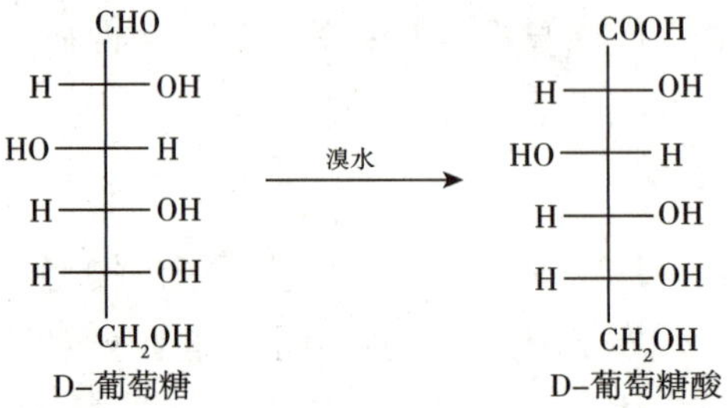

3. 与稀硝酸反应 用强氧化剂如稀硝酸氧化醛糖时，醛基和羟甲基均被氧化成羧基，生成糖二酸。如 D-葡萄糖被硝酸氧化则生成 D-葡萄糖二酸。

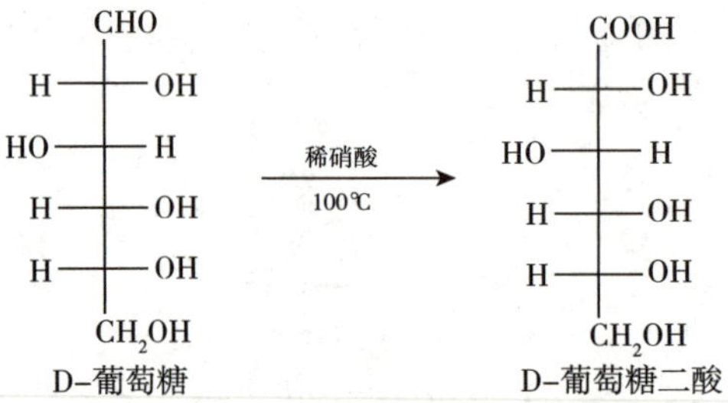

在体内酶的作用下 D-葡萄糖亦可转化为 D-葡萄糖醛酸。在肝脏中 D-葡萄糖醛酸可与一些有毒物质如醇类、酚类化合物结合并由尿液排出体外，起解毒作用。临床上常用的护肝药物“肝泰乐”就是葡萄糖醛酸。

酮糖在上述条件下则发生 C_1—C_2 键断裂，生成较小分子的二元酸。

练一练 18-1

托伦试剂能够鉴别醛和酮，那么托伦试剂能否鉴别葡萄糖和果糖？

参考答案

（三）生成糖脎

单糖可以与多种羰基试剂发生加成反应，例如单糖与过量的苯肼一起加热即生成糖脎。生成脎（即邻二苯腙）是 α-羟基醛或 α-羟基酮的特有反应。糖脎的生成分为三步：①单糖先与苯肼作用生成苯腙；②α-羟基被苯肼氧化成新的羰基；③新的羰基再与苯肼作用生成邻二苯腙，即糖脎。反应如下。

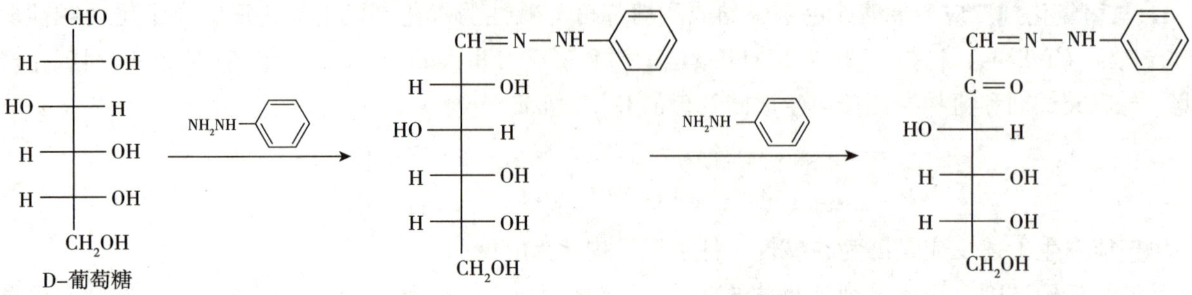

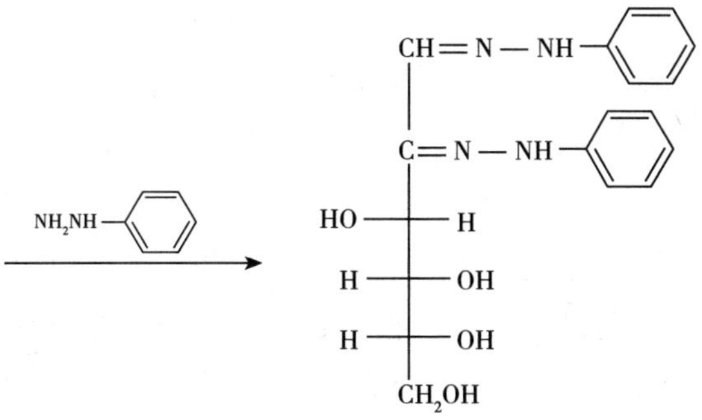

D-葡萄糖脎

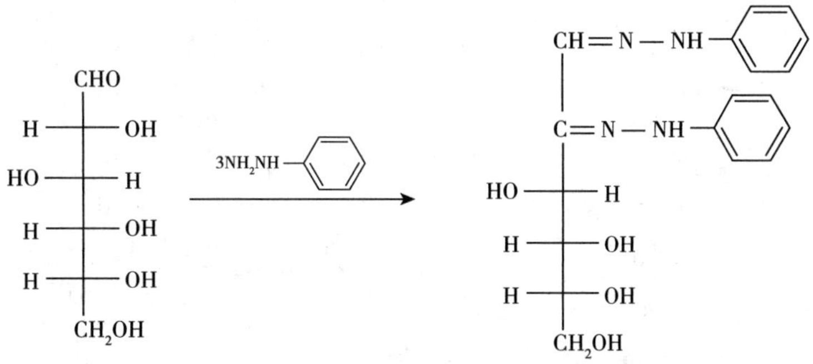

D-葡萄糖　　D-葡萄糖脎

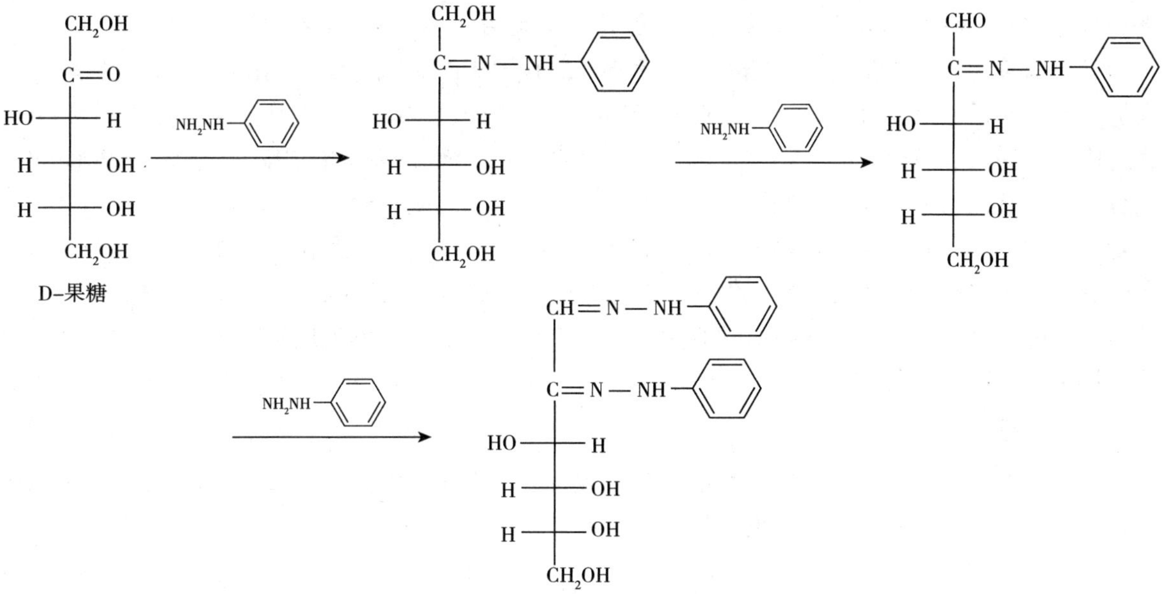

D-果糖　　D-葡萄糖脎

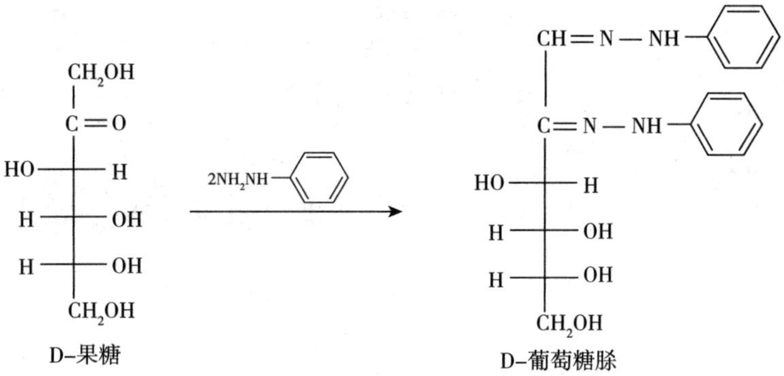

D-果糖　　D-葡萄糖脎

糖脎是黄色结晶，不同的糖脎晶型不同，各有一定的熔点，所以成脎反应常用来鉴别不同的糖及帮助测定糖的结构。从以上反应可以看出，成脎反应仅仅发生在 C_1 和 C_2 上，显然仅仅是 C_1 和 C_2 部位结构不同的两种糖生成相同的糖脎，因此成脎反应对测定糖的构型很有价值。

（四）成苷反应

单糖环状结构中的苷羟基比较活泼，在适当条件下可与含活泼氢的化合物（如含羟基、氨基或巯基的化合物）缩合脱水，生成具有缩醛结构的化合物糖苷，此反应称为成苷反应。

例如，D-葡萄糖在干燥 HCl 的催化下可与甲醇反应生成 D-葡萄糖甲苷。成苷的产物是 α-异构体和 β-异构体的混合物，以 α-异构体为主，反应式如下。

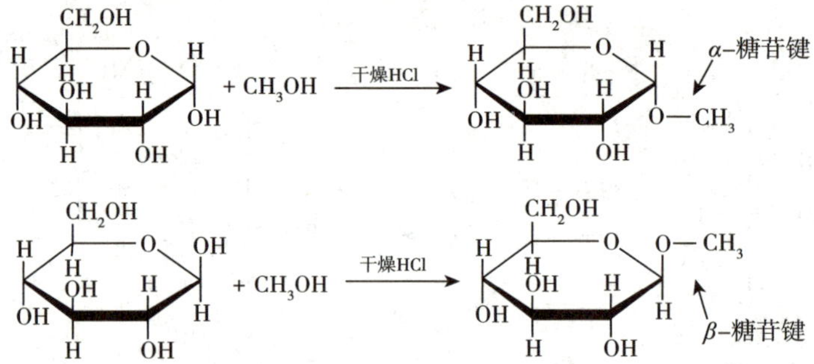

形成糖苷时，单糖脱去苷羟基后的部分称为糖苷基，另一种含活泼氢的化合物脱去活泼氢后的部分称为糖苷配基，例如上述葡萄糖甲苷中，去掉苷羟基的葡萄糖部分为糖苷基，甲氧基为糖苷配基。连接糖苷基和糖苷配基的键称为苷键，大多数天然糖苷中的糖苷配基为醇类或酚类。根据苷键上原子的不同，苷键又有氧苷键、氮苷键、硫苷键等。一般所说的苷键指的是氧苷键，在核苷中的苷键是氮苷键。

在糖苷分子中已没有苷羟基，不能通过互变异构转变为开链式结构，所以糖苷没有还原性和变旋现象，也不能与苯肼成脎。糖苷在中性和碱性条件下比较稳定，而在酸或酶作用下，苷键能够水解生成原来的化合物。氧苷键很容易水解，在同样条件下氮苷键的水解速度则较慢。

糖苷在自然界中分布广泛，在动植物体中的许多糖都是以糖苷形式存在，多数具有生理活性。很多中草药的有效成分也是糖苷类化合物，例如，杏仁中的苦杏仁苷具有祛痰止咳作用；白杨和柳树皮中的水杨苷具有止痛作用；人参中的人参皂苷有调节中枢神经系统增强机体免疫功能等作用；黄芩中的黄芩苷有清热泻火、抗菌消炎等作用。

（五）酯化反应

单糖环状结构中所有羟基都可以和酸反应生成酯，其中具有重要生物学意义的反应是形成磷酸酯。人体内葡萄糖在酶作用下可以和磷酸反应生成多种葡萄糖磷酸酯。其结构式如下。

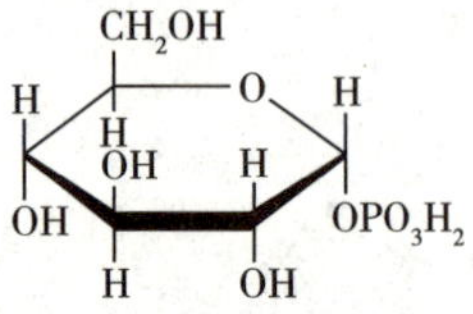

α-D-吡喃葡萄糖-1-磷酸酯
或1-磷酸葡萄糖

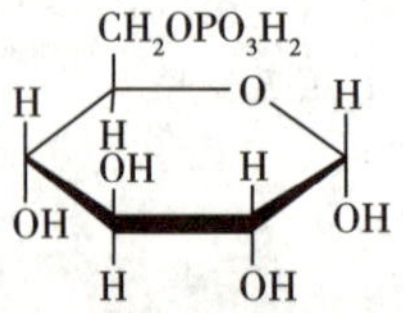

α-D-吡喃葡萄糖-6-磷酸酯
或6-磷酸葡萄糖

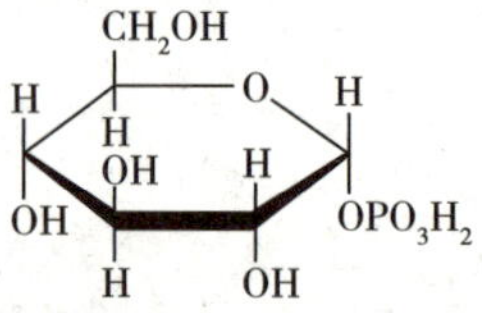

α-D-吡喃葡萄糖-1,6-二磷酸酯
或1,6-二磷酸葡萄糖

糖的磷酸酯是体内糖代谢的中间产物，糖在代谢中首先要经过磷酸化，然后才能进行一系列化学反应。例如，体内糖原的合成和分解都必须首先将葡萄糖磷酸化成为1-磷酸葡萄糖的形式，然后才能完成整个反应过程。

（六）脱水与显色反应

单糖在强酸（如盐酸或硫酸）作用下，可发生多步脱水反应，戊醛糖生成呋喃甲醛，己醛糖生成

5-羟甲基呋喃甲醛。

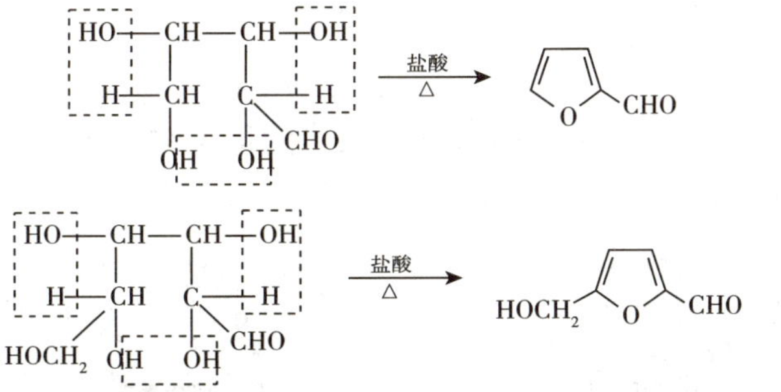

酮糖也能发生类似反应，低聚糖和多糖经过水解也能发生上述脱水反应。糖脱水生成的呋喃甲醛或5-羟甲基呋喃甲醛均可与酚类缩合生成有色化合物，这类显色反应可用于鉴定糖类。常用的显色反应有以下两种。

1. 莫立许（Molish）反应 在糖的水溶液中加入 α-萘酚的乙醇溶液（莫立许试剂），然后沿试管壁缓慢加入浓硫酸，不得振摇，密度比较大的浓硫酸沉到管底。在糖溶液与浓硫酸的交界面很快出现美丽的紫色环，这就是莫立许反应。

单糖、低聚糖和多糖均能发生莫立许反应，而且这个反应非常灵敏，因此常用来鉴别糖类化合物。需要注意的是，能显色的是糖的脱水产物，因此，阴性反应说明一定不存在糖，但是阳性反应不一定证明含有糖。

2. 塞利凡诺夫（Seliwanoff）反应 在酮糖（游离态或结合态）的溶液中，加入间苯二酚的盐酸溶液（塞利凡诺夫试剂）并加热，很快出现鲜红色产物，这就是塞利凡诺夫反应。

同样条件下，醛糖比酮糖的显色反应慢 15～20 倍，据此可鉴别醛糖和酮糖。

三、其他重要的单糖及其衍生物

（一）D-核糖和 D-2-脱氧核糖

D-核糖和 D-2-脱氧核糖是两种极为重要的戊醛糖，具有左旋光性，它们也具有开链结构和环状结构，通常以呋喃糖形式存在。它们在自然界不以游离态存在，多数结合成苷类，是组成核糖核酸（RNA）和脱氧核糖核酸（DNA）的基本单位，在生命活动中起着非常重要的作用。其开链和环状结构如下。

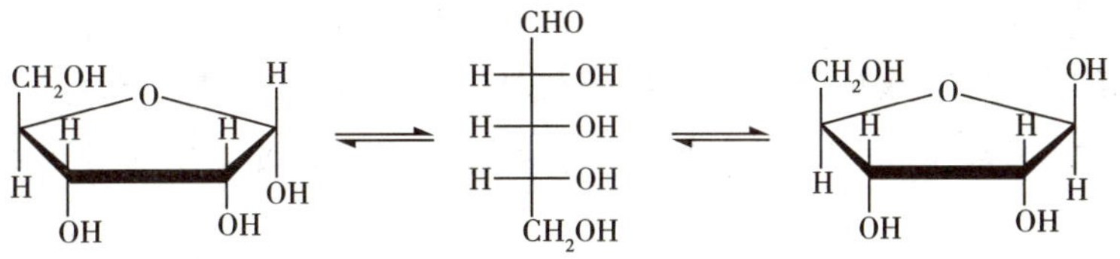

α-D-(-)-呋喃核糖　D-(-)-核糖　β-D-(-)-呋喃核糖

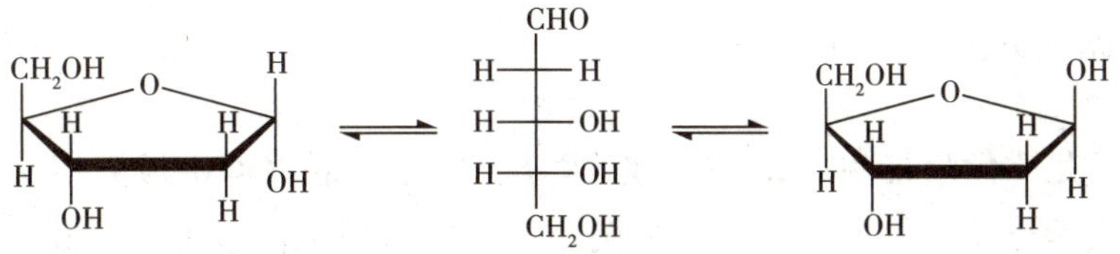

α-D-(-)-呋喃-2-脱氧核糖　D-(-)-2-脱氧核糖　β-D-(-)-呋喃-2-脱氧核糖

（二）D-半乳糖

D-半乳糖是 D-葡萄糖的 C_4-差向异构体，二者结合形成乳糖，游离的乳糖存在于哺乳动物的乳汁中。半乳糖具有右旋光性，其甜度仅为蔗糖的 30%。

人体中的半乳糖是乳糖的水解产物，半乳糖在酶作用下发生差向异构化生成葡萄糖，然后参与代谢，为母乳喂养的婴儿提供能量。

（三）氨基糖

天然氨基糖是己醛糖分子中 C_2 上的羟基被氨基取代的衍生物，例如 D-氨基葡萄糖、D-氨基半乳糖，它们常以结合态存在于自然界。其结构如下。

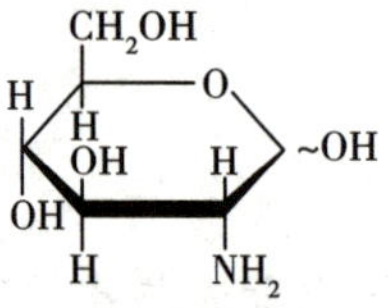

D-氨基葡萄糖

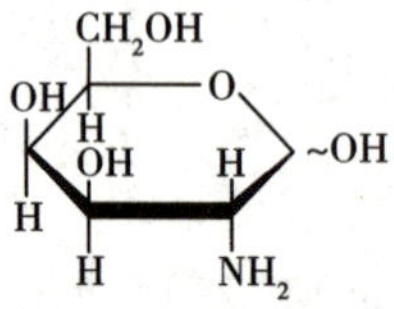

D-氨基半乳糖

氨基糖及其 *N*-乙酰基衍生物不仅是肌腱、软骨等结缔组织中黏多糖的主要成分，也是血型物质的组成成分。

知识链接

L-呋喃阿拉伯糖

L-糖在自然界很少存在，但自然状态的阿拉伯糖以 L 形式广泛存在于水果、稻子、麦子等粗粮皮壳、落叶松木、玉米皮、甜菜根、阿拉伯胶中，它不能被动物代谢，因此是一种非热量糖。L-阿拉伯糖的甜度约为蔗糖的 50%，具有很强的非竞争性抑制蔗糖吸收的功能，能够抑制吸收蔗糖引起的血清中葡萄糖的浓度升高，因此可以作为替代蔗糖功能性的甜味剂为糖尿病患者、肥胖者、高血压患者所食用，从而广泛应用于食品行业。

第二节　二　糖

情境导入 18-2

情景　红糖、白糖和冰糖都属于蔗糖，红糖是蔗糖和糖蜜的混合物，具有益气缓中、助脾化食、补血破淤、散寒止痛等作用；白糖是红糖经洗涤、离心、分蜜、脱光等工序制得，有助于提高机体对钙的吸收等作用；冰糖是白糖在一定条件下，通过重结晶后形成，有养阴生津、润肺止咳的功效。

参考答案

问题　1. 蔗糖是什么类型的糖？

2. 蔗糖的结构是什么样的？

低聚糖又称寡糖，是水解后能生成 2 ~ 9 个单糖分子的糖，低聚糖中最简单又是最重要的一类是二糖，二糖是能水解生成两分子单糖的化合物，这两分子单糖可以相同也可以不同。从结构上看，二糖是一种特殊的糖苷，连接两个单糖的苷键可以是一分子单糖的苷羟基与另一分子单糖的醇羟基脱水，也可以是两分子单糖都用苷羟基脱水而成，二糖分子中是否保留有苷羟基，在其性质上有很大差别。

二糖的分子式均为 $C_{12}H_{22}O_{11}$，物理性质类似于单糖，均有甜味，广泛存在于自然界中，常见的二糖有麦芽糖、乳糖和蔗糖。

一、麦芽糖

麦芽糖主要存在于发芽的谷粒尤其是麦芽中，麦芽糖也因此而得名，麦芽中含有淀粉酶，它可催化淀粉水解生成麦芽糖。在人体中，麦芽糖是淀粉水解的中间产物。淀粉在稀酸中部分水解时，也可得到麦芽糖。

麦芽糖是由一分子 α-D-吡喃葡萄糖 C_1 上的苷羟基与另一分子 D-吡喃葡萄糖 C_4 上的醇羟基脱水，通过 α-1,4-苷键连接而成的糖苷。其结构式如下。

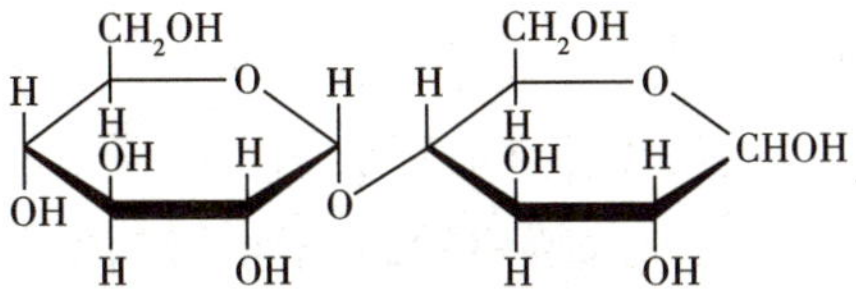

麦芽糖分子中还保留着一个苷羟基，所以仍有 α-异构体和 β-异构体两种异构体，并且在水溶液中可以通过链状结构相互转变。这一结构特点决定了麦芽糖仍保持单糖的一般化学性质，如具有变旋现象和还原性，是还原性二糖，也可以生成糖脎和糖苷。

麦芽糖是右旋糖，易溶于水，在酸或酶的作用下可水解生成两分子葡萄糖。麦芽糖是饴糖的主要成分，甜度约为蔗糖的 70%，常用作糖果和细菌培养基。

二、乳糖

乳糖存在于哺乳动物的乳汁中，牛乳中含 4% ~5%，人的乳汁中含 7% ~8%，它是婴儿发育必须的营养品。牛奶变酸是因为其中所含乳糖变成了乳酸的缘故。

乳糖是由一分子 β-D-吡喃半乳糖 C_1 上的苷羟基与另一分子 D-吡喃葡萄糖 C_4 上的醇羟基脱水，通过 β-1,4-苷键连接而成的糖苷。其结构式如下。

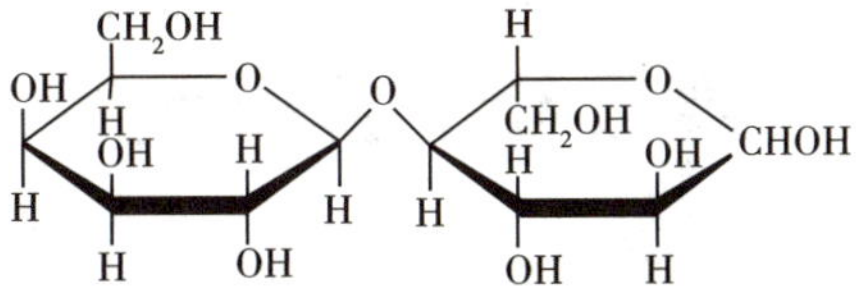

由于乳糖分子中也保留了一个苷羟基，因此它也有变旋光现象，具有单糖的一般化学性质，是还原性二糖。

乳糖也是右旋糖，没有吸湿性，微甜，可溶于水，在酸或酶的作用下可水解生成半乳糖和葡萄糖。乳糖可从制取乳酪的副产物乳清中获得，能促进钙的吸收。

三、蔗糖

蔗糖是自然界分布最广的二糖，尤其在甘蔗和甜菜中含量最丰富，所以蔗糖又有甜菜糖之称。普通食用的白糖就是蔗糖。

蔗糖是由一分子 α-D-吡喃葡萄糖 C_1 上的苷羟基与另一分子 β-D-呋喃果糖的 C_2 上的苷羟基脱水，通过 α-1,2-苷键（也可称为 β-2,1-苷键）连接而成的糖苷。其结构式如下。

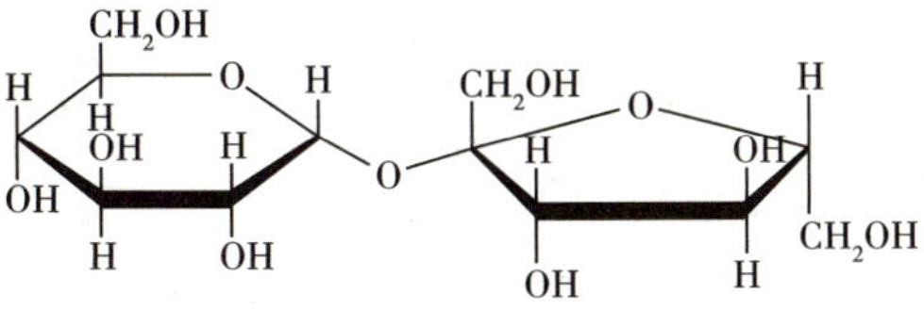

由于蔗糖分子结构中已没有苷羟基，在水溶液中不能变为开链结构，所以蔗糖没有变旋现象，不能成脎，也没有还原性，是非还原性二糖。

蔗糖在酸或酶的作用下可水解生成果糖和葡萄糖的等量混合物。

$$\underset{\text{蔗糖}}{C_{12}H_{22}O_{11}} + H_2O \xrightarrow{\text{水解}} \underset{\text{D-葡萄糖}}{C_6H_{12}O_6} + \underset{\text{D-果糖}}{C_6H_{12}O_6}$$

$$[\alpha]_D^{20} \quad +66.7^\circ \qquad \underbrace{+52.7^\circ \quad -92^\circ}_{-19.7^\circ}$$

蔗糖是右旋糖，而其水解产物是左旋的，与水解前的旋光方向相反，所以把蔗糖的水解反应称为蔗糖的转化，水解的产物称为转化糖，能催化蔗糖水解的酶称为转化酶。水解后的混合物为葡萄糖和果糖，比蔗糖更甜，是蜂蜜的主要成分。蔗糖水解前后旋光性的转化，是由于水解产物中果糖的左旋强度大于葡萄糖的右旋强度所致。

蔗糖是白色晶体，溶于水而难溶于乙醇，甜味仅次于果糖。它富有营养，主要供食用，蔗糖是食品中有安全营养的甜味剂，在药品中常用作矫味剂和配制糖浆。

知识链接

糖的甜度

糖甜味的高低称为甜度，它是甜味的重要质量指标。甜味剂的甜度，现在还不能用物理或化学的方法定量测定，只能凭人们的味觉感比较判断来求得各种糖的甜度值。通常以蔗糖的甜度为100作为比较标准，葡萄糖约70%，麦芽糖约50%，乳糖约30%，半乳糖约20%，果糖约为蔗糖甜度的1.7倍。

第三节 多 糖

情境导入 18-3

情景 尿糖是指尿中的糖类，主要指尿中的葡萄糖。正常人尿糖甚少，或者说应该没有糖。尿中出现葡萄糖，主要由于血糖过高导致肾小球滤过的葡萄糖超出肾小管的重吸收阈值或肾小管重吸收能力下降所致。如果尿糖阳性，患者必须在饮食上严格控制大米、馒头等主食的摄入量。

参考答案

问题 糖尿病患者为什么不能大量摄入大米、馒头等主食？

多糖又称高聚糖，是水解后能生成十个以上单糖分子的糖。由相同的单糖组成的多糖称为均多糖（或同多糖），例如淀粉、糖原和纤维素，他们都是由葡萄糖组成的，可用通式（$C_6H_{10}O_5$）$_n$表示。由不同单糖组成的多糖称为杂多糖，例如阿拉伯胶是由半乳糖和阿拉伯糖组成的。多糖广泛存在于自然界，是生物体的重要组成部分。

多糖的性质与单糖和二糖有较大差别。多糖没有甜味，一般为无定形粉末，大多不溶于水，个别能与水形成胶体溶液，没有变旋现象和还原性，不能生成糖脎。多糖属于糖苷类，在酸或酶催化下也可以水解，生成分子量较小的多糖或者二糖，最终完全水解成单糖。

一、淀粉

淀粉是绿色植物进行光合作用的产物，广泛存在于植物的种子和块茎中，如大米含75%～85%，小麦含60%～65%，玉米约含65%，马铃薯约含20%。淀粉是人类的主要食物，也是酿酒、制醋和制造葡萄糖的原料，在制药上常用作赋形剂。

淀粉用热水处理可将淀粉分离为两部分，可溶性部分为直链淀粉，不溶而膨胀成糊状的部分为支链淀粉。

两类淀粉都能在酸或酶的作用下逐步水解，生成较小分子的多糖（糊精），最终产物是D-葡萄糖。其水解过程大致为：

$$(C_6H_{10}O_5)_n \longrightarrow (C_6H_{10}O_5)_{n-x} \longrightarrow C_{12}H_{22}O_{11} \longrightarrow C_6H_{12}O_6$$

两类淀粉的结构单位都是D-葡萄糖，但在结构和性质上有一定区别。天然淀粉是直链淀粉和支链淀粉的混合物，两者比例因植物品种不同而异。

（一）直链淀粉

直链淀粉又称可溶性淀粉或糖淀粉，在淀粉中的含量为10%～30%。直链淀粉一般是由200～980个D-葡萄糖单位通过α-1,4-苷键连接而成的链状化合物，很少或没有分支，分子量为15万～60万，其结构式如下。

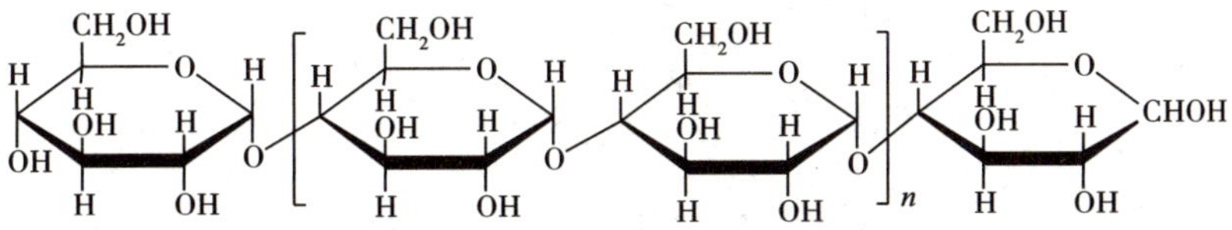

直链淀粉分子的长链并非直线型，借助分子内羟基间的氢键有规则地卷曲形成螺旋状空间排列，每一圈螺旋有六个α-D-葡萄糖单位。直链淀粉的螺旋状结构如图18－1所示。

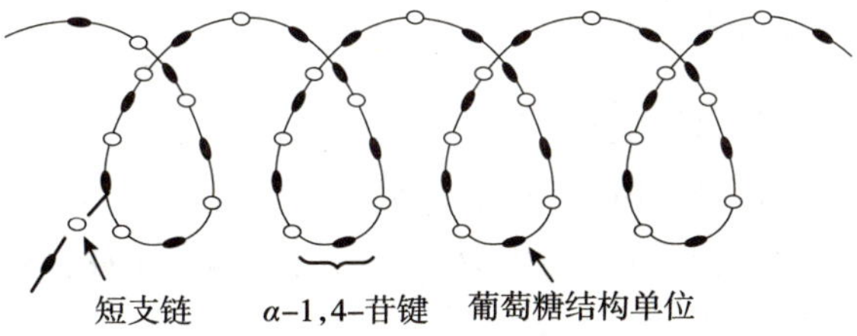

图18－1　直链淀粉的螺旋状结构示意图

直链淀粉遇碘显深蓝色，这个反应非常灵敏，且加热反应液时蓝色消失，冷却后蓝色又复现。目前认为这是由于直链淀粉螺旋状结构中间的通道正好适合碘分子钻进去，并依靠分子间的引力形成蓝色的淀粉－碘配合物，如图18－2所示。当直链淀粉受热时，维系其螺旋状结构的氢键就会断开，淀粉-碘配合物分解，因此蓝色消失；冷却时淀粉-碘配合物的结构和蓝色能自动恢复。此性质可以用来鉴别淀粉。

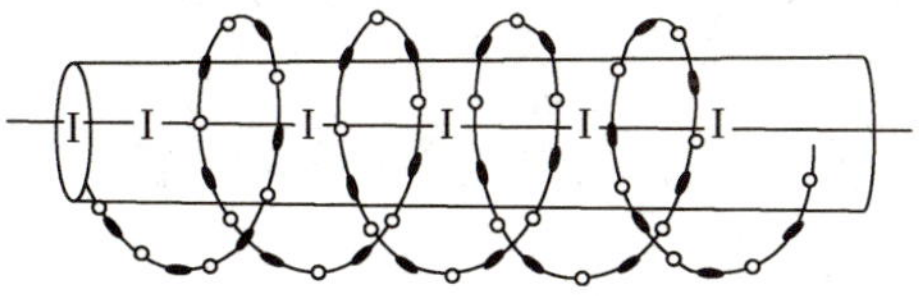

图18－2　淀粉－碘复合物结构示意图

（二）支链淀粉

支链淀粉又称胶淀粉，其结构式如下。在淀粉中的含量为70% ~90%，不溶于冷水，与热水作用则膨胀成糊状，在黏性较强的糯米中就含有较多的支链淀粉。支链淀粉分支较多，相对分子量更大，分子中一般含600 ~6000个D-葡萄糖单位，D-葡萄糖单位通过α-1,4-苷键连接成直链，直链上每隔20 ~25个葡萄糖单位出现一个支链，而支链上还有分支，分支处是通过α-1,6-苷键连接的，形成高度分支化的结构（图18 -3），分子结构比直链淀粉复杂得多。

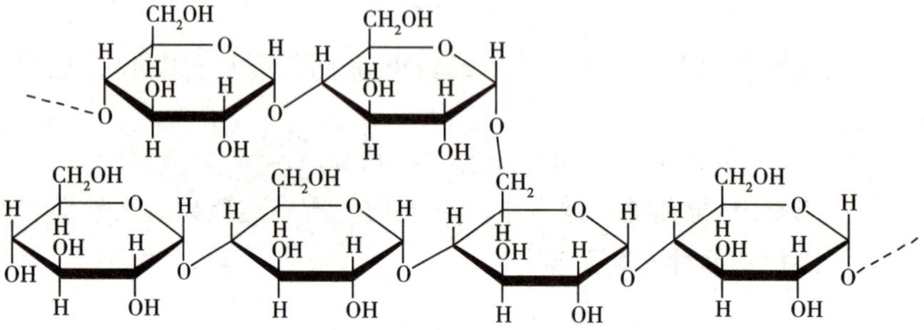

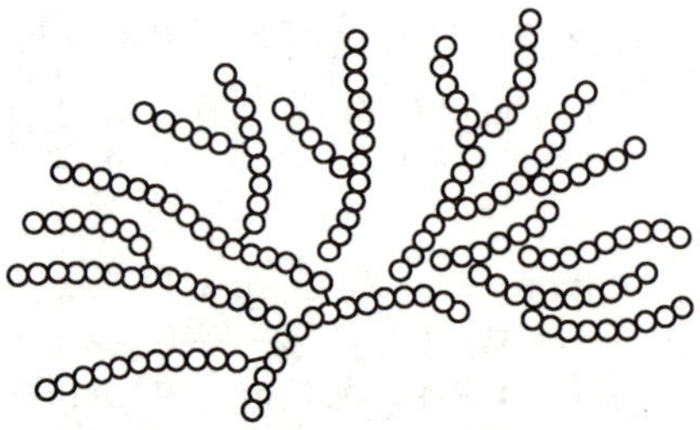

图18 -3　支链淀粉结构示意图

无直链淀粉混杂的纯支链淀粉遇碘显紫红色，而天然淀粉是直链和支链的混合物，故遇碘呈蓝紫色。各种淀粉与碘的显色反应均可用于检验淀粉和碘的存在。

二、糖原

糖原是在人和动物体内合成的一种多糖，所以也称为动物淀粉，主要存在于动物的肌肉和肝脏中，分别称为肌糖原和肝糖原。肝脏中糖原的含量为10% ~20%，肌肉中糖原的含量约为4%。

糖原水解的最终产物是D-葡萄糖，因此糖原的结构单位同淀粉一样，也是D-葡萄糖。糖原与支链淀粉的结构很相似，结构单位也是由α-1,4-苷键和α-1,6-苷键相连而成，但糖原分子中结构单位数目更多（6000 ~20000个），分支更短、更密集。经测定，在以α-1,4-苷键连接而成的直链上，每隔8 ~10个葡萄糖单位就出现一个通过α-1,6-苷键连接的分支，每条短链上有12 ~18个葡萄糖单位，糖原的结构如图18 -4所示。

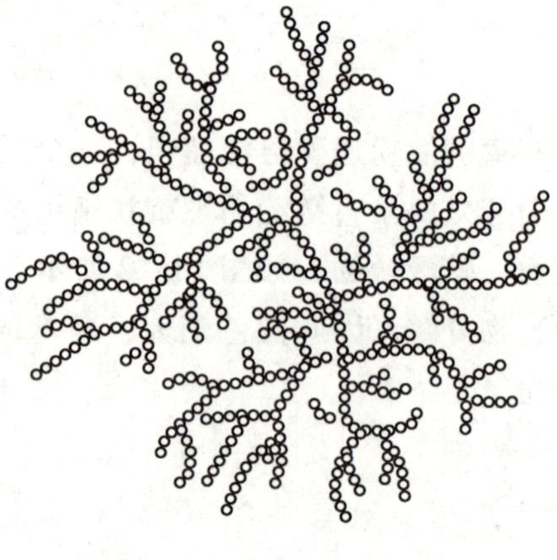

图18 -4　糖原结构示意图

糖原是白色无定形粉末，不溶于冷水，可溶于热水形成透明的胶体溶液，遇碘显棕红色或紫红色。

糖原是葡萄糖在动物体内的贮存形式，人体内约含400g糖原，具有重要的生理意义。肌糖原是肌肉收缩所需的主要能源，而肝糖原在维持血糖正常浓度方面起重要作用。

$$\text{肝糖原} \underset{\text{血糖浓度高于正常值时}}{\overset{\text{血糖浓度低于正常值时}}{\rightleftharpoons}} \text{血糖}$$

练一练 18－2

在淀粉水解过程中，如何鉴别淀粉是否完全水解？

参考答案

三、纤维素

纤维素是自然界含量最多、分布最广的一种多糖，绝大多数纤维素是绿色植物通过光合作用合成，是构成植物细胞壁的主要成分，也是植物体的支撑物质。木材中约含纤维素 50%，棉花中含量高达 98%，脱脂棉和滤纸几乎是纯纤维素制品。

纤维素的结构单位也是 D－葡萄糖，葡萄糖单位之间通过 β-1,4-苷键相连而成直链，与直链淀粉相似，一般不存在分支，每个纤维素分子至少含有 1500 个葡萄糖单位。虽然纤维素与直链淀粉的分子都是长链状分子，但由于二者苷键不同，纤维素分子并不形成直链淀粉那样的螺旋状结构，而是由许多纤维素分子的链与链之间通过分子间氢键绞成绳索状纤维束如图 18－5 所示。

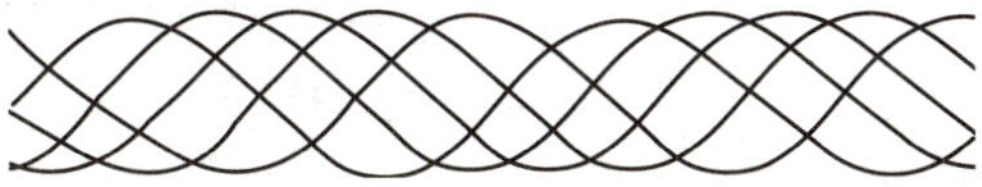

图 18－5　绳索状纤维束示意图

纤维素是白色微晶型固体，有较强的韧性。不溶于水、稀酸、稀碱和一般的有机溶剂，能溶于浓氢氧化钠溶液和二硫化碳，遇碘不显色。

纤维素较难水解，在高温高压下与无机酸共热，才能水解生成葡萄糖。纤维素虽然由葡萄糖组成，但人体内没有水解纤维素的酶，所以纤维素不能作为人类的食物，但食物中的纤维素有刺激肠胃蠕动、促进排便等作用，还可以减少脂类的吸收，降低血液中胆固醇及三酰甘油，降低冠心病的发病率，因此多吃蔬菜、水果等含纤维素比较多的食物，对于人体健康有着重要意义。牛、羊等食草动物消化道内存在纤维素水解酶，能把纤维素水解为葡萄糖，所以纤维素是食草动物的饲料。

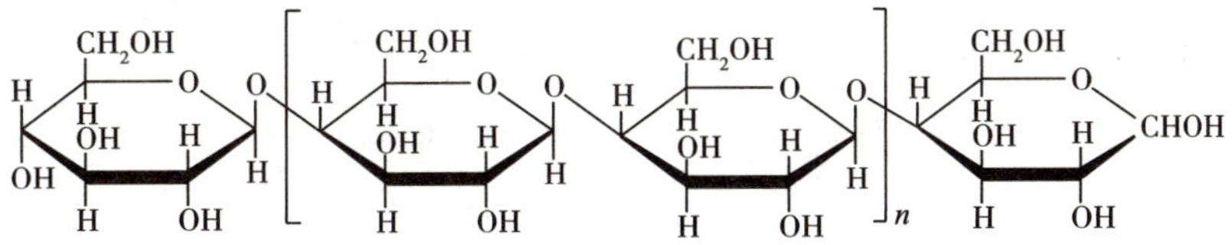

纤维素的用途很广，用于制造纸张、纺织品、火棉胶、电影胶片、羧甲基纤维素等。

四、右旋糖酐

右旋糖酐是人工合成的葡萄糖多聚物，因为它是右旋糖脱水的产物而得名，又称葡聚糖，分子式为 $(C_6H_{10}O_5)_n$。右旋糖酐分子中的 D－葡萄糖单位间主要以 α-1,6-苷键连接成长链，杂有少量的 α-1,3-苷键和 α-1,4-苷键连接的分支。

右旋糖酐为白色或类白色无定型粉末，无臭、无味，易溶于热水。右旋糖酐是常用的血浆代用品，人体大量失血后可用于补充血容量，并具有提高血浆胶体渗透压、改善微循环等作用。

练习题

答案解析

一、选择题

1. 不能与托伦试剂发生银镜反应的是（　）。

A. 葡萄糖　　B. 果糖　　C. 蔗糖　　D. 麦芽糖

2. 单糖不具备的性质是（　）。

A. 还原性　　B. 水解　　C. 成酯　　D. 成苷

3. 血糖通常是指血液中的（　）。

A. 葡萄糖　　B. 果糖　　C. 半乳糖　　D. 糖原

4. 水稻中含量最多的糖是（　）。

A. 葡萄糖　　B. 半乳糖　　C. 淀粉　　D. 麦芽糖

5. 蔗糖分子水解生成的糖是（　）。

A. 葡萄糖和半乳糖　　B. 葡萄糖和果糖

C. 葡萄糖和甘露糖　　D. 葡萄糖和核糖

6. 下列物质中不是由 D–葡萄糖构成的是（　）。

A. 蛋白质　　B. 淀粉　　C. 纤维素　　D. 糖原

7. 下列糖中没有变旋性的是（　）。

A. 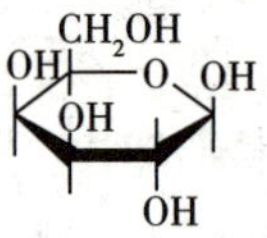　　B. 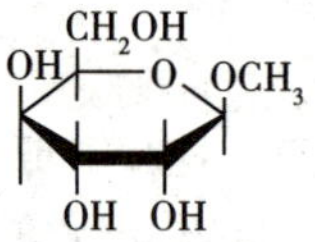　　C. 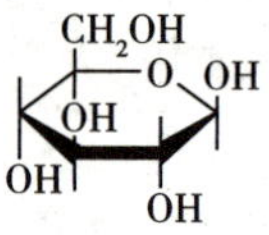　　D. 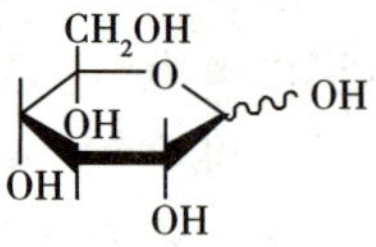

8. 下列关于多糖的性质，描述错误的是（　）。

A. 没有还原性　　B. 有变旋光现象　　C. 不能生成糖脎　　D. 没有甜味

9. 能被人体消化吸收的碳水化合物是（　）。

A. 淀粉　　B. 纤维素　　C. 蛋白质　　D. 味精

10. 糖苷键能在（　）中水解。

A. 碱性　　B. 中性　　C. 酸性　　D. 都可以

二、判断题

（　）1. 所有的糖都具有甜味。

（　）2. 单糖都是还原性糖，能发生银镜反应。

（　）3. 能被氧化的糖都是还原性糖。

（　）4. 所有糖都能发生莫立许反应，发生该反应的一定都是糖。

（　）5. 所有的糖的分子式都符合 $C_n(H_2O)_m$。

（　）6. 醛能发生银镜反应而酮不能，果糖属于酮糖，故不能发生银镜反应。

（　）7. 蔗糖不能发生银镜反应，但蔗糖的水解产物能发生银镜反应。

（　）8. 淀粉和纤维素水解的最终产物都是葡萄糖，所以淀粉和纤维素都能作为人类的营养物质。

（　）9. 蔗糖水解后的产物又称为转化糖。

（　）10. 水解后能生成两分子单糖化合物称为二糖，如蔗糖和麦芽糖。

三、写出 D-葡萄糖与下列试剂的反应方程式

1. 托伦试剂
2. 溴水
3. 稀硝酸
4. 苯肼
5. CH_3OH（干燥 HCl）

四、用简单化学方法鉴别下列各组化合物

1. 葡萄糖和果糖
2. 葡萄糖和蔗糖
3. 麦芽糖和蔗糖
4. 葡萄糖、蔗糖和淀粉

五、推导结构

有 A 和 B 两种 D-丁醛糖，能生成同样的糖脎，但如果用硝酸氧化时，A 生成有旋光性的糖二酸，B 生成无旋光性的糖二酸，试写出 A 和 B 的结构简式与相应的化学反应式。

（王广珠）

书网融合……

本章小结　本章小结（微课）　微课　题库

第十九章 氨基酸和蛋白质

PPT

学习目标

知识目标

1. **掌握** 氨基酸的结构、命名及化学性质。
2. **熟悉** 氨基酸的分类，蛋白质的组成、分类和性质。
3. **了解** 蛋白质的结构。

能力目标

1. 能运用氨基酸的化学性质准确书写化学反应方程式。
2. 能运用氨基酸和蛋白质的性质特点鉴定 α-氨基酸及蛋白质。
3. 具备判断蛋白质一级、二级、三级和四级结构的能力。

素质目标

通过本章学习，使学生明白营养物质的重要性，激发学生对日常生活的食品的探究热情，开拓学生的视野，培养学生自主学习的意识，养成乐学善学、自我管理的习惯以及提高勇于探究、人文积淀的能力。

氨基酸是组成蛋白质的基本单元，蛋白质是构成生物体的物质基础，具有非常重要的生理功能，在生物体繁衍、生长发育、新陈代谢过程中起着重要的作用，生物体所有的生命现象都是通过蛋白质来表达和实现的。那么氨基酸具有怎样的结构？氨基酸又是怎样组成蛋白质的呢？

第一节 氨基酸

微课

情境导入 19－1

情景 酱油是我国传统的液体调味品，其有独特的酱香，味道鲜美，深受人们喜爱。正是由于酱油中含有氨基酸，所以它才呈现独特的鲜味，氨基酸含量越高，鲜味越好。其含量高低以氨基酸态氮（以氨基酸形式存在的氮元素）的含量多少来表示，最低含量不得小于0.4g/100ml。

参考答案

问题 1. 氨基酸的结构特点是什么？

2. 酱油中氨基酸含量如何进行测定？

分子中既含有氨基（$—NH_2$）又含有羧基（—COOH）的化合物称为氨基酸。氨基酸是与生命起源和生命活动密切相关的蛋白质的基本结构单位，是人体必不可少的物质，例如苯丙氨酸广泛用于医药和食品行业，是新开发的氨基酸类抗癌药物的最佳载体。苏氨酸是一种重要的营养强化剂，可以强化谷物、糕点、乳制品，恢复人体疲劳，促进生长发育，医药上其制剂具有促进人体发育、抗脂肪肝药用效能，是复合氨基酸输液中的成分。苏氨酸又是制造一类高效低过敏的抗生素单酰胺菌素的原料，也可作为饲料用氨基酸。缬氨酸等支链氨基酸的注射液常用于治疗肝功能衰竭等疾病，也可作为加快创伤愈合的治疗剂。

一、氨基酸的结构和构型

参与蛋白质组成的氨基酸几乎都是α-氨基酸，其结构通式为：

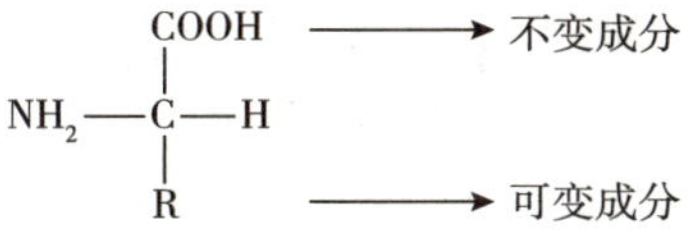

式中，R 代表不同的基团，R 不同就形成不同的α-氨基酸。

除了脯氨酸外其他都是α-氨基酸。α-氨基酸是氨基与羧酸的α-碳原子上相连，而脯氨酸是亚氨基与羧酸的α-碳原子相连，故称为α-亚氨基酸。

除甘氨酸外，各种天然氨基酸的α-碳原子都是手性碳原子，具有旋光性。氨基酸的构型取决于α-碳原子上氨基的空间位置。氨基酸的构型通常用 D/L 构型标示，参与蛋白质组成的氨基酸都是 L-构型。

L-氨基酸　　D-氨基酸

二、氨基酸的分类和命名

（一）氨基酸的分类

根据氨基酸分子中侧链 R 基不同，氨基酸分为脂肪族氨基酸、芳香族氨基酸和杂环氨基酸。脂肪族氨基酸具有链状结构，如丙氨酸；芳香族氨基酸含有芳香环，如苯丙氨酸；杂环氨基酸具有杂环结构，如组氨酸。

根据氨基酸分子中羧基和氨基的相对数目，可将氨基酸分为中性氨基酸、酸性氨基酸和碱性氨基酸。酸性氨基酸的羧基数目多于氨基，如天冬氨酸；中性氨基酸的氨基和羧基数目相同，如丙氨酸；碱性氨基酸的氨基数目多于羧基，如赖氨酸。氨基酸的分类、结构、命名见表 19－1，表中带“＊”的代表是必需氨基酸。

表 19－1　常见氨基酸的分类、结构和命名

种类	结构式	中文名	简写	代号	等电点
中性氨基酸	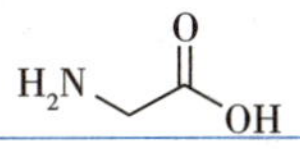	甘氨酸（α-氨基乙酸）	Gly	G	5.97
	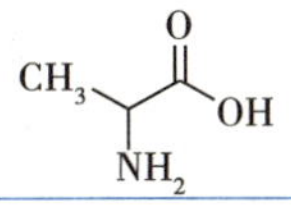	丙氨酸（α-氨基丙酸）	Ala	A	6.00
	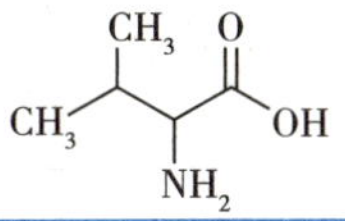	缬氨酸＊（α-氨基-β-甲基丁酸）	Val	V	5.96

续表

种类	结构式	中文名	简写	代号	等电点
中性氨基酸	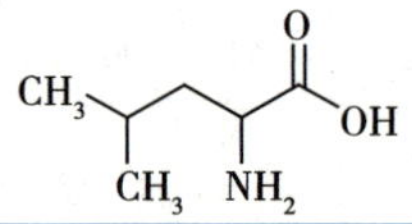	亮氨酸＊（α-氨基-γ-甲基戊酸）	Leu	L	5.98
	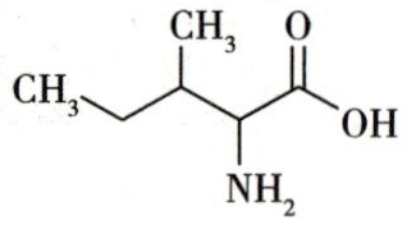	异亮氨酸＊（α-氨基-β-甲基戊酸）	Ile	I	6.02
	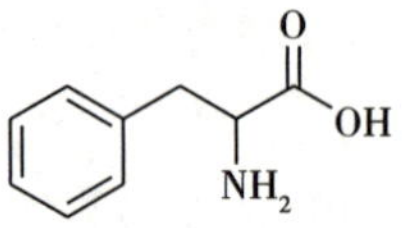	苯丙氨酸＊（α-氨基-β-苯基丙酸）	Phe	F	5.48
	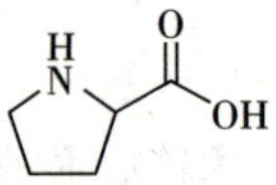	脯氨酸（α-四氢吡咯烷甲酸）	Pro	P	6.30
	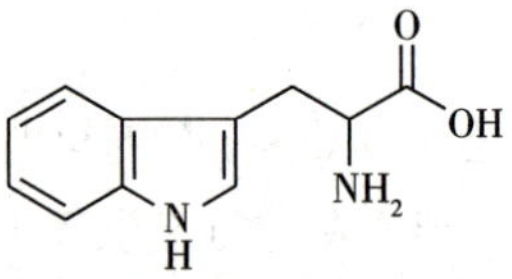	色氨酸＊［α-氨基-β-(3-吲哚基)-丙酸］	Trp	W	5.89
	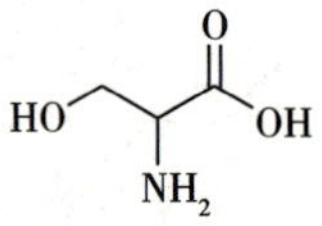	丝氨酸（α-氨基-β-羟基丁酸）	Ser	S	5.68
	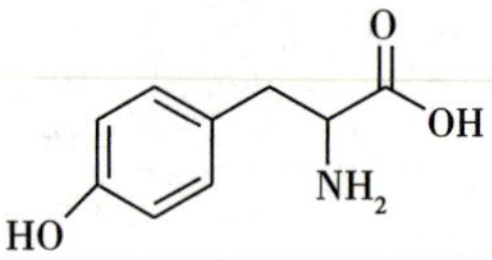	酪氨酸（α-氨基-β-对羟苯基丙酸）	Tyr	Y	5.66
	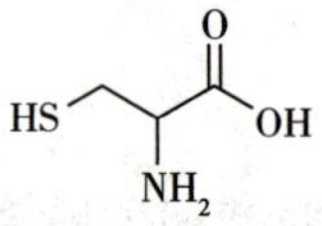	半胱氨酸（α-氨基-β-巯基丙酸）	Cys	C	5.07
	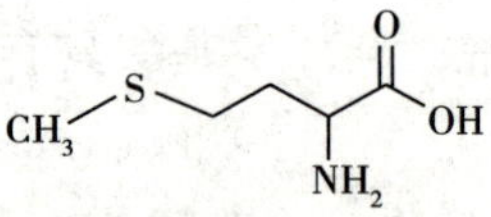	蛋氨酸＊（α-氨基-β-甲硫基丁酸）	Met	M	5.74
	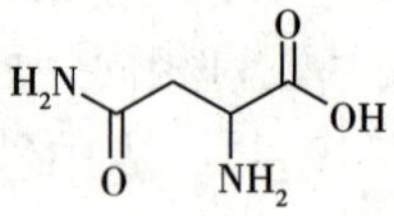	天冬酰胺（α-氨基丁酰胺酸）	Asn	N	5.41
	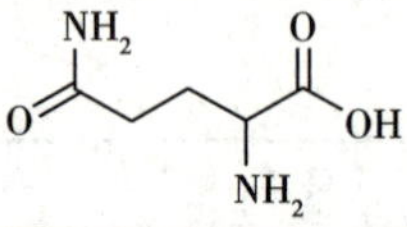	谷氨酰胺（α-氨基戊酰胺酸）	Gln	Q	5.65
	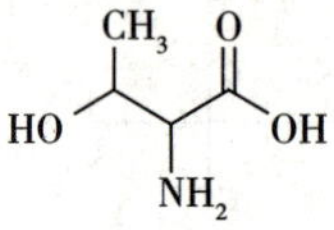	苏氨酸＊（α-氨基-β-羟基丁酸）	Thr	T	5.60
酸性氨基酸	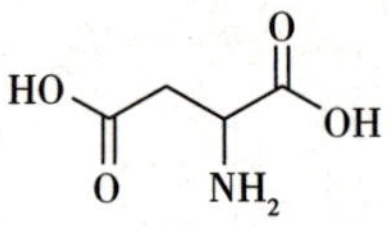	天冬氨酸（α-氨基戊二酸）	Asp	D	2.77

续表

种类	结构式	中文名	简写	代号	等电点
酸性氨基酸	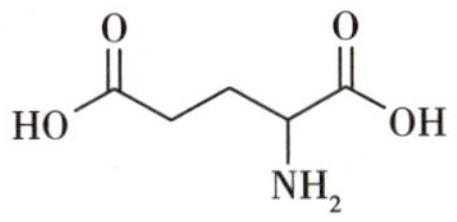	谷氨酸（α-氨基己二酸）	Glu	E	3.22
碱性氨基酸	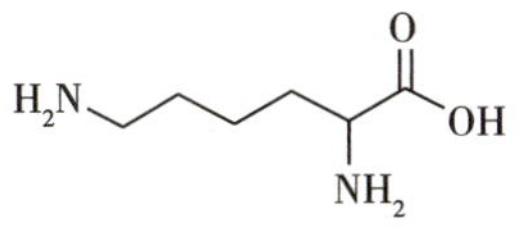	赖氨酸*（α,ω-二氨基己酸）	Lys	K	9.74
	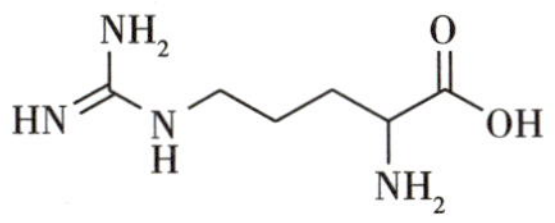	精氨酸（α-氨基-δ-胍基戊酸）	Arg	R	10.76
	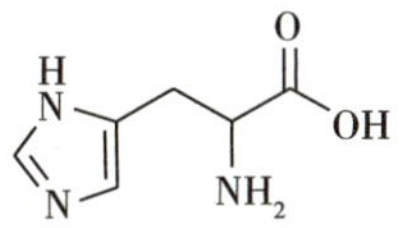	组氨酸［α-氨基-β-(5-咪唑基)-丙酸］	His	H	7.59

（二）氨基酸的命名

氨基酸的命名采用系统命名法，与羟基酸的命名类似。通常把羧酸作为母体，氨基作为取代基来命名，称为“氨基某酸”。习惯上用希腊字母 α、β、γ 等来表示氨基的位置，并写在氨基酸名称前面。

氨基酸常根据其来源或某些特性而采用俗名，如天门冬氨酸源于天门冬植物，甘氨酸因具有甜味而得名，胱氨酸是因为最先来自尿结石而得名。例如：

$$\mathrm{\underset{\displaystyle NH_2}{\underset{|}{CH_2}}{-}COOH}$$

氨基乙酸
（甘氨酸）

$$\mathrm{HOOC{-}CH_2CH_2\underset{\displaystyle NH_2}{\underset{|}{CH}}{-}COOH}$$

α-氨基戊二酸
（谷氨酸）

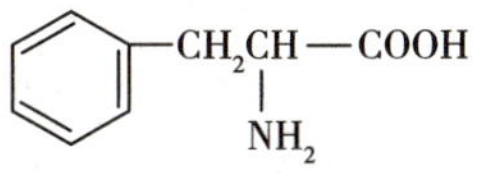

α-氨基-β-苯基丙酸
（苯丙氨酸）

三、氨基酸的物理性质

α-氨基酸为无色晶体，熔点较高，一般在 200～300℃之间，加热至熔点易熔化分解并脱羧放出 CO_2。其味道各有差别，有的具有甜味，有的无味甚至苦味。谷氨酸的钠盐味道鲜美，是调味品“味精”的主要成分。各种氨基酸在水中的溶解度差别很大，一般都能溶于水、强酸、强碱溶液，难溶于乙醇、乙醚、石油醚和苯等有机溶剂。除甘氨酸外，其余 α-氨基酸都具有旋光性。

四、氨基酸的化学性质

氨基酸分子中既含有羧基，又含有氨基，因此它们具有羧基和氨基的一般性质。同时，由于羧基和氨基的相互影响，使氨基酸还具有一些特殊性质。

（一）羧基的反应

1. 成盐反应 氨基酸分子中含有酸性的羧基，能与碱反应，生成氨基酸的盐。例如：

$$\mathrm{R{-}\underset{\displaystyle NH_2}{\underset{|}{CH}}{-}COOH + NaOH \longrightarrow R{-}\underset{\displaystyle NH_2}{\underset{|}{CH}}{-}COONa + H_2O}$$

2. 脱酸反应 氨基酸在 $Ba(OH)_2$ 存在下，加热脱羧可生成胺。

$$R-CH(NH_2)-COOH \xrightarrow[\triangle]{Ba(OH)_2} RCH_2NH_2 + CO_2\uparrow$$

在生物体内，氨基酸在细菌脱羧酶的作用下发生脱羧反应。如蛋白质腐败时，由精氨酸等发生脱羧反应生成丁二胺，由赖氨酸脱羧可得到戊二胺。由组氨酸脱羧后生成组胺，人体内的组胺过多，可引起过敏、发炎反应、胃酸分泌等，也会影响脑部神经传导。

$$H_2N-CH_2CH_2CH_2CH_2CH(NH_2)COOH \xrightarrow{\text{酶}} H_2N-CH_2CH_2CH_2CH_2CH_2-NH_2 + CO_2$$

3. 酯化反应 在酸催化下，氨基酸能与醇发生酯化反应。

$$R-CH(NH_2)-COOH + R'-OH \xrightarrow{H^+} R-CH(NH_2)-COOR' + H_2O$$

（二）氨基的反应

1. 成盐反应 氨基酸分子的氨基与氨分子相似，氮原子上有一对共用电子，可以接收质子，表现出碱性。因此，氨基酸可与酸反应生成铵盐。

$$R-CH(NH_2)-COOH + HX \longrightarrow R-CH(NH_3^+X^-)-COOH$$

2. 与亚硝酸反应 α-氨基酸中的氨基能与亚硝酸反应放出 N_2，生成 α-羟基酸。

$$R-CH(NH_2)-COOH + HNO_2 \longrightarrow R-CH(OH)-COOH + N_2\uparrow + H_2O$$

由于定量释放出氮气，故可计算出氨基酸分子中氨基的含量，也可测定蛋白质分子中的游离氨基含量，此方法称范斯莱克（Van Slyke）氨基测定法。

3. 氧化脱氨反应 氨基酸通过氧化脱氨，先生成 α-亚氨基酸，再水解而得 α-酮酸和氨。

$$R-CH(NH_2)-COOH \xrightarrow{[O]} R-C(=NH)-COOH \xrightarrow{H_2O} R-C(=O)-COOH + NH_3\uparrow$$

此反应是生物体内氨基酸分解代谢的重要途径之一。

（三）氨基酸的特性

1. 两性解离和等电点 氨基酸分子中含有酸性的羧基和碱性的氨基，因此既可以与碱反应，又可以与酸反应，属于两性物质。氨基酸分子中的氨基与羧基可以相互作用而成盐，这种由分子内部酸性基团和碱性基团相互作用所形成的盐，称为内盐。

$$R-CH(NH_2)-COOH \rightleftharpoons R-CH(NH_3^+)-COO^-$$

两性离子（内盐）

内盐中既存在正离子部分，又有负离子部分，故称为两性离子或偶极离子。这种离子结构导致氨基酸具有低挥发性、高熔点和难溶于有机溶剂的特点。

在水溶液中，氨基酸可以发生两性解离。解离出氨基酸正离子的反应称为碱式解离，解离出氨基酸负离子的反应称为酸式解离，解离的程度和方向取决于溶液的 pH 大小。在不同 pH 水溶液中，氨基酸带电情况不同，在电场中的行为也不同。氨基酸在酸性溶液中主要以正离子存在，向负极移动；在碱性溶液中主要以负离子存在，向正极移动。将溶液的 pH 调节到某一特定值时，氨基酸的酸式解离与碱式解离程度相等，分子中的正离子数量和负离子数量恰好相等，氨基酸主要以电中性的偶极离子存在，在电场中既不向正极移动，也不向负极移动，这个特定的 pH 称为氨基酸的等电点，用 pI 表示。

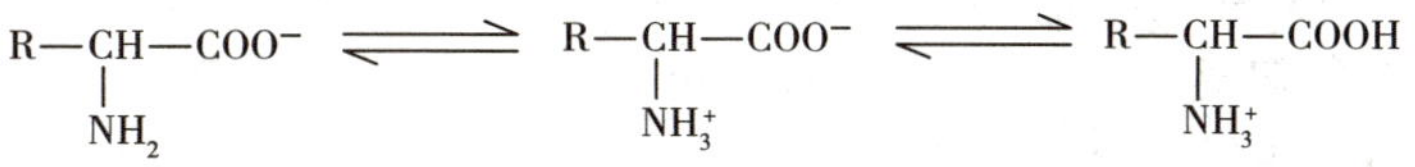

负离子 pH > pI　　两性离子 pH = pI　　正离子 pH < pI

等电点是氨基酸的一个重要的物理常数，不同结构的氨基酸等电点不同（表 19－1）。酸性氨基酸的等电点为 2.8～3.2，碱性氨基酸的等电点为 7.6～10.8，中性氨基酸的等电点一般为 5.0～6.5。中性氨基酸的等电点小于 7，这是由于羧基的解离度略大于氨基的解离度，在偏酸性条件下可以抑制羧基的解离，使氨基酸的酸式解离程度和碱式解离程度相等。

值得注意的是在等电点时，因为氨基酸的酸式解离和碱式解离程度相等，所以氨基酸是电中性的，但其水溶液不是中性的，pH 并不等于 7。

在等电点时，氨基酸的溶解度最小，很容易从溶液中析出沉淀。因此，根据不同氨基酸具有不同的等电点这一特性，通过调节溶液的 pH 使不同的氨基酸在各自的等电点结晶析出，分离提纯氨基酸。例如，提纯市售味精（含有 80% 以上的谷氨酸单钠）中的谷氨酸，可以将味精溶于水，用盐酸调节 pH 至 2～3，冷冻放置就可以析出谷氨酸晶体。

2. 成肽反应　一分子 α－氨基酸的氨基与另一分子 α－氨基酸的羧基之间脱水缩合而成的酰胺键（ $-\overset{\displaystyle O}{\overset{\|}{C}}-NH-$ ）又称为肽键，得到的化合物称为肽，该反应称为成肽反应。例如：

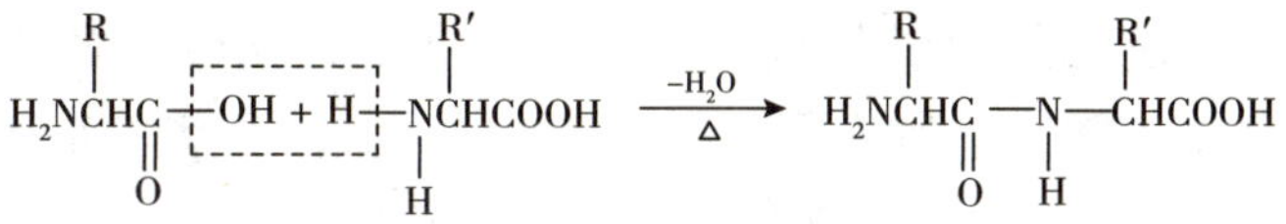

（四）氨基酸的显色反应

1. 与茚三酮反应　α－氨基酸与茚三酮的水合物在溶液中共热，经一系列反应，最终生成蓝紫色的化合物。含亚氨基的氨基酸（如脯氨酸）与茚三酮水溶液反应，呈黄色。这是鉴别 α－氨基酸最灵敏、最简便的方法。凡含有 α－氨酰基结构的化合物（如多肽和蛋白质）都会发生这种显色反应。

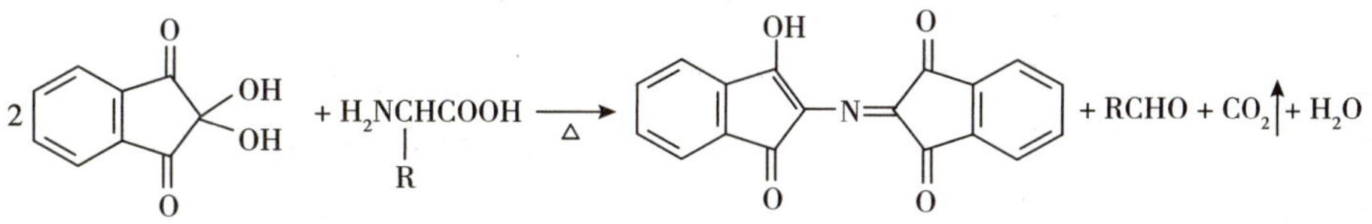

因反应中释放的 CO_2 的量与氨基酸的量成正比，故可以作为氨基酸的定量分析。

2. 与丹酰氯的反应　丹酰氯简写为 DNS－Cl，化学名称为 5－二甲氨基－1－萘磺酰氯。在温和条件下，丹酰氯可与氨基酸发生磺酰化反应，生成丹酰基氨基酸，在紫外光下呈现强烈的黄色荧光。

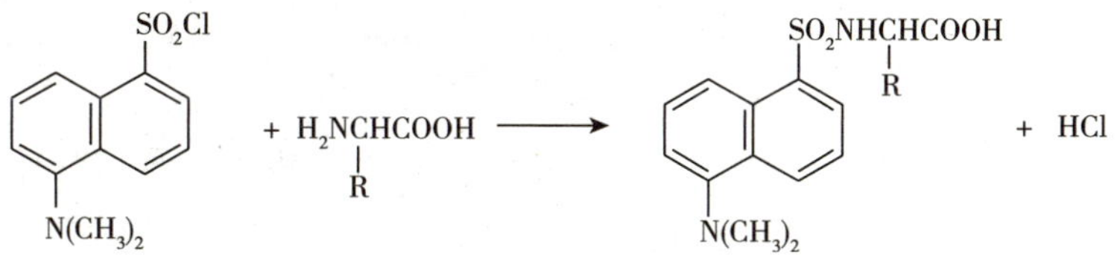

丹酰氯　　丹酰氯氨基酸

此反应灵敏度高，常用于微量氨基酸的定量测定。

练一练 19-1

1. 谷氨酸的等电点是3.22，在pH5.3的环境中主要存在形式为（ ）。

A. 阳离子 B. 阴离子 C. 两性离子 D. 中性分子

2. 用化学方法鉴别丙氨酸和丙酸。

参考答案

五、必需氨基酸

(一) 赖氨酸

赖氨酸是碱性必需氨基酸，可调节人体代谢平衡。往食物中添加少量赖氨酸，可以刺激胃蛋白酶和胃酸的分泌，提高胃液分泌功效，使食欲增强，促进幼儿生长与发育。赖氨酸还能提高钙的吸收及钙在体内的积累，加速骨骼生长。在医药上，赖氨酸可以作为利尿剂的辅助药物，治疗因血中氯化物减少而引起的铅中毒；还可以与酸性药物生成盐来减弱不良反应，与蛋氨酸合用可以抑制重症高血压病。鱼肉、豆类制品、脱脂牛奶、杏仁、花生、南瓜子、芝麻中含赖氨酸较多。

(二) 蛋氨酸

蛋氨酸是含硫的必需氨基酸，与生物体内各种含硫化合物的代谢密切相关，有维持机体生长发育的作用。医药上可用于治疗肝硬化、脂肪肝和因痢疾等疾病引起的营养不良等。大豆、鱼类、大蒜、肉类、洋葱、酸奶等食物中含有较多的蛋氨酸。

(三) 色氨酸

色氨酸可以促进大脑神经细胞分泌血清素。血清素具有抑制大脑思维活动的作用。如果摄入色氨酸含量较多的膳食，人就容易产生疲倦感和睡意。含色氨酸最多的是小米，牛奶、香菇、葵花子、海蟹、黑芝麻、黄豆、南瓜子、肉松、油豆腐、鸡蛋等也是富含色氨酸的食物。在医药上，常将色氨酸用作抗闷剂、抗痉挛剂、胃分泌调节剂，也可防止癞皮病。

(四) 亮氨酸和异亮氨酸

亮氨酸是临床选用的复合氨基酸静脉注射液不可缺少的原料，对于维持危重患者的营养需要，抢救患者的生命起着积极的作用。亮氨酸有促进幼儿生长的作用，对调节氨基酸与蛋白质代谢起重要作用。牛奶、鱼类、香蕉、花生和含丰富蛋白质的食物中亮氨酸的含量较多。

异亮氨酸能治疗神经障碍、食欲不振和贫血，在肌肉蛋白质代谢中特别重要，并能调节糖和能量的水平，帮助提高体能，增进肌肉的生长发育，加快创伤愈合，治疗肝功能衰竭，提高血糖水平。异亮氨酸在糙米、肉类、鸡蛋、黑麦、全麦、大豆和奶制品中含量较多。

第二节 蛋白质

情境导入 19-2

情景 胰岛素是动物胰脏分泌的一种激素，具有降低血糖的作用。我国科学家自1958年12月底开始启动人工合成，至1965年9月17日，经过6年多坚持不懈的努力，研究小组终于在世界上首次用人工方法合成了结晶牛胰岛素，并经过多次专家鉴定，证明人工合成牛胰岛素具有与天然牛胰岛素相同的结构、理化性质、生物活性和结晶形状。这是当时人工

参考答案

合成的具有生物活性的最大的天然有机化合物，实验的成功使中国成为第一个人工合成蛋白质的国家。

问题 1. 胰岛素是什么类型化合物？

2. 蛋白质有哪些功能？

蛋白质是一类结构复杂的生物高分子化合物，构成生物体最基本的结构物质与功能物质。蛋白质的相对分子质量为一万至数千万。蛋白质在生物界的存在具有普遍性，无论是简单的低等生物，如病毒、细菌，还是复杂的高等生物，如动物、植物，都含有蛋白质。生物体结构越复杂，蛋白质种类和功能也就越多。例如，人体内蛋白质含量约占人体干重的45%，大概有10万种以上；最简单的单细胞生物，如大肠埃希菌含有蛋白质约3000种。不同的蛋白质具有特殊的生物学功能。例如，生物化学反应具有催化作用的各种酶和调节物质代谢的某些激素，抵御细菌和病毒的抗体，与生物遗传相关的核蛋白等都是蛋白质。

一、蛋白质的元素组成和分类

（一）蛋白质的组成

尽管蛋白质的种类繁多，结构各异，但元素组成都很相似，其中C为50%～55%，H为6%～7%，O为19%～24%，N为13%～19%，S为0～4%；有些蛋白质还含有磷、铁、碘、锌及其他元素。

蛋白质中都含有氮，并且大多数蛋白质的含氮量都比较接近，其平均值约为16%，即每含1克氮大约相当于6.25克蛋白质，6.25称为蛋白质系数。这是蛋白质元素组成的一个特点，也是各种定氮法测定蛋白质含量的计算基础。一般只要测出样品中氮的质量分数，即可推断出样品总蛋白质的质量分数。

$$蛋白质的质量分数 = 每克样品含氮的质量 \times 6.25 \times 100\%$$

（二）蛋白质的分类

蛋白质的种类繁多，目前对蛋白质常见的分类方法主要有两种。

1. 根据组成分类 根据蛋白质分子组成的特点，可将蛋白质分为单纯蛋白质和结合蛋白质两大类。

（1）单纯蛋白质 是指分子组成中仅含有α-氨基酸的蛋白质，如乳清蛋白、蛋清蛋白、角蛋白，此类蛋白质水解的最终产物都是α-氨基酸。

（2）结合蛋白质 由单纯蛋白质和非蛋白质（又称为辅基）两部分结合而成，如糖蛋白、脂蛋白、核蛋白、磷蛋白、血红蛋白等。结合蛋白质水解后，除生成α-氨基酸外，还含有糖、脂肪、色素、磷和铁等。

2. 根据蛋白质形状分类 根据蛋白质形状的不同，可以将蛋白质分为纤维状蛋白和球状蛋白两大类。

（1）纤维状蛋白 是指蛋白质呈纤维状，不溶于水，起支撑和保护作用。如毛发、指甲中的角蛋白，皮肤、骨、牙和结缔组织中的胶原蛋白和弹性蛋白等。

（2）球状蛋白 呈球状或椭球状，一般可溶于水，生物界中多数的蛋白属于球状蛋白。如具有生理活性的胰岛素、血红蛋白、酶、免疫球蛋白和溶解在细胞液中的蛋白质等。

二、蛋白质的结构

氨基酸以不同数量和不同顺序排列成复杂多样的蛋白质分子，一般用一级结构和空间结构描述蛋白质的结构，一级结构是蛋白质的基本结构，空间结构分为二级结构、三级结构、四级结构。

一级结构是指多肽链中氨基酸残基的排列顺序，肽键是一级结构中连接氨基酸残基的主要化学键。

任何特定的蛋白质都有其特定的氨基酸排列顺序，有些蛋白质分子只有一条肽链组成，有些蛋白质分子则由两条或多条肽链构成。蛋白质分子的一级结构是其生物学活性和特异空间结构的基础。

蛋白质的二、三、四级结构统称为空间结构、高级结构或空间构象。蛋白质的空间结构是指多肽链在空间进一步盘曲折叠形成的构象。并非所有蛋白质都有四级结构，由一条肽链形成的蛋白质只有一、二和三级结构；由两条以上的肽链形成的蛋白质才可能有四级结构。比如，遗传物质 DNA 就为双螺旋结构，为蛋白质的四级结构。

三、蛋白质的理化性质

蛋白质分子中存在着游离的氨基和羧基，因此与氨基酸的性质相似。此外，蛋白质是高分子化合物，又具有某些不同于氨基酸的特性。

（一）两性解离和等电点

蛋白质与氨基酸一样，也能发生两性解离。调节蛋白质溶液的 pH 至某一特定值，使其酸式解离和碱式解离程度相等，则蛋白质主要以两性离子的形式存在，此时溶液的 pH 称为该蛋白质的等电点，用 pI 表示。

蛋白质分子（用 $H_2N-P-COOH$ 表示）在不同 pH 时的解离情况如下：

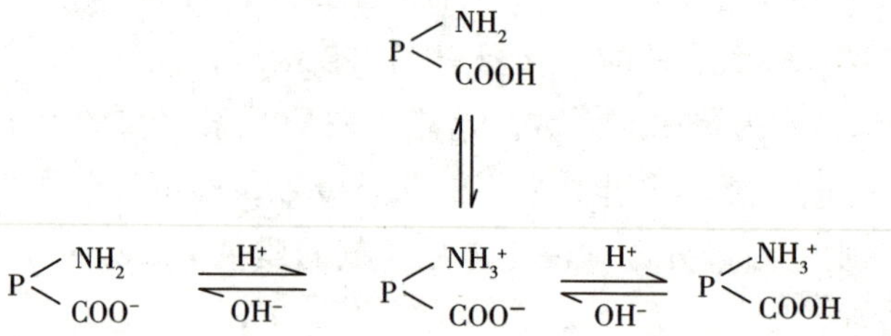

蛋白质负离子 pH>pI　　蛋白质两性离子 pH=pI　　蛋白质正离子 pH<pI

每种蛋白质因其所含游离的氨基和羧基数目不同，故其等电点也不相同（表 19－2）。在等电点时，蛋白质分子呈电中性，其溶解度、黏度、渗透压和膨胀性都最小，可以应用于分离、纯化和鉴定蛋白质。大多数蛋白质的等电点 pI 在 5 左右，因此，在人体液、血液和组织液中（pH 约为 7.4），大多数蛋白质以负离子形式存在或与 Na^+、K^+、Ca^{2+} 和 Mg^{2+} 等阳离子结合成盐。

表 19－2　一些蛋白质的等电点

蛋白质	来源	等电点	蛋白质	来源	等电点
白明胶	动物皮	4.8～4.85	血清蛋白	马血	4.88
乳球蛋白	牛乳	4.5～5.5	血清球蛋白	马血	5.4～5.5
酪蛋白	牛乳	4.6	胃蛋白酶	猪胃	2.75～3.0
卵清蛋白	鸡卵	4.84～4.90	胰蛋白酶	胰液	5.0～8.0

（二）变性

蛋白质分子受某些物理因素（如加热、紫外线、超声波、高压等）和化学因素（如酸、碱、有机溶剂、重金属盐、尿素、表面活性剂等）的影响，使蛋白质分子空间结构发生改变，从而导致生物活性的丧失和理化性质的异常变化，这种现象称为蛋白质的变性。变性的实质是维系蛋白质分子空间结构的副键受到破坏，使其正常的空间结构松弛。变性分为可逆和不可逆两种，如尿素、氯化钠等引起蛋白质的变性，除去变性因素后，蛋白质仍能恢复原有的性质，这种变性称为可逆变性；而高温、Hg^{2+}、

Pb^{2+}、Cu^{2+} 等重金属离子使蛋白质的变性不可逆转，称为不可逆变性。

蛋白质的变性在实际应用中具有重要意义。例如，利用高温、高压、紫外线和乙醇等消毒灭菌，促使细菌或病毒的蛋白质变性而失去致病及繁殖能力；在制备或保存具有生物活性的蛋白质（如酶、激素、抗血清和疫苗等）时，选择低温、合适的 pH，减少振摇和搅拌，以避免蛋白质变性失活。

（三）沉淀

蛋白质水溶液具有胶体溶液的性质。在通常情况下，蛋白质分子颗粒表面含有许多亲水基团（如氨基、羧基、巯基和肽键等），能与水分子起水合作用，形成水化膜，阻止蛋白质沉淀析出；另外，蛋白质溶液都带有相同的电荷，由于同性相互排斥，使蛋白质不易凝聚。由于水化膜的存在和带有同种电荷这两方面因素，使蛋白质溶液更稳定。

若使蛋白质凝聚沉淀，必须除去蛋白质溶液稳定的因素。调节蛋白质溶液的 pH 至等电点，使蛋白质分子呈电中性，再加入适当的脱水剂除去水化膜，则蛋白质分子凝聚，从溶液沉淀析出。沉淀蛋白质的方法有盐析、加入有机溶剂、重金属盐和生物碱沉淀试剂等。其中盐析作用是一个可逆过程，所谓盐析是指在蛋白质溶液中加入电解质溶液（指轻金属盐）使其沉淀的过程。盐析出来的蛋白质可再溶于水，而不影响其性质，不同的蛋白质盐析时，所需盐的最低浓度不同，因此，利用蛋白质的盐析和溶解，可以分离、提纯不同的蛋白质。

（四）颜色反应

蛋白质分子中的肽键和氨基酸残基能与某些试剂发生反应，生成有颜色的化合物。利用蛋白质的这些性质，可以对蛋白质进行定性鉴定和定量测定。

1. 缩二脲反应 蛋白质分子结构中含多个肽键，能发生缩二脲反应。蛋白质在碱液中与硫酸铜溶液作用，呈红紫色。医学上，利用此反应来测定血清蛋白质的总量及其中白蛋白和球蛋白的含量。

2. 茚三酮反应 蛋白质分子中仍存在 α-氨基酸残基，与水合茚三酮溶液共热，生成蓝紫色化合物。该反应用于蛋白质的定性、定量测定。

3. 黄蛋白反应 蛋白质分子中含有苯丙氨酸、色氨酸或酪氨酸等含苯环的氨基酸残基时，在其溶液中加入浓硝酸，则产生沉淀，加热则沉淀变为黄色，此反应称为黄蛋白反应。这是因为氨基酸残基中的苯环与浓硝酸发生硝化反应，生成黄色的硝基化合物。该反应用于定性、定量测定含苯环的蛋白质。

4. 米伦反应 蛋白质分子中含有酪氨酸残基时，在其溶液中加入米伦（Millon）试剂（硝酸汞和硝酸亚汞的硝酸溶液），产生白色沉淀，加热变暗红色，此反应称为米伦反应。这是酪氨酸分子中酚基所特有的反应。

四、重要的蛋白质

（一）胶原蛋白

胶原蛋白简称胶原，来源于动物筋骨的胶原蛋白又称为“骨胶原”。胶原蛋白是动物的皮肤、骨骼及软骨组织中的重要组成成分，皮肤成分中 70% 是由胶原蛋白组成。胶原蛋白在人体中约占总蛋白质含量的四分之一，几乎存在于所有组织中，是一种细胞外蛋白质，以不溶纤维形式存在，具高度抗张能力，对动物和人体皮肤、血管、骨骼、筋骨、软骨的形成十分重要。

胶原蛋白是一种糖蛋白，由三条肽链拧成螺旋形纤维状，分子中含有糖及大量甘氨酸、脯氨酸、羟脯氨酸等，其中含人体生长所必需的 7 种氨基酸，营养十分丰富。例如，用驴皮熬制成的阿胶含胶原蛋白及多种氨基酸，含铁量高，具有补血止血、养阴润肺的功效。胶原蛋白中的甘氨酸在人体内不仅参与合成胶原，而且是大脑细胞中的一种中枢神经抑制性传递物质，具有镇静作用，对焦虑症、神经衰弱等有良好的治疗作用。

（二）明胶

明胶是一种动物胶，主要存在猪皮、黄牛皮中，属于胶原蛋白的同类生化物质，结构类似，是胶原蛋白的一种变形产物。明胶是胶原蛋白水解制成的，呈无色或淡黄色，为透明、无特殊臭味的固体，其黏度、胶冻强度和透明性好，色泽浅，线性度较高。明胶是代用血浆、明胶海绵的主要原料。在中药制剂中，明胶常用作胶囊、丸剂、微胶囊等药物的辅料。许多药物包一层胶囊，胶囊的成分就是明胶。另外，明胶亦常用于片剂、缓释制剂的黏合剂或包衣材料，是滴丸剂、栓剂的基质。

（三）白蛋白

白蛋白在自然界中分布最广，几乎存在于所有动植物中，如卵白蛋白、血清白蛋白、乳白蛋白、肌白蛋白等。久食猪皮白蛋白、麦白蛋白、豆白蛋白，能使皮肤细嫩滑润，色白增光。白蛋白是一种不易为人体吸收的高分子物质，以往补充白蛋白均采用静脉注射的方式进行。白蛋白多肽胶囊运用生物工程定向酶切技术，获取白蛋白小分子活性肽，并运用国际上先进的微囊包裹技术，确保小分子多肽口服不会被胃液破坏而定位在小肠可以被充分吸收，保证了制剂质量的稳定性及多肽在体内的存活期，提供了一个全新的白蛋白补充途径。白蛋白类药物维持血浆胶体渗透压，用于失血性休克、严重烧伤、蛋白血症的治疗。

知识链接

人类基因组计划

人类基因组计划（human genome project，HGP）是一个国际性的科学研究项目，旨在解析人类基因组的所有 DNA 序列，并揭示基因在人类健康和疾病中的作用。它同曼哈顿原子弹计划、阿波罗登月计划并称人类三大科学计划，该项目于 1990 年启动，于 2003 年完成了人类基因组的初步测序。

人类基因组计划为研究人员提供了丰富的基因组数据，有助于深入从基因的角度，解码生命、了解生命的起源、生物体生长发育的规律，识别物种之间和个体之间存在的差异，探索疾病的产生机制以及长寿、衰老的秘密。并推动了个性化医疗、疾病预防和治疗的发展，并为疾病的诊断、治疗提供科学依据。此外，人类基因组计划也促进了技术的发展，使基因组测序变得更加高效和经济，为后续的基因研究奠定了基础。

练习题

答案解析

一、选择题

1. 最简单的氨基酸是（　）。

A. 蛋氨酸　　B. 谷氨酸　　C. 甘氨酸　　D. 亮氨酸

2. 半胱氨酸（pI = 5.06）在 pH 为 5.60 的溶液中，存在的主要形式为（　）。

A. 两性离子　　B. 阴离子　　C. 阳离子　　D. 中性离子

3. 中性氨基酸的水溶液在等电点时的 pH 为（　）。

A. 大于 7　　B. 小于 7　　C. 等于 7　　D. 不确定

4. 蛋白质是由 α-氨基酸单元通过（　）连接组成

A. 氢键　　B. 肽键　　C. 酯键　　D. 醚键

5. 下列对氨基酸和蛋白质叙述正确的是（　）。

A. 蛋白质水解的最终产物是氨基酸

B. 氨基酸和蛋白质遇重金属离子均会变色

C. α-氨基丙酸与 α-氨基苯丙酸混合物脱水成肽，只生成 2 种二肽

D. 氨基酸溶于过量氢氧化钠溶液中生成的离子，在电场作用下向负极移动

6. 蛋白质发生的下列变化，属于可逆的是（　）。

A. 煮熟　　B. 加入浓硫酸变黑　　C. 盐析　　D. 加入浓硝酸变黄

7. 下列物质中，不含羧基的是（　）。

A. 氨基酸　　B. 蛋白质　　C. 糖　　D. 脂肪酸

8. 蛋白质溶液在做如下处理后，仍然不丧失生理作用的是（　）。

A. 加入 NaOH 溶液　　B. 加入$(NH_4)_2SO_4$

C. 加入浓 H_2SO_4 溶液　　D. 加入福尔马林溶液

二、判断题

（　）1. 蛋白质的变性是不可逆的。

（　）2. 必需氨基酸人体不能合成或合成的量很少，不能满足人体的需要，必须由食物供给；非必需氨基酸人体自己可以合成。

（　）3. 氨基酸在等电点时的溶解度最大。

（　）4. 氨基酸具有两性，为两性化合物，因此氨基酸既能溶于水，也能溶于乙醇、乙醚等有机溶剂。

（　）5. 氨基酸在等电点时主要以两性离子形式存在。

（　）6. 除甘氨酸外，天然存在的 α-氨基酸都属于 L-构型。

（　）7. 蛋白质溶液用浓硫酸处理后，仍不丧失其生理活性。

（　）8. 欲将蛋白质从水溶液中析出，而又不改变它的性质，应加入氯化钠或硫酸钙溶液。

三、用化学方法鉴别

1. 甘氨酸和乙酰胺

2. 淀粉和蛋白质

四、推导结构

某化合物的分子式为 $C_3H_7O_2N$，具有旋光性，能与氢氧化钠和盐酸反应生成盐，与醇反应生成酯，与亚硝酸反应放出氮气，试写出该化合物的结构式，并写出有关反应方程式。

（杨彩英）

书网融合……

本章小结　　本章小结（微课）　　微课　　题库

实验部分

化学是一门以实验为基础的科学，实验教学与理论教学共同构成化学教学体系，化学实验是提高认知能力、操作能力和创新能力的重要途径之一。

实验一　化学实验基本知识

化学实验基本知识是顺利完成化学实验项目的知识准备，主要包括化学实验操作规范、实验课流程及要求、化学实验室安全常识、危险化学品废物管理、化学实验常用仪器和试剂分类等。

化学实验经常需要高压、高温、真空、制冷等特殊条件，所用的试剂很多都是易燃易爆品，或具有毒害作用，或存在腐蚀、烧伤、烫伤、辐射等危险性；因此，化学实验必须遵守法律、法规、标准和规范，明确实验课流程及要求，确保实验者、国家财产和环境安全。

（一）化学实验操作规范

化学实验操作规范是实验者必须遵照执行的行为准则，主要包括与化学实验相关的法律法规、国家标准和规章制度。

1. 相关的法律法规　化学实验存在一定的安全隐患，为避免事故的发生，必须知法懂法，遵法守法，在确保自身安全的同时不危害他人及环境。化学实验应遵守《中华人民共和国消防法》《中华人民共和国环境保护法》《危险化学品安全管理条例》《中华人民共和国监控化学品管理条例》《易制毒化学品管理条例》等法律法规。

2. 涉及的国家标准　与化学实验室有关的国家标准比较多，主要包括化学品和化学试剂标准、技术和方法标准、仪器和设备标准等。如，《化学品分类和标签规范　第 2 部分：爆炸物》（GB 30000. 2—2013）、《常用危险化学品贮存通则》（GB 15603—1995）、《实验室玻璃仪器　量筒》（GB/T 12804—2011）。

3. 化学实验室规章制度　化学实验室仪器数量多、试剂品种杂，潜在风险高、操作危险大，为确保实验安全，进入化学实验室的人员必须遵守化学实验室规则。

第一条　进入实验室必须穿戴好实验服，做好各项实验防护准备，根据实际需要佩戴防护口罩、防护手套和防护眼镜等。实验室人员必须保持个人着装干净、整洁，长头发扎起，不得涂指甲油，不得佩戴首饰，不得穿凉鞋或拖鞋等。

第二条　应遵守实验室的安全规则，不准在实验室里大声喧哗、嬉戏打闹，不在实验室做与实验无关的事情。

第三条　实验室内严禁吸烟、进食，禁止将食品及饮料带入实验室。

第四条　领取和使用化学试剂或者药品时，应确认容器上标示名称是否为需要的实验用化学试剂或者药品，看清包装上的危险标志和注意事项，慎重使用危险化学品。实验室的任何仪器、药品、用品未经教师同意不得带出实验室。

第五条　加热或倾倒液体时，切勿俯视容器，防止液体飞溅造成伤害。加热试管时，不要将试管口朝向自己或他人。

第六条　用过的乙醚、乙醇、丙酮、苯等有机试剂必须回收，切不可倒入下水道，以免集聚引起火灾。钠块、钾块、铝粉、电石、黄磷及金属氢化物等，遇水发生燃爆，使用或存放时要特别注意，不可与水直接接触。

第七条　实验产生的废气、废液和废渣不得随意排放或丢弃，应按照有关规定合理处置。凡有毒或易燃废物均应特别处理，防止其危害人体健康、污染环境或引发火灾。

第八条　保持实验室环境整洁，走道畅通，设备器材摆放整齐。未经允许不得随意搬动仪器设备，与本次实验无关的仪器、设备及材料不得擅自动用。

第九条　爱护公物，节约实验试剂、水、电等。实验结束，离开实验室时要检查水、电、和门窗，确保安全后方可离开。

（二）实验课流程及要求

化学实验课的一般流程为：课前预习→集中听讲→领取器材→分组操作→观察记录→分析讨论→书写报告。

1. 课前预习　在实验课前认真阅读教材，查阅相关资料。复习与本次实验相关的理论知识，了解仪器设备的使用方法及注意事项、化学试剂的理化性质及危险性。明确实验目的、原理、方法和步骤，找出重点和难点，提出不理解的问题，并书写预习笔记。

2. 集中听讲　实验操作前集中听指导教师的讲解，理解实验原理和操作方法的关键点。仔细观察教师的示范操作，牢记仪器设备的关键部位和使用要点，注意化学试剂的取用方法和禁忌，在头脑中形成实验操作的脉络图。

3. 领取器材　根据实验计划和教师要求，领取本次实验所需要的器材。核对仪器的型号、规格和数量，分清仪器设备是公用的还是小组或个人使用的。

4. 分组操作　有些化学实验项目可以由一人独立完成，而有些项目比较复杂，需要2 ~ 4 人合作完成。同组或同台进行实验，既要分工协作，又要主动承担。

5. 观察记录　对化学实验现象的观察，主要是借助视觉、听觉、嗅觉、触觉等知觉器官或仪器设备，留意实验现象的变化及变化趋向，如颜色、状态、声响、气味、冷热等变化。观察时要心细如发、心中有数，既要客观对待预期现象，也要正视异常情况，观察前要预设实验现象及各种可能情况。实验记录是将实验中所设定的条件、所用的器材、所做的操作、所处的环境、所观察的现象、所测的数据，用文字、图像、音频或视频等记载的过程。实验记录必须真实、准确、及时、完整，要边操作、边观察、边记录。不能写回忆录，也不可以随意涂改。

6. 分析讨论　实验分析包括对现象的定性分析和对数据的定量分析。定性分析就是将观察到的现象进行对比，加以区分，找出其理论依据，确定其因果关系及内在的必然联系，给出各种现象的合理解释，归纳出共性和特性规律。定量分析是通过列表、作图或运算等方式对实验数据进行处理，确定各变量之间的数学关系，得出正确结论的过程。同实验组或同实验台的同学在实验后，通过议论、争论、辩论等方式深入探讨和反思，提出正确的或独到的见解，并总结成功的经验，找出失败的原因。

7. 书写报告　实验报告可以是手写的纸质报告，也可以是电子文稿。要做到报告内容完整、栏目齐全，语言通顺、字迹清晰工整或字体字号规范，所用符号、公式应符合量和单位系列国家标准（GB 3100—1993 ~ GB 3102—1993），图表运用得当，与文字彼此呼应。实验报告的具体栏目、内容及要求见实验表 1 - 1。

实验表 1-1 实验报告栏目、内容及要求

栏目	主要内容	具体要求
实验环境	日期、温度、湿度	清楚、齐全
实验题目	与教学大纲、教学日历相符	正确、醒目
实验目的	参考教材中的规定	明确、完整
实验原理	相关理论、操作方法及技术	简练、正确、完整
实验器材	名称、型号、规格、数量	清楚、齐全
实验内容	操作流程、装置图	层次分明、内容完整、详略得当
实验结果	数据、结果、结论	记录清楚、处理恰当、结论正确

（三）化学实验室安全常识

化学实验室存在很多不安全因素，防范风险、杜绝事故，是每个实验者应尽的责任和义务。实验者必须具有警觉意识和安全责任感，坚持预防为主、安全第一的基本原则。加强安全知识学习，提高危险防范意识。若发生严重的危险事故，应在第一时间报警。实验室都配有急救药箱，受轻伤可以应急处理，伤情严重应立即就医。

化学实验室的安全主要包括用电安全、用药安全、用器安全和消防安全。

1. 用电安全 使用电器设备时要注意“三防三不”。一是防触电，手湿不接触电器；二是防漏电，电线有裸露时不用；三是防电火，电器插头接触不良或电器老化的不用。一旦发生用电事故，要先切断电源，再采取相应的急救处理措施。对触电者的急救步骤是：平躺→呼叫→人工呼吸→胸外按压。

2. 用药安全 用药过程要做好“四防”。

（1）防中毒 化学药品中毒主要有三种途径：经鼻吸入、经口摄入、经皮渗入。实验前，应了解所用药品的理化特性及毒性，并做好相应的防护。涉及 CO、NO_2、HCl、H_2S、CH_4 等有毒气体和汞、硝酸、盐酸、氨水、苯、乙醚、三氯甲烷、醋酸等挥发性有毒液体的实验，一定要开启通风设备或在气压安全的密闭容器中进行，严防吸入中毒。若发生吸入中毒，要立即将中毒者转移到空气新鲜的地方，严重者及时就医。氯气、氯化汞、三氧化二砷等剧毒品要由教师亲自操作。

（2）防灼伤 溴、磷、钠、钾、苯酚、冰醋酸、浓硫酸、浓氢氧化钠溶液等具有腐蚀性，会造成身体灼伤，液氧、液氮等低温试剂也会严重灼伤皮肤，使用时要特别小心。

（3）防燃爆 氢气、一氧化碳等可燃气体以及乙醚、丙酮等易制爆液体的蒸气与空气混合比例达到爆炸极限时，受到热源的诱发就会引起爆炸，使用时严禁同时使用明火，也要防止发生电火花及其他撞击火花。硝酸盐、高氯酸盐、有机过氧化物等受震或受热都易引起爆炸，使用时要轻拿轻放，避免高温。使用乙醇、苯、乙酸乙酯等易燃液体时室内不能有明火、电火花或静电放电。磷、钠、钾、电石及金属氢化物等在空气中易氧化自燃，应隔绝空气保存。气体钢瓶应存放在阴凉、干燥、远离热源的地方，可燃性气瓶应与氧气瓶分开存放。

（4）防辐射 使用乙酸铀酰锌等放射性试剂要穿隔离衣，戴好口罩、帽子、胶皮手套和防护眼镜。

3. 用器安全 化学实验室经常使用玻璃仪器、金属器械、真空或高压装置，若使用不当，会造成人身伤害和国家财产损失。在安装玻璃仪器时应注意对易损部位的保护，防止玻璃破碎割伤。使用刀具、剪子等锐器要防止割伤。加热过程要防止烫伤。真空或高压操作要防止爆炸。

4. 消防安全 化学实验室可能发生的火灾事故主要有电气火灾和化学品火灾。不同类型的火灾，扑救方法不同。常用的灭火剂有水、沙土、二氧化碳、四氯化碳、干粉（碳酸氢钠等盐类）和泡沫（碳酸氢钠和硫酸铝溶液）等。四氯化碳有毒且高温时与水蒸气反应生成剧毒物质光气，应慎用。

（1）电气火灾 电器设备或带电系统着火，可用二氧化碳灭火器、四氯化碳灭火器或干粉灭火器，

切不可用水或泡沫灭火器。

（2）化学品火灾　化学品燃爆会产生一氧化碳、二氧化碳、氮氧化物、硫氧化物、水蒸气、氰化氢等气体，危害极大。灭火时应根据化学试剂的特性和特点灭火，切不可盲目从事。汽油、煤油、柴油等着火，可用泡沫、干粉、二氧化碳灭火器灭火，用水无效。甲醇、乙醇、丙酮、乙醚、苯等易燃液体着火，可以用砂土或二氧化碳、干粉、泡沫灭火器；但乙醛的沸点太低（20.2℃）不宜用泡沫灭火器。甲烷、乙烷、丙烷、氢气等压缩气体泄漏着火时，应首先关闭气源阀门，做好堵漏准备，然后用雾状水或泡沫、二氧化碳、干粉灭火器灭火，不能用沙土覆盖。若有爆炸危险，应尽快撤离现场。钠、钾、镁、铝等着火时，只能用干沙灭火，切不可用水、二氧化碳、四氯化碳或泡沫灭火器。

（四）危险化学品废物管理

液体危险化学品废物不可倒入水池里，固体危险化学品废物不可倒入垃圾桶中。

（1）化学实验室产生的危险化学品废物具有品种多、数量少，危险性明确，便于收集和处理等特点。废弃危险化学品的处理必须执行危险化学品报废管理制度，建立废弃危险化学品信息登记档案。

（2）开始实验之前应该明确本次实验可能产生的危险化学品废物及其管理要求。根据废弃物的危险性类别（毒性、腐蚀性、易燃性、易爆性和反应性）进行分类回收，分开存放；剧毒废弃物必须按剧毒品安全管理规定严格管理。不同危险化学品废物选用不同材质（玻璃或聚乙烯）的回收容器，且废物不与回收容器材质发生化学反应；废弃的危险化学品试剂瓶不得随便丢弃，也应妥善保管。

（五）化学实验常用仪器

根据仪器的材质可以分为玻璃仪器、瓷质器皿、金属器具、橡胶制品及电动仪器等。使用前要查阅仪器的型号、规格、使用方法及注意事项。

1. 玻璃仪器　玻璃仪器包括普通玻璃仪器和标准磨口仪器，根据玻璃仪器的用途可以分为计量类、反应类、容器类、分离类、干燥类、冷凝类等。如量筒、量杯、移液管、吸量管等属于计量类仪器，试管、烧杯、烧瓶、锥形瓶等属于反应类仪器，细口瓶、广口瓶、滴瓶、容量瓶、称量瓶等属于容器类仪器，玻璃漏斗、分液漏斗、分馏柱等属于分离类仪器，干燥器、干燥管等属于干燥类仪器，空气冷凝管、水冷凝管等属于冷凝类仪器。

2. 瓷质器皿　如点滴板、蒸发皿、研钵、布氏漏斗、坩埚、泥三角等。

3. 金属器具　如托盘天平、铁架台、铁圈、试管架、十字夹、烧瓶夹、冷凝管夹、坩埚钳、药匙、镊子、剪刀、打孔器等。

4. 橡胶制品　如橡胶塞、乳胶管、洗耳球、防酸碱手套等。

5. 电动仪器　化学实验室常用的电动仪器主要有电磁炉、电热套、电热板、水油浴锅、干燥箱、真空泵、搅拌器、清洗仪等。

使用前要明确仪器的型号、规格、使用方法及注意事项。化学实验常用的仪器见实验表1－2。

实验表1－2　化学实验常用的仪器

仪器图例	型号和规格	用途和用法	注意事项
试管 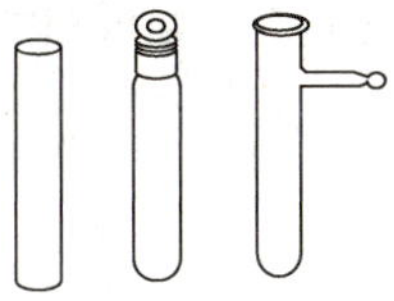	有普通试管、具支管试管、刻度试管、具塞试管等之分。以管外径×高度计，如10mm×75mm、12mm×150mm等	可作少量试剂的反应容器。具支管试管可以装配气体发生器、减压过滤装置等	加热试管时，试管口需斜向上，防止试液飞溅造成伤害

续表

仪器图例	型号和规格	用途和用法	注意事项
烧杯 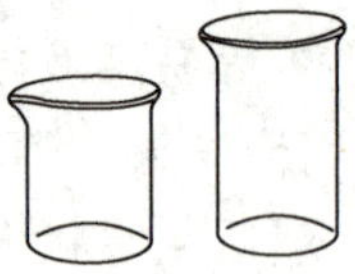	分为低型烧杯和高型烧杯。以容量计，如25、50、100、500ml等	作试剂的加热、溶解、稀释、混合、浓缩等容器	盛装的液体不能超过烧杯容量的2/3；若加热烧杯中的液体，不可超过烧杯容量的1/2；加热前应将烧杯外壁擦干
烧瓶 	有长颈和短颈之分。以容积计，如50、100、250ml等	用作反应容器	盛装液体的体积为烧瓶容积的1/3～2/3
滴瓶 	有棕色和无色之分，也有普通和碱式之分。以容量计，如30、60、125ml等	用于暂时盛放少量液体试剂。用拇指和食指提拿滴管上端的胶帽离开液面，挤压排出液体，再插入液面下缓慢放开，使滴管内吸进液体。用后将滴管插入原滴瓶中	见光分解或不稳定的试剂用棕色的滴瓶盛装；碱性试剂应用碱性滴瓶盛装，且不可长时间存放浓碱液或强氧化剂；滴管不能吸的太满，不能倒放或横放，也不能弄脏、互换或清洗；滴管管口一般不能伸入接受容器内
锥形瓶 	以容量计，如50、100、150ml等	作反应器或容器，如溶解、稀释或滴定操作	作反应器时液体不要超过其容积的1/2，否则容易喷溅。不能作为量器使用
容量瓶 	有棕色和无色之分。以标称容积表示，常用规格有50、100、250ml等	配制一定体积的溶液	使用前必需校准和检漏。不能受热，也不能替代试剂瓶存储试剂
酒精灯 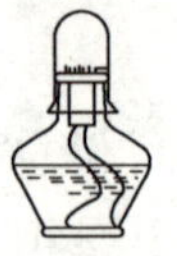	以容量计，如50、100、150ml等	用于受热面积小及短时间的加热，温度可达400～600℃。也可灼烧器械以灭菌	应借助玻璃漏斗添加乙醇，以免乙醇洒出；不能用一盏酒精灯去点燃另一盏酒精灯，否则乙醇洒出将引起火灾；不用的乙醇灯必须将灯帽罩上，以免乙醇挥发
蒸发皿 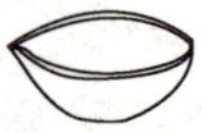	有圆底和平底之分。以口径计，有75、200、400mm等；也有以容量计，如15、20、50ml等	蒸发或浓缩溶液、炭化有机物。加热时，应先用小火预热，再改为大火。加热玻璃蒸发皿时必须使用石棉网	蒸发皿可耐高温，但不宜骤冷，加热后不能直接放到实验桌上，可放在石棉网上；使用预热过的坩锅钳取热的蒸发皿；盛装液体不能超过其容积的2/3
量筒 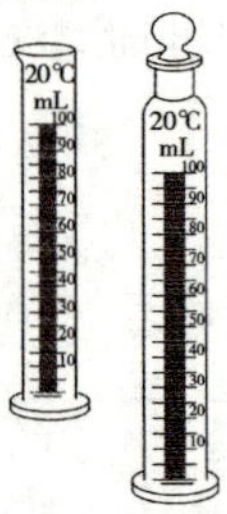	分为普通量筒和具塞量筒。以最大容量计，如10、50、100、500ml等	普通量筒用于量度难挥发液体体积，具塞量筒主要用于易挥发液体的计量。也可作接受器用	量筒不能加热，不能量取过热或过冷的液体，也不能在烘箱中干燥；不能把量筒当作反应器或用于溶解试剂，也不能用量筒来储存药剂

续表

仪器图例	型号和规格	用途和用法	注意事项
移液管和吸量管 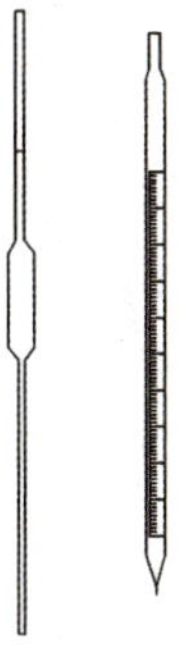	以最大容量计，有 1、2、5、10ml 等。可精确到 0.01ml	用于精密移取液体	使用前需检查管口和尖嘴有无破损；用待吸液润洗 2～3 次，以保证转移后的浓度不发生改变；不能在烘箱中烘干；不能移取过热或过冷的溶液
点滴板 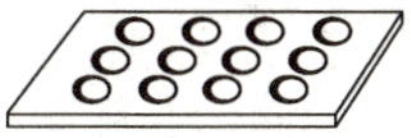	有白色和黑色釉面之分。以凹穴个数表示，如 6 孔、9 孔、12 孔等，点滴板每个凹穴容积约为 1ml	在化学定性分析中做显色或沉淀点滴实验时用。也可代替表面皿用来承载 pH 试纸	清洗后可用滤纸蘸干，但不可擦拭；避免使用尖锐器具将点滴板釉面划破
表面皿 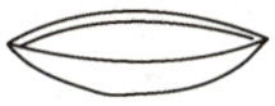	以口径计，有 45、65、75、90mm 等	作烧杯或蒸发皿的盖子或少量试剂反应器	不可直火加热
三角漏斗 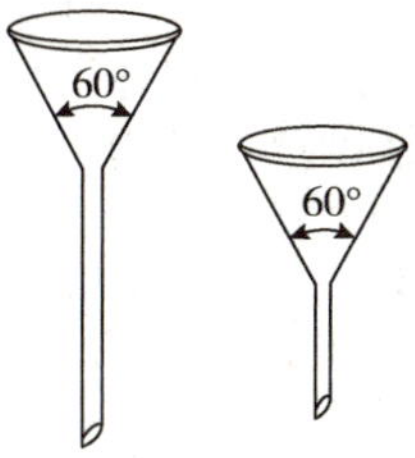	有长颈漏斗和短颈漏斗之分。以口径直径，有 40、50、60、75mm 等	长颈漏斗用于常压过滤，短颈漏斗用于热过滤	不能直接加热。过滤时漏斗颈尖端要紧靠接收容器内壁
布氏漏斗 	以内口直径计，如 50、60、80mm 等	与抽滤瓶配合使用。使用前在多孔板面上铺滤纸，用布氏漏斗托或胶塞将漏斗与抽滤瓶连接	布氏漏斗尖嘴与抽气方向相背，避免溶液被吸走；滤纸大小要适当，略小于漏斗的内径并盖满所有孔
分液漏斗 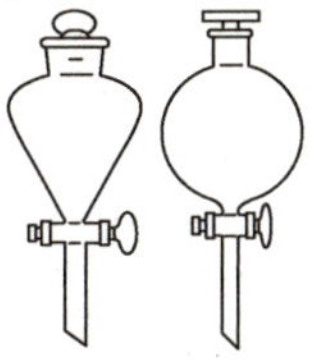	有梨型、球形之分。以容积计，如 60、125ml等	用于萃取分离	不能加热；玻塞、活塞与漏斗配套使用，不能互换，用细绳或皮筋系于瓶体上
吸滤瓶 	以容积计，如 50、100、150、250ml 等	用于减压过滤。布氏漏斗与吸滤瓶之间用胶垫或胶塞，连接安全瓶、真空泵	不能受热。连接布氏漏斗与吸滤瓶的胶垫或胶塞要提前润湿，方可严密

续表

仪器图例	型号和规格	用途和用法	注意事项
干燥器 	有普通干燥器、真空干燥器之分。以内口径计，有 10、15、18cm 等规格	干燥剂置于瓷板下，待干燥样品置于瓷板上	灼烧过的样品放入干燥器前温度不能过高；开干燥器盖子时不要向上拉起，因为盖子很重，容易打碎干燥器；干燥前要检查干燥剂是否失效
研钵 	有瓷质、玻璃等材质之分。以口径计，如 60、75、100mm 等	用于固体物质研碎或混合	不可作反应器，不可捶敲
洗瓶 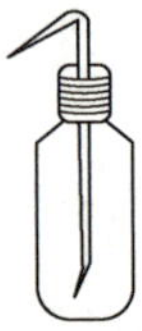	塑料制品，以容量计，一般为 500ml	用于盛装纯化水	不可盛装自来水，也不可受热
烧瓶夹 	由合金、铝、铁等材质制成	固定烧瓶、大试管	固定玻璃仪器时不可过紧或过松，以不转动为宜；不可用于固定冷凝管等
坩埚钳 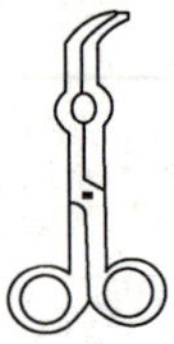	以总长度计，有 200、250、300mm 等	夹持固体物质受热或燃烧，也用于夹持坩埚或蒸发皿	夹取灼热的坩埚或蒸发皿时，必须将钳尖先预热；用后将钳子擦干净，置于实验柜干燥处
熔点测定管 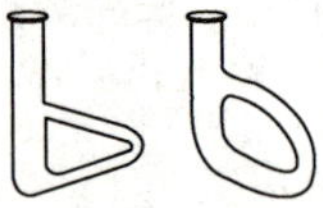	有三角形和椭圆形之分	测定固体样品的熔点	测定管的内外应该保持干燥
冷凝管 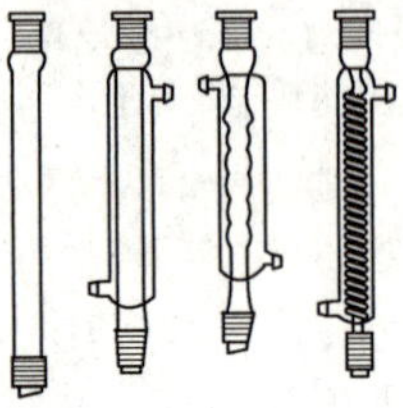	有空气冷凝管、直形冷凝管、球形冷凝管、蛇形冷凝管等类型	用于气体冷凝	用水冷凝时，冷却水不能中断，否则有着火和爆炸的危险
蒸馏头 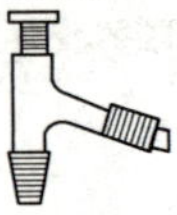	75°角 14#、19#、24#标准口	与标准磨口仪器配套使用，用于连接烧瓶与冷凝管	使用时与各接口要衔接紧密
接液管 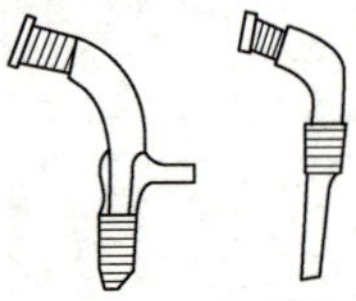	以上管直径（mm）×全长（mm）表示，有15×150、18×180 等	在蒸馏装置中连接冷凝管下端和接受瓶，导出液体	接受管与冷凝管的连接有向下倾斜的角度，容易脱落。安装时最后连接、最先拆下

（六）化学实验常用试剂

化学试剂又称为化学药品，是化学实验、化学分析、化学研究等工作中使用的单质、化合物或混合物，简称试剂。化学试剂的品种繁多，分类方法也众多，可以按纯度、组成、用途等分类，如按纯度分为优级纯、分析纯、化学纯和实验试剂四个等级。

（刘晓金）

实验二　常用仪器的认领、洗涤和干燥

化学实验所用的仪器种类和数量都比较多，有些仪器构造相似、功能相仿，根据实验项目需要选用不同类型、型号和规格的仪器，掌握仪器的选用，并在实验开始前根据实际需要采用不同的方法洗涤和干燥仪器。

一、实验目的

1. **掌握**　仪器的选用。
2. **熟悉**　仪器的洗涤和干燥方法。
3. **了解**　仪器的型号和规格。

二、实验原理

（一）仪器的选用

依据实验内容、操作方法、所用试剂等情况选用合适的仪器，仪器的规格或精密度应与实验要求的精确度相匹配。

1. 容器的选择　依据试剂的状态、数量、性质及存放时间而定。长时间存放固体试剂一般用广口仪器盛装，液体试剂用细口仪器盛装。短时间盛装液体可以用滴瓶、容量瓶。见光易分解、具有强氧化性或强还原性的试剂应存放于棕色试剂瓶中，碱性试剂应放入配有橡皮塞的细口瓶或碱性滴瓶中。

2. 量器的选择　依据待称量物的状态、数量和精确度要求而定。固体一般用天平称取，液体用量筒或吸量管量取，待称量物不能超过仪器的最大荷载。

（二）仪器的洗涤

放置或使用过的仪器上附着灰尘、可溶性污物和油污等，为了保证制备的产品合格、检测结果可靠，必须在使用前后对仪器进行清洗。电动仪器一般擦拭干净即可，其他仪器需要采用不同的方法洗涤。

1. 洗涤方法　洗涤方法主要有冲洗、刷洗、淋洗、浸洗、润洗和超声波洗。洗涤时应根据实验具体要求、污物性状及污浊程度选择有效的方法。玻璃仪器洗净的标志是内壁不挂水珠。

（1）冲洗　仪器上的尘土、可溶性污物可用冲洗法除去。在容器中加入适量的自来水（在容器中注入1/3体积的自来水）震荡后倒掉，再反复冲洗几次即可洗净。

（2）刷洗　仪器内壁粘有不易冲洗掉的污物，可用毛刷刷洗。先用水湿润仪器内壁，再用毛刷蘸取少量去污粉等刷洗。应选用大小合适、顶端完好的毛刷。

（3）浸洗　若仪器内壁有不溶于水、刷洗也不能除掉的污物或口小管细不方便刷洗的仪器，可以用铬酸洗液浸泡。浸泡前一定要先将仪器中的水倒尽，再倒入少量铬酸洗液，旋转使仪器内壁全部润湿。

（4）淋洗　经自来水洗过的仪器仍附着看不见的污物，可以用滴管或洗瓶在仪器内壁淋遍纯化水，彻底除去污物。

（5）润洗　用少量待用的液体浸润仪器内壁。

（6）超声波洗　用声波振动清洗仪器具有省时、方便的优点，能有效清洗焦油状物，特别适用于那些手工无法清洗的仪器。

2. 洗涤程序　洗涤玻璃仪器时，通常先用自来水洗涤，不奏效时用去污粉等刷洗，仍不能去除的污物用特殊的洗涤剂处理，之后用自来水冲洗，必要时用纯化水淋洗或待盛装液润洗。

3. 洗涤用品　洗涤仪器除用水外，还用合成洗涤剂、铬酸洗液和特殊洗剂。

（三）仪器的干燥

很多实验要求仪器内壁干燥无水，可以采用晾干法、烘干法、烤干法、吹干法、润干法进行处理，绝不可用纸或抹布擦干。

1. 晾干法　晾干法也叫风干法。对于不急用的仪器，将洗净后的仪器倒置在滴水架上或置于带有透气孔的玻璃柜里自然晾干。

2. 烘干法　如果需要干燥的仪器较多，可以使用电热干燥箱干燥。将洗净的仪器倒置沥水后，口朝下放入干燥箱内的隔板上，在烘箱下层放一瓷盘，关好门，将箱内温度控制在 100～120℃之间烘干 30～60 分钟。带有磨砂口玻璃塞的仪器必须将玻璃塞与瓶体分开，玻璃仪器上附带的橡胶配件在放入烘箱前必须取下。厚壁玻璃仪器（如吸滤瓶）和量器（如量筒）不能烘干。

3. 烤干法　烤干法是用酒精灯加热使仪器内附着的水分迅速蒸发的干燥方法。此法常用于可受热或耐高温的仪器，如试管、烧杯、烧瓶等。加热前先将仪器外壁擦干，以免遇火炸裂。加热时常用试管夹或坩埚钳将仪器夹住并在火旁转动或摆动，使仪器受热均匀。干燥试管从底部开始加热，试管口向下以免水珠倒流使试管炸裂，至试管内无水珠时将试管口朝上赶净蒸汽。

4. 吹干法　用电吹风、气流吹干器将仪器吹干。先用热风，后用冷风。

5. 润干法　润干法是用有机溶剂（如乙醇、丙酮或乙醚等）润洗仪器内壁后再晾干或吹干的干燥方法。不能受热干燥的计量仪器、急于使用的玻璃仪器或太大无法放入干燥箱的仪器，可以用润干法干燥。

三、实验器材

1. 仪器　试管、烧杯、烧瓶、滴瓶、广口瓶、细口瓶、吸量管、容量瓶、锥形瓶、胶头滴管、酒精灯、洗瓶、铁架台、十字夹、烧瓶夹、仪器刷、试管夹、托盘天平、电子天平、滴水架、干燥箱、电吹风、研钵、蒸发皿、温度计、坩埚钳。

2. 试剂　氯化钠、硫酸、氢氧化钠、高锰酸钾、乙醇。

3. 材料　纯化水、去污粉。

四、实验内容

（一）仪器的认领

1. 领取试管、烧杯、烧瓶、锥形瓶、酒精灯、研钵、容量瓶、蒸发皿、温度计、洗瓶、烧瓶夹、坩埚钳、试管夹各 1 件。

2. 依据试剂的状态、数量、性质及精确度选择合适的量器和容器，并填入实验表 2－1 中。

实验表 2－1　选择量器和容器

试剂	量器			容器		
	名称	型号/规格	精密度	名称	型号/规格	颜色
50g NaCl						
5.00g $KMnO_4$						
50ml NaOH 溶液						
5.00ml H_2SO_4 溶液						

（二）仪器的洗涤

选择适当的方法和洗涤剂洗涤上述认领的仪器。

（三）仪器的干燥

1. 在滴水架上晾干量筒、吸量管和容量瓶。
2. 制作酒精灯芯、添加乙醇，然后用酒精灯烤干洗完的试管。
3. 将烧杯、烧瓶、滴瓶、锥形瓶、蒸发皿置于干燥箱中烘干。

（四）称量和盛装

查阅文献或仪器说明书，完成上述称量和盛装。

五、注意事项

1. 乙醇易挥发且易燃易爆，使用时应防止其挥发和外溢，注意消防安全。

2. 干燥箱内的物品不应过多、过挤，高温干燥玻璃仪器后须等待箱内温度降低之后，才能开门取出，以免玻璃骤然遇冷而炸裂。

六、思考题

1. 选用仪器的主要依据是什么？
2. 哪些仪器不宜置于干燥箱中干燥？请举 3 例。
3. 使用托盘天平进行称量时，应注意什么？

（陈　晨）

实验三　溶液的配制

溶液是分散质以分子或离子形式分散在分散剂中所形成的分散系。溶液中的分散质和分散剂又分别称为溶质和溶剂。对食品进行理化分析、微生物检测时需要使用各种各样的溶液，溶液的配制是食品检验的必备技术。依据溶液的用途不同可以分为普通溶液和标准溶液，依据溶液中溶质的类别不同可以分为一般溶液和特殊溶液（如缓冲溶液、胶体溶液等）。

一、实验目的

1. 通过训练，使学生能独立根据称样量选择适宜级别的天平、准确称取规定量供试品并准确转移至容量瓶中，及时规范记录称量数据。

2. 掌握常用的配制溶液的方法。

3. 通过训练，使学生能够正确、熟练、规范使用容量瓶进行溶解、稀释、定容。

二、实验原理

溶液的配制是将固体试剂加溶剂溶解后再定容或将液体试剂稀释后再定容的过程。

（一）溶液的配制原则

1. 配制溶液前必须对所用试剂的理化性质及其危险性了如指掌，并依此选择安全、合适的取用方法。

2. 根据溶液浓度的精确度要求选择正确的配制方法，设计合理的配制步骤。

3. 依据固体质量或液体体积的精确度要求选用精密度适当的量器和容器进行配制。

（二）溶液的配制方法

依据溶液浓度精确度不同分为两种配制方法，即粗略配制和精密配制。

1. 粗略配制 用于定性鉴定、化学合成、分离提取等的溶液，精确度要求相对较低，可以用精密度较低的量器（如托盘天平、量筒等）进行称量，操作简单方便，且经济成本低。例如，2mol/L HCl 溶液和 9g/L NaCl 溶液的配制都属于粗略配制。

2. 精密配制 用于定量分析和理化常数测定的溶液，精确度要求相对较高，需要用精密度较高的量器（如电子天平、吸量管等）进行称量，操作相对复杂，经济成本高。例如，0.020mol/L $KMnO_4$ 溶液和 0.100mol/L $AgNO_3$ 溶液的配制都属于精密配制。

（三）溶液的配制步骤

无论是精密配制还是粗略配制，一般可以按以下步骤进行操作。

1. 计算 根据所配制溶液的组成和体积，计算所需固体试剂的质量或液体试剂的体积。

2. 称量 用托盘天平或电子天平称取所需固体试剂的质量，用量筒或吸量管量取所需液体试剂的体积。

3. 溶解或稀释 将固体试剂放在烧杯中加入适量的溶剂搅拌，将其完全溶解。液体试剂稀释时有明显的放热或吸热现象需要在烧杯中进行稀释，否则可以直接在容量瓶中稀释。

> **知识链接**
>
> **安全量取易挥发的有毒液体**
>
> 盐酸、硝酸、氨水、甲醛等有毒液体极易挥发，用量筒或吸量管量取不安全。应在通风橱中使用移液枪量取，放置在具塞锥形瓶中稀释，并做好个人安全防护。

4. 转移 待烧杯中的液体冷却至室温后，将其转移至容量瓶中，用少量的溶剂淋洗烧杯内壁 2～3 次，洗液均倒入容量瓶中。

5. 定容 向容量瓶中加溶剂至容积的 2/3，沿水平方向旋摇容量瓶几次。静置后注入溶剂至刻度线，将容量瓶倒转 15～20 次，使溶液混匀。

6. 存放 将配制的溶液倒入贴有标签的细口瓶或滴瓶中存放。盛装溶液的试剂瓶应贴有标签，标签中一般包含溶液名称、浓度、配制日期、有效期、贮存条件、配制人等信息，见表 3－1。

实验表 3-1　试剂瓶上的标签

名称	内容
浓度	
存储条件	
配制时间	
配制人	
有效期至	

三、实验器材

1. 仪器　量筒、分析天平、托盘天平、烧杯、洗瓶、容量瓶、移液管、洗耳球等。
2. 试剂　浓硫酸、0.2000mol/L HAc 溶液、$H_2C_2O_4 \cdot 2H_2O$（固）、NaCl（固）。

四、实验内容

1. 由浓硫酸配制稀硫酸　计算出配制 50ml 3mol/L 硫酸溶液所需浓硫酸（98%，相对密度 1.84）的体积。在一洁净的 50ml 烧杯中加入 20ml 左右水，然后将用量筒取出的浓硫酸缓缓倒入烧杯中，并不断搅拌，待溶液冷却后再转移至 50ml 量筒内稀释至刻度。配制好的溶液倒入实验室统一的回收瓶内。

2. 由固体试剂配制溶液

（1）生理盐水的配制　计算出配制生理盐水 90ml 所需 NaCl 的用量，并在台秤上称量。将称得的 NaCl 置于 100ml 洁净烧杯内，用适量水溶液，然后转移至 100ml 量筒内稀释至刻度。配制好的溶液统一回收。

（2）草酸（$H_2C_2O_4$）（0.1mol/L）溶液的配制　计算出配制 50ml 的草酸溶液（0.1mol/L），所需 $H_2C_2O_4 \cdot 2\ H_2O$ 的用量。设计步骤并配制溶液。配制好的溶液统一回收。

3. 将标准浓度的溶液稀释（用 1.00mol/L 的 HAc 溶液配制 50ml 0.200mol/L HAc 溶液）　用移液管取 1mol/L HAc 溶液荡洗 2~3 次，然后准确移取所需的 HAc 体积于 50ml 洁净的容量瓶中，加水稀释至刻度。配制好的溶液统一回收。

五、注意事项

1. 浓硫酸和氢氧化钠都具有强腐蚀性，使用时应注意安全，戴耐酸碱手套。
2. 使用移液管时应注意保护其尖嘴部位不被损坏。
3. 容量瓶自带的磨口塞必须用细绳固定在瓶颈上，用后一定要在磨口塞和瓶口之间放一小块纸。

知识链接

$FeCl_3$ 溶液的配制

$FeCl_3 \cdot 6H_2O$ 是易溶于水的黄色晶体，但不能直接用水溶解，因为 Fe^{3+} 极易水解为 $Fe(OH)_3$ 沉淀。可先将 $FeCl_3 \cdot 6H_2O$ 溶于盐酸中，再加水稀释定容。

六、思考题

1. 配制溶液的基本方法是什么？

2. 配制溶液的主要步骤有哪些？
3. 食品理化分析工作中所用的溶液一定要采用精密配制吗？

（陈 晨）

实验四 醋酸解离度和解离平衡常数的测定

一、实验目的

1. **掌握** 酸度计法测定醋酸解离度和解离平衡常数的原理和方法。
2. **熟悉** 使用酸度计测定溶液 pH 的方法。
3. **了解** 弱电解质解离度和解离平衡常数的概念和意义。

二、实验原理

醋酸（CH_3COOH，简写为 HAc）是一元弱酸，为弱电解质。在水溶液中存在以下解离平衡：

$$HAc \rightleftharpoons H^+ + Ac^-$$

当 $cK_a \geqslant 20K_w$ 时可忽略溶液中 H_2O 的质子自递平衡，当 $c/K_a \geqslant 500$ 时，则有：

$$[H^+] = \sqrt{K_a c} \text{ 和 } \alpha = \sqrt{\frac{K_a}{c}}$$

式中，c 为醋酸的起始浓度，$[H^+]$ 为 H^+ 的平衡浓度，α 为解离度，K_a 为解离平衡常数。

一元弱酸的起始浓度可以通过酸碱滴定法获知。在一定温度下，用酸度计测出弱酸溶液的 pH。便可知 $[H^+]$，进而求出醋酸的解离平衡常数和不同浓度醋酸的解离度。

为得到较为准确的实验结果，在一定温度下，配制一系列不同浓度的醋酸溶液，分别测定其 pH，并求得一系列 K_a 值，取其平均值作为该温度下醋酸的解离平衡常数。

酸度计型号较多，结构大同小异，常用的有刻度指针显示和数字显示两种，它们的原理相同，操作类似。本实验以 pHS-2C 型精密酸度计为例，其使用方法如下。

（一）开机预热

接通电源，打开开关，拔去短路插杆，将 pH 复合电极插入相应的插孔中。按［▲/▼］滚动键，使仪器显示温度和被测溶液温度一致，预热 20 分钟。

（二）校正

1. 同时按［MODE + CAL］键两秒钟，仪器进入三点校正模式，显示 4-7-9，按［▲］或［▼］键进入两点校正模式，选择 4-7 或 7-9 校正模式后，按［CAL］键，仪器进入自动校准程序。按照仪器提示，选择对应的标准缓冲溶液。

2. 将电极用纯化水冲洗干净，用滤纸条吸干电极上的水分，将电极插入 pH = 6.86 的缓冲液中，轻轻晃动小烧杯，示数稳定屏幕出现“Ready”后按［CAL］键，仪器提示需要使用下一个溶液（pH = 9.18 或 4.00）。同法用下一个标准缓冲溶液进行校正，待示数稳定屏幕出现“Ready”后按［CAL］键，仪器显示电极斜率值，然后切换到 pH 测量模式，校正结束。

（三）测定样品的 pH

将电极用纯化水冲洗干净，用滤纸条吸干电极上的水分，并将其插入待测溶液中，轻轻晃动小烧杯，待示数稳定屏幕出现“Ready”后，记录数据，即为待测溶液的 pH。

（四）关机

拔去电极，插入短路插杆，关闭电源开关。将电极用纯化水冲洗干净，用滤纸条吸干电极上的水分，并将其泡在饱和的氯化钾溶液当中。

三、实验器材

1. 仪器 移液管（25、10、5ml）、容量瓶（50ml）、烧杯（50ml）、pHS－2C 型酸度计。

2. 试剂 醋酸标准溶液（0.1000mol/L）、标准缓冲溶液（pH＝6.86，4.00）。

3. 材料 纯化水。

四、实验内容

（一）配制不同浓度的醋酸溶液

分别用移液管准确量取 2.50、5.00、10.00、25.00ml 醋酸标准溶液于 50ml 容量瓶中，用纯化水定容，得到一系列不同浓度的醋酸溶液，计算四种醋酸溶液的准确浓度 c，并填入实验表 4－1 中。

（二）测定不同浓度醋酸溶液的 pH

分别取适量不同浓度醋酸溶液及原溶液于五支干燥洁净的 50ml 烧杯中，按浓度由低到高的顺序标号，再依此用酸度计测定它们的 pH，记录数据及室温填入实验表 4－1 中。

（三）计算解离度和解离常数

由测得的醋酸溶液 pH 计算醋酸的解离度、解离平衡常数，分别填入实验表 4－1 中。

五、实验结果

实验表 4－1　实验结果记录

编号	V_{HAc}(ml)	c_{HAc}(mol/L)	pH	$[H^+]$(mol/L)	α	K_a
1	2.50					
2	5.00					
3	10.00					
4	25.00					
5	50.00					

六、注意事项

1. 测定醋酸溶液 pH 用的小烧杯，必须洁净、干燥，否则，会影响醋酸起始浓度，以及所测得的 pH。

2. 如果所需液体的量小于吸量管最大量程，溶液仍需吸至零刻度线，然后放出所需量的液体。不可只吸取所需量的液体，然后完全放出。

3. 酸度计使用时按浓度由低到高的顺序测定 pH，每次测定完毕，都必须用纯化水将电极头清洗干净，并用滤纸擦干。

4. 每换一种样品测定时，需将电极用纯化水冲洗干净，并用滤纸条吸干玻璃球上的水分。

5. 实验操作过程中应有严谨、认真、细心的态度，注意实验安全。

七、思考题

1. 用酸度计测定醋酸溶液的 pH，为什么要按浓度由低到高的顺序进行？
2. 本实验中各醋酸溶液的$[H^+]$可否改用酸碱滴定法进行测定？
3. 醋酸的解离度和解离平衡常数是否受醋酸浓度变化的影响？
4. 使用酸度计测定溶液 pH 应注意哪些事项？

（刘晓金）

实验五 缓冲溶液的配制和性质

一、实验目的

1. 掌握 缓冲溶液的配制方法，并加深对缓冲溶液性质的理解。
2. 熟悉 酸碱指示剂及 pH 试纸的使用方法。
3. 了解 缓冲容量与总浓度、缓冲比之间的关系。

二、实验原理

能抵抗外来少量强酸、强碱或适当稀释而保持 pH 基本不变的溶液称为缓冲溶液。缓冲溶液由共轭酸碱对组成，其 pH 可通过公式计算得出：

$$pH = pK_a + \lg\frac{c_b}{c_a} \text{ 或 } pH = pK_a + \lg\frac{n_{A^-}}{n_{HA}}$$

当缓冲对确定后，缓冲溶液的 pH 取决于缓冲比$\left(\frac{c_b}{c_a}\right)$。当缓冲比一定时，缓冲溶液的总浓度越大，溶液的缓冲能力越大；反之，总浓度越小，缓冲能力也越小。

当缓冲溶液总浓度一定时，缓冲比越接近 1，缓冲容量越大。

配制一定 pH 的缓冲溶液的原则是：①选择合适的缓冲对，使其共轭酸的 pK_a 与所配缓冲溶液的 pH 相等或相近；②缓冲溶液的总浓度易选在 0.05 ~0.20mol/L 之间；③缓冲溶液的缓冲比尽可能接近于 1。

三、实验器材

1. 仪器 试管、玻璃棒、烧杯、刻度吸管 10ml、洗耳球、量筒、胶头滴管。
2. 试剂 0.1mol/L HAc、0.1mol/L NaAc、0.1mol/L KH_2PO_4、0.1mol/L Na_2HPO_4、0.1mol/L NH_3、0.1mol/L NH_4Cl、0.1mol/L HCl、0.1mol/L NaOH、1mol/L NaOH、1mol/L HAc、1mol/L NaAc、甲基红指示剂。
3. 材料 纯化水、精密 pH 试纸、广泛 pH 试纸。

四、实验内容

（一）缓冲溶液的配制

分别配制 10ml pH =5.0、7.0、9.0 的缓冲溶液。

计算配制上述三种缓冲溶液所需各组分的体积，并填入实验表5－1中。用10ml刻度吸管分别准确量取相应共轭酸碱对溶液配制缓冲溶液于已标号的烧杯中。玻璃棒沾取少量配制好的溶液，用广泛pH试纸测定所配溶液的pH，填入实验表5－1中。比较测定值与计算值是否一致（保留溶液，下面做性质实验用）。

实验表5－1　缓冲溶液的配制与测定

缓冲溶液	pH	各组分的体积（ml）	pH（测定值）
Ⅰ	5	0.1mol/L HAc 0.1mol/L NaAc	
Ⅱ	7	0.1mol/L KH_2PO_4 0.1mol/L Na_2HPO_4	
Ⅲ	9	0.1mol/L NH_3 0.1mol/L NH_4Cl	

（二）缓冲溶液的性质

1. 缓冲溶液的抗酸碱作用

（1）缓冲溶液的抗酸作用　取3支试管，分别加入3ml上述配制的Ⅰ、Ⅱ、Ⅲ的缓冲溶液，各加入2滴0.1mol/L HCl溶液，用精密pH试纸分别测定其pH，并填入实验表5－2中。另取试管1支，加入纯化水3ml并加入2滴0.1mol/L HCl溶液进行比较，解释上述实验现象并指出三种缓冲溶液中的抗酸成分是什么。

（2）缓冲溶液的抗碱作用　取3支试管，分别加入3ml上述配制的Ⅰ、Ⅱ、Ⅲ的缓冲溶液，各加入2滴0.1mol/L NaOH溶液，用精密pH试纸分别测定其pH。另取试管1支，加入纯化水3ml并加入2滴0.1mol/L NaOH溶液进行比较，解释上述实验现象并指出三种缓冲溶液中的抗碱成分是什么。

实验表5－2　缓冲溶液的抗酸、抗碱能力

缓冲溶液	Ⅰ		Ⅱ		Ⅲ	
	加酸	加碱	加酸	加碱	加酸	加碱
pH						

2. 缓冲溶液的抗稀释作用　取3支试管，分别加入0.5ml上述配制的Ⅰ、Ⅱ、Ⅲ缓冲溶液，各加入5ml纯化水，振荡试管，用精密pH试纸分别测定其pH，并填入实验表5－3中。另取2支试管，分别加入0.5ml 0.1mol/L HCl和0.1mol/L NaOH，加入5ml纯化水稀释，并与缓冲溶液的稀释液进行比较，解释上述实验现象。

实验表5－3　缓冲溶液的抗稀释作用

试管号	溶液	稀释后的pH
1	pH＝5.0的缓冲溶液	
2	pH＝7.0的缓冲溶液	
3	pH＝9.0的缓冲溶液	
4	0.1mol/L HCl	
5	0.1mol/L NaOH	

（三）缓冲容量

1. 缓冲容量与总浓度的关系　取2支试管，在1支试管中加入0.1mol/L HAc溶液和0.1mol/L NaAc溶液各2ml，在另1支试管中加入1mol/L HAc溶液和1mol/L NaAc溶液各2ml。用精密pH试纸测定两试管中溶液的 pH。向 2 支试管中各加入 2 滴甲基红指示剂，然后分别逐滴加入 1mol/L NaOH 溶液，边滴加边振摇试管，直至溶液颜色恰好变为黄色。记录所加 NaOH 溶液的滴数，并解释。

2. 缓冲容量与缓冲比的关系 取 2 支试管，在 1 支试管中加入 0.1mol/L HAc 溶液和 0.1mol/L NaAc 溶液各 5ml，在另 1 支试管中加入 9ml 0.1mol/L NaAc 溶液和 1ml 0.1mol/L HAc 溶液。计算溶液的缓冲比，用精密 pH 试纸测定溶液的 pH。然后向 2 支试管中各加入 1ml 0.1mol/L NaOH 溶液，再用精密 pH 试纸测定试管中溶液的 pH。解释所观察到的结果。

五、注意事项

1. 配制的缓冲溶液应分别贴好标签以防混淆。
2. 配制溶液时选用合适的量器，玻璃棒、量筒每次用完后应清洗干净再用。
3. 使用指示剂应适量，不要过多；不能将 pH 试纸直接插入试剂中测定溶液 pH。
4. 实验过程中注意玻璃仪器与试剂的使用安全，规范操作。

六、思考题

1. 缓冲溶液的 pH 由哪些因素决定？为什么缓冲溶液具有抗酸、抗碱、抗稀释的能力？
2. 缓冲溶液的缓冲能力大小与哪些因素有关？
3. 使用 pH 试纸测定溶液 pH 时应注意哪些问题？

（孙晓晶）

实验六 微量法测定乙酰苯胺和苯甲酸的熔点

一、实验目的

1. **掌握** 熔点仪的工作原理及测定熔点的方法。
2. **熟悉** 熔点仪的结构组成。
3. **了解** 用熔点管测定物质熔点的方法。

二、实验原理

1. 熔点的概念 物质的熔点是在标准大气压下，固、液两相平衡时的温度，也称凝固点。熔点是物质的基本性质，也是物质的重要物理常数。

2. 熔程的概念 物质从开始熔化（初熔）至完全熔解（全熔）的温度范围叫熔程，又称熔点距。测定物质的熔点就是测定它的熔程，纯的有机化合物的熔程很窄，一般不超过 1℃；含有杂质时，它的熔程将变宽，同时其熔点也将降低。

3. 熔程的作用 测定物质熔点，不仅可以判断其纯度，作为判断未知化合物的依据，还可以利用熔点的变化分离提纯盐类，制冷、改良剂型，测定物质的分子量和绘制相图等。有机物的熔点一般在 400℃以下，容易测得。本实验是采用微量法测定有机化合物的熔点。

三、实验器材

1. **仪器** 熔点测试仪（YRT－3 型）、毛细管、表面皿、长玻璃管。

2. 试剂 苯甲酸、乙酰苯胺。

四、实验内容

1. 用熔点仪测定熔点

（1）给毛细管封口。取直径约 1mm，长 70 ~ 80mm 的毛细管，利用酒精灯的边火将一端封闭（若有事先封闭好的毛细管，直接用即可）。

（2）填装样品。取 5 ~ 10mg 样品置于清洁干燥的表面皿上，研细，堆积在一起。然后将毛细管的开口端轻轻插入样品里，反复 2 ~ 3 次，此时有少量样品进入毛细管中。取一支干净的长玻璃管，垂直于桌面上，把装有样品的毛细管开口端向上，从玻璃管上端自由落下，以便使样品粉末装填紧密结实。上述操作要反复多次，直至样品高度 2 ~ 3mm（不得超过 5mm）为止，且表面平整。操作要迅速，防止样品吸潮。如果测定的是易分解或易脱水样品，应将熔点管开口处熔封。装样结束后，沾在毛细管外的粉末必须擦干净，以免污染传热液（本实验为液体石蜡）。每一次测定必须用新装样品的毛细管，不能使用已测过熔点的样品管。因为有些物质加热后会发生部分分解，有些会转变成具有不同熔点的其他晶型，不同晶型的相同物质常常有不同熔点。

（3）测定熔点。如实验图 6－1 所示，插上电源，打开熔点仪仪器后面的电源开关，开机预热。按“△”或者“▽”键，设定预置温度（104℃）；按“控温”键，“控温”指示灯亮，同时按“速率”键，调整升温速度是 1.5 度/分钟，仪器自动升温。到达设定的温度后，蜂鸣器报警，将装好样的毛细管浸入传温器中，致使毛细管中的样品在熔点液中部，然后按“启动”键，“启动”指示灯亮，仪器处于测量状态。利用烧杯前的放大镜观察样品的熔化过程，当毛细管中的样品周围明显出现液珠，即为样品塌陷现象，按“初熔”键，并记下初熔温度；当样品完全变成澄清溶液，即完全溶解，按“终熔”键，记下终熔温度。按“复位”键，仪器回到初始状态。

实验图 6－1 熔点仪

（4）取出毛细管，按照前法再测另外样品，完成实验后关闭电源。

知识链接

熔点管（提勒管）法测定物质的熔点

将毛细管用橡皮套套在温度计上，使毛细管的底部位于水银球的中央位置，将温度计装入有缺口的软木塞中（温度计刻度对着缺口），将软木塞连同温度计放入装有液体石蜡的提勒管中，使温度计水银球位于提勒管上下支管的中部，用酒精灯加热提勒管的弯曲部位，如实验图 6－2 所示。

先预热，开始加热时，可以加热快些，每分钟上升 5 ~ 6℃，当温度上升至化合物熔点约 10℃ 时，调节酒精灯的火焰，使温度慢慢上升，每分钟不超过 1℃。仔细观察样品的变化，读取样品的熔程。

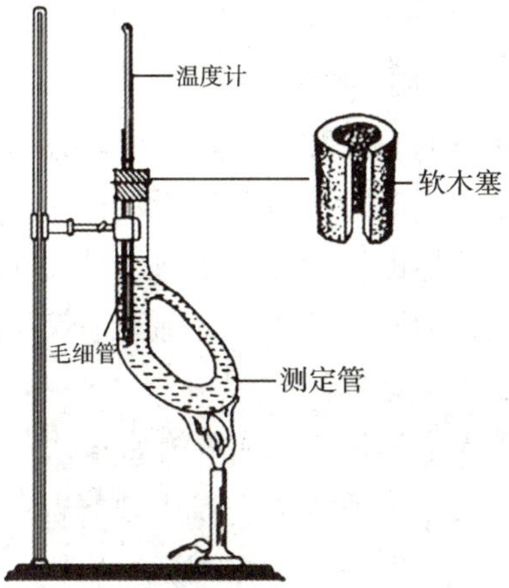

实验图 6－2 毛细管法测定物质的熔点

五、注意事项

1. 样品量太少不便于观察，且熔点会偏低；样品量太多会造成熔程变大，熔点偏高。
2. 升温速度应慢，让热传导有充分的时间，升温速度过快，易使熔点偏高。
3. 毛细管厚，热传导时间长，易使熔点偏高。
4. 测定完毕，待传热液冷却后，方可倒回原瓶中。
5. 预置温度一般比测定物质的熔点低 10℃。

六、思考题

1. 若有两种样品，其熔点相同，如何判断它们是不是同一物质？
2. 是否可以用第一次测熔点熔化后又结晶下来的样品做第二次测定？为什么？
3. 毛细管底部未完全封闭，尚有一针孔，将产生什么后果？

（王广珠）

实验七　常压蒸馏及乙醇沸点的测定

沸点是物质的特征物理常数之一，测定沸点是鉴定液体物质的初步环节。常压蒸馏是化学实验基本操作之一，也是食品检验工作必备技术，常用于测定化学性能稳定的液体物质的沸点。

一、实验目的

1. 掌握　蒸馏的概念和原理；常压蒸馏装置的安装和拆卸；常压蒸馏操作。

2. 熟悉　蒸馏法测定液体沸点的原理和方法。

3. 了解　常压蒸馏的应用；热浴方式的选用；蒸馏瓶和冷凝管的选用；干燥箱的使用。

二、实验原理

（一）沸点及其测定方法

液体的蒸发和凝聚是一个动态的可逆过程。一定温度下，液体的蒸发速率与凝聚速率相等时，达到平衡状态。此时液体蒸汽所具有的压力称为该温度下的饱和蒸气压。

当液体的饱和蒸气压与外界大气压相等时，会有大量气泡从液体内部逸出，即液体开始沸腾，此时的温度称为液体的沸点。沸点不仅与液体的本性有关，还受外界压力的影响，通常所说的沸点是在标准大气压下测定的。

沸点的测定方法主要有常量法（如蒸馏法）和微量法（如毛细管法）。常量法所需样品较多，一般 10ml 以上；而微量法只需几滴样品。本次实验采用蒸馏法测定乙醇的沸点。

（二）蒸馏和常压蒸馏

加热液体至沸腾，使之变为气体，再将气体冷凝为液体的过程称为蒸馏。蒸馏分为常压蒸馏、水蒸气蒸馏和减压蒸馏等。在常压下进行的蒸馏就是常压蒸馏，又称为普通蒸馏或简单蒸馏。

在液体的汽化过程中，温度会逐渐升高至相对恒定阶段。通常把蒸馏时冷凝液开始滴出时的温度（初沸）至沸腾平稳（恒沸）的温度范围作为沸点，二者之差称为沸程。纯净物都有固定的沸点，且沸程很小，一般为0.5～1℃；混合物的沸程会比较大。应该注意的是，共沸物也有固定的沸点，如乙醇与水的共沸物（乙醇的体积分数为95%）沸点为78.15℃。常压蒸馏主要有以下应用。

1. 分离物质 分离沸点相差30℃以上的混合物，如分离乙醚和乙醇。

2. 提纯物质 从混合物中提纯其中的一种成分，如制备蒸馏水、纯化乙醚等。

3. 浓缩溶液 浓缩非水溶液并回收溶剂，如浓缩含有卵磷脂的乙醇溶液，回收作为溶剂的乙醇。

4. 测定沸点 测定沸点为30～300℃且蒸馏过程化学性能稳定的液体物质。其实蒸馏法测定沸点的过程，也就是测定沸程，同时也可以初步确定液体物质是否纯净。

（三）暴沸和止暴剂

在细口仪器中持续加热液体，因液体中缺少或没有空气，难以形成汽化中心，此时液体温度已高于沸点，但仍不发生沸腾，出现过热现象。过热的液体中一旦形成汽化中心，会因压力过大而剧烈沸腾，这种现象称为暴沸。

为防止暴沸现象发生可以在加热前放入几粒止暴剂。止暴剂为多孔性材料，有天然和人造之分，如沸石、素瓷片、玻璃珠、一端封口的毛细管等。止暴剂小孔中的空气受热时逸出形成汽化中心，有助于液体在温度达到沸点时平稳沸腾。

三、实验器材

1. 仪器 磨口圆底烧瓶、磨口蒸馏头、温度计套管、100℃磨砂温度计、直形冷凝管、接液管、锥形瓶、量筒、电热套、升降台、十字夹、烧瓶夹、冷凝管夹、洗瓶、橡胶塞、乳胶管。

2. 试剂 乙醇（95%）。

3. 材料 纯化水、沸石。

四、实验内容

（一）预处理

1. 洗涤和干燥仪器 选择型号、规格合适的仪器，玻璃仪器洗净、干燥后备用，将电热套、升降台等其他仪器擦拭干净。

2. 洗涤和干燥沸石 将沸石洗净后放入干燥箱内于100～120℃干燥30分钟以上。

（二）安装常压蒸馏装置

常压蒸馏装置由汽化、冷凝和接收三部分组成，见实验图7－1。

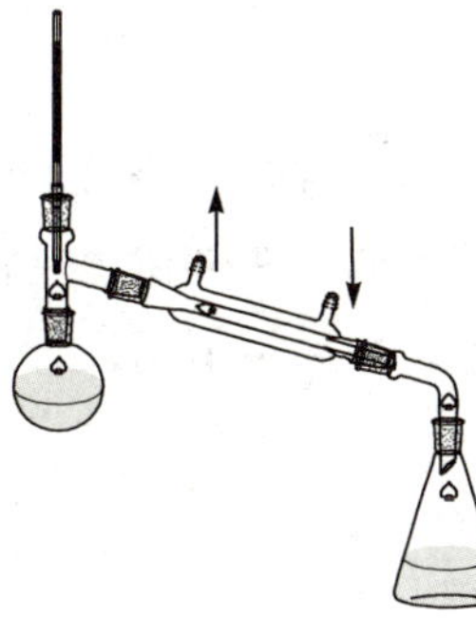

实验图 7－1 常压蒸馏装置

整套装置应重心平稳、端正，所用仪器的轴线要在同一平面内。用于固定的夹子、铁架台支架应整齐地放在玻璃仪器的背面，连接应严密、牢固，防止发生跑、冒、漏现象。

1. 汽化部分 安装汽化部分的原则是靠近电源。安装顺序为自下而上，即铁架台、升降台、电热套、圆底烧瓶、蒸馏头、温度计及套管。

（1）热浴 热浴方式依据样品的沸点高低来选择。样品沸点低于85℃的采用水浴，样品沸点为85～200℃的宜用油浴，样品沸点高于200℃的应选用砂浴。

（2）蒸馏瓶 根据样品的多少及其他需要，选择规格合适的蒸馏烧瓶、圆底烧瓶、二颈烧瓶或三颈烧瓶作蒸馏瓶，样品的体积为蒸馏瓶容量的1/3～2/3。本次实验使用规格为100ml的圆底烧瓶，放入2～3粒沸石和40ml乙醇（95%），密塞。先在铁架台支架的上部用十字夹、烧瓶夹固定好圆底烧瓶，并固定好蒸馏头，调节升降台至适当位置。

（3）温度计 根据待测样品的沸点选择规格合适的温度计，测定乙醇的沸点应选用0～100℃温度计。用乳胶管将温度计固定于温度计套管内，保持温度计水银球上限与蒸馏头支管的下限在同一水平线上。

2. 冷凝部分 冷凝部分的安装原则是靠近水源。根据样品的沸点高低选择不同型号和规格的冷凝管。蒸馏宜选用直形冷凝管或空气冷凝管，当液体沸点高于140℃时用空气冷凝管，液体沸点低于140℃时用直形冷凝管。本次实验选用长度为300mm或400mm的直形冷凝管。在铁架台上依次安放十字夹、冷凝管夹、冷凝管，夹持在冷凝管中部；调整冷凝管夹的固定角度，使冷凝管与蒸馏头的斜管同轴。冷凝管上端的出水口向上，连接乳胶管引水至水池中；冷凝管下端的进水口向下，通过乳胶管与水龙头相连；打开水龙头，待冷凝管充满水后关闭水龙头。移动安装冷凝管的铁架台，使冷凝部分与汽化部分紧密连接。

3. 接收部分 一般由接液管和接收瓶组成。接液管的小嘴应与大气相通。若样品有毒或具有强腐蚀性，则与吸收装置相连或引向下水道，若需隔绝空气中的水分则连接装有干燥剂的干燥管。可以用锥形瓶、烧瓶、量筒等作接收瓶。若样品的沸点比较低，则将接收瓶浸于冷水或冰水浴中。

（三）进行常压蒸馏操作

常压蒸馏操作包括通入冷凝水、开启加热设备、控制馏液滴出速度、停止加热、停止通水等环节。

1. 打开水龙头，先缓慢通入自来水，使冷凝管出水平稳，待液体沸腾后再根据其沸点高低调节水流的速度。接通电源后，打开热源仪器开关，先调至高温档，待蒸馏瓶中液体接近沸腾时再调至适当温度，控制馏液的滴出速度为1～2滴/秒。如果是分离或提纯物质，蒸馏前至少要准备2个接收瓶，其中一个收集前馏分（也称馏头），另一个收集预期馏分。

2. 蒸馏器中剩余少量液体（5～10ml）时关闭热源仪器，切断电源。待蒸馏器冷却至室温后，停止通水，取下水龙头上的乳胶管。

（四）拆卸蒸馏装置

装置的拆卸顺序与安装顺序相反。先断开接液管与冷凝管的连接，取下接收瓶，接液管；然后断开加热部分与冷凝部分的连接，待冷凝管套管中的水全部流出后依次取下乳胶管、冷凝管、冷凝管夹和十字夹，收集冷凝管内残留的馏液于接收瓶中；最后拆下温度计及套管、蒸馏头、圆底烧瓶、电热套和升降台等。

五、实验结果

测量馏液的体积，计算回收率。整理观察记录，将处理好的数据填写在实验表7－1中。

实验表 7－1　乙醇的常压蒸馏数据

蒸馏过程	时间	温度/℃	备注
开始加热			
第一滴馏液			
温度恒定阶段			
停止加热			
停止通水			
乙醇的沸点（℃）		乙醇的沸程（℃）	

根据测定结果，分析和讨论影响沸点准确测定的主要因素，并提出改进方案。

六、注意事项

1. 蒸馏装置必须与大气相通，一定在加热前放入沸石，否则会发生暴沸。若中途停止蒸馏，一定要冷却至室温后方可加入沸石。

2. 蒸馏瓶内的液体切不可蒸干，否则蒸馏瓶会炸裂。

3. 本实验所用玻璃仪器必须干净、干燥，否则会影响测定结果。沸石使用前需要洗净并干燥，否则带入杂质，产生测定误差。

4. 测定受热易分解、氧化的液体有机物的沸点不宜采用蒸馏法，可以参照中华人民共和国国家标准《化学试剂沸点测定通用方法》（GB/T 616 — 2006）进行测定。

5. 温度计应小心轻放，防止随意滑动。加热后的温度计应冷却至室温后再用水冲洗干净。若不慎打碎温度计应及时向老师报告并及时处理散落的水银。具体方法如下：打开门窗保持室内通风；佩戴口罩和手套，将散落的水银尽可能全部收集于密封容器中，并加入硫黄粉。在水银流过的区域也需撒硫黄粉，使之转化为硫化汞，防止水银蒸汽挥发。

知识链接

毛细管法测定乙醇的沸点

1. 取一小试管作为测定沸点的外管，取长度为 90～100mm、内径为 1mm 的毛细管作为测定沸点的内管，用酒精灯封闭其一端。

2. 在外管中滴入 5 滴乙醇，将毛细管开口端浸入样品中。用橡皮圈将外管固定在温度计上，使外管中样品位于温度计水银球中心处，然后将其放入盛水的烧杯中。

3. 加热烧杯，使水浴温度缓慢上升。观察浸入样品中的毛细管口，可见有小气泡断断续续地冒出。随着温度的上升，气泡冒出速度逐渐加快。当有一连串的小气泡冒出时停止加热，气泡逸出速度逐渐减慢。最后一个气泡欲缩回毛细管内的温度就是乙醇的沸点。

七、思考题

1. 蒸馏时，加热后发现忘记加入沸石应如何处理？

2. 采用蒸馏法测定无水乙醇、乙醚的沸点，蒸馏装置与本次实验有何不同？

3. 若蒸馏时加热过猛使蒸馏速度过快，会对测定结果有何影响。

（孙晓晶）

实验八 茶叶中咖啡因的提取及鉴定

一、实验目的

1. 掌握 从茶叶中提取咖啡因的原理和方法。
2. 熟悉 蒸馏和回流的安装与操作步骤。
3. 了解 利用升华法进行固体物质的提纯操作。

二、实验原理

茶叶中含有多种生物碱，其中咖啡因占2%～5%。咖啡因是一种植物生物碱，在许多植物中都能够被发现。咖啡因为无色（或白色）针状晶体，熔点为236℃，味苦。含结晶水的咖啡因在100℃时即失去结晶水，并开始升华，在120℃时升华速度显著，178℃时升华更快。咖啡因易溶于热水（约80℃）、乙醇、丙酮、二氯甲烷、三氯甲烷，难溶于石油醚。

咖啡因具有刺激心脏、兴奋大脑神经和利尿等作用。咖啡因是中枢神经系统的兴奋药，对心脏和血管有两重作用，还能促进胃酸分泌及治疗偏头痛等疾病，并在机体的多个系统中发挥着广泛的作用。在医学上用作心脏、呼吸器官和神经系统的兴奋剂，也是复方阿司匹林等药物的组分之一。咖啡因的结构式如下：

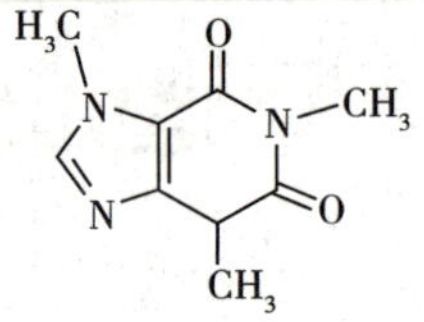

适度地使用咖啡因有祛除疲劳、兴奋神经的作用，临床上用于治疗神经衰弱和昏迷复苏。但是，大剂量或长期使用也会对人体造成损害，特别是它也有成瘾性，一旦停用会出现精神萎顿、浑身困乏疲软等各种戒断症状。

为了提取茶叶中的咖啡因，可用适当的溶剂（如乙醇等）加热萃取，然后蒸去溶剂，即得粗咖啡因。粗咖啡因中还会含有一些其他生物碱和杂质（如单宁酸）等，此时可利用升华法对其进行进一步提纯。

三、实验器材

1. 仪器 圆底烧瓶（150ml），蒸馏头，球形冷凝管，直形冷凝管，接液管，锥形瓶，玻璃漏斗，蒸发皿，烧杯（500ml），电热套，温度计（250℃），滤纸，刮刀，酒精灯，石棉网，三角架，玻璃棒，纱布。
2. 药品 茶叶，乙醇（95%），生石灰，沸石。
3. 常见试剂的物理常数

名称	性状	相对分子质量（M）	比重（g/cm^3）	熔点（mp/℃）	沸点（bp/℃）	折光率（nD^{20}）	溶解度：g/100ml
咖啡因	白色针状晶体	194.19	1.23	238	178	—	溶于水、醇、酮
乙醇	无色透明液体	46.07	0.79	-114	78.4	1.3614	与水任意比互溶

四、实验内容

（一）实验装置图

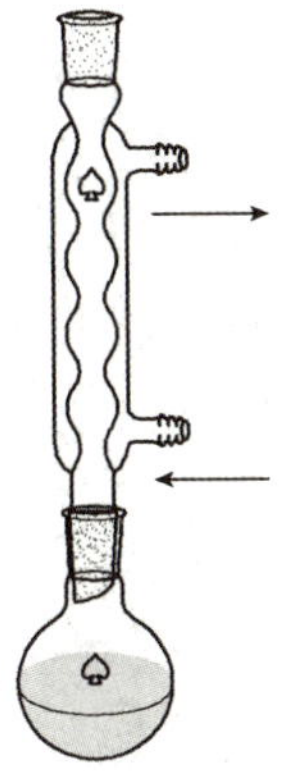

回流装置图

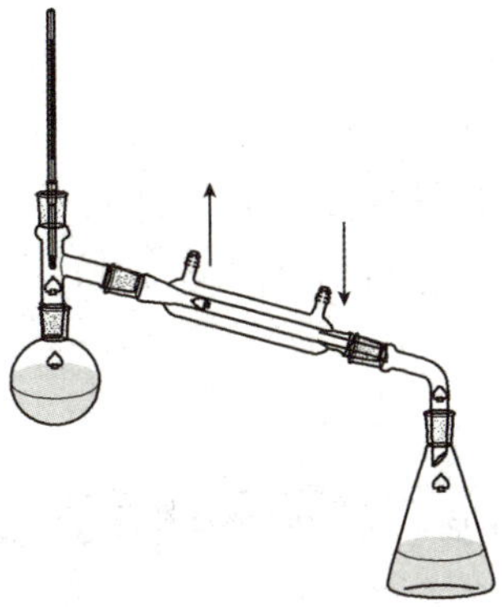

蒸馏装置图

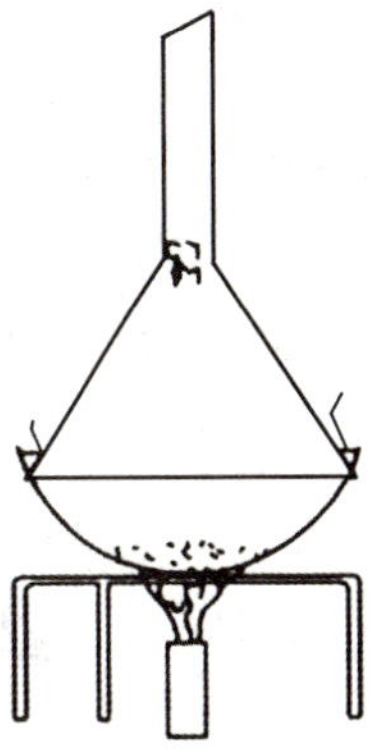

升华装置图

（二）咖啡因的制备

1. 提取 称取7g研细的茶叶末，放入圆底烧瓶，加入50ml乙醇（95%）并加入1～2粒沸石。安装回流装置。加热回流20分钟。稍冷却，用纱布过滤，得滤液。

2. 蒸馏 将滤液倒入圆底烧瓶，加入1～2粒沸石，改蒸馏装置，加热蒸馏至蒸馏烧瓶内剩余大约5ml滤液（粗产品）时，停止加热，回收蒸出的乙醇。

3. 中和、蒸发除乙醇 将烧瓶中的残液（粗产品）倒入干燥的蒸发皿中，加入4g研细的生石灰粉，搅拌均匀成糊状。将蒸发皿放在一个小烧杯上，烧杯内盛放1/2溶剂的水，用蒸汽加热蒸发乙醇。此间仍不断搅拌，并压碎块状物。直到固体混合物变成疏松的粉末状，乙醇全部除去为止。

4. 升华 冷却后，擦净蒸发皿边缘上的粉末，以免升华时污染产物。将一张刺有细密小孔且孔刺朝上的滤纸盖在蒸发皿上，再将大小合适、干燥的玻璃漏斗罩在滤纸上，漏斗颈部塞上一团疏松的棉花。用砂浴缓慢加热升华，控制砂浴温度在220℃左右。当滤纸的小孔上出现较多白色针状晶体时，暂停加热，冷却后，取下漏斗，轻轻揭开滤纸，仔细用刮刀将附在滤纸上下两面及漏斗壁上的咖啡因晶体刮下。残渣经搅拌后，重新放好滤纸和漏斗，继续用大火加热，使升华完全。合并两次升华的咖啡因，称量。

（三）咖啡因的鉴定

1. 在小磁匙内放入咖啡因结晶少许，加入2～3滴浓盐酸使之溶解，再加入约50mg（绿豆大小）氯酸钾，在酒精灯上加热使液体蒸发至干，放冷，加入1滴浓氨水，有紫色出现说明有嘌呤的生物碱存在。

2. 与碘化铋钾反应：取1ml咖啡因的乙醇溶液，加入1～2滴碘化钛钾试剂，应有淡青色或红棕色沉淀出现。

五、注意事项

1. 红茶中含咖啡因约3.2%，绿茶含咖啡因约2.5%。
2. 加入生石灰起中和作用，以除去丹宁酸等酸性的物质，生石灰一定要研细。
3. 升华前，一定要将乙醇完全除去，否则在升华时漏斗内会出现水珠。遇此情况，则用滤纸迅速擦干水珠并继续焙烧片刻而后升华。

4. 此时温度不宜过高，否则蒸发皿内大量冒烟，产品既受污染又遭损失。

5. 升华过程中必须严格控制加热温度。

六、思考题

1. 提取咖啡因时，加入的生石灰起到什么作用？
2. 具有什么条件的化合物，才能用升华的方法进行提纯？
3. 在加热进行升华操作时，为什么只能用小火缓缓加热？

（王　丽）

实验九　蛋黄中卵磷脂的提取及鉴定

卵磷脂又称磷脂酰胆碱，是甘油磷脂的一种，是生物体组织细胞的重要成分，是与蛋白质、维生素并列的“第三营养素”；卵磷脂在动物、植物、酵母、霉菌类之中均有分布，在动物的脑、心、肝、肾上腺、精液和卵细胞中含量较多，蛋黄中含量可达8%左右。

一、实验目的

1. **掌握**　从鸡蛋黄里提取卵磷脂的方法和原理。
2. **熟悉**　卵磷脂的鉴别方法和原理。
3. **了解**　卵磷脂的结构和性质。

二、实验原理

卵磷脂是甘油酯类化合物，其化学结构式为：

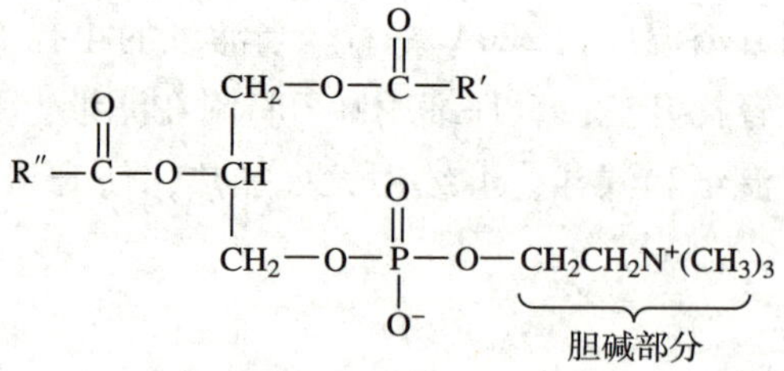

卵磷脂可溶于乙醚、乙醇等溶剂，因而可以利用这些溶剂进行提出。本实验以乙醇为溶剂提取蛋黄中的卵磷脂。其提取过程如下：

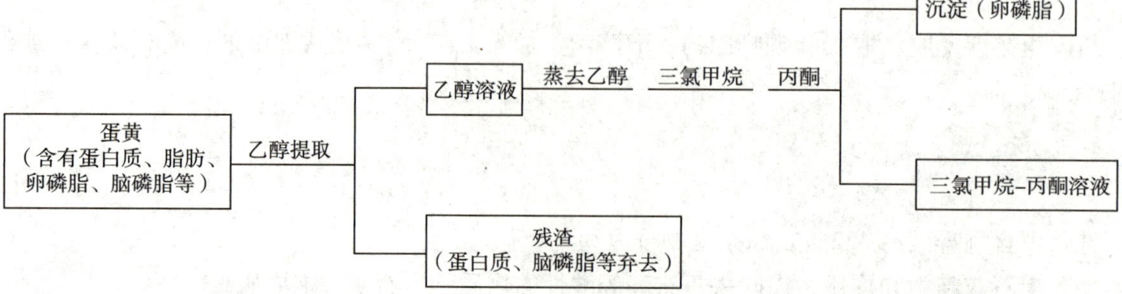

卵磷脂为白色，当与空气接触后，其所含不饱和脂肪酸会被氧化而使卵磷脂呈黄褐色。卵磷脂被碱

水解后可分解为脂肪酸盐、甘油、胆碱和磷酸盐。甘油与硫酸氢钾共热，可生成具有特殊臭味的丙烯醛；磷酸盐在酸性条件与钼酸铵作用，产生黄色的磷钼酸沉淀；胆碱在碱的作用下生成无色且有氨和鱼腥气味的三甲胺。通过对分解产物的检验可以对卵磷脂进行鉴定。

三、实验器材

1. 仪器 研钵、布氏漏斗、抽滤瓶、抽滤泵、蒸发皿。

2. 试剂 10% NaOH 溶液、95% 乙醇溶液、三氯甲烷、丙酮、浓硝酸、10% 醋酸铅溶液、1% 硫酸铜（5% 硫酸铜）、浓硫酸、碘化铋钾溶液、钼酸铵试剂、氨基萘酚硫酸溶液。

3. 材料 鸡蛋黄、滤纸、棉花、纯化水。

四、实验内容

（一）卵磷脂的提取

取 1 个熟的鸡蛋黄，置于研钵中研细，加入 95% 乙醇溶液 15ml，研磨，搅拌均匀。减压抽滤，收集滤液。将漏斗里的残渣移入研钵内，加 95% 乙醇溶液 15ml，研磨，过滤（滤液应完全透明），将两次滤液合并于蒸发皿内。将蒸发皿置于沸水浴上蒸去乙醇，得到黄色油状物。冷却后，加入 3ml 三氯甲烷，搅拌使油状物溶解。在搅拌下慢慢加入 15ml 丙酮，即有卵磷脂析出，搅动使其尽量析出，溶液倒入回收瓶内。

（二）卵磷脂的水解

将提取的卵磷脂加入一支干净的试管中，再加入 10% 氢氧化钠溶液 5ml，放入沸水浴中加热 10 分钟，并用玻棒搅拌，使卵磷脂水解。冷却后，在玻璃漏斗中用棉花过滤水解物，滤液和固体留下待用。

（三）卵磷脂组成检查

1. 脂肪酸的检查 取小试管一支，加入棉花上沉淀少许，加 1 滴 10% 氢氧化钠溶液和 5ml 纯化水，搅拌使其溶解，在玻璃漏斗中用棉花过滤得澄清溶液，加 1 滴浓硝酸酸化后加入数滴 10% 醋酸铅溶液，观察并记录溶液的变化。

2. 甘油的检查 取小试管一支，加入 1 滴 1% 硫酸铜溶液，2 滴 10% 氢氧化钠溶液，振摇，有氢氧化铜沉淀生成。加入 1ml 滤液，观察并记录现象。

3. 胆碱的检查 取小试管一支，加入 1ml 滤液，滴加 1 滴浓硫酸酸化，加入 1 滴碘化铋钾溶液，观察并记录现象。

4. 磷酸的检查 取一支干净试管，加入 10 滴滤液，5 滴钼酸铵试剂，1ml 氨基萘酚硫酸溶液，振摇，水浴加热，观察并记录现象。

五、注意事项

1. 如果抽滤时，滤液呈现浑浊，需用原布氏漏斗（不必换滤纸）反复滤清。
2. 蒸去乙醇时，最后可能有少量水分，需要搅拌加速蒸发，务必把水分也要蒸去。
3. 黄色油状物蒸干后，蒸发皿壁上粘的油状物一定要使其溶于三氯甲烷，否则会带入杂质。

六、思考题

1. 卵磷脂的提取时，加丙酮之前为何要加少量的三氯甲烷？

2. 为什么实验中要进行减压抽滤？操作时应注意什么？
3. 本实验检验甘油的原理是什么？用方程式表示出来。

（吕　佳）

实验十　含氧有机化合物的性质及鉴别

含氧有机化合物是指烃中的氢原子被氧原子或者含氧基团代替的化合物。主要包括醇、酚、醚，醛、酮、醌，羧酸及其羧酸衍生物。

一、实验目的

1. 掌握　含氧化合物的鉴别方法。

2. 熟悉　含氧化合物的结构与组成对性质的影响。

3. 了解　多元醇的特性。

二、实验原理

有机含氧化合物主要有醇、酚、醚、醛、酮、醌、羧酸及其羧酸衍生物。

（一）醇、酚

醇、酚都含有羟基（—OH），主要化学性质表现在：

1. 醇的化学性质

（1）亲核取代反应　醇在浓硫酸条件下与HX作用，羟基能被卤素取代。取代反应活性与醇的结构和HX的酸性有关。浓盐酸和无水氯化锌构成卢卡氏试剂，醇与卢卡氏试剂作用，叔醇的活性最强，仲醇次之，伯醇最慢。

（2）氧化反应　在酸性高锰酸钾或重铬酸钾的硫酸溶液中，伯醇氧化先生成醛，进一步氧化生成羧酸；仲醇氧化生成酮；叔醇不易被氧化。

（3）邻二醇的特性　邻二醇能与氢氧化铜作用，生产深蓝色溶液。

2. 酚的化学性质

（1）弱酸性　羟基与苯环形成p-π共轭，酚呈酸性，其酸性比醇的酸性强，能与氢氧化钠和碳酸钠溶液，生成易溶于水的酚盐。

（2）与$FeCl_3$的颜色反应　酚具有稳定的烯醇式结构，与三氯化铁生成颜色反应，不同的酚呈现不同的颜色。

（3）苯环上的卤代反应　羟基是很强的供电子邻、对位定位基，因此苯酚很易发生亲电取代反应。比如与溴水在常温下作用立即生成2,4,6-三溴苯酚的白色沉淀。

（二）醛、酮

醛、酮都含有羰基（$-\overset{\overset{\large O}{\|}}{C}-$），主要化学性质表现在：

1. 醛、酮的相似性

（1）亲核加成反应　羰基为碳氧极性双键，因此醛、酮易发生亲核加成反应。与氢氰酸、亚硫酸氢钠、醇、格式试剂、氨的衍生物等试剂反应，一般醛比酮容易发生反应。醛、酮与2,4-二硝基苯肼作用，生成橙黄或橙红色的2,4-二硝基苯腙晶体，因此常用于鉴别醛、酮。

(2) 碘仿反应　具有三个α-氢的醛、酮，在氢氧化钠条件下与碘作用，生产三碘甲烷（碘仿）黄色沉淀，因此该反应为碘仿反应。

(3) 氧化反应　醛易发生氧化反应，醛不但能被酸性高锰酸钾或重铬酸钾氧化，也能被托伦试剂和斐林试剂氧化，酮一般不易被氧化，可以用托伦试剂和斐林试剂鉴别醛、酮。

(三) 羧酸

羧酸含有羧基（—COOH），主要化学性质表现在：

1. 酸性。羧酸在水溶液中能够解离出氢离子显弱酸性。羧酸的 pK_a 值大多在3.5～5之间，其酸性较无机酸（pK_a 为1～2）弱，但比碳酸（pK_a 为6.38）强。

2. 羧基的羟基能够被很多基团代替，生成羧酸衍生物。生成的衍生物主要有酰卤、酸酐、酯和酰胺。羧酸和醇在浓硫酸条件下生成酯的反应为酯化反应。

三、实验器材

1. 仪器　试管架、试管、试管夹、烧杯、电热套。

2. 试剂　乙醇、正丁醇、仲丁醇、叔丁醇、甘油、苯酚、苯酚饱和溶液、1%邻苯二酚、1%水杨酸溶液、对苯二酚饱和溶液、甲醛溶液、乙醛、丙酮、苯甲醛、Lucas 试剂（$ZnCl_2/HCl$）、5% $CuSO_4$ 溶液、5% NaOH 溶液、0.5% $K_2Cr_2O_7$ 溶液、10% NaOH 溶液、40%的乙醛溶液、饱和的 $NaHCO_3$ 溶液、浓 H_2SO_4、饱和溴水、1% $FeCl_3$、5% $FeCl_3$ 溶液、2,4-二硝基苯肼、5% $AgNO_3$ 溶液、5%氨水溶液、斐林试剂A、斐林试剂B、浓硫酸、乙酸、苯甲酸、草酸。

3. 材料　纯化水、玻璃棒、刚果红试纸。

四、实验内容

(一) 醇的性质

1. 与卢卡氏（Lucas）试剂作用　取3支干燥试管，分别加入0.5ml正丁醇、仲丁醇、叔丁醇，再分别加入1ml Lucas 试剂，摇匀后于室温静置并观察其变化，记下混合液变浑浊和出现分层的时间。

2. 与甘油的作用　在2支试管中分别加入5滴5% $CuSO_4$ 溶液和5% NaOH 溶液，即得蓝色 $Cu(OH)_2$ 沉淀，再分别加5滴甘油、乙醇，观察并记录实验现象。

3. 醇的氧化　取4支干净的试管，分别加入5滴0.5% $K_2Cr_2O_7$ 溶液和5滴稀硫酸，再加入5滴正丁醇、仲丁醇、叔丁醇和纯化水，观察并记录实验现象。

(二) 酚的性质

1. 苯酚的弱酸性　取2支试管分别加入少量的苯酚和1ml纯化水，振摇，观察现象。在一支试管中加入数滴10% NaOH 溶液，观察现象，再继续滴加数滴稀盐酸溶液，观察现象。在另一支试管中，加入1ml饱和的 $NaHCO_3$ 溶液，观察实验现象。

2. 酚与溴水作用　取1支试管中加入2滴苯酚饱和溶液和1ml纯化水，再加入2滴饱和溴水，观察并记录实验现象。

3. 酚与 $FeCl_3$ 作用　取4支干净的试管，分别加入苯酚饱和溶液、1%邻苯二酚、1%水杨酸溶液、对苯二酚饱和溶液 0.5ml，再加入 3 滴 1% $FeCl_3$ 溶液，观察并记录实验现象。

（三）醛和酮的共性

1. 与 2,4-二硝基苯肼作用 取 4 支试管，分别加入 3 滴甲醛、乙醛、丙酮、苯甲醛，再分别加入 2,4-二硝基苯肼 0.5ml，观察并记录实验现象。

2. 与碘的氢氧化钠溶液作用 取 4 支试管，分别加入 1ml 纯化水和 6 滴 10% NaOH 溶液，再分别加入 5 滴 40% 乙醛溶液、丙酮、正丁醇、仲丁醇，然后分别向四支试管中逐滴滴加碘 - 碘化钾溶液，不断振摇，至反应液保持淡黄色为止，继续振摇，观察并记录实验现象。如无现象，微热至 60℃左右，静置观察。

（四）醛的特性

1. 与托伦试剂作用

（1）托伦试剂的配制。取 1 支洁净的大试管，加入 5% $AgNO_3$ 溶液 5ml，5% NaOH 溶液 1 滴，再滴加 5% 氨水溶液至生成的沉淀刚刚完全溶解。

（2）将配制的托伦试剂平均分至 5 支洁净试管里，再分别加入 5 滴甲醛溶液、乙醛、丙酮、苯甲醛，不要振摇，在水浴 50～60℃上加热，观察并记录实验。实验完毕后将生成的银镜用稀硝酸处理。

2. 与斐林试剂作用 取 4 支干净试管，分别加入 0.5ml 斐林溶液 A 和斐林溶液 B，摇匀，然后分别加 5 滴甲醛、乙醛、丙酮、苯甲醛溶液，振摇均匀后，放入沸水中加热几分钟，观察并记录实验现象。

甲醛被氧化成甲酸仍具有还原性，能将 Cu_2O 继续还原为金属铜，呈暗红色粉末或铜镜。

$$Cu_2O \xrightarrow{HCHO} Cu$$

（五）羧酸的性质

1. 羧酸的酸性 取 5 支试管，分别加入 1ml 纯化水，再加入 10 滴乙醇、苯酚饱和溶液、乙酸、苯甲酸和 0.3g 草酸，然后用洗净的玻璃杯分别沾取相应的酸液，在同一条刚果红试纸上划线，观察颜色及深浅程度，比较各种酸的酸性强弱。

2. 酯的生成 取 2 支干燥试管，各加入 1ml 乙酸和 1ml 乙醇，其中之一再加入 2 滴浓 H_2SO_4，振荡后，置水浴加热 10 分钟。然后把试管取出，浸冷水里冷却，每支试管各加 2ml 冷水，嗅酯的香味，观察酯层量的多少。

五、注意事项

1. 醇与卢卡氏试剂反应的现象是利用反应物醇和生成物卤代烃的水溶性的差异进行观察的，因此与卢卡氏试剂作用的醇一般是水溶性较大的一元醇。

2. 托伦试剂长时间放置会形成氮化银沉淀，容易爆炸，必须现配现用。进行实验操作时，不要用酒精灯直接加热，以免出现危险。

3. 要想得到漂亮的银镜，必须使用洁净的试管。所用试管依次用硝酸、水、10% 氢氧化钠、水清洗干净。

4. 刚果红试纸用于酸性物质的指示剂，变色范围 pH 为 3～5。刚果红遇强酸显蓝色，遇弱酸显蓝黑色，遇碱则显红色。

六、思考题

1. 伯、仲、叔醇的性质有什么规律，用什么反应说明？

2. 酚的酸性为什么比醇强？
3. 鉴别醛、酮有哪些简便方法？
4. 浓硫酸在酯化反应中起什么作用。

（吕　佳）

实验十一　含氮有机化合物的性质及鉴别

一、实验目的

1. **掌握**　含氮化合物的重要化学性质及鉴别方法。
2. **熟悉**　含氮有机化合物结构与组成对性质的影响。

二、实验原理

有机含氮化合物主要有胺、酰胺、氨基酸、蛋白质等。

（一）胺、酰胺的性质

胺是一类碱性有机化合物，脂肪胺的碱性大于芳香胺，胺与强酸成盐后水溶性增大。

胺有伯仲叔之分，兴斯堡反应能比较好地鉴别和分离伯、仲、叔胺，伯胺与苯磺酰氯反应的产物能溶于氢氧化钠溶液中，仲胺的反应产物则不能，而叔胺不与苯磺酰氯反应。

酰胺很容易水解，与水供热即生成相应的酸和氨，酸碱的存在可加速反应，并生成不同的产物。

（二）氨基酸、蛋白质的性质

1. 蛋白质是生物体尤其是动物体的基本组成物质。蛋白质是由 α-氨基酸组成的，α-氨基酸和茚三酮反应产生蓝紫色，是检验 α-氨基酸的一种常用显色反应。

2. 蛋白质分子中有许多肽键，当其在碱性水溶液中与少量硫酸铜相遇时，即显紫色或紫红色，此称缩二脲反应，α-氨基酸不起缩二脲反应。

3. 蛋白质中存在含有苯环的氨基酸（苯丙氨酸等）。当浓硝酸作用于这些氨基酸的苯环，则苯环被硝化成黄色硝基化合物。此黄色物质遇碱即形成盐，而显橙色。此反应称黄蛋白反应。

4. 蛋白质在水溶液中其颗粒表面的水化层和同性的电荷是蛋白质亲水胶体的两个稳定因素，若除去这两个稳定因素，蛋白质颗粒便会互相聚集而沉淀。

（1）可逆沉淀反应　在发生沉淀反应时，蛋白质分子并没有发生变性或空间结构未受到深度破坏，除去造成沉淀的因素后，沉淀的蛋白质又可重新溶于原来的溶剂中，这种反应称为可逆沉淀反应。属于此类反应的有盐析、在低温下短时间的有机溶剂（如乙醇、丙酮等）沉淀，以及利用等电点的沉淀等。

向蛋白质溶液中加入大量中性盐时，蛋白质就会从溶液中沉淀出来，这个过程称为盐析。这是因为高浓度的中性盐溶液可破坏蛋白质的水化层以及中和蛋白质分子的电荷，从而使蛋白质在溶液中沉淀析出。如果将溶液的 pH 调至该蛋白质的等电点，则沉淀的效果最好。常用的中性盐有硫酸铵、氯化钠、硫酸钠等。由于各种蛋白质的分子大小、亲水程度各不相同，故盐析时所需盐的浓度也各不相同，因此，调节混合蛋白质溶液中盐的浓度，可使各种蛋白质分段沉淀。这种方法称为分段盐析。

（2）不可逆的沉淀反应　在发生沉淀反应时蛋白质分子已经变性，其空间结构变得松散而无规则，由于一些疏水基团的暴露而亲水性减小，溶解度降低，失去了原有天然蛋白质的性质。这种蛋白质的沉淀不能再溶于原来的溶剂中，这种反应称为不可逆的沉淀反应。凡能引起蛋白质变性作用的理化因素（如重金属、生物碱试剂、强酸、强碱、有机溶剂、加热等），均能使蛋白质发生不可逆的沉淀反应。

几乎所有的蛋白质都因加热变性而沉淀，少量盐类促进蛋白质的加热沉淀，当蛋白质处于等电点时，加热沉淀更完全，更迅速。但在远离等电点的溶液中，蛋白质因带有正或负电荷，虽加热蛋白质也不沉淀。

三、实验器材

1. 仪器 试管、试管架、滴管、玻璃棒、量筒（10ml）、水浴锅。

2. 试剂 二乙胺、苯胺、pH 试纸、5% 盐酸、苯胺、乙胺、三乙胺、苯磺酰氯、乙酰胺、3mol/L 硫酸、蓝色石蕊试纸、红色石蕊试纸、尿素、澄清石灰水溶液、1% α-氨基酸（用味精代替）、鸡蛋白溶液、1% 茚三酮溶液、10% 氢氧化钠溶液、20% 氢氧化钠溶、浓硝酸、0.5% 硫酸铜溶液、饱和硫酸铵溶液、硫酸铵粉末、0.01% NaOH、0.5% 醋酸铅。

四、实验内容

（一）胺和酰胺的性质

1. 碱性试验 在两支试管中分别加入二乙胺、苯胺 2 滴，各加水 0.5ml，分别用湿润的 pH 试纸试之，比较他们的碱性强弱。

在上述苯胺乳浊液中加入 2 滴盐酸，振荡后观察现象。

2. 兴斯堡反应 在 3 支大试管中，分别加入 0.2ml 乙胺、二甲胺、三乙胺。再分别加入 0.2g 苯磺酰氯，用力摇动试管。手触试管底，感觉哪个试管发热？说明什么？然后加 5ml 10% NaOH 溶液，边摇动试管边用水浴加热 1 分钟，冷却后用 pH 试纸检验之，直到呈碱性。在生成沉淀后加 5ml 水稀释，并用力振动试管，说明现象。最后各用 5% 盐酸滴加到刚好为酸性。注意观察每一步所出现的现象，并解释。

3. 酰胺的水解

（1）酸性水解 在 1 支试管中加入 0.2g 的乙酰胺，再加入 3mol/L 硫酸 1ml（在冷水冷却下加入，注意试管里的变化），加热至微沸，嗅之，是否有醋酸味，用湿润的蓝色石蕊试纸置于试管口，观察现象。

（2）碱性水解 在 1 支试管中加入 0.1g 的乙酰胺，再滴加 1ml 10% 氢氧化钠溶液，振摇，加热至沸，用湿润的红色石蕊试纸放在试管口上，观察现象。取尿素 0.2g，加入 2ml 的澄清石灰水溶液，小心将混合液加热，用红色石蕊试纸试之，并观察有无沉淀析出。

（二）氨基酸、蛋白质的性质

1. 茚三酮反应 取 1% α-氨基酸和鸡蛋白溶液各 1ml，分别滴加 1% 茚三酮溶液 2 ~ 3 滴，在沸水中加热 10 ~ 15 分钟，观察现象。

2. 缩二脲反应 取 1% α-氨基酸和鸡蛋白溶液各 1ml，分别加入 2ml 10% 氢氧化钠溶液，再滴加 0.5% 硫酸铜溶液 3 ~ 5 滴，观察现象，必要时放置 15 ~ 20 分钟再行观察。

3. 黄蛋白反应 取 1ml 鸡蛋白溶液于试管中，加入 3 ~ 5 滴浓硝酸加热煮沸 1 ~ 2 分钟，观察现象。冷却反应物，滴加 20% 氢氧化钠溶液 1 ~ 2ml，观察现象。

4. 蛋白质分段盐析的可逆沉淀反应 取一只试管，加入鸡蛋白溶液 2ml、饱和硫酸铵溶液 2ml，混匀，静置数分钟，观察析出的球蛋白沉淀。

将试管内容物过滤（或取上清液）置另一支试管中，加入硫酸铵粉末至饱和，观察析出的清蛋白。

等沉淀析出后向试管中加入水，观察沉淀是否重新溶解。

5. 蛋白质的不可逆沉淀反应 取一支试管，加入1ml鸡蛋白溶液，1滴0.01% NaOH，1滴0.5%的醋酸铅，观察沉淀生成的颜色和量。

五、注意事项

1. 苯磺酰氯用量不能太过量也不能太少。
2. α-氨基酸可用味精（谷氨酸钠）代替。
3. 鸡蛋白溶液的配置。将除去蛋黄的鸡蛋清与20倍体积的水混合即可。

六、思考题

1. 蛋白质沉淀的类型有哪些？异同点是什么？
2. 为什么鸡蛋清可用作铅中毒和汞中毒的解毒剂？

（崔霖芸）

实验十二　糖类化合物的性质及鉴定

糖是自然界中分布最广且最重要的有机化合物之一。糖是人和动物的主要食物来源，糖在食品行业应用广泛，它是食品加工的主要原料。

一、实验目的

1. **掌握**　糖类的鉴别方法和主要化学性质。
2. **熟悉**　显微镜和旋光仪的使用方法。
3. **了解**　显微镜和旋光仪的工作原理。

二、实验原理

糖是多羟基醛、多羟基酮及其脱水缩合物，可根据水解情况分为单糖、低聚糖和多糖。单糖又分为醛糖和酮糖。单糖和具有半缩醛羟基的低聚糖都具有还原性，还原性糖有变旋现象；能与托伦试剂作用生成银镜，能与斐林试剂、班氏试剂作用生成砖红色氧化亚铜，能与苯肼作用，生成糖脎。借此性质可以区别非还原性糖。

糖都能与莫立许试剂发生反应，因此可以利用该性质鉴别糖类和其他化合物；酮糖与塞利凡诺夫试剂反应较快，醛糖较慢，因此可以利用该性质鉴别醛糖和酮糖。

淀粉为白色无定型粉末，碘遇淀粉变蓝色，加热蓝色消失，冷却蓝色复现，利用该性质可以鉴别淀粉。淀粉在酸或酶的作用下可以水解，先生成糊精，进而生成麦芽糖，最后生成D-葡萄糖。可利用加碘显示的颜色来确定淀粉水解程度和水解产物。

$$\underset{\text{淀粉}}{(C_6H_{10}O_5)_n} \longrightarrow \underset{\text{糊精}}{(C_6H_{10}O_5)_m} \longrightarrow \underset{\text{麦芽糖}}{C_{12}H_{22}O_{11}} \longrightarrow \underset{\text{葡萄糖}}{C_6H_{12}O_6}$$

三、实验器材

1. 仪器　试管、试管架、试管夹、玻璃杯、点滴板、烧杯、50ml容量瓶、电热套、显微镜、

WZZ-2B 旋光仪、分析天平等。

2. 试剂 2%葡萄糖溶液、2%果糖溶液、2%麦芽糖溶液、2%蔗糖溶液、2%乳糖溶液、2%淀粉溶液、5% $AgNO_3$ 溶液、5% NaOH 溶液、5%氨水、斐林试剂 A、斐林试剂 B、班氏试剂、苯肼试剂、α-萘酚乙醇试剂（莫立许试剂）、间苯二酚-盐试剂（塞利凡诺夫试剂）、0.1%碘溶液、浓硫酸、浓盐酸、稀硝酸。

3. 材料 纯化水。

四、实验内容

（一）单糖旋光度的测定

1. 旋光仪的预备 开启电源开关，5 分钟后开启光源开关，仪器预热 20 分钟；选用适当的盛液管（长度为 2dm），用蒸馏水洗干净；打开“测量”键，将装有蒸馏水的盛液管放入样品室，盖上箱盖，待示数稳定后，按“清零”键。

2. 配制待测溶液 准确称取 1.000g 果糖、1.000g 葡萄糖，分别倒入 50ml 容量瓶中，配制成 50ml 溶液。

3. 旋光度的测定 将装好待测液的盛液管，按相同的位置和方向放入样品室内，盖好箱盖，仪器将显示出该样品的旋光度，此时指示灯“1”点亮。逐次按下复测按钮，重复读数三次，取平均值作为样品的测定结果。

实验表 12-1 糖溶液的旋光度

样品	α_1	α_2	α_3	$\alpha_{平均}$	$[\alpha]_D^t$
葡萄糖					
果糖					

（二）糖的还原性

1. 与托伦试剂反应

（1）托伦试剂的配制。取 1 支洁净的大试管，加入 5% $AgNO_3$ 溶液 5ml，5% NaOH 溶液 1 滴，再滴加 5%氨水溶液至生成的沉淀刚刚完全溶解。

（2）将配制的托伦试剂平均分至五支洁净试管里，再分别加入 2%葡萄糖溶液、2%果糖溶液、2%麦芽糖溶液、2%蔗糖溶液、2%淀粉溶液各 1ml，不要振摇，放入 50～60℃水浴加热，观察并记录实验现象。实验完毕后将生成的银镜用稀硝酸处理。

2. 与斐林试剂反应 取 5 支干净的试管，分别加入 0.5ml 斐林试剂 A 和 0.5ml 斐林试剂 B，振荡均匀，再分别加入 2%葡萄糖溶液、2%果糖溶液、2%麦芽糖溶液、2%蔗糖溶液、2%淀粉溶液各 1ml，摇匀后，在沸水中加热几分钟，观察并记录实验现象。

3. 与班氏试剂反应 取 5 支干净的试管，分别加入 1ml 班氏试剂，再分别加入 2%葡萄糖溶液、2%果糖溶液、2%麦芽糖溶液、2%蔗糖溶液、2%淀粉溶液各 0.5ml，摇匀后，观察并记录实验现象，

（三）糖脎的生产及晶形的观察

取 4 支干净的试管，分别加入 2ml 苯肼试剂，再分别加入 2%葡萄糖溶液、2%果糖溶液、2%麦芽糖溶液、2%蔗糖溶液各 0.5ml，在沸水浴加热并不断振荡，冷却后观察并记录反应现象，比较生成糖脎的速率，记录成脎时间，并在显微镜下观察糖脎的晶形。

（四）颜色反应

1. 莫立许反应 取 5 支干净的试管，分别加入 2%葡萄糖溶液、2%果糖溶液、2%麦芽糖溶液、

2% 蔗糖溶液、2% 淀粉溶液各 1ml，再各滴加 2 滴 α-萘酚乙醇试剂，摇匀将试管倾斜，沿试管壁慢慢加入 1ml 浓硫酸（且勿摇动），观察并记录现象。

2. 塞利凡诺夫实验 取 4 支干净的试管，分别加入 1ml 间苯二酚 - 盐试剂，再分别加入 2% 葡萄糖溶液、2% 果糖溶液、2% 麦芽糖溶液、2% 蔗糖溶液各 1ml，摇匀，在沸水浴中加热，观察并记录出现颜色及其快慢。

（五）淀粉的性质

1. 淀粉的特性 取 1 支试管加入 10 滴 2% 淀粉溶液和 1ml 蒸馏水，再加入 1 滴 0.1% 碘溶液，观察并记录反应现象。

2. 淀粉的水解 取 1 支试管加入 2% 淀粉溶液 3ml、浓硫酸 5 滴，水浴煮沸 10 分钟后，继续加热，每隔 2 分钟取水解液放在点滴板上，再加入 0.1% 碘溶液 1 滴，观察并记录反应现象，待水解液与碘试液不显颜色时，放冷，用 10% NaOH 溶液调至碱性。

取两支干净的试管，分别加入 2% 淀粉溶液 1ml 和淀粉水解液，再分别加入 1ml 班氏试剂，水浴加入，观察并记录反应现象。

五、注意事项

1. 旋光仪使用前必须预热 20 分钟。
2. 托伦试剂必须现配现用，否则会影响实验结果。
3. 苯肼毒性较大，且易挥发，使用时应用棉花堵塞试管口。如果皮肤不慎接触苯肼，应该先用 5% 醋酸清洗，再用肥皂洗涤。
4. 所有用的糖都必须纯净。

六、思考题

1. 试设计鉴别葡萄糖、果糖、麦芽糖、蔗糖、淀粉实验方案。
2. 在糖的还原性实训中，蔗糖与班氏试剂或斐林试剂长时间加热，有时也会出现阳性结果，如何解释这一现象？

（吕　佳）

实验十三　叔丁基氯的制备

一、实验目的

1. 掌握　叔丁基氯的制备原理及方法。
2. 能熟练操作回流、蒸馏和分液漏斗。
3. 培养学生的安全意识、环保意识和良好的实验习惯。

二、实验原理

醇和氢卤酸作用生成卤代烃的反应称为亲核取代反应。本实验采用叔醇和浓盐酸作用生成叔丁基氯。

主反应：

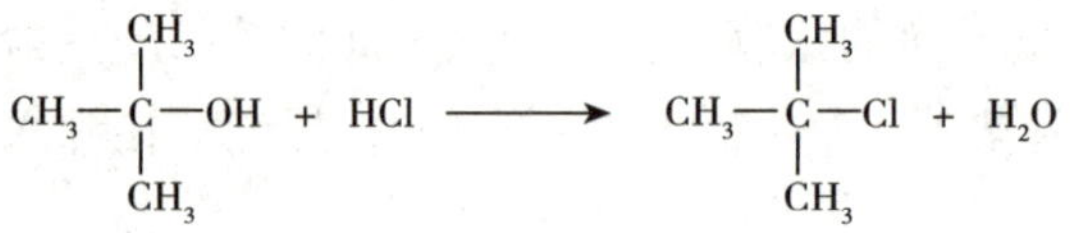

主要副反应：

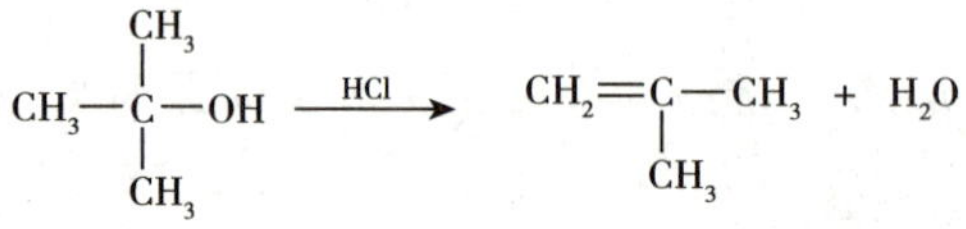

醇和氢卤酸作用必须在酸性条件下进行，同一种醇与不同的氢卤酸作用，反应活性为：氢碘酸 > 氢溴酸 > 盐酸。当无机酸相同时，不同的醇反应活性为：叔醇 > 仲醇 > 伯醇。

三、实验器材

1. 仪器 圆底烧瓶，磁力搅拌器，球形冷凝管，梨型分液漏斗，烧杯，锥形瓶，量筒，电子天平，铁架台，铁圈。

2. 试剂 叔丁醇，浓盐酸，饱和碳酸钠溶液，饱和氯化钠，无水硫酸镁，pH 试纸。

3. 常用试剂的物理常数

试剂名称	分子式	分子量（g/mol）	密度（g/cm^3）	熔点（℃）	沸点（℃）
叔丁醇	$C_4H_{10}O$	74.12	0.7858	25.80	82.40
叔丁基氯	C_4H_9Cl	92.57	0.8511	-25.40	51.50
浓盐酸	HCl	36.45	1.189	-27.32	48.00

四、实验内容

1. 实验装置图

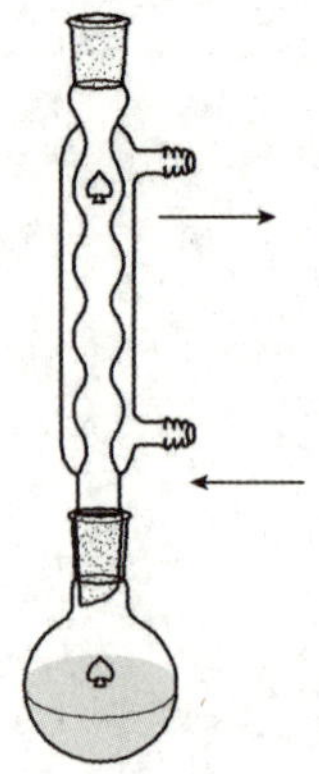

回流装置图

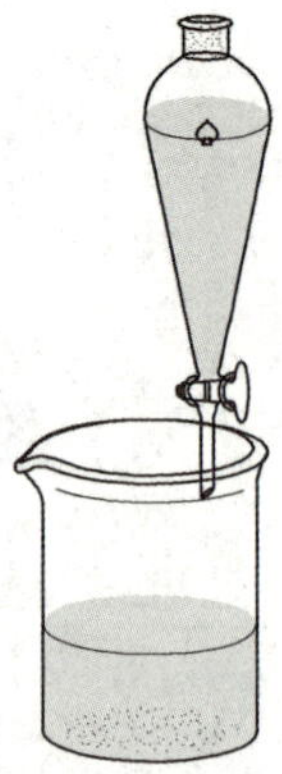

萃取装置图

2. 叔丁基氯的合成 分别量取叔丁醇 20ml、盐酸 40ml，加入干燥圆底烧瓶，加入转子，安装回流装置，常温下打开磁力搅拌器，反应持续 40 分钟。

3. 叔丁基氯的精制

（1）将反应液倒入梨型分液漏斗中，放在铁圈上静置分层，分离弃去下层（水层）。

（2）用量筒量取饱和碳酸钠溶液 20ml，倒入分液漏斗里，振荡、洗涤、静置分层，弃去水层。

（3）按照（2）再重复洗涤一次，直至有机层为中性（可用 pH 试纸检验）。

（4）用量筒量取 15ml 饱和氯化钠，倒入分液漏斗里，振荡、洗涤、静置分层，弃去水层。

（5）将分液漏斗的有机层转移至锥形瓶，加入无水硫酸镁约 2g，静置干燥 10 分钟，将上清液小心倒入小量筒中，量取体积，计算产率，并将产品回收。

五、数据记录和处理

V 叔丁醇（ml）	V 盐酸（ml）	V 氯代叔丁烷（ml）	收率（以叔丁醇计，%）

六、注意事项

1. 盐酸具有腐蚀性，量取时戴手套，做好皮肤防护；氯化氢气体易挥发，具有黏膜刺激作用，必须在通风橱里操作。
2. 叔丁醇的熔点为 25℃，如果凝固，需在温水中温热融化后取用。
3. 分液漏斗使用过程需及时排气，分离的水层具有一定的腐蚀性，请做好防护工作。
4. 用碳酸钠溶液洗涤时，要小心操作，注意及时放气。

七、思考题

1. 有机层加入饱和碳酸钠溶液的作用是什么？
2. 有机层加入饱和氯化钠溶液的作用是什么？能否使用饱和氯化钙溶液代替？

（王　静）

实验十四　乙酸乙酯的制备

一、实验目的

1. 掌握　酯化反应原理及乙酸乙酯的制备方法；蒸馏、回流和萃取装置的安装与操作技术。
2. 培养学生安全意识、严谨的科研态度和环保意识。

二、实验原理

酸与醇作用生成酯和水的反应称为酯化反应。在浓硫酸催化下，乙酸和乙醇反应生成乙酸乙酯，主反应为：

$$CH_3COOH + CH_3CH_2OH \underset{\triangle}{\overset{浓H_2SO_4}{\rightleftharpoons}} CH_3COOCH_2CH_3 + H_2O$$

主要副反应：

$$2CH_3CH_2OH \underset{\triangle}{\overset{浓H_2SO_4}{\rightleftharpoons}} CH_3CH_2OCH_2CH_3 + H_2O$$

$$CH_3CH_2OH \underset{\triangle}{\overset{浓H_2SO_4}{\rightleftharpoons}} CH_2{=}CH_2 + H_2O$$

酯化反应是一个可逆反应，为了提高酯的产量，必须使化学反应平衡尽量向右移动。为此常采用的方法是加入过量的醇或酸，也可以不断移去反应中生成的酯和水。本实验使用过量的乙醇和乙酸作用，以浓硫酸作催化剂，控制温度在110～120℃。初馏液中含有乙酸乙酯外，还有醚、水以及没有反应的乙酸和乙醇等。依次采用碳酸钠溶液洗涤除去酸，饱和氯化钠溶液除去过量的碳酸钠，饱和氯化钙溶液洗涤除醇，无水硫酸镁干燥除去少量水，最终蒸馏纯化。

三、实验器材

1. 仪器 圆底烧瓶（100ml），球形冷凝管，直形冷凝管，梨形分液漏斗，150℃温度计，蒸馏头，接液管，锥形瓶，橡皮管，电热套，升降台，铁架台，铁架、铁圈。

2. 试剂 无水乙醇，冰醋酸，浓硫酸，饱和碳酸钠溶液，饱和氯化钠溶液，饱和氯化钙溶液，无水硫酸镁，pH 试纸

3. 常用试剂的物理常数

试剂名称	分子式	分子量（g/mol）	密度（g/cm^3）	熔点（℃）	沸点（℃）
乙醇	C_2H_6O	46.07	0.7893	-114.3	78.4
乙酸	$C_2H_4O_2$	60.05	1.0492	16.7	117.9
浓硫酸	H_2SO_4	98.08	1.8305	10.5	338.8
乙酸乙酯	$C_4H_8O_2$	88.17	0.9003	-83.58	77.06
乙醚	$C_4H_{10}O$	74.12	0.7138	-116.2	34.6
乙烯	C_2H_4	28.05	0.566（-162）	-169.2	-103.7

四、实验内容

1. 实验装置图

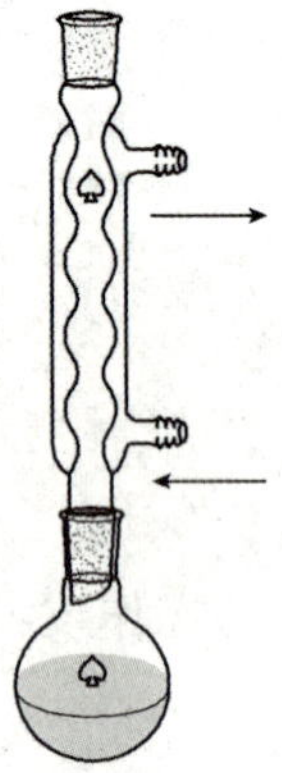

回流装置图

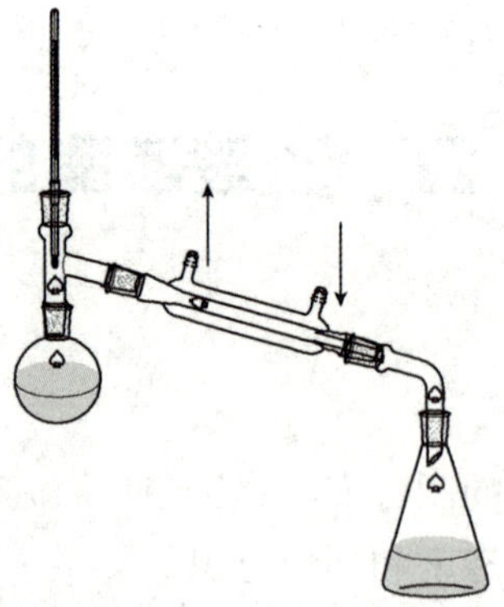

蒸馏装置图

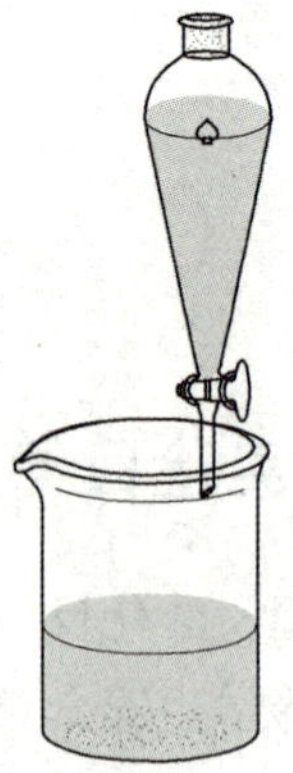

萃取装置图

2. 酯化反应 在100ml圆底烧瓶加入28.0ml无水乙醇、18.0ml冰醋酸，在不断振动过程中，慢慢滴加2.0ml浓硫酸，摇匀，再向烧瓶里加入2～3粒沸石。安装回流装置，控制温度在110～120℃，加热回流40分钟。

将反应液稍微冷却，重新再向烧瓶中加入2粒沸石，将回流装置改成蒸馏装置，在60～80℃时控制蒸馏速度为2～3滴/秒，加热蒸馏10分钟，收集乙酸乙酯粗品。

3. 纯化 取15ml饱和碳酸钠溶液加入收集的乙酸乙酯粗品中，不断振动，用pH试纸检验上层酯层，若仍呈酸性，则再用饱和碳酸钠溶液洗涤，直至不再呈酸性为止；然后将溶液倒入分液漏斗中，加

入10ml饱和氯化钠溶液，不断振动，静止分层、弃去下层水溶液。再取10ml饱和氯化钙溶液倒入分液漏斗中，不断振动，静止分层、弃去下层水溶液。最后将上层的乙酸乙酯倒入干燥的小锥形瓶中，加入2g无水硫酸镁干燥5分钟。

4. 蒸馏 将干燥好的粗乙酸乙酯转移至50ml的蒸馏烧瓶中，加入2～3粒沸石，加入蒸馏，收集74～84℃的馏分。量取乙酸乙酯体积，记录数据，并计算收率，最后回收乙酸乙酯。

五、数据记录和处理

V乙酸（ml）	V乙醇（ml）	V乙酸乙酯（ml）	收率（以乙酸计，%）

六、注意事项

1. 乙醇与浓硫酸的混合，一定要振荡均匀，否则会影响浓硫酸的催化效果。
2. 加热温度过高，会增加副产物乙醚的生成量。
3. 溜出液中除含有乙酸乙酯、水以外，还含有没反应完全的乙酸、乙醇，以及产生的主要副产物乙醚、乙烯等。
4. 不要加入过多的碱液，否则下一步用氯化钙溶液处理时，会生成大量白色絮状碳酸钙沉淀。
5. 用饱和食盐水洗涤除去酯层残存的碳酸钠，而且酯在盐水中的溶解度小，可降低水洗涤造成的损失。

七、思考题

1. 酯化反应有什么特点？本实验如何创造条件使酯化反应尽量向生成物方向进行？
2. 在本实验中，硫酸起什么作用？为什么要用过量的乙醇？
3. 反应后的粗产品中含有哪些杂质？是如何除去的？各步洗涤的目的是什么？

（王广珠）

附　录

附录一　国际单位制的基本单位

物理量的名称	单位名称	单位符号
长度（L）	米（meter）	m
质量（m）	千克（kilogram）	kg
时间（t）	秒（second）	s
电流（I）	安［培］（Ampere）	A
热力学温度（T）	开［尔文］（Kelvin）	K
物质的量（n）	摩［尔］（mole）	mol
发光强度（Iv，I）	坎［德拉］（candela）	cd

附录二　常用国际原子量表（2013 年）

元素	符号	相对原子质量	元素	符号	相对原子质量	元素	符号	相对原子质量
氢	H	1.008	铌	Nb	92.906	铊	Tl	204.38
氦	He	4.0026	钼	Mo	95.95	铅	Pb	207.2
锂	Li	6.94	锝	Tc	97.907	铋	Bi	208.980
铍	Be	9.0122	钌	Ru	101.07	钋	Po	[208.982]
硼	B	10.811	铑	Rh	102.906	砹	At	[209.987]
碳	C	12.011	钯	Pd	106.42	氡	Rn	[222.018]
氮	N	14.007	银	Ag	107.868	钫	Fr	[223.020]
氧	O	15.999	镉	Cd	112.414	镭	Ra	[226.026]
氟	F	18.998	铟	In	114.818	锕	Ac	[227.028]
氖	Ne	20.180	锡	Sn	118.710	钍	Th	232.038
钠	Na	22.990	锑	Sb	121.760	镤	Pa	231.036
镁	Mg	24.305	碲	Te	127.60	铀	U	238.029
铝	Al	26.982	碘	I	126.904	镎	Np	[237.048]
硅	Si	28.085	氙	Xe	131.293	钚	Pu	[244.064]
磷	P	30.974	铯	Cs	132.905	镅	Am	[243.061]
硫	S	32.066	钡	Ba	137.327	锔	Cm	[247.0704]
氯	Cl	35.453	镧	La	138.905	锫	Bk	[247.0703]
氩	Ar	39.948	铈	Ce	140.116	锎	Cf	[251.080]
钾	K	39.098	镨	Pr	140.907	锿	Es	[252.083]
钙	Ca	40.078	钕	Nd	144.242	镄	Fm	[257.095]
钪	Sc	44.956	钷	Pm	[144.913]	钔	Md	[258.098]

续表

元素	符号	相对原子质量	元素	符号	相对原子质量	元素	符号	相对原子质量
钛	Ti	47.867	钐	Sm	150.36	锘	No	[259.103]
钒	V	50.942	铕	Eu	151.964	铹	Lr	[262.110]
铬	Cr	51.996	钆	Gd	157.25	𬬻	Rf	[261.109]
锰	Mn	54.938	铽	Tb	158.925	𬭊	Db	[262.114]
铁	Fe	55.845	镝	Dy	162.500	𬭳	Sg	[233.122]
钴	Co	58.933	钬	Ho	164.930	𬭛	Bh	[264.125]
镍	Ni	58.693	铒	Er	167.259	𬭶	Hs	[277.152]
铜	Cu	63.546	铥	Tm	168.934	鿏	Mt	[268.139]
锌	Zn	65.38	镱	Yb	173.045	𫟼	Ds	[281.165]
镓	Ga	69.723	镥	Lu	174.967	𬬭	Rg	[272.153]
锗	Ge	72.630	铪	Hf	178.49	鿔	Cn	[285.177]
砷	As	74.922	钽	Ta	180.948	鿭	Nh	[286.182]
硒	Se	78.971	钨	W	183.84	𫓧	Fl	[289.190]
溴	Br	79.904	铼	Re	186.207	镆	Mc	[289.194]
氪	Kr	83.798	锇	Os	190.23	𫟷	Lv	[293.204]
铷	Rb	85.468	铱	Ir	192.217	石田	Ts	[293.208]
锶	Sr	87.62	铂	Pt	195.084	气奥	Og	[294.214]
钇	Y	88.906	金	Au	196.967			
锆	Zr	91.224	汞	Hg	200.592			

附录三　常见化合物的相对分子质量

化合物	分子式	相对分子质量	化合物	分子式	相对分子质量
过氧化氢	H_2O_2	34.01	碳酸氢钠	$NaHCO_3$	84.01
氧化铝	Al_2O_3	101.96	碳酸钠	Na_2CO_3	105.99
氧化砷	As_2O_3	197.84	碳酸钙	$CaCO_3$	100.09
氧化亚铁	FeO	71.85	碳酸镁	$MgCO_3$	84.31
氧化铁	Fe_2O_3	159.69	高锰酸钾	$KMnO_4$	158.03
氧化锌	ZnO	81.39	重铬酸钾	$K_2Cr_2O_7$	294.18
氧化镁	MgO	95.21	氨水	$NH_3.H_2O$	35.05
氧化钙	CaO	56.08	氢氧化钠	NaOH	40.00
盐酸	HCl	36.46	氢氧化钾	KOH	56.11
氯化钠	NaCl	58.44	氢氧化镁	$Mg(OH)_2$	58.32
氯化镁	$MgCl_2$	95.21	氢氧化铝	$Al(OH)_3$	78.00
氯化铵	NH_4Cl	53.49	乙醇	C_2H_6O	46.07
氯化钙	$CaCl_2$	110.98	叔丁醇	$C_4H_{10}O$	74.12
氯化银	AgCl	143.32	叔丁基氯	C_4H_9Cl	92.57
溴化钠	NaBr	102.89	乙酸	$C_2H_4O_2$	60.05
碘化钾	KI	166.00	草酸	$H_2C_2O_4$	90.04
硝酸	HNO_3	63.02	草酸钠	$Na_2C_2O_4$	134.00

续表

化合物	分子式	相对分子质量	化合物	分子式	相对分子质量
硝酸银	$AgNO_3$	169.87	乙醚	$C_4H_{10}O$	74.12
硫酸	H_2SO_4	98.09	乙酸乙酯	$C_4H_8O_2$	88.17
硫酸钠	Na_2SO_4	142.04	乙酐	$C_4H_6O_3$	102.09
硫酸钡	$BaSO_4$	233.39	邻苯二甲酸氢钾	$KHC_8H_4O_4$	204.44
硫酸铜	$CuSO_4$	159.21	维生素 C	$C_6H_8O_6$	176.12
结晶硫酸铜	$CuSO_4 \cdot 5H_2O$	249.68	水杨酸	$C_6H_7O_3$	138.12
硫铁矿	$FeSO_4 \cdot 7H_2O$	278.01	阿司匹林	$C_9H_8O_4$	180.17
亚硫酸	H_2SO_3	82.08	对氨基苯酚	C_6H_7NO	109.13
亚硫酸氢钠	$NaHSO_3$	104.06	对乙酰氨基酚	$C_8H_9NO_2$	151.17
碳酸	H_2CO_3	62.03	苯甲酸	$C_7H_6O_2$	122.12

附录四　弱酸和弱碱在水中的解离常数（298.15K）

名称	分子式	电离常数 K	pK
砷酸	H_3AsO_4	$K_1=5.8\times10^{-3}$	2.24
		$K_2=1.1\times10^{-7}$	6.96
		$K_3=3.2\times10^{-12}$	11.50
亚砷酸	H_3AsO_3	6.0×10^{-10}	9.23
醋酸	CH_3COOH	1.76×10^{-5}	4.75
甲酸	$HCOOH$	1.80×10^{-4}	3.75
碳酸	H_2CO_3	$K_1=4.3\times10^{-7}$	6.37
		$K_2=5.61\times10^{-11}$	10.25
铬酸	H_2CrO_4	$K_1=1.8\times10^{-1}$	0.74
		$K_2=3.20\times10^{-7}$	6.49
氢氟酸	HF	3.53×10^{-4}	3.45
氢氰酸	HCN	4.93×10^{-10}	9.31
氢硫酸	H_2S	$K_1=9.5\times10^{-8}$	7.02
		$K_2=7.1\times10^{-15}$	14.15
过氧化氢	H_2O_2	2.4×10^{-12}	11.62
次溴酸	$HBrO$	2.06×10^{-9}	8.69
次氯酸	$HClO$	3.0×10^{-8}	7.53
次碘酸	HIO	2.3×10^{-11}	10.64
碘酸	HIO_3	1.69×10^{-1}	0.77
高碘酸	HIO_4	2.3×10^{-2}	1.64
亚硝酸	HNO_2	7.1×10^{-4}	3.16
磷酸	H_3PO_4	$K_1=7.52\times10^{-3}$	2.12
		$K_2=6.23\times10^{-8}$	7.21
		$K_3=2.2\times10^{-13}$	12.66

续表

名称	分子式	电离常数 K	pK
硫酸	H_2SO_4	1.02×10^{-2}	1.91
亚硫酸	H_2SO_3	$K_1=1.23\times10^{-2}$ $K_2=6.6\times10^{-8}$	1.91 7.18
草酸	$H_2C_2O_4$	$K_1=5.9\times10^{-2}$ $K_2=6.4\times10^{-5}$	1.23 4.19
酒石酸	$H_2C_4H_4O_6$	$K_1=9.2\times10^{-4}$ $K_2=4.31\times10^{-5}$	3.036 4.366
柠檬酸	$H_3C_6H_5O_7$	$K_1=7.44\times10^{-4}$ $K_2=1.73\times10^{-5}$ $K_3=4.0\times10^{-7}$	3.13 4.76 6.40
苯甲酸	C_6H_5COOH	6.46×10^{-5}	4.19
苯酚	C_6H_5OH	1.1×10^{-10}	9.95
氨水	$NH_3\cdot H_2O$	1.76×10^{-5}	4.75
氢氧化钙	$Ca(OH)_2$	$K_1=3.74\times10^{-3}$ $K_2=4.0\times10^{-2}$	2.43 1.40
氢氧化铅	$Pb(OH)_2$	9.6×10^{-4}	3.02
氢氧化银	AgOH	1.1×10^{-4}	3.96
氢氧化锌	$Zn(OH)_2$	9.6×10^{-4}	3.02
羟胺	NH_2OH	9.1×10^{-9}	8.04
苯胺	$C_6H_5NH_2$	4.6×10^{-10}	9.34
乙二胺	$H_2NCH_2CH_2NH_2$	$K_1=8.5\times10^{-5}$ $K_2=7.1\times10^{-8}$	4.07 7.15

附录五　常用电对的标准电极电势（298.15K）

电极反应				φ^θ(V)
氧化形	电子数		还原形	
F_2(气) $+2H^+$	$+2e$	$\rightleftharpoons$	2HF	3.06
O_3+2H^+	$+2e$	$\rightleftharpoons$	O_2+H_2O	2.07
$S_2O_8^{2-}$	$+2e$	$\rightleftharpoons$	$2SO_4^{2-}$	2.01
$H_2O_2+2H^+$	$+2e$	$\rightleftharpoons$	$2H_2O$	1.77
PbO_2(固) $+SO_4^{2-}+4H^+$	$+2e$	$\rightleftharpoons$	$PbSO_4$(固) $+2H_2O$	1.685
$HClO_2+2H^+$	$+2e$	$\rightleftharpoons$	$HClO+H_2O$	1.64
$HClO+H^+$	$+2e$	$\rightleftharpoons$	$1/2Cl_2+H_2O$	1.63
Ce^{4+}	$+e$	$\rightleftharpoons$	Ce^{3+}	1.61
$HBrO+H^+$	$+e$	$\rightleftharpoons$	$1/2Br_2+H_2O$	1.59
$BrO_3^-+6H^+$	$+5e$	$\rightleftharpoons$	$1/2Br_2+H_2O$	1.52
$MnO_4^-+8H^+$	$+5e$	$\rightleftharpoons$	$Mn^{2+}+4H_2O$	1.51
Au^{3+}	$+3e$	$\rightleftharpoons$	Au	1.50
$HClO+H^+$	$+2e$	$\rightleftharpoons$	Cl^-+H_2O	1.49

续表

电极反应				φ^{θ}(V)
氧化形	电子数		还原形	
$ClO_3^- + 6H^+$	+5e	⇌	$1/2Cl_2 + 3H_2O$	1.47
PbO_2(固) $+ 4H^+$	+2e	⇌	$Pb^{2+} + 2H_2O$	1.455
$HIO + H^+$	+e	⇌	$1/2I_2 + H_2O$	1.45
$ClO_3^- + 6H^+$	+6e	⇌	$Cl^- + 3H_2O$	1.45
$BrO_3^- + 6H^+$	+6e	⇌	$Br^- + 3H_2O$	1.44
Au^{3+}	+2e	⇌	Au^+	1.41
Cl_2(气)	+2e	⇌	$2Cl^-$	1.3595
$ClO_4^- + 8H^+$	+7e	⇌	$1/2Cl_2 + 4H_2O$	1.34
$Cr_2O_7^{2-} + 14H^+$	+6e	⇌	$2Cr^{3+} + 7H_2O$	1.33
MnO_2(固) $+ 4H^+$	+2e	⇌	$Mn^{2+} + 2H_2O$	1.23
O_2(气) $+ 4H^+$	+4e	⇌	$2H_2O$	1.229
$IO_3^- + 6H^+$	+5e	⇌	$1/2I_2 + 3H_2O$	1.20
$ClO_4^- + 2H^+$	+2e	⇌	$ClO_3^- + H_2O$	1.19
Br_2(水)	+2e	⇌	$2Br^-$	1.087
$NO_2 + H^+$	+e	⇌	HNO_2	1.07
Br_3^-	+2e	⇌	$3Br^-$	1.05
$HNO_2 + H^+$	+e	⇌	NO(气) $+ H_2O$	1.00
$HIO + H^+$	+2e	⇌	$I^- + H_2O$	0.99
$NO_3^- + 3H^+$	+2e	⇌	$HNO_2 + H_2O$	0.94
$ClO^- + H_2O$	+2e	⇌	$Cl^- + 2OH^-$	0.89
H_2O_2	+2e	⇌	$2OH^-$	0.88
$Cu^{2+} + I^-$	+e	⇌	CuI(固)	0.86
Hg^{2+}	+2e	⇌	Hg	0.845
$NO_3^- + 2H^+$	+e	⇌	$NO_2 + H_2O$	0.80
Ag^+	+e	⇌	Ag	0.7996
Hg_2^{2+}	+2e	⇌	$2Hg$	0.793
Fe^{3+}	+e	⇌	Fe^{2+}	0.771
$BrO^- + H_2O$	+2e	⇌	$Br^- + 2OH^-$	0.76
O_2(气) $+ 2H^+$	+2e	⇌	H_2O_2	0.682
$AsO_2^- + 2H_2O$	+2e	⇌	$As + 4OH^-$	0.68
$2HgCl_2$	+2e	⇌	Hg_2Cl_2(固) $+ 2Cl^-$	0.63
Hg_2SO_4(固)	+2e	⇌	$2Hg + SO_4^{2-}$	0.6151
$MnO_4^- + 2H_2O$	+3e	⇌	MnO_2(固) $+ 4OH^-$	0.588
MnO_4^-	+e	⇌	MnO_4^{2-}	0.564
$H_3AsO_4 + 2H^+$	+2e	⇌	$HAsO_2 + 2H_2O$	0.559
I_3^-	+2e	⇌	$3I^-$	0.545
I_2(固)	+2e	⇌	$2I^-$	0.535
Mo(Ⅵ)	+e	⇌	Mo(Ⅴ)	0.53
Cu^+	+e	⇌	Cu	0.52

续表

电极反应				φ^{θ}(V)
氧化形	电子数		还原形	
$4SO_2$(水)$+4H^+$	$+6e$	$\rightleftharpoons$	$S_4O_6^{2-}+2H_2O$	0.51
$HgCl_4^{2-}$	$+2e$	$\rightleftharpoons$	$Hg+4Cl^-$	0.48
$2SO_2$(水)$+2H^+$	$+4e$	$\rightleftharpoons$	$S_2O_3^{2-}+H_2O$	0.40
$Fe(CN)_6^{3-}$	$+e$	$\rightleftharpoons$	$Fe(CN)_6^{4-}$	0.36
Cu^{2+}	$+2e$	$\rightleftharpoons$	Cu	0.3419
$VO^{2+}+2H^+$	$+e$	$\rightleftharpoons$	$V^{3+}+H_2O$	0.337
BiO^++2H^+	$+3e$	$\rightleftharpoons$	$Bi+H_2O$	0.32
Hg_2Cl_2(固)	$+2e$	$\rightleftharpoons$	$2Hg+2Cl^-$	0.2676
$HAsO_2+3H^+$	$+3e$	$\rightleftharpoons$	$As+2H_2O$	0.248
$AgCl$(固)	$+e$	$\rightleftharpoons$	$Ag+Cl^-$	0.2223
SbO^++2H^+	$+3e$	$\rightleftharpoons$	$Sb+H_2O$	0.212
$SO_4^{2-}+4H^+$	$+2e$	$\rightleftharpoons$	SO_2(水)$+2H_2O$	0.17
Cu^{2+}	$+e$	$\rightleftharpoons$	Cu^+	0.153
Sn^{4+}	$+2e$	$\rightleftharpoons$	Sn^{2+}	0.151
$S+2H^+$	$+2e$	$\rightleftharpoons$	H_2S(气)	0.141
Hg_2Br_2	$+2e$	$\rightleftharpoons$	$2Hg+2Br^-$	0.1395
$TiO^{2+}+2H^+$	$+e$	$\rightleftharpoons$	$Ti^{3+}+H_2O$	0.1
$S_4O_6^{2-}$	$+2e$	$\rightleftharpoons$	$2S_2O_3^{2-}$	0.08
$AgBr$(固)	$+e$	$\rightleftharpoons$	$Ag+Br^-$	0.071
$2H^+$	$+2e$	$\rightleftharpoons$	H_2	0.000
O_2+H_2O	$+2e$	$\rightleftharpoons$	$HO_2^-+OH^-$	−0.067
$TiOCl^++2H^++3Cl^-$	$+e$	$\rightleftharpoons$	$TiCl_4^-+H_2O$	−0.09
Pb^{2+}	$+2e$	$\rightleftharpoons$	Pb	−0.126
Sn^{2+}	$+2e$	$\rightleftharpoons$	Sn	−0.136
AgI(固)	$+e$	$\rightleftharpoons$	$Ag+I^-$	−0.152
Ni^{2+}	$+2e$	$\rightleftharpoons$	Ni	−0.246
$H_3PO_4+2H^+$	$+2e$	$\rightleftharpoons$	$H_3PO_3+H_2O$	−0.276
Co^{2+}	$+2e$	$\rightleftharpoons$	Co	−0.277
Tl^+	$+e$	$\rightleftharpoons$	Tl	−0.3360
In^{3+}	$+3e$	$\rightleftharpoons$	In	−0.345
$PbSO_4$(固)	$+2e$	$\rightleftharpoons$	$Pb+SO_4^{2-}$	−0.3553
$SeO_3^{2-}+3H_2O$	$+4e$	$\rightleftharpoons$	$Se+6OH^-$	−0.366
$As+3H^+$	$+3e$	$\rightleftharpoons$	AsH_3	−0.38
$Se+2H^+$	$+2e$	$\rightleftharpoons$	H_2Se	−0.40
Cd^{2+}	$+2e$	$\rightleftharpoons$	Cd	−0.403
Cr^{3+}	$+e$	$\rightleftharpoons$	Cr^{2+}	−0.41
Fe^{2+}	$+2e$	$\rightleftharpoons$	Fe	−0.447
S	$+2e$	$\rightleftharpoons$	S^{2-}	−0.48
$2CO_2+2H^+$	$+2e$	$\rightleftharpoons$	$H_2C_2O_4$	−0.49
$H_3PO_3+2H^+$	$+2e$	$\rightleftharpoons$	$H_3PO_2+H_2O$	−0.50

续表

电极反应				φ^{θ}(V)
氧化形	电子数		还原形	
$Sb+3H^+$	+3e	⇌	SbH_3	-0.51
$HPbO_2^-+H_2O$	+2e	⇌	$Pb+3OH^-$	-0.54
Ga^{3+}	+3e	⇌	Ga	-0.56
$TeO_3^{2-}+3H_2O$	+4e	⇌	$Te+6OH^-$	-0.57
$2SO_3^{2-}+3H_2O$	+4e	⇌	$S_2O_3^{2-}+6OH^-$	-0.58
$SO_3^{2-}+3H_2O$	+4e	⇌	$S+6OH^-$	-0.66
$AsO_4^{3-}+2H_2O$	+2e	⇌	$AsO_2^-+4OH^-$	-0.67
Ag_2S(固)	+2e	⇌	$2Ag+S^{2-}$	-0.69
Zn^{2+}	+2e	⇌	Zn	-0.762
$2H_2O$	+2e	⇌	H_2+2OH^-	-0.828
Cr^{2+}	+2e	⇌	Cr	-0.91
$HSnO_2^-+H_2O$	+2e	⇌	$Sn+3OH^-$	-0.91
Se	+2e	⇌	Se^{2-}	-0.92
$Sn(OH)_6^{2-}$	+2e	⇌	$HSnO_2^-+H_2O+3OH^-$	-0.93
CNO^-+H_2O	+2e	⇌	CN^-+2OH^-	-0.97
Mn^{2+}	+2e	⇌	Mn	-1.182
$ZnO_2^{2-}+2H_2O$	+2e	⇌	$Zn+4OH^-$	-1.216
Al^{3+}	+3e	⇌	Al	-1.66
$H_2AlO_3^-+H_2O$	+3e	⇌	$Al+4OH^-$	-2.35
Mg^{2+}	+2e	⇌	Mg	-2.37
Na^+	+e	⇌	Na	-2.714
Ca^{2+}	+2e	⇌	Ca	-2.87
Sr^{2+}	+2e	⇌	Sr	-2.89
Ba^{2+}	+2e	⇌	Ba	-2.90
K^+	+e	⇌	K	-2.925
Li^+	+e	⇌	Li	-3.042

附录六 常用标准 pH 溶液的配制（298.15K）

名称	配制方法
草酸三氢钾溶液(0.05mol/L)	称取在54℃±3℃下烘干4~5小时的草酸三氢钾 $KH_3(C_2O_4)_2\cdot 2H_2O$ 12.61g，溶于蒸馏水，在容量瓶中稀释至1000ml
25℃饱和酒石酸氢钾溶液	在磨口玻璃瓶中装入蒸馏水和过量的酒石酸氢钾($KHC_8H_4O_6$)粉末(约20g/1000ml)，控制温度在25℃±5℃，剧烈振摇20~30分钟，溶液澄清后，取上清液
邻苯二甲酸氢钾溶液(0.05mol/L)	称取先在115℃±5℃下烘干2~3小时的邻苯二甲酸氢钾($KHC_4H_4O_4$)10.12g，溶于蒸馏水，在容量瓶中稀释至1000ml
磷酸二氢钾(0.025mol/L)和磷酸氢二钠(0.025mol/L)混合溶液	分别称取先在115℃±5℃下烘干的2~3小时的磷酸氢二钠(Na_2HPO_4)3.53g和磷酸二氢钾(KH_2PO_4)3.39g，溶于蒸馏水，在容量瓶中稀释至1000ml
0.01mol/L硼砂溶液	称取硼砂($Na_2B_4O_7\cdot 10H_2O$)3.80g，(注意：不能烘)，溶于蒸馏水，在容量瓶中稀释至1000ml
25℃饱和氢氧化钙溶液	在玻璃磨口瓶或聚乙烯塑料瓶中装入蒸馏水和过量的氢氧化钙[$Ca(OH)_2$]粉末(5~10g/1000ml)，控制温度在25℃±5℃，剧烈振摇20~30分钟，迅速用抽滤法滤清液备用

附录七 常见难溶化合物的溶度积常数（298.15K）

分子式	化合物	K_{sp}	分子式	化合物	K_{sp}
AgBr	溴化银	5.35×10^{-13}	CuS	硫化铜	6.3×10^{-36}
AgCl	氯化银	1.77×10^{-10}	CuI	碘化铜	1.1×10^{-12}
AgCN	氰化银	1.2×10^{-16}	$Fe(OH)_2$	氢氧化亚铁	8.0×10^{-16}
Ag_2CO_3	碳酸银	8.45×10^{-12}	$Fe(OH)_3$	氢氧化铁	4.0×10^{-38}
Ag_2CrO_4	铬酸银	1.12×10^{-12}	FeS	硫化亚铁	1.59×10^{-19}
AgI	碘化银	8.51×10^{-17}	Hg_2Br_2	溴化亚汞	5.6×10^{-23}
Ag_2S	硫化银	6.3×10^{-50}	Hg_2Cl_2	氯化亚汞	1.45×10^{-18}
Ag_2SO_4	硫酸银	1.4×10^{-5}	Hg_2I_2	碘化亚汞	4.5×10^{-29}
AgSCN	硫氰化银	1.03×10^{-12}	$MgCO_3$	碳酸镁	6.82×10^{-6}
$Al(OH)_3$	氢氧化铝	1.3×10^{-33}	$Mg(OH)_2$	氢氧化镁	1.8×10^{-11}
$AlPO_4$	磷酸铝	9.84×10^{-21}	$PbCl_2$	氯化铅	1.6×10^{-5}
$BaCO_3$	碳酸钡	2.58×10^{-9}	$PbCO_3$	碳酸铅	7.4×10^{-14}
$BaSO_4$	硫酸钡	1.07×10^{-10}	PbS	硫化铅	8.0×10^{-28}
$Ba(OH)_2$	氢氧化钡	6.92×10^{-22}	PbI_2	碘化铅	7.1×10^{-9}
$CaCO_3$	碳酸钙	3.36×10^{-9}	$Pb(OH)_2$	氢氧化铅	1.2×10^{-15}
$CaC_2O_4\cdot H_2O$	一水草酸钙	2.34×10^{-9}	$Zn(OH)_2$	氢氧化锌	1.2×10^{-17}
$Ca(OH)_2$	氢氧化钙	5.02×10^{-6}	ZnS	硫化锌	1.2×10^{-23}

附录八 常见金属离子配合物的稳定常数（298.15K）

分子式	$K_稳$	Log$K_稳$	分子式	$K_稳$	Log$K_稳$
$[Ag(CN)_2]^-$	1.3×10^{20}	20.11	AgY^{3-}	2.1×10^{7}	7.32
$[Ag(NH_3)_2]^-$	1.1×10^{7}	7.04	AlY^-	1.3×10^{16}	16.11
$[Ag(SCN)_2]^-$	3.7×10^{7}	7.57	CaY^{2-}	1.0×10^{11}	11.00
$[Co(NH_3)_6]^{2+}$	1.3×10^{5}	5.11	CdY^{2-}	2.5×10^{16}	16.43
$[Co(NH_3)_6]^{3+}$	2.0×10^{35}	35.30	CoY^{2-}	2.0×10^{16}	16.30
$[Cu(CN)_4]^{2-}$	2.0×10^{30}	30.30	FeY^{2-}	2.0×10^{14}	14.30
$[Cu(en)_2]^{2+}$	1.0×10^{21}	21.00	FeY^-	1.6×10^{24}	24.20
$[Cu(NH_3)_4]^{2+}$	2.1×10^{13}	13.32	HgY^{2-}	6.3×10^{21}	21.80
$[Fe(CN)_6]^{4-}$	1.0×10^{35}	35.00	MgY^{2-}	4.4×10^{8}	8.64
$[Fe(CN)_6]^{3-}$	1.0×10^{42}	42.00	MnY^{2-}	6.3×10^{13}	13.80
$[Fe(C_2O_4)_3]^{3-}$	2.0×10^{20}	20.30	NiY^{2-}	4.0×10^{18}	18.60
$[Pb(CH_3COO)_4]^{2-}$	2.0×10^{8}	8.30	PbY^{2-}	2.0×10^{18}	18.30
$[Ni(CN)_4]^{2-}$	2.0×10^{31}	31.30	SnY^{2-}	1.3×10^{22}	22.11
$[Zn(NH_3)_4]^{2+}$	2.9×10^{7}	7.46	ZnY^{2-}	2.5×10^{16}	16.43

附录九 常用试剂的配制

1. 酸溶液

名称	相对密度（20℃）	浓度（mol/L）	质量分数	配制方法
浓盐酸 HCl	1.19	12	0.3723	
稀盐酸 HCl	1.10	6	0.200	浓盐酸500ml，加水稀释至1000ml
稀盐酸 HCl	—	3	—	浓盐酸250ml，加水稀释至1000ml
稀盐酸 HCl	1.036	2	0.0715	浓盐酸167ml，加水稀释至1000ml
浓硝酸 HNO_3	1.42	16	0.6980	
稀硝酸 HNO_3	1.20	6	0.3236	浓硝酸375ml，加水稀释至1000ml
稀硝酸 HNO_3	1.07	2	0.1200	浓硝酸127ml，加水稀释至1000ml
浓硫酸 H_2SO_4	1.84	18	0.956	
稀硫酸 H_2SO_4	1.18	3	0.248	浓硫酸167ml慢慢倒入800ml水中，并不断搅拌，最后加水稀释至1000ml
稀硫酸 H_2SO_4	1.06	1	0.0927	浓硫酸53ml慢慢倒入800ml水中，并不断搅拌，最后加水稀释至1000ml
浓醋酸 CH_3COOH	1.05	17	0.995	
稀醋酸 CH_3COOH	—	6	0.350	浓醋酸353ml，加水稀释至1000ml
稀醋酸 CH_3COOH	1.016	2	0.1210	浓醋酸118ml，加水稀释至1000ml
浓磷酸 H_3PO_4	1.69	14.7	0.8509	

2. 碱溶液

名称	相对密度（20℃）	浓度（mol/L）	质量分数	配制方法
浓氨水 $NH_3 \cdot H_2O$	0.90	15	0.25～0.27	
稀氨水 $NH_3 \cdot H_2O$	—	6	0.10	浓氨水400ml，加水稀至1000ml
稀氨水 $NH_3 \cdot H_2O$	—	2	—	浓氨水133ml，加水稀至1000ml
稀氨水 $NH_3 \cdot H_2O$	—	1		浓氨水67ml，加水稀至1000ml
氢氧化钠 NaOH	1.22	6	0.197	氢氧化钠250g溶于水，稀释至1000ml
氢氧化钠 NaOH	—	2	—	氢氧化钠80g溶于水，稀释至1000ml
氢氧化钠 NaOH	—	1	—	氢氧化钠40g溶于水，稀释至1000ml
氢氧化钾 KOH	—	2	—	氢氧化钾112g溶于水，稀释至1000ml

3. 指示剂

名称	配制方法
甲基橙	取甲基橙0.1g，加蒸馏水100ml，溶解后，滤过
酚酞	取酚酞1g，加95%乙醇100ml使溶解
铬酸钾	取铬酸钾5g，加水溶解，稀释至100ml
硫酸铁铵	取硫酸铁铵8g，加水溶解，稀释至100ml
铬黑T	取铬黑T 0.1g，加氯化钠10g，研磨均匀
钙指示剂	取钙指示剂0.1g，加氯化钠10g，研磨均匀
淀粉	取淀粉0.5g，加冷蒸馏水5ml，搅匀后，缓缓倾入100ml沸蒸馏水中，随加随搅拌，煮沸，至适成稀薄的半透明溶液，放置，倾取上层清液应用。本液应临用新制
碘化钾淀粉	取碘化钾0.5g，加新制的淀粉指示液100ml，使溶解。本液配制后24小时，即不适用

附录十 元素周期表

元素周期表

周期＼族	I A 1	II A 2	III B 3	IV B 4	V B 5	VI B 6	VII B 7	VIII 8	VIII 9	VIII 10	I B 11	II B 12	III A 13	IV A 14	V A 15	VI A 16	VII A 17	0 18	电子层	0族电子数
1	1 H 氢 $1s^1$ 1.008																	2 He 氦 $1s^2$ 4.003	K	2
2	3 Li 锂 $2s^1$ 6.941	4 Be 铍 $2s^2$ 9.012											5 B 硼 $2s^22p^1$ 10.81	6 C 碳 $2s^22p^2$ 12.01	7 N 氮 $2s^22p^3$ 14.01	8 O 氧 $2s^22p^4$ 16.00	9 F 氟 $2s^22p^5$ 19.00	10 Ne 氖 $2s^22p^6$ 20.18	L K	8 2
3	11 Na 钠 $3s^1$ 22.99	12 Mg 镁 $3s^2$ 24.31											13 Al 铝 $3s^23p^1$ 26.98	14 Si 硅 $3s^23p^2$ 28.09	15 P 磷 $3s^23p^3$ 30.96	16 S 硫 $3s^23p^4$ 32.06	17 Cl 氯 $3s^23p^5$ 35.45	18 Ar 氩 $3s^23p^6$ 39.95	M L K	8 8 2
4	19 K 钾 $4s^1$ 39.10	20 Ca 钙 $4s^2$ 40.08	21 Sc 钪 $3d^14s^2$ 44.96	22 Ti 钛 $3d^24s^2$ 47.87	23 V 钒 $3d^34s^2$ 50.94	24 Cr 铬 $3d^54s^1$ 52.00	25 Mn 锰 $3d^54s^2$ 54.94	26 Fe 铁 $3d^64s^2$ 55.85	27 Co 钴 $3d^74s^2$ 58.93	28 Ni 镍 $3d^84s^2$ 58.69	29 Cu 铜 $3d^{10}4s^1$ 63.55	30 Zn 锌 $3d^{10}4s^2$ 65.39	31 Ga 镓 $4s^24p^1$ 69.72	32 Ge 锗 $4s^24p^2$ 72.64	33 As 砷 $4s^24p^3$ 74.92	34 Se 硒 $4s^24p^4$ 78.96	35 Br 溴 $4s^24p^5$ 79.90	36 Kr 氪 $4s^24p^6$ 83.80	N M L K	8 18 8 2
5	37 Rb 铷 $5s^1$ 85.47	38 Sr 锶 $5s^2$ 87.62	39 Y 钇 $4d^15s^2$ 88.91	40 Zr 锆 $4d^25s^2$ 91.22	41 Nb 铌 $4d^45s^1$ 92.91	42 Mo 钼 $4d^55s^1$ 95.94	43 Tc 锝 $4d^55s^2$ 〔98〕	44 Ru 钌 $4d^75s^1$ 101.1	45 Rh 铑 $4d^85s^1$ 102.9	46 Pd 钯 $4d^{10}$ 106.4	47 Ag 银 $4d^{10}5s^1$ 107.9	48 Cd 镉 $4d^{10}5s^2$ 112.4	49 In 铟 $5s^25p^1$ 114.8	50 Sn 锡 $5s^25p^2$ 118.7	51 Sb 锑 $5s^25p^3$ 121.8	52 Te 碲 $5s^25p^4$ 127.6	53 I 碘 $5s^25p^5$ 126.9	54 Xe 氙 $5s^25p^6$ 131.3	O N M L K	8 18 18 8 2
6	55 Cs 铯 $6s^1$ 132.9	56 Ba 钡 $6s^2$ 137.3	57～71 La～Lu 镧系	72 Hf 铪 $5d^26s^2$ 178.5	73 Ta 钽 $5d^36s^2$ 180.9	74 W 钨 $5d^46s^2$ 183.8	75 Re 铼 $5d^56s^2$ 186.2	76 Os 锇 $5d^66s^2$ 190.2	77 Ir 铱 $5d^76s^2$ 192.2	78 Pt 铂 $5d^96s^1$ 195.1	79 Au 金 $5d^{10}6s^1$ 197.0	80 Hg 汞 $5d^{10}6s^2$ 200.6	81 Tl 铊 $6s^26p^1$ 204.4	82 Pb 铅 $6s^26p^2$ 207.2	83 Bi 铋 $6s^26p^3$ 209.0	84 Po 钋 $6s^26p^4$ 〔209〕	85 At 砹 $6s^26p^5$ 〔210〕	86 Rn 氡 $6s^26p^6$ 〔222〕	P O N M L K	8 18 32 18 8 2
7	87 Fr 钫 $7s^1$ 〔223〕	88 Ra 镭 $7s^2$ 〔226〕	89～103 Ac～Lr 锕系	104 Rf 𬬻* $(6d^27s^2)$ 〔261〕	105 Db 𬭊* $(6d^37s^2)$ 〔262〕	106 Sg 𬭳* $(6d^47s^2)$ 〔263〕	107 Bh 𬭛* $(6d^57s^2)$ 〔264〕	108 Hs 𬭶* $(6d^67s^2)$ 〔265〕	109 Mt 鿏* $(6d^77s^2)$ 〔268〕	110 Ds 𫟼* 〔269〕	111 Rg 𬬭* 〔272〕	112 Cn 鿔* 〔277〕	113 Nh 鿭* 〔284〕	114 Fl 𫓧* 〔289〕	115 Mc 镆* 〔288〕	116 Lv 𫟷* 〔293〕	117 Ts 鿬 〔294〕	118 Og 鿫* 〔294〕		

系	1	2	3	4	5	6	7	8	9	10	11	12	13	14	15
镧系	57 La 镧 $5d^16s^2$ 138.9	58 Ce 铈 $4f^15d^16s^2$ 140.1	59 Pr 镨 $4f^36s^2$ 140.9	60 Nd 钕 $4f^46s^2$ 144.2	61 Pm 钷 $4f^56s^2$ 〔145〕	62 Sm 钐 $4f^66s^2$ 150.4	63 Eu 铕 $4f^76s^2$ 152.0	64 Gd 钆 $4f^75d^16s^2$ 157.3	65 Tb 铽 $4f^96s^2$ 158.9	66 Dy 镝 $4f^{10}6s^2$ 162.5	67 Ho 钬 $4f^{11}6s^2$ 164.9	68 Er 铒 $4f^{12}6s^2$ 167.3	69 Tm 铥 $4f^{13}6s^2$ 168.9	70 Yb 镱 $4f^{14}6s^2$ 173.0	71 Lu 镥 $4f^{14}5d^16s^2$ 175.0
锕系	89 Ac 锕 $6d^17s^2$ 〔227〕	90 Th 钍 $6d^27s^2$ 232.0	91 Pa 镤 $5f^26d^17s^2$ 231.0	92 U 铀 $5f^36d^17s^2$ 238.0	93 Np 镎 $5f^46d^17s^2$ 〔237〕	94 Pu 钚 $5f^67s^2$ 〔244〕	95 Am 镅* $5f^77s^2$ 〔243〕	96 Cm 锔* $5f^76d^17s^2$ 〔247〕	97 Bk 锫* $5f^97s^2$ 〔247〕	98 Cf 锎* $5f^{10}7s^2$ 〔251〕	99 Es 锿* $5f^{11}7s^2$ 〔252〕	100 Fm 镄* $5f^{12}7s^2$ 〔257〕	101 Md 钔* $5f^{13}7s^2$ 〔258〕	102 No 锘* $5f^{14}7s^2$ 〔259〕	103 Lr 铹* $5f^{14}6d^17s^2$ 〔262〕

图例：92 U 铀 $5f^36d^17s^2$ 238.0

- 原子序数
- 元素符号，红色指放射性元素
- 元素名称，注＊的是人造元素
- 外围电子层排布，括号指可能的电子层排布
- 相对原子质量（加括号的数据为该放射性元素半衰期最长同位素的质量数）

金属　非金属　稀有气体　过渡元素

注：相对原子质量录自1999年国际原子量表，并全部取4位有效数字。

参考文献

[1] 冯务群，张宝成．无机化学［M］. 5 版．北京：人民卫生出版社，2023.

[2] 李田霞，燕来敏．无机及分析化学［M］. 北京：化学工业出版社，2023.

[3] 陈哲洪．医用化学［M］. 5 版．北京：科学出版社，2022.

[4] 张韶虹，李峰，王丽．医用化学［M］. 北京：高等教育出版社 . 2022.

[5] 张雪昀，王广珠．有机化学［M］. 4 版．北京：中国医药科技出版社，2021.

[6] 李森，袁志江．化学基础与分析技术［M］. 2 版．北京：中国医药科技出版社，2021.

[7] 吴巧凤，李伟．无机化学［M］. 3 版．北京：人民卫生出版社，2021.

[8] 姜斌．无机化学［M］. 2 版．北京：科学出版社，2021.

[9] 刘俊宁，石宝珏．有机化学［M］. 北京：中国医药科技出版社，2021

[10] 贾云宏，闫乾顺．有机化学［M］. 北京：科学出版社，2020.

[11] 陈瑛，刘志红．基础化学［M］. 北京：中国医药科技出版社，2019.

[12] 张雪昀，董会钰，俞晨秀．基础化学［M］. 北京：中国医药科技出版社，2019.

[13] 牛秀明，林珍．无机化学［M］. 3 版．北京：人民卫生出版社，2018.

[14] 刘斌，卫月琴．有机化学［M］. 3 版．北京：人民卫出版社，2018.